Adobe® Creative Cloud™
Photoshop® CC

Photoshop CC 实战

从入门到精通

凤凰高新教育●编著

北京大学出版社
PEKING UNIVERSITY PRESS

内 容 提 要

Photoshop CC 是一款功能强大的图像处理软件，被广泛应用于图像处理、特效设计、广告设计等相关领域。

本书内容系统、全面，详细讲解了 Photoshop CC 图像处理与设计的相关技能。其中包括：Photoshop CC 快速入门、Photoshop CC 基础操作、选区的创建与修改、图像的绘制与修饰、图层的管理与应用、路径的绘制与编辑、文字的输入与编辑、通道和蒙版的应用、色彩的调整与编辑、神奇滤镜的功能和应用、文件自动化处理和打印输出，以及 Web 图像和视频、动画。在本书的最后还安排了 4 章实战案例，讲解了 Photoshop CC 在相关领域的综合应用。

另外，在附录部分还提供了 3 套“综合上机实训题”，实训内容由易到难、由浅到深，层层递进，以进一步强化读者的动手能力。

全书内容安排合理有序，语言风格通俗易懂，实例题材丰富多样，每个操作步骤的介绍都力求做到清晰、准确。本书特别适合广大职业院校及计算机培训学校作为相关专业的教材，也可供广大 Photoshop CC 初学者、设计爱好者学习、参考。

图书在版编目（CIP）数据

Photoshop CC 实战从入门到精通 / 凤凰高新教育编著 . —北京：北京大学出版社，2017.9

ISBN 978-7-301-28565-7

Ⅰ . ① P…　Ⅱ . ①凤…　Ⅲ . ①图象处理软件　Ⅳ . ① TP391.413

中国版本图书馆 CIP 数据核字（2017）第 181639 号

书　　名　Photoshop CC 实战从入门到精通
　　　　　　Photoshop CC SHIZHAN CONG RUMEN DAO JINGTONG
著作责任者　凤凰高新教育　编著
责 任 编 辑　尹　毅
标 准 书 号　ISBN 978-7-301-28565-7
出 版 发 行　北京大学出版社
地　　址　北京市海淀区成府路 205 号　100871
网　　址　http：//www. pup. cn　　新浪微博：@ 北京大学出版社
电 子 信 箱　pup7@ pup. cn
电　　话　邮购部 62752015　发行部 62750672　编辑部 62580653
印 刷 者　北京大学印刷厂
经 销 者　新华书店
　　　　　　787 毫米 ×1092 毫米　16 开本　27 印张　687 千字
　　　　　　2017 年 9 月第 1 版　2017 年 9 月第 1 次印刷
印　　数　1—4000 册
定　　价　59.00 元

Adobe Photoshop CC 是 Adobe 公司旗下最为出名的图像处理软件之一，集图像扫描、编辑修改、动画制作、广告设计、创意合成、特效设计等功能于一体，深受广大平面设计人员和图像处理爱好者的青睐。

本书特色

（1）内容全面，轻松易学。本书内容翔实，系统全面。在写作方式上，采用“步骤讲述+配图说明”的方式进行编写，操作简单明了，浅显易懂。

（2）案例丰富，实用性强。全书共安排了 51 个“技高一筹”的实用技巧，使读者在掌握 Photoshop CC 相关操作的同时，也能从中学习到软件的操作技巧与经验。全书共安排了 24 个“技能训练”，通过同步练习，加深读者对每章内容的理解。另外，在附录部分还提供了 3 套“综合上机实训题”，实训内容由易到难、由浅到深，层层递进，以进一步强化读者的动手能力。

（3）视频教学，轻松学会。本书配送一张多媒体教学光盘，包含了书中所有实例的素材文件和结果文件，方便读者学习时同步练习；并且还配送与全书同步的视频教学录像，书盘结合学习，就像看电视一样，可以让读者轻松学会 Photoshop CC 的图像处理技能。

光盘内容

本书附赠了一张超值多媒体光盘，具体内容如下。

一、素材文件

即本书中所有章节实例的素材文件。全部收录在光盘中的“\素材文件\第*章\”文件夹中。读者在学习时，可以参考图书讲解内容，打开对应的素材文件进行同步操作练习。

二、结果文件

即本书中所有章节实例的最终效果文件。全部收录在光盘中的“\结果文件\第*章\”文件夹中。读者在学习时，可以打开结果文件，查看其实例的制作效果，为自己的动手练习操作提供参考帮助。

三、视频教学文件

本书为读者提供了长达 10 小时的与书同步的视频教程，读者可以通过相关的视频播放软件（如 Windows Media Player、暴风影音等）打开每章中的视频文件进行学习。同时，该视频教程还提供了语音讲解，非常适合无基础读者学习。

四、PPT 课件

本书为老师们提供了非常方便、实用的 PPT 教学课件，选择该书作为教材，再也不用担心没有教学课件，也不必再劳心费力地制作课件内容了。

五、赠送 PS 设计资源

倾情赠送 PS 设计资源，包括 37 个图案、69 个样式、90 个渐变组合、185 个相框模板、263 个形状样式、266 个纹理样式、330 个特效外挂滤镜资源、500 个笔刷、1560 个动作。读者不必再花时间和心血去搜集设计资料，拿来即用。

六、赠送高效办公电子书

赠送“微信高手技巧随身查”“QQ 高手技巧随身查”“手机办公 10 招就够”等电子书，教会读者移动办公诀窍，迅速提升工作效率和职场竞争力。

本书作者

本书由凤凰高新教育策划并组织编写。全书案例由 Photoshop 设计经验丰富的设计师提供，并由资深 Photoshop 教学专家执笔编写，在此对他们的辛勤付出表示衷心的感谢！

由于时间和水平有限，加之计算机技术发展非常迅速，书中疏漏和不足之处在所难免，敬请广大读者及专家批评指正。若读者在学习过程中产生疑问或有任何建议，可以通过 E-mail 或 QQ 群与我们联系。

投稿信箱：pup7@pup.cn
读者信箱：2751801073@qq.com
读者交流 QQ 群：218192911（办公之家）、363300209

目 录

第1章 Photoshop CC 快速入门

本章导读

Photoshop 是 Adobe 公司旗下最为出名的图像处理软件之一，集图像扫描、编辑修改、图像制作、广告创意、图像输入与输出等众多功能于一体，深受广大平面设计人员和电脑美术爱好者的喜爱。本章将为初次接触 Photoshop CC 的读者介绍一些快速入门的基础知识，其中包括 Photoshop CC 的应用领域、Photoshop CC 的新增功能、Photoshop CC 图像处理必备知识、感受全新的 Photoshop CC 工作界面、设置工作区、辅助工具的使用，以及设置 Photoshop 首选项等内容。

学完本章后应该掌握的技能

* 了解 Photoshop CC 的应用领域
* 了解 Photoshop CC 的新增功能
* 了解 Photoshop CC 的工作界面
* 了解 Photoshop CC 的辅助工具
* 学会 Photoshop CC 首选项设置

本章相关实例效果展示

1.1 Photoshop CC 的应用领域

Photoshop是一款功能强大的图像处理软件，不仅可以制作出完美、奇妙的合成图像，也可以修复数码照片，还可以进行精美的图案设计、专业印刷设计、网页设计等，因此被广泛应用于平面设计、网页制作、图像处理和多媒体开发等领域。

1.1.1 在平面设计中的应用

平面设计是Photoshop最常应用的领域。平面设计包括海报设计、包装设计、网页设计、DM广告设计、POP广告设计、样本设计、书籍设计、刊物设计、VI设计等，其特征是需要通过文字和图形来表现、传达出广告信息，这些都可以通过Photoshop来完成，如下图所示。

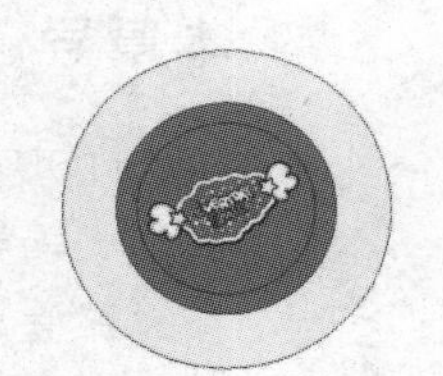

1.1.2 在数码影楼中的应用

如今，影楼在拍摄照片时用数码相机取代了传统的胶片相机。完成拍摄后，可以将数码照片直接导入计算机。此时，Photoshop便成为照片后期处理的首选软件。Photoshop提供了强大、实用的数码照片修饰功能，用户可以轻松掌握。例如，修复人物皮肤的瑕疵、人物彩妆美容、调整偏色、改变不合理的构图等问题，如下图所示。

1.1.3 在界面设计中的应用

界面设计是指使用独特的创意方法设计软件或者游戏的外观，以达到吸引用户眼球的目的。在互动多媒体快速发展的今天，界面设计的重要性已经被越来越多的企业和开发者所认识。不过目前还未出现用于界面设计的专业软件，主流软件仍然是Photoshop。界面设计效果如下图所示。

1.1.4 在插画设计中的应用

在现代设计领域中，插画设计可以说最具表现意味了。它与绘画艺术有着亲近的血缘关系，借鉴了大量绘画艺术的表现技法。Photoshop提供了种类繁多、方便实用的绘画工具以及丰富多样的色彩，借助大师们的艺术之手，可以在计算机中绘制出美轮美奂的插画作品，如下图所示。

1.1.5 在网页设计中的应用

通过网络传递信息的时候，必须有足够的吸引力，才能达到更好的宣传效果。网页设计作为一种视觉语言，特别讲究编排和布局。主页的设计并不等同于平面设计，但它们也有许多相近之处。通过Photoshop不仅可以设计网页的排版布局，还可以优化图像并将其应用于网页上，如下图所示。

1.1.6 在效果图后期制作中的应用

Photoshop在三维设计中主要有两方面的应用：一方面是对效果图进行后期修饰，包括配景的搭配以及色调的调整等；另一方面是用来绘制精美的贴图，因为再精美的三维模型，如果没有逼真的贴图附在模型上，也得不到好的渲染效果，如下图所示。

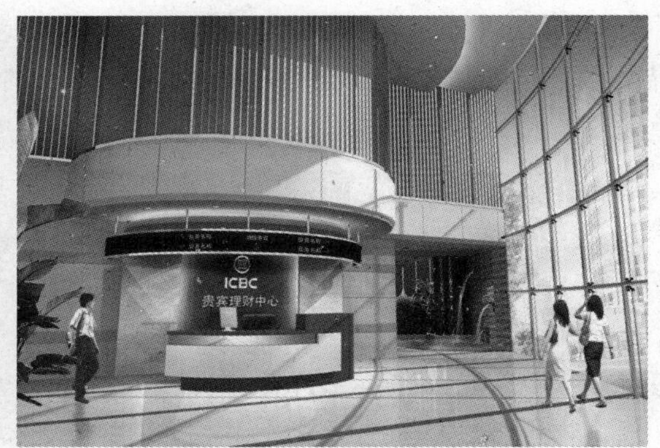

1.2 Photoshop CC 的新增功能

Photoshop CC是目前Adobe Photoshop的最高版本，相对于之前的版本，Photoshop CC做了不少改进，并新增了一些实用功能，如相机防抖功能、Camera Raw修复功能改进、Camera Raw径向滤镜、Camera 自动垂直功能、保留细节重采样模式、改进的智能锐化、为形状图层改进的“属性”面板、隔离图层、同步设置，以及在Behance上分享等。下面就来看看这些新功能的主要作用。

1.2.1 相机防抖功能

在Photoshop CC众多新增功能中有一大亮点，那就是相机防抖功能，可以用它来挽救因为相机抖动而失败的照片。不论模糊是由于慢速快门还是长焦距造成的，相机防抖功能都能通过分析曲线来恢复其清晰度，如下图所示。

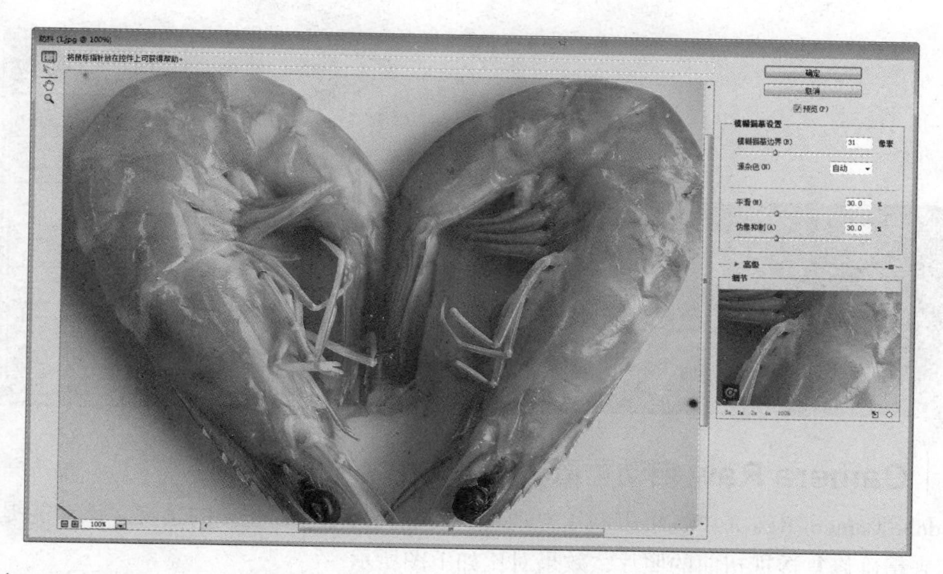

1.2.2 Camera Raw 修复功能改进

用户可以将Camera Raw所做的编辑以滤镜方式应用到Photoshop内的任何图层或文档中，然后再随心所欲地加以美化。

在最新的Adobe Camera Raw 8 中，可以更加精确地修改图片、修正扭曲的透视。用户可以像使用画笔一样用“污点去除工具”在想要去除的图像区域进行操作，如下图所示。

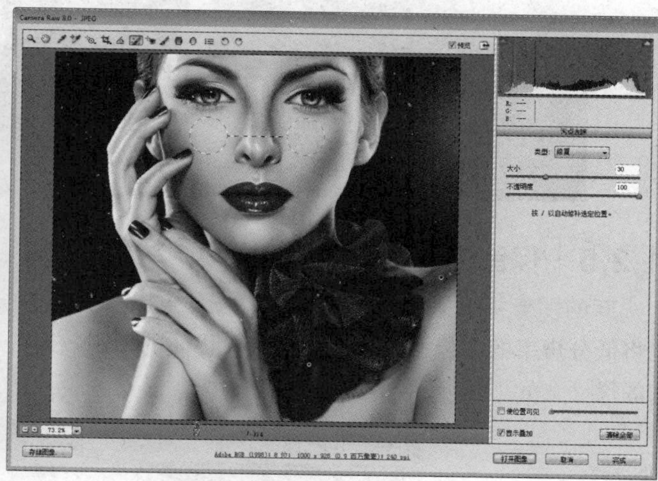

1.2.3 Camera Raw 径向滤镜

在最新的Adobe Camera Raw 8 中，可以在图像上创建出圆形的径向滤镜，进而实现多种效果。该功能像所有的Camera Raw调整效果一样，都是无损调整。例如，阴影调整前后效果对比如下图所示。

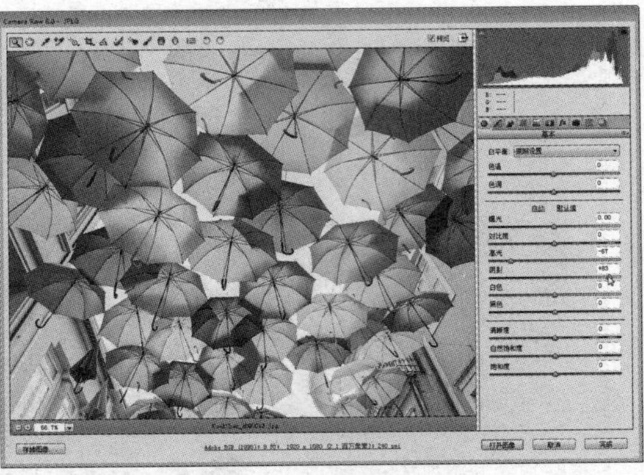

1.2.4 Camera Raw 自动垂直功能

在Adobe Camera Raw 8 中，可以利用自动垂直功能轻易地修复扭曲的透视。该功能提供了很多选项，用来精确修复透视扭曲的照片，效果对比如下图所示。

1.2.5 保留细节重新采样模式

新的图像提升采样功能可以保留图像细节，并且不会因为放大而生成噪点。利用该功能，可以将低分辨率的图像放大，使其拥有更优质的印刷效果，或者将一张大尺寸图像放大成海报或广告牌的尺寸，如下图所示。

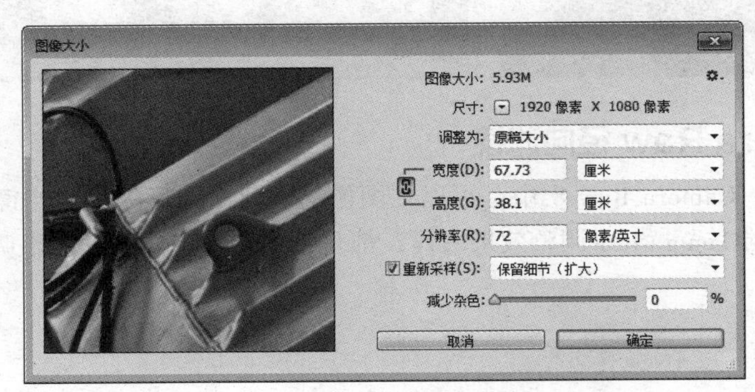

1.2.6 改进的智能锐化

智能锐化是至今为止最为先进的锐化技术。该技术通过分析图像，将清晰度最大化，同时将噪点和色斑最小化，以取得外观自然的高品质结果。它使锐化对象更富有质感，而边缘更清爽、细节更丰富。智能锐化前后效果对比如下图所示。

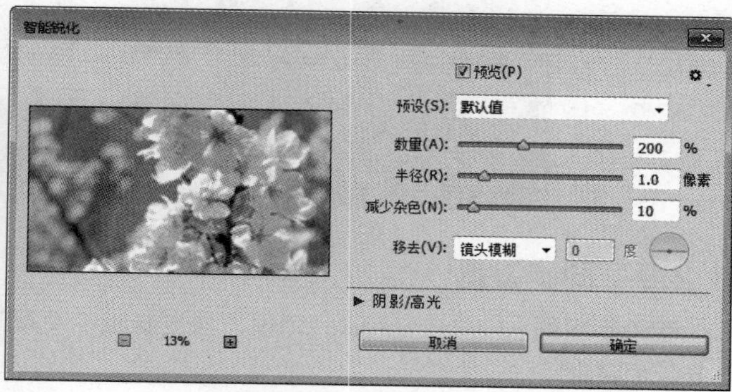

1.2.7 为形状图层改进的“属性”面板

无论是在创建前还是创建后，用户都可以通过“属性”面板来编辑和改变形状。例如，可以随时改变圆角矩形的圆角半径，如下图所示；可以通过选择多条路径、形状或矢量蒙版来批量修改它们；即使在有许多路径的多层文档中，也可以使用新的滤镜模式，直接在画布上锁定路径（及任何图层）。

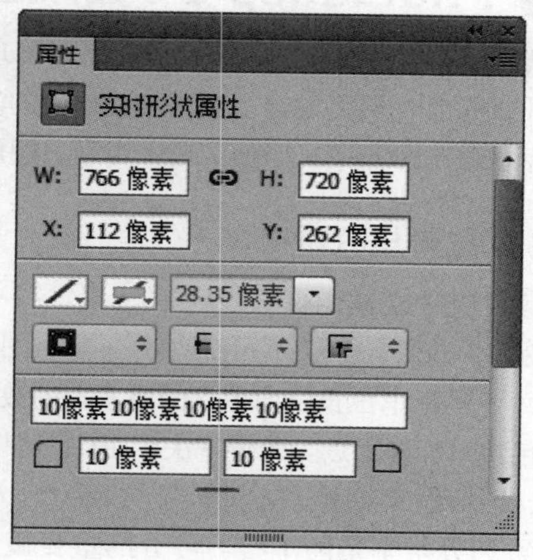

1.2.8 隔离图层

在复杂的图层结构中建立隔离图层是一种简化工作的新方法。隔离图层功能可以使用户在一个特定的图层或图层组中进行工作，如下图所示。

1.2.9 同步设置

在最新版的Adobe Photoshop CC中，当更新版本发布时，用户可以使用云端的同步设置功能来保持版本同步。

1.2.10 在 Behance 上分享

Adobe Creative Cloud 集成了Behance社区，可以让用户的灵感与成果得以及时分享。创作越多，分享越多，永无止境。

1.3 Photoshop CC 图像处理必备知识

在学习如何使用Photoshop CC进行图像处理之前，必须了解一些关于图像和图形方面的知识，因为在平面设计、网页设计、数码照片处理的实际过程中，随时都会接触到这些基础知识。其中，主要包括像素与分辨率、图像的基本类别、图像格式以及图像的颜色模式等。

1.3.1 像素与分辨率

像素是组成位图图像的最基本的元素。每一个像素都有自己的位置，并记载着图像的颜色信息。一个图像包含的像素越多，颜色信息越丰富，图像的效果也会更好，但文件也会随之增大。

分辨率是指单位长度内包含的像素点的数量，单位通常为像素/英寸（ppi）。例如，72ppi表示每英寸包含72个像素点。分辨率决定了位图细节的精细程度。通常情况下，分辨率越高，包含的像素越多，图像就越清晰。

像素和分辨率是两个密不可分的重要概念，它们的组合方式决定了图像的数据量。在打印时，高分辨率的图像要比低分辨率的图像包含更多的像素。因此，像素点更小、像素的密度更高，可以重现更多细节和更细微的颜色过渡效果。

虽然分辨率越高，图像的质量越好，但高分辨率的图像会占用更多的存储空间，只有根据图像的用途设置合适的分辨率才能取得最佳的使用效果。

1.3.2 图像的基本类别

计算机中的图像可分为位图和矢量图两种类型。Photoshop是典型的位图软件，但也有矢量图处理功能。下面将介绍位图和矢量图的概念，以便为学习图像处理打下基础。

1. 位图

位图也称点阵图、栅格图像、像素图，是由像素组成的。利用Photoshop处理图像时，编辑的就是像素。打开一幅图像，使用“缩放工具”在图像上连续单击，直到工具中间的“+”号消失，图像达到最大化，画面中会出现许多的彩色小方块，它们便是像素，如下图所示。

我们使用数码相机拍摄的照片、扫描仪扫描的图片，以及在计算机屏幕上抓取的图像等都属于位图。位图的特点是可以表现色彩的变化和颜色的细微过渡，产生逼真的效果，并且很容易在不同的软件之间交换使用。但在保存时，需要记录每一个像素的位置和颜色值。因此，占用的存储空间也较大。

另外，由于受到分辨率的制约，位图仅包含固定数量的像素，在对其缩放或旋转时，Photoshop无法生成新的像素，它只能将原有的像素变大以填充多出的空间，其结果往往是使清晰的图像变得模糊，也就是通常所说的图像变虚了。例如左下图为原图像，右下图为放大500%后的局部图像，图像已经变得模糊了。

2. 矢量图

矢量图也称向量图，是一种缩放不失真的图像。矢量图就如同画在质量非常好的橡胶膜上的图，无论对橡胶膜进行何种长宽等比成倍的拉伸，画面依然清晰，不会看到图形的最小单位。

矢量图的最大优点是轮廓的形状更容易修改和控制，但是对于单独的对象，色彩上变化的实现没有位图方便。另外，支持矢量图的应用程序没有支持位图的应用程序多，很多矢量图都需要专门设计的程序才能打开浏览和编辑。矢量图与分辨率无关，即可以将它们缩放到任意尺寸，可以按任意分辨率打印，而不会丢失细节或降低清晰度。因此，矢量图最适合表现醒目的图形。如左下图为原图像，右下图为放大后的局部图像，图像依然很清晰。

1.3.3 常见的图像格式

图像格式决定了图像数据的存储方式、压缩方法、支持什么样的Photoshop功能，以及文件是否与一些应用程序兼容。下面将详细介绍一些常见的图像格式。

◆ PSD格式：Photoshop默认的图像格式，可以保留文档中的所有图层、蒙版、通道、路径、未栅格化文字、图层样式等。

◆ BMP格式：一种用于Windows操作系统的图像格式，主要用于保存位图文件。该格式可以处理24位颜色的图像，支持RGB、位图、灰度和索引模式，但不支持Alpha通道。

◆ GIF格式：为了在网络中传输图像而创建的一种图像格式，支持透明背景和动画，被广泛地应用在网络文档中。GIF格式采用LZW无损压缩方式，压缩效果较好。

◆ EPS格式：为了在PostScript打印机上输出图像而开发的一种图像格式，几乎所有的图形、图表和页面排版程序都支持该格式。EPS格式可以同时包含矢量图形和位图图像，支持RGB、CMYK、位图、双色调、灰度、索引和Lab模式，但不支持Alpha通道。

◆ JPEG格式：由联合图像专家组开发的一种图像格式。它采用有损压缩方式，具有较好的压缩效果，但是将压缩品质设置得较高时，会损失图像的某些细节。JPEG格式支持RGB、CMYK和灰度模式，但不支持Alpha通道。

◆ RAW格式：一种灵活的图像格式，用于在应用程序与计算机平台之间传递图像。该格式支持具有Alpha通道的CMYK、RGB和灰度模式，以及无Alpha通道的多通道、Lab、索引和双色调模式。

◆ PNG格式：作为GIF格式的无专利替代产品而开发的一种图像格式，用于无损压缩和在Web上显示图像。与GIF不同，PNG格式支持244位图像并产生无锯齿状的透明背景，但某些早期的浏览器不支持该格式。

◆ TIFF格式：一种通用的图像格式，所有的绘画、图像编辑和排版程序都支持该格式，几乎所有的桌面扫描仪都可以产生TIFF图像。该格式支持具有Alpha通道的CMYK、RGB、Lab、索引和灰度模式，以及无Alpha通道的位图模式。Photoshop可以在TIFF文件中存储图层，但是，如果在另一个应用程序中打开该文件，则只有拼合图像是可见的。

1.3.4 图像的颜色模式

颜色模式决定了用来显示和打印图像的颜色处理方法。通过选择某种颜色模式，就选用了某种特定的颜色模型。颜色模式基于颜色模型，而颜色模型对于印刷中使用的图像来说非常有用。

1. RGB模式

RGB模式是加色模式，是所有的显示屏、投影设备以及其他传递或过滤光线的设备所依赖的颜色模式。其中，R代表红色，G代表绿色，B代表蓝色。就编辑图像而言，RGB模式是屏幕显示的最佳模式，但是采用该模式的图像中许多色彩无法被打印出来。因此，如果要打印全彩色图像，应先将RGB模式的图像转换成CMYK模式的图像，然后再进行打印。

2. CMYK模式

CMYK模式代表印刷图像时所用的印刷四色，分别是青、洋红、黄、黑。该模式是打印机唯一认可的颜色模式。该模式虽然能弥补色彩方面的不足，但是运算速度很慢，这是由于Photoshop必须将CMYK转变成屏幕的RGB色彩值。效率在实际工作中是很重要的，所以建议还是在RGB模式下进行工作，当准备将图像打印输出时，再转换为CMYK模式。

3. Lab模式

Lab模式是没有设备限制的颜色模式，色域非常宽广。Lab模式由3个通道组成：一个通道是亮度，即L；另外两个是色彩通道，用a和b来表示。a通道包括的颜色是从深绿色到灰色再到红色；b通道则是从亮蓝色到灰色再到黄色。因此，通过这种模式，色彩混合后将产生明亮的色彩。

4. 灰度模式

灰度模式是不包含色彩的颜色模式，彩色图像转换为该模式后，色彩信息都会被删除。灰度图像中的每个像素都有一个0～255之间的亮度值，0代表黑色，255代表白色，其他值代表了黑、白中间过渡的灰色。在8位图像中，最多有256级灰度；在16和32位图像中，其灰度级数比8位图像要大得多。

5. 索引模式

索引模式最多包含256种颜色值。当转换为索引模式时，Photoshop CC将构建一个颜色查找表，用以存放并索引图像中的颜色。如果原图像中的某种颜色没有出现在该表中，则程序将选取现有颜色中最接近的一种，或使用现有颜色模拟该颜色。

通过限制“颜色”面板，索引颜色可以在保持图像视觉品质的同时减少文件大小。在这种模式下只能进行有限的编辑。若要进一步编辑，则应临时转换为RGB模式。

6. 双色调模式

在双色调模式下，可以通过自定义油墨来创建单色调、双色调、三色调、四色调的图像。如果希望将彩色图像模式转换为双色调模式，则必须先转换为灰度模式，再转换为双色调模式。

7. 位深度模式

位深度也称像素深度或色深度，即多少位/像素，它是显示器、数码相机、扫描仪等使用的术语。Photoshop使用位深度来存储文件中每个颜色通道的颜色信息。存储的位越多，图像中包含的颜色和色调差就越大。

8. 多通道模式

多通道模式是一种减色模式，将RGB图像转换为该模式后，可以得到青色、洋红和黄色通道。此外，如果删除RGB、CMYK、Lab模式的某个颜色通道，图像会自动转换为多通道模式。这种模式包含了多种灰阶通道，每一通道均由256级灰阶组成。这种模式通常被用来处理特殊打印需求。

1.4 感受全新的 Photoshop CC 工作界面

Photoshop CC的工作界面进行了改进，界面划分更加合理，常用面板的访问、工作区的切换也更加方便。下面详细介绍Photoshop CC的工作界面组成，以及菜单栏、工具选项栏、文档窗口、工具箱、状态栏和面板的使用方法。

1.4.1 工作界面的组成

Photoshop CC的工作界面主要由菜单栏、工具选项栏、文档窗口、状态栏以及面板等组成，如下图所示。

其中各项的含义如下表所示。

❶菜单栏	其中包含可以执行的各种命令，单击菜单项即可打开相应的菜单
❷工具选项栏	其中包含用来设置工具的各种选项，它会随着所选工具的不同而变换内容
❸工具箱	包含用于执行各种操作的工具，如创建选区、移动图像、绘画、绘图等
❹文档窗口	显示和编辑图像的区域

续表

❺状态栏	可以显示文档大小、文档尺寸、当前工具和窗口缩放比例等信息
❻面板	用来帮助用户编辑图像，可设置编辑内容及颜色属性

1.4.2 菜单栏

Photoshop CC有11个主菜单，每个菜单内都包含一系列的命令。单击某一菜单项就会弹出相应的下拉菜单，从中选择所需命令，即可方便、快速地执行相应的操作。各个菜单项的主要作用如下表所示。

文件	单击“文件”菜单项，在弹出的下拉菜单中可以执行“新建”“打开”“存储”“关闭”“置入”“打印”等一系列针对文件的命令
编辑	“编辑”菜单中的命令主要用于对图像进行编辑，包括“还原”“剪切”“拷贝”“粘贴”“填充”“变换”“定义图案”等
图像	“图像”菜单中的命令主要是对图像模式、颜色、大小等进行调整设置
图层	“图层”菜单中的命令主要针对图层进行相应的操作，包括“新建”“复制图层”“图层蒙版”“栅格化”等，可以方便、快速地对图层进行运用和管理
文字	“文字”菜单中的命令用于对文字对象进行编辑和处理，包括“面板”“取向”“文字变形”“栅格化文字图层”等
选择	“选择”菜单中的命令主要针对选区进行操作，可对选区进行“反向”“修改”“变换”“扩大”“载入选区”等操作。这些命令结合选区工具，更便于对选区的操作
滤镜	通过“滤镜”菜单中的命令，可以为图像设置各种不同的特殊效果，在制作特效方面，这些滤镜命令更不可缺少
视图	执行“视图”菜单中的命令，可对整个视图进行调整，如缩放视图、改变屏幕模式、显示标尺、设置参考线等
窗口	“窗口”菜单主要用于控制Photoshop CC工作界面中工具箱和各个面板的显示和隐藏
帮助	“帮助”菜单中提供了使用Photoshop CC的各种帮助信息。在使用Photoshop CC的过程中若遇到问题，可以查看该菜单，及时了解各种命令、工具和功能的使用方法

专家提示

如果菜单命令为浅灰色，则表示该命令目前处于不能选择状态。如果菜单命令右侧有一个▶标记，表示该命令下还包含了一个子菜单。如果菜单命令后带有“…”标记，则表示选择该命令可以打开对话框。如果菜单命令右侧带有字母组合，则表示该命令的快捷键。

1.4.3 工具选项栏

工具选项栏位于菜单栏的下方。从工具箱中选取了某个工具时，选项栏就会显示出相应的属性和控制参数，并且外观也会随着工具的改变而变化。

下图所示为选择“移动工具”▶+后显示的选项栏。

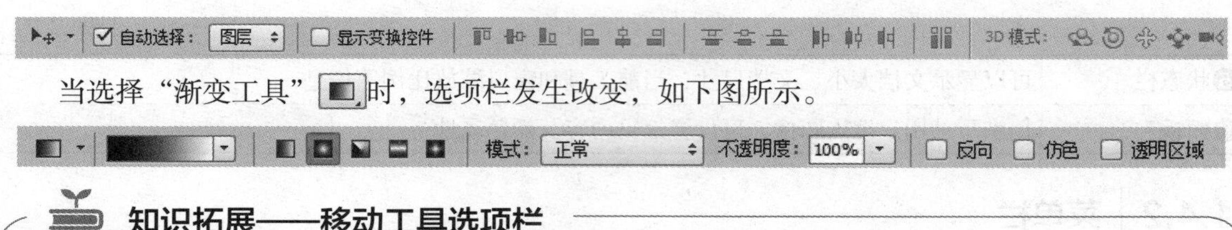

当选择“渐变工具” 时，选项栏发生改变，如下图所示。

知识拓展——移动工具选项栏

在工具选项栏最左侧的图标上按鼠标左键不放并拖动，可以将工具选项栏从停放位置拖出，成为浮动的工具选项栏。将其拖回菜单栏下方，当出现蓝色条时放开鼠标，可重新停放到原处。

1.4.4 文档窗口

在Photoshop中打开一个图像时，便会创建一个文档窗口。如果打开了多个图像，则各个文档窗口会以选项卡的形式显示。选择某一选项卡（即单击某一文档窗口标题栏），即可将其设置为当前操作的窗口，如下图所示。

单击某一窗口的标题栏并将其从选项卡中拖出，它便成为可以任意移动的浮动窗口（拖动标题栏可进行移动），如左下图所示。拖动浮动窗口的一个边角，可以调整窗口的大小，如右下图所示。

1.4.5 工具箱

工具箱将Photoshop CC的功能以图标形式聚集在一起，从工具的形态就可以了解该工具的功能，如下图所示。在键盘上按相应的快捷键，即可从工具箱中自动选择相应的工具。右击工具图标右下角的按钮，就会显示其他具有相似功能的隐藏工具。将鼠标指针停留在工具上，相应工具的名称将出现在鼠标指针下面的工具提示中。

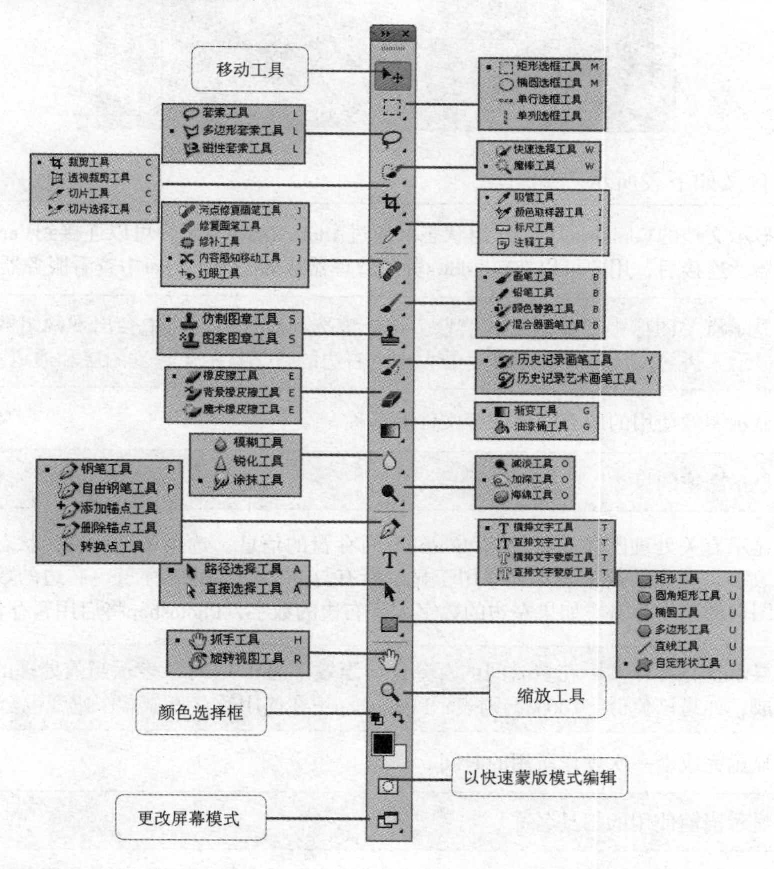

专家提示

在Photoshop CC的工具箱中，常用的工具都有相应的快捷键，因此可以通过按快捷键来快速选择工具。如果需要查看快捷键，可将鼠标指针移动至该工具上并稍停片刻，就会出现工具名称和快捷键信息。

1.4.6 状态栏

状态栏位于文档窗口的底部，可以显示文档窗口的缩放比例、文档大小、当前使用的工具信息。单击状态栏中的▶按钮，可在打开的菜单中选择状态栏的显示内容，如下图所示。

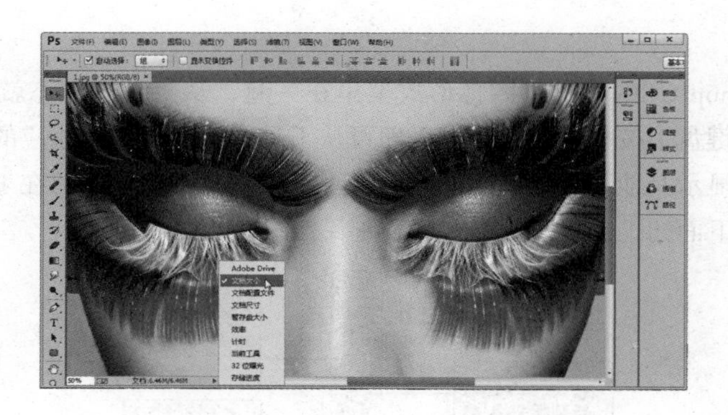

其中各项的含义如下表所示。

Adobe Drive	显示文档的Version Cue工作组状态。通过Adobe Drive，用户可以连接到Version Cue CS5服务器。连接后，用户可以在Windows资源管理器或Mas OS Finder中查看服务器的项目文件
文档大小	显示有关图像中的数据量的信息。选择该选项后，状态栏中会出现两组数字，左边的数字显示了拼合图层并存储文件后的大小，右边的数字显示了包含图层和通道的近似大小
文档配置文件	显示图像使用的所有颜色配置文件的名称
文档尺寸	显示图像的尺寸
暂存盘大小	显示有关处理图像的内存和Photoshop暂存盘的信息。选择该选项后，状态栏中会出现两组数字，左边的数字表示程序用于显示所有打开的图像的内存量，右边的数字表示用于处理图像的总内存量。如果左边的数字大于右边的数字，Photoshop将启用暂存盘作为虚拟内存
效率	显示执行操作实际花费时间的百分比。当效率为100%时，表示当前处理的图像在内存中生成；如果该值低于100%，则表示Photoshop正在使用暂存盘，操作速度也会变慢
计时	显示完成上一次操作所用的时间
当前工具	显示当前使用的工具名称
32位曝光	用于调整预览图像，以便在计算机显示器上查看32位/通道高动态范围（HDR）图像。只有当文档窗口显示HDR图像时，该选项才可用
存储进度	保存文件时，显示存储进度

1.4.7 面板

面板用于设置颜色、工具参数以及执行编辑命令等。在“窗口”菜单中可以选择需要的面板将其打开。默认情况下，面板以选项卡的形式成组出现，并停靠在窗口右侧。用户可根据需要打开、关闭或是自由组合面板。

1. 拆分面板

拆分面板的具体操作步骤如下。

Step01 打开光盘中的素材文件1-01.jpg（光盘\素材文件\第1章\），选中对应的图标或标签，按住鼠标左键，将其拖至工作区中的空白位置，如下图所示。

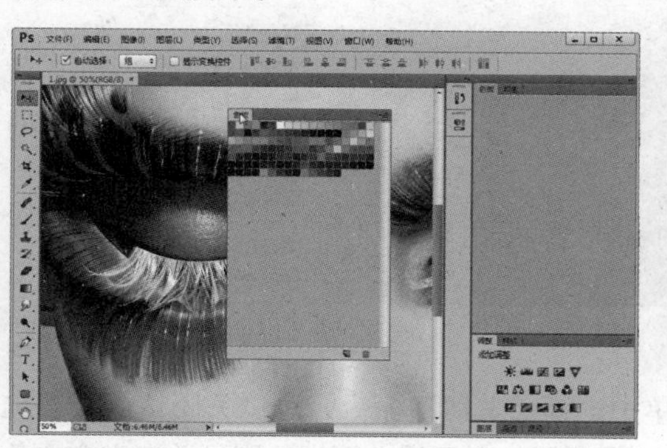

Step02 释放鼠标左键，面板就被拆分开来，如下图所示。

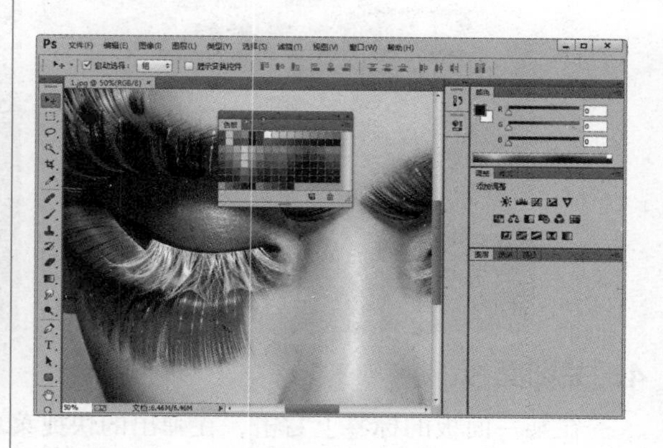

2. 组合面板

组合面板是指将两个或者多个面板合并到一个面板组中，当需要调用其中某个面板时，只需单击其标签即可。组合面板的具体操作步骤如下。

Step01 按住鼠标左键，拖动位于外部的面板标签至想要的位置，直至该位置出现蓝色反光，如下图所示。

Step02 释放鼠标左键，即可完成对面板的拼合操作，如下图所示。

3. 面板菜单

在Photoshop中，单击任何一个面板右上角的扩展按钮，均可弹出菜单。在大多数情况下，选择面板弹出菜单中的命令能提高操作效率。如左下图所示为“颜色”面板的菜单，右下图所示为“路径”面板的菜单。

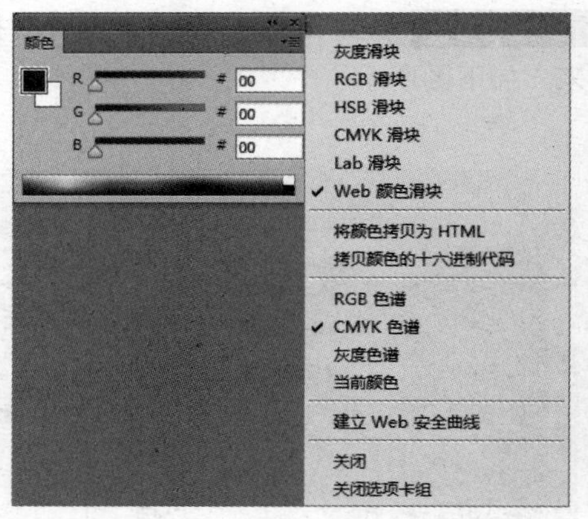

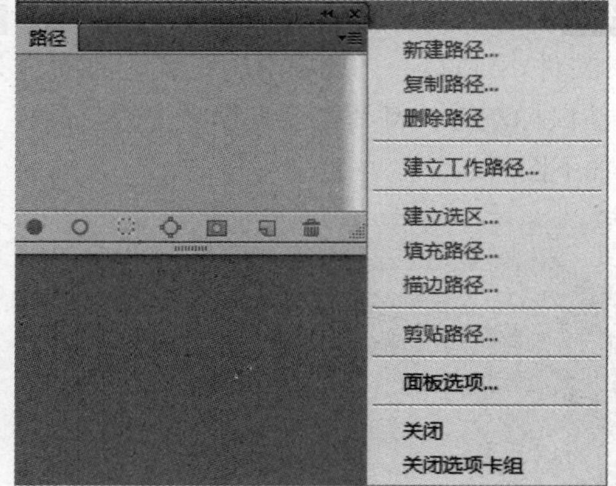

4. 关闭面板

在某一面板的标签上右击，在弹出的快捷菜单中选择“关闭”命令，可以关闭该面板。选择“关闭选项卡组”命令，可以关闭该面板组，如左下图所示。对于浮动面板，则可单击它右上角的 按钮将其关闭，如右下图所示。

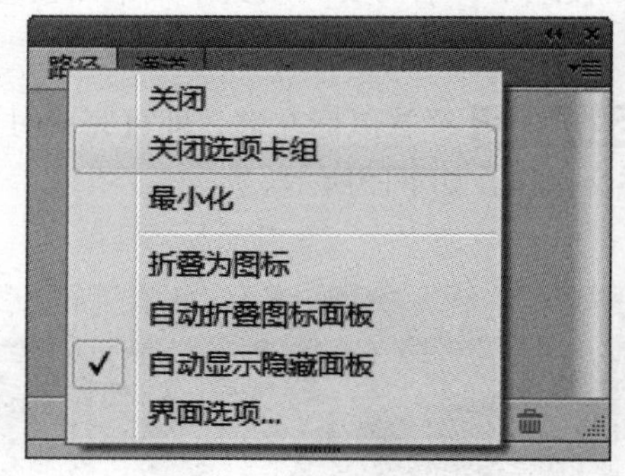

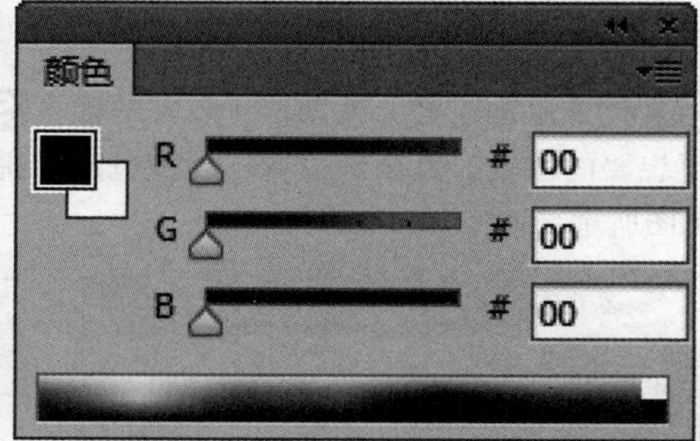

1.5 设置工作区

在Photoshop的工作界面中，菜单栏、文档窗口、工具箱和面板的排列方式称为工作区。Photoshop提供了适合不同任务的预设工作区，如要绘制插画，选择 “绘画”工作区，就会显示与画笔、色彩等有关的各种面板。此外，用户也可以创建适合自己使用习惯的工作区。

1.5.1 使用预设工作区

为了简化某些任务，Photoshop专门为用户提供了几种预设的工作区。例如，如果要编辑数码照片，可以使用“摄影”工作区，界面中就会显示与照片修饰有关的面板，如左下图所示；如果要绘制插画，可以使用“绘画”工作区，界面中就会显示与插画相关的面板，如右下图所示。

1.5.2 恢复默认工作区

在进行图像处理时，如果操作步骤过多，常会让工作区变得杂乱不堪。在这种情况下，用户可以快速恢复默认工作区。具体操作步骤如下。

光盘同步文件 视频文件：光盘\教学文件\第1章\1-5-2.mp4

Step01 打开光盘中的素材文件1-02.jpg（光盘\素材文件\第1章\），在打开的工作界面中，当前使用的“绘图”工作区显得十分杂乱，如下图所示。

Step02 执行“窗口”→“工作区”→“复位绘画”命令，如下图所示。

Step03 通过前面的操作，恢复默认的“绘画”工作区，如下图所示。

知识拓展——自定义工具快捷键

执行“编辑”→“键盘快捷键”命令，或者执行“窗口”→“工作区”→“键盘快捷键和菜单”命令，打开“键盘快捷键和菜单”对话框。

在“快捷键用于”下拉列表框中选择“工具”，可以根据自己的需要修改每个工具的快捷键。

1.6 辅助工具的使用

在Photoshop CC中标尺、参考线、网格和注释工具都属于辅助工具，它们不能用于编辑图像，但却可以帮助我们更好地完成选择、定位或编辑图像等操作。下面将详细讲解这些辅助工具的使用方法。

1.6.1 标尺的使用

标尺可以精确地确定图像或元素的位置。按【Ctrl+R】组合键可以快速显示标尺。标尺会出现在当前文档窗口的顶部和左侧，标尺内的标记可显示出鼠标指针移动时的位置，如下图所示。

1.6.2 参考线的使用

在进行图像处理时，为了获取某一区域的精确位置，或进行对齐操作，可绘出一些参考线。这些参考线浮动在图像上方，且不会被打印出来。创建参考线的具体操作步骤如下。

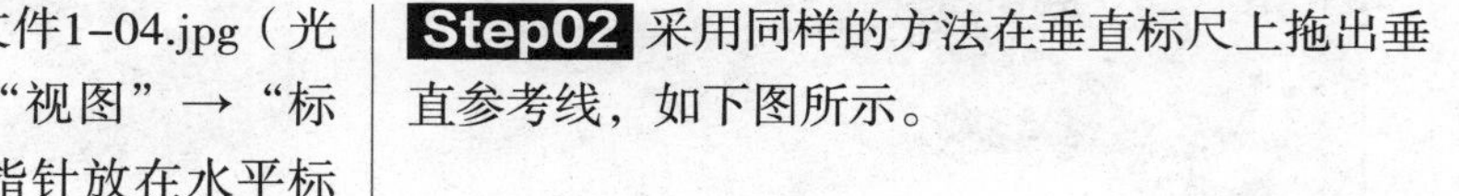

光盘同步文件 视频文件：光盘\教学文件\第1章\1-6-2.mp4

Step01 打开光盘中的素材文件1-04.jpg（光盘\素材文件\第1章\），执行“视图”→“标尺”命令，显示标尺。将鼠标指针放在水平标尺上，按鼠标左键并向下拖动，即可拖出水平参考线，如下图所示。

Step02 采用同样的方法在垂直标尺上拖出垂直参考线，如下图所示。

Step03 选择“移动工具”，将鼠标指针放在参考线上，当其变成形状后，按鼠标左键并拖动，即可移动参考线，如下图所示。

Step04 将参考线拖回标尺，可删除参考线。要删除所有的参考线，可执行“视图”→“清除参考线”命令，如下图所示。

知识拓展——锁定和隐藏参考线

执行“视图”→“锁定参考线”命令，可以锁定参考线，防止误操作；执行“视图”→“显示”→“参考线”命令，可以隐藏和显示参考线。

1.6.3 使用智能参考线

智能参考线是一种智能化的参考线，仅在需要时出现。使用“移动工具”进行操作时，通过智能参考线可以对齐形状、切片和选区。

执行“视图”→“显示”→“智能参考线”命令，即可启用智能参考线。此时如果移动对象，将显示出智能参考线，如下图所示。

1.6.4 网格的使用

网格对于对称地布置对象非常有用。执行“视图”→“显示”→“网格”命令，就可以显示网格，如下图所示。显示网格后，可执行“视图”→“对齐到”→“网格”命令启用对齐功能。此后在进行创建选区和移动图像等操作时，对象会自动对齐到网格上。

1.6.5 使用对齐功能

对齐功能有助于精确地放置选区、裁剪选框、切片、形状和路径。如果要启用对齐功能，首先需要执行“视图”→“对齐到”命令，使该命令处于选中状态，然后在其子菜单中选择一个对齐项目（带有“✔”标记的命令表示启用了该对齐功能），如右图所示。

对齐到(T)
锁定参考线(G) Alt+Ctrl+;
清除参考线(D)
新建参考线(E)...
锁定切片(K)
清除切片(C)

✔ 参考线(G)
✔ 网格(R)
✔ 图层(L)
✔ 切片(S)
✔ 文档边界(D)
全部(A)
无(N)

其中各项的含义如下表所示。

参考线	可以使对象与参考线对齐
网格	可以使对象与网格对齐。网格被隐藏时不能选择该选项
图层	可以使对象与图层中的内容对齐
切片	可以使对象与切片边界对齐。切片被隐藏时不能选择该选项
文档边界	可以使对象与文档的边缘对齐
全部	选择所有“对齐到”选项
无	取消选择所有“对齐到”选项

1.7 设置 Photoshop 首选项

执行“编辑”→“首选项”命令，在其子菜单中包含用于设置指针显示方式、参考线与网格的颜色、透明度、暂存盘和增效工具等项目的命令，可以根据自己的习惯来修改Photoshop首选项。

1.7.1 常规

执行“编辑”→“首选项”→“常规”命令，打开“首选项”对话框。左侧列表框中列出了各个首选项的名称，其中，“常规”此时处于选中状态，右侧则是与其对应的相关参数（表明此时已进入“常规”设置界面）。下面介绍一些常用的参数设置，如下表所示。

拾色器	可以选择使用Adobe拾色器，或是Windows拾色器。Adobe拾色器可根据4种颜色模型从整个色谱和PANTONE等颜色匹配系统中选择颜色；Windows、拾色器仅涉及基本的颜色，只允许根据两种颜色模型选择需要的颜色
图像插值	在改变图像的大小时，Photoshop会遵循一定的图像插值方法来增加或删除像素。在该下拉列表框中选择“邻近（保留硬边缘）”，表示以一种低精度的方法生成像素，速度快，但容易产生锯齿；选择“两次线性”，表示以一种通过平均周围像素颜色值的方法来生成像素，可生成中等品质的图像；选择“两次立方”，表示以一种将周围像素值分析作为依据的方法生成像素，速度较慢，但精度高，包括四种方式：①两次立方（适用于平滑渐变）；②两次立方较平滑（适用于扩大）；③两次立方较锐利（适用于缩小）；④两次立方（自动）
自动更新打开的文档	选中该复选框后，如果当前打开的文件被其他程序修改并保存，文件会在Photoshop中自动更新
完成后用声音提示	完成操作时，程序会发出提示音
动态颜色滑块	设置在移动“颜色”面板中的滑块时，颜色是否随着滑块的移动而实时改变
导出剪贴板	在退出Photoshop时，复制到剪贴板中的内容仍然保留，可以被其他程序使用
使用Shift键切换工具	选中该复选框时，在同一组工具间切换需要按工具快捷键+【Shift】键；取消选中该复选框时，只需按工具快捷键便可以切换
在置入时调整图像大小	置入图像时，图像会基于当前文件的大小而自动调整其大小
带动画效果的缩放	使用缩放工具缩放图像时，会产生平滑的缩放效果
缩放时调整窗口大小	使用快捷键缩放图像时，自动调整窗口的大小
用滚轮缩放	可以通过鼠标的滚轮缩放窗口
将单击点缩放至中心	使用缩放工具时，可以将单击点的图像缩放到画面的中心
启用轻击平移	使用抓手工具移动画面时，放开鼠标按键，图像也会滑动
历史记录	指定将历史记录数据存储在何处，以及历史记录中包含信息的详细程度。在“将记录项目存储到”栏中选中“元数据”单选按钮，历史记录存储为嵌入在文件中的元数据；选中“文本文件”单选按钮，历史记录存储为文本文件；选中“两者兼有”单选按钮，历史记录存储为元数据，并保存在文本文件中。在“编辑记录项目”下拉列表框中可以指定历史记录信息的详细程度
复位所有警告对话框	在执行一些命令时，会弹出警告对话框。选择“不再显示”选项时，下一次进行相同的操作便不会显示警告。如果要重新显示这些警告，可单击此按钮

1.7.2 界面

执行“编辑”→“首选项”→“界面”命令，或者在已打开的“首选项”对话框中选择左侧列表框中的“界面”，即可切换到“界面”设置界面。下面介绍一些常用的参数设置，如下表所示。

标准屏幕模式/全屏（带菜单）/全屏	用于设置这3种屏幕模式下，屏幕的颜色和边界效果
自动折叠图标面板	对于图标状面板，不使用时，它会重新折叠为图标状
自动显示隐藏面板	可以暂时显示隐藏的面板
以选项卡方式打开文档	打开文档时，全屏显示一幅图像，其他图像最小化到选项卡中
启用浮动文档窗口停放	选中该复选框后，可以拖动标题栏，将文档窗口停放到程序窗口中

续表

用彩色显示通道	默认情况下，RGB、CMYK和Lab图像的各个通道以灰度显示。选中该复选框后，可以用相应的颜色显示颜色通道
显示菜单颜色	使菜单中的某些命令显示为彩色
显示工具提示	将鼠标指针放在工具上时，会显示当前工具的名称和快捷键等提示信息
恢复默认工作区	单击该按钮，可以将工作区恢复为Photoshop默认状态
文本	可设置用于界面的语言和文字大小，修改后需要重新运行Photoshop才能生效

1.7.3 文件处理

执行“编辑”→“首选项”→“文件处理”命令，或者在已打开的“首选项”对话框中选择左侧列表框中的“文件处理”，即可切换到“文件处理”设置界面。下面介绍一些常用的参数设置，如下表所示。

图像预览	设置存储图像时是否保存图像的缩览图
文件扩展名	用于设置文件扩展名是“使用大写”还是“使用小写”
存储至原始文件夹	保存对原始文件所做的修改
Camera Raw首选项	单击该按钮，可在打开的对话框中设置Camera Raw首选项
对支持的原始数据文件优先使用Adobe Camera Raw	在打开支持原始数据的文件时，优先使用Adobe Camera Raw处理。相机原始数据文件包含来自数码相机图像传感器且未经处理和压缩的灰度图像数据以及有关如何捕捉图像的信息。Photoshop Camera Raw软件可以解释相机原始数据文件，该软件使用有关相机的信息以及图像元数据来构建和处理彩色图像
忽略EXIF配置文件标记	保存文件时忽略关于图像色彩空间的EXIF配置文件标记
存储分层的TIFF文件之前进行询问	保存分层的文件时，如果存储为TIFF格式，会弹出询问对话框
最大兼容PSD和PSB文件	可设置存储PSD和PSB文件时，是否提高文件的兼容性。选择“总是”，可在文件中存储一个带图层图像的复合版本，其他应用程序便能够读取该文件；选择“询问”，存储时会弹出询问是否最大限度地提高兼容性的对话框；选择“总不”，在不提高兼容性的情况下存储文档
启用Adobe Drive	启用Adobe Drive工作组
近期文件列表包含	设置“文件”→“最近打开文件”下拉菜单中能够保存的文件数量

1.7.4 性能

执行“编辑”→“首选项”→“性能”命令，或者在已打开的“首选项”对话框中选择左侧列表框中的“性能”，即可切换到“性能”设置界面。下面介绍一些常用的参数设置，如下表所示。

内存使用情况	显示了计算机内存的使用情况。可拖动滑块或在“让Photoshop使用”文本框内输入数值，调整分配给Photoshop的内存量。修改后，需要重新运行Photoshop才能生效
暂存盘	如果系统没有足够的内存来执行某个操作，则Photoshop将使用一种专有的虚拟内存技术（也称为暂存盘）。暂存盘是任何具有空闲内存的驱动器或驱动器分区。默认情况下，Photoshop将安装了操作系统的硬盘驱动器作为暂存盘，可在该选项组中将暂存盘修改到其他驱动器上。另外，包含暂存盘的驱动器应定期进行碎片整理
历史记录与高速缓存	用于设置“历史记录”面板中可以保留的历史记录的最大数量，以及图像数据的高速缓存级别。高速缓存可以提高屏幕重绘和直方图显示速度

续表

图形处理器设置	显示了计算机的显卡，并可以启动OpenGL绘图。启用后，在处理大型或复杂图像（如3D文件）时可加速处理过程。并且，旋转视图高级、像素网格、取样环等功能都需要启用OpenGL绘图

1.7.5 光标

执行“编辑”→“首选项”→“光标”命令，或者在已打开的“首选项”对话框中选择左侧列表框中的“光标”，即可切换到“光标”设置界面。下面介绍一些常用的参数设置，如下表所示。

绘画光标	用于设置使用绘画工具时，光标在画面中的显示状态，以及光标中心是否显示交叉线
其他光标	设置使用其他工具时，光标在画面中的显示状态
画笔预览	用于设置画笔预览的颜色

1.7.6 透明度与色域

执行“编辑”→“首选项”→“透明度与色域”命令，或者在已打开的“首选项”对话框中选择左侧列表框中的“透明度与色域”，即可切换到“透明度与色域”设置界面。下面介绍一些常用的参数设置，如下表所示。

透明区域设置	当图像中的背景为透明区域时，会显示为棋盘格状，在“网格大小”下拉列表框中可以设置棋盘格的大小；在“网格颜色”下拉列表框中可以设置棋盘格的颜色
色域警告	当图像中的色彩过于鲜艳而出现溢色时，执行“视图”→“色域警告”命令，溢色会显示为灰色。可以在该选项组中修改溢色的颜色，并调整其不透明度

1.7.7 单位与标尺

执行“编辑”→“首选项”→“单位与标尺”命令，或者在已打开的“首选项”对话框中选择左侧列表框中的“单位与标尺”，即可切换到“单位与标尺”设置界面。下面介绍一些常用的参数设置，如下表所示。

单位	可以设置标尺和文字的单位
列尺寸	如果要将图像导入到排版程序，并用于打印和装订，可在该选项组中设置“宽度”和“装订线”的尺寸，用列来指定图像的宽度，使图像正好占据特定数量的列
新文档预设分辨率	用于设置新建文档时预设的打印分辨率和屏幕分辨率。
点/派卡大小	设置如何定义每英寸的点数。选中“PostScript（72点/英寸）”单选按钮，设置一个兼容的单位大小，以便打印到PostScript设备；选中“传统（72.27点/英寸）”单选按钮，则使用72.27点/英寸（打印中传统使用的点数）

1.7.8 参考线、网格和切片

执行“编辑”→“首选项”→“参考线、网格和切片”命令，或者在已打开的“首选项”对话框中选择左侧列表框中的“参考线、网格和切片”，即可切换到“参考线、网格和切片”设置界面。下面介绍一些常用的参数设置，如下表所示。

参考线	用于设置参考线的颜色和样式（包括直线和虚线两种样式）
智能参考线	用于设置智能参考线的颜色
网格	可以设置网格的颜色和样式。对于“网格线间隔”，可以输入网格间距的值。在“子网格”文本框中输入一个值，则可基于该值重新细分网格
切片	用于设置切片边框的颜色。选中“显示切片编号”复选框，可以显示切片的编号

1.7.9 增效工具

执行“编辑”→“首选项”→“增效工具”命令，或者在已打开的“首选项”对话框中选择左侧列表框中的“增效工具”，即可切换到“增效工具”设置界面。下面介绍一些常用的参数设置，如下表所示。

滤镜	滤镜是由Adobe和第三方经销商开发的可在Photoshop中使用的外挂滤镜或者插件。Photoshop自带的滤镜保存在Plug-Ins文件夹中，如果将外挂滤镜或者插件安装在了其他文件内，可选中该复选框，在打开的对话框中选择这一文件夹，并重新启动Photoshop，外挂滤镜便可以在Photoshop中使用了
扩展面板	选中“允许扩展连接到Internet”复选框，表示允许Photoshop扩展面板连接到Internet获取新内容，以及更新程序；选中“载入扩展面板”复选框，启动时可以载入已安装的扩展面板

1.7.10 文字

执行“编辑”→“首选项”→“文字”命令，或者在已打开的“首选项”对话框中选择左侧列表框中的“文字”，即可切换到“文字”设置界面。下面介绍一些常用的参数设置，如下表所示。

使用智能引号	智能引号也称为印刷引号，它会与字体的曲线混淆；选中该复选框后，输入文本时可使用弯曲的引号替代直引号
启用丢失字形保护	选中该复选框后，如果文档使用了系统上未安装的字体，在打开该文档时会出现一条警告信息，Photoshop会指明缺少哪些字体，用户可以使用可用的匹配字体替换缺少的字体
以英文显示字体名称	在“字符”面板和文字工具选项栏的字体下拉列表框中以英文显示亚洲字体的名称；取消选中该复选框时，则以中文显示

技高一筹

下面结合本章内容，给大家介绍一些实用技巧。

光盘同步文件　原始文件：光盘\素材文件\第1章\技高一筹\1-01.jpg

同步视频文件：光盘\教学文件\第1章\技高一筹\技巧01.mp4~技巧04.mp4

◎技巧 01　创建精确参考线

在创建参考线时，除了以从标尺处拖动的方式创建外，还可以通过输入数值的方式创建精确的参考线。具体操作步骤如下。

Step01 打开光盘中的素材文件1-01.jpg（光盘\素材文件\第1章\技高一筹\），执行“视图”→“新建参考线”命令，在弹出的“新建参考线”对话框中设置“位置”为10，取向为“水平”，单击“确定”按钮，如下图所示。

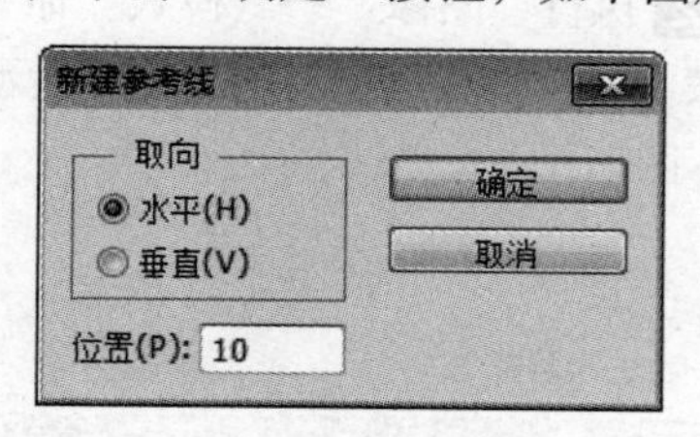

Step02 通过前面的操作，为图像创建水平参考线，如下图所示。

◎技巧 02　创建自定义工作区

创建自定义工作区，可以将自己经常使用的面板组合在一起，简化工作界面，从而提高工作效率。具体操作步骤如下。

Step01 在“窗口”菜单中将需要的面板打开，不需要的面板关闭，再将面板分类组合，如下图所示。

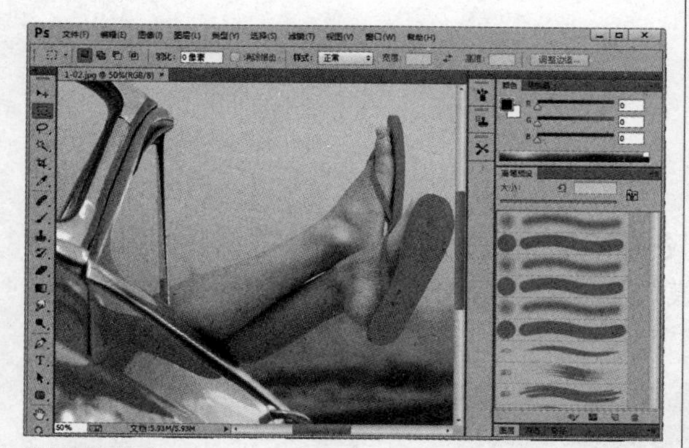

Step02 执行“窗口”→“工作区”→“新建工作区”命令，打开“新建工作区”对话框。❶在“名称”文本框中输入工作区的名称；❷单击“存储”按钮，保存工作区，如下图所示。

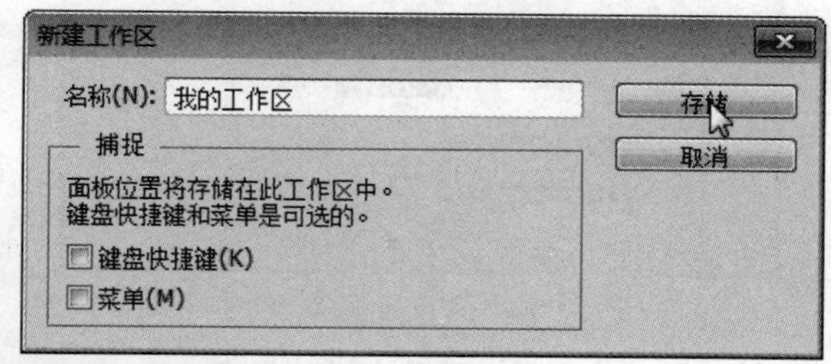

Step03 执行“窗口”→“工作区”命令，可在弹出的子菜单中看到前面所创建的工作区，选择它即可切换为该工作区，如下图所示。

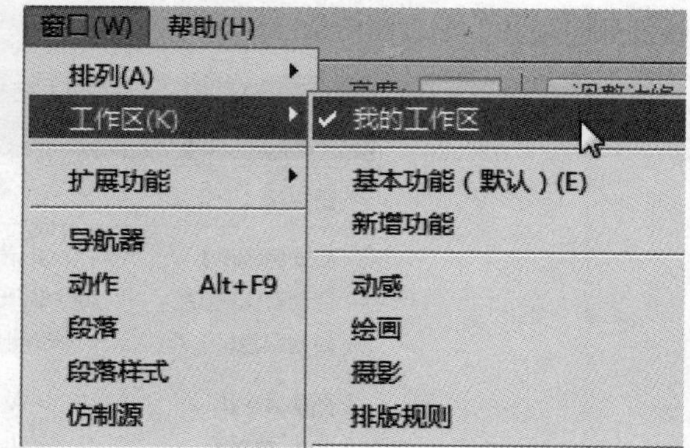

知识拓展——删除工作区

如果要删除工作区，可以执行“窗口”→“工作区”→“删除工作区”命令，在打开的“删除工作区”对话框中，选择目标工作区进行删除即可。

◎技巧 03　如何更改菜单的颜色

如果经常要用到某些菜单命令，不妨将其定义为彩色，以便需要时可以快速找到它们。自定义彩色菜单命令的具体操作步骤如下。

Step01 执行“编辑”→“菜单”命令，打开“键盘快捷键和菜单”对话框。❶单击“图像”命令前面的▶按钮，在展开的菜单中选择“模式”命令；❷在展开的菜单中选择“双色调”命令，在其对应的“颜色”下拉列表框中选择红色；❸单击“确定”按钮，如下图所示。

Step02 执行“图像”→“模式”命令，在弹出的子菜单中，“双色调”命令就显示为红色了，如下图所示。

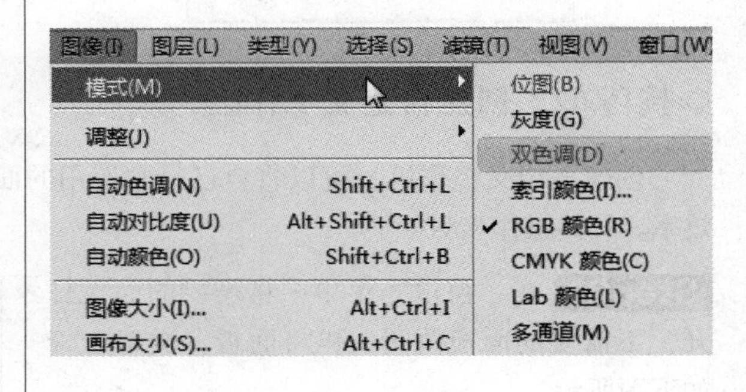

◎技巧 04　如何更改颜色模式

图像的颜色模式分类众多，每种颜色模式都各有特点和使用范围。因此，在实际使用中，经常需要进行颜色模式的转换。执行“图像”→“模式”命令，在弹出的子菜单中，可以选择需要转换的颜色模式，如下图所示。

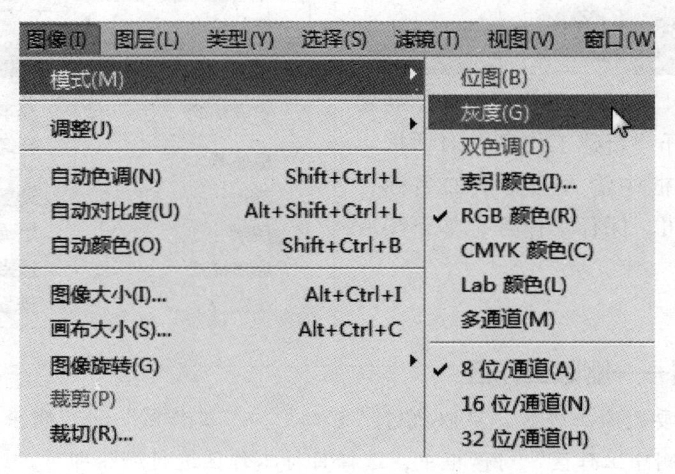

技能训练

前面主要讲述了Photoshop CC软件的应用领域、新增功能、图像处理必备知识、工作界面、辅助工具和首选项等知识，下面安排两个技能训练，帮助读者巩固所学的知识点。

*技能 1 更改标尺原点

训练介绍

显示标尺时，其默认原点位置是（0，0）。用户可以通过操作改变默认的原点位置，以适应自己的操作需要。

光盘同步文件

素材文件：光盘\素材文件\第1章\技能训练\1-01.jpg

视频文件：光盘\教学文件\第1章\技能训练\1-01.mp4

操作提示

制作关键

本实例首先要显示出标尺，接下来使用拖动的方式调整标尺原点，最后使用双击原点的方式恢复默认原点。

技能与知识要点

- 显示标尺
- 变换标尺原点
- 恢复标尺原点

操作步骤

本实例的具体操作步骤如下。

Step01 打开素材文件1-01.jpg（光盘\素材文件\第1章\技能训练\），按【Ctrl+R】组合键显示标尺，其原点位于窗口左上角（0，0）标记处，如下图所示。

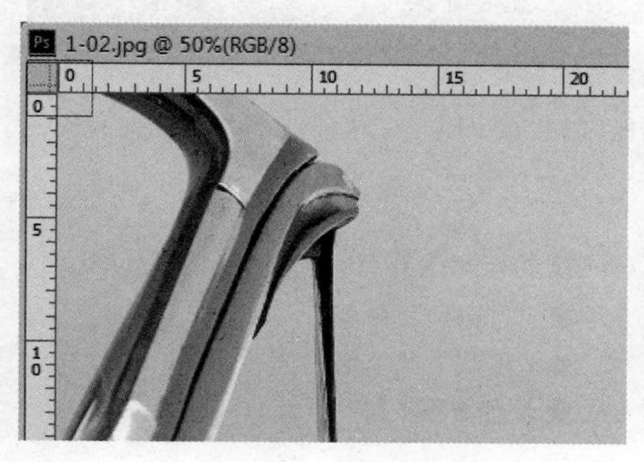

Step02 将鼠标指针放到原点上，按鼠标左键并向右下方拖动，画面中会出现十字交叉点，如下图所示。

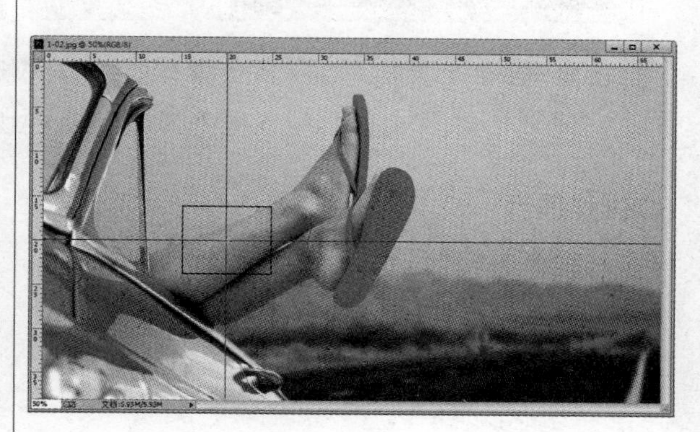

Step03 释放鼠标后，该处便成为原点的新位置，如下图所示。

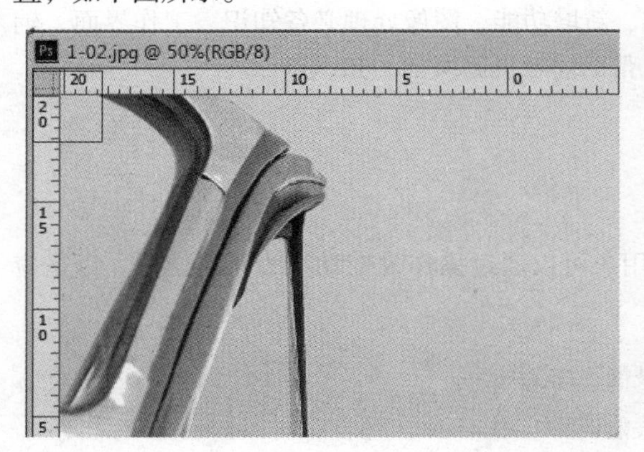

Step04 如果要将原点恢复为默认的位置，可在窗口的左上角双击鼠标，如下图所示。

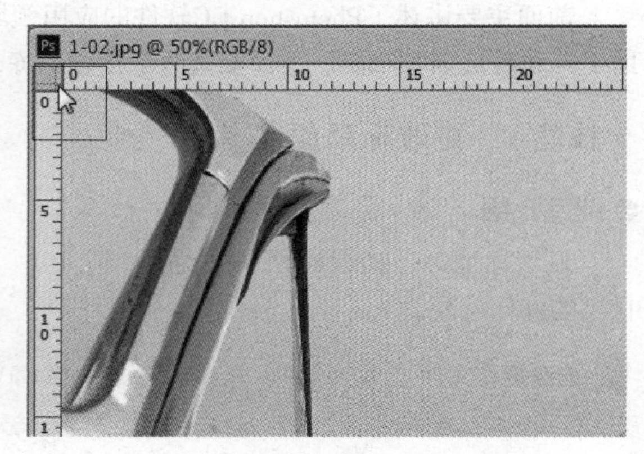

*技能 2　设置 Photoshop 工作界面的颜色

➲ 训练介绍

为了提高工作效率，用户可以自由设置Photoshop工作界面的颜色，以满足不同的需求，前后效果对比如下图所示。

光盘同步文件　素材文件：光盘\素材文件\第1章\技能训练\1-02.jpg

视频文件：光盘\教学文件\第1章\技能训练\1-02.mp4

➲ 操作提示

制作关键

首先打开“首选项”对话框，然后在该对话框中设置外观的颜色方案。

技能与知识要点

- “首选项”命令
- “外观”选项组
- 颜色方案

➲ 操作步骤

本实例的具体操作步骤如下。

Step01 打开素材文件1-02.jpg（光盘\素材文件\第1章\技能训练\）（可以选择任意图片），界面颜色是灰色调，如下图所示。

Step02 执行“编辑”→“首选项”→“界面”命令，打开“首选项”对话框。❶在“外观”选项组中，设置“颜色方案”为深黑色；❷单击“确定”按钮，如下图所示。

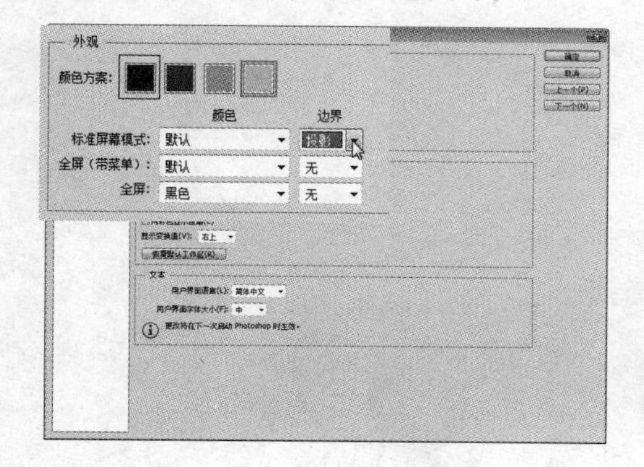

Step03 通过前面的操作，Photoshop CC工作界面变更为深黑色，如下图所示。

Step04 在“首选项”对话框中，设置“标准屏幕模式”的“边界”为投影，图像右上方将出现投影效果，如下图所示。

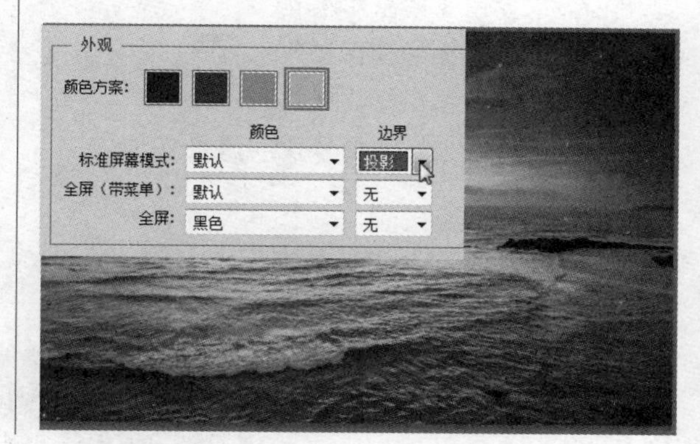

专家提示

更改工作界面的颜色，无须重新启动软件即可生效。

某些首选项设置则需要重新启动软件才能生效。例如，更改“暂存盘”后，需要关闭Photoshop CC软件，再次启动该软件后，新设置的暂存盘才会生效。

本章小结

本章对Photoshop CC的基础知识进行了详细介绍。通过对本章的学习，读者不仅对Photoshop CC的工作界面有了全面的认识，还能掌握如何使用辅助工具、设置Photoshop首选项等知识技能，为后面的学习打下扎实的基础。

第2章 Photoshop CC基础操作

本章导读

使用 Photoshop CC 进行图像处理前，有必要掌握一些基本操作技巧。本章将带领读者学习 Photoshop CC 的基础操作知识。

学完本章后应该掌握的技能

* 掌握图像的基本操作
* 了解图像的视图操作
* 熟练掌握图像的变换
* 熟练掌握图像的修改和调整方法

本章相关实例效果展示

2.1 文件的基本操作

Photoshop CC最常用的5种文件操作分别是新建文件、打开文件、保存文件、关闭文件和置入文件。只有熟练掌握了这些基本的操作，才能更好地掌握Photoshop CC的相关知识，并进行图像处理。下面将进行详细的介绍。

2.1.1 新建文件

新建文件是指在Photoshop CC中创建一个新的图像文件。新建文件通常有两种方法，可以通过“文件”菜单下的“新建”命令来操作，也可以按【Ctrl+N】组合键进行操作。具体操作步骤如下。

光盘同步文件　视频文件：光盘\教学文件\第2章\2-1-1.mp4

Step01 启动Photoshop CC程序后，❶单击“文件”菜单项，❷在弹出的下拉菜单中选择“新建”命令，如下图所示。

Step02 在弹出的“新建”对话框中，❶设置文件尺寸、分辨率、颜色模式和背景内容等，❷完成后单击“确定”按钮，如下图所示。

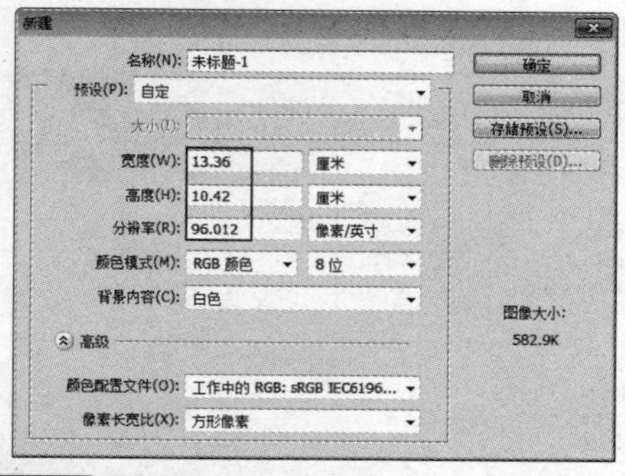

Step03 即可新建一个空白文件，如下图所示。

专家提示

在“新建”对话框中，“名称”用于设置新文件的名称；“分辨率”用于设置图像的分辨率大小，其单位有“像素/英寸”和“像素/厘米”两种选择；“颜色模式”用于设置图像的颜色模式；“背景内容”用于设置文件的背景色。

2.1.2 打开文件

要在Photoshop中编辑一个图像文件，如图像素材、照片等，需要先将其打开。打开文件的方法有很多种，下面介绍一些常用方法。

光盘同步文件　视频文件：光盘\教学文件\第2章\2-1-2.mp4

1. 通过“打开”命令打开文件

通过“打开”命令打开文件，是最常用的方法，其具体操作步骤如下。

Step01 执行“文件”→“打开”命令，弹出“打开”对话框。❶在文件夹和文件列表中选择需要打开的图像文件，如“2-01”（光盘\素材文件\第2章\）；❷单击“打开”按钮，如下图所示。

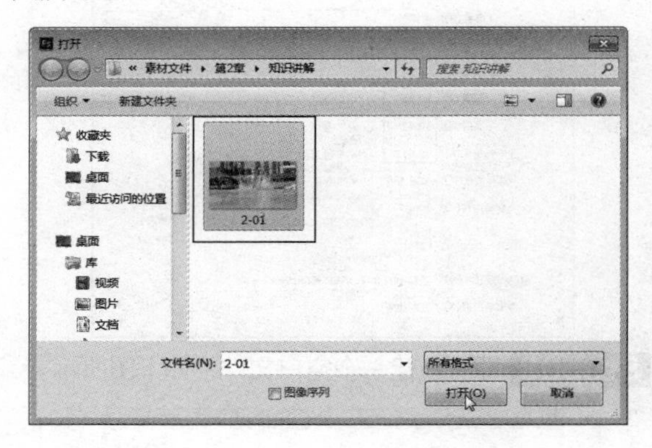

Step02 即可打开选定的图像文件，打开的图像显示在工作区中，如下图所示。

高手指点——快速打开多个文件

按【Ctrl+O】组合键或者在灰色的Photoshop程序窗口中双击，都可以弹出“打开”对话框。如果需要打开多个图像文件，可在“打开”对话框的文件夹和文件列表中，先按住【Ctrl】键，再逐个单击要打开的多个文件；此时若要取消某一文件，单击该文件，即可取消其选中状态。

2. 通过“打开为”命令打开文件

如果使用与文件的实际格式不匹配的扩展名存储文件，或者文件没有扩展名，则Photoshop可能无法确定文件的正确格式。

如果出现这种情况，可执行“文件”→“打开为”命令，在弹出的“打开为”对话框中选择需要打开的文件，在“打开为”下拉列表框中为它指定正确的格式，然后单击“打开”按钮即可。

3. 通过“在Bridge中浏览”命令打开文件

执行“文件”→“在Bridge中浏览”命令，可以运行Adobe Bridge。在Bridge中选择一个文件，双击即可在Photoshop中将其打开。

4. 打开最近使用过的文件

执行“文件”→“最近打开的文件”命令，在其子菜单中保存了最近在Photoshop中打开的10个文件，选择一个文件即可将其打开。

5. 作为智能对象打开

执行“文件”→“打开为智能对象”命令，在弹出的“打开为智能对象”对话框中选择一个文件，单击“打开”按钮，该文件可转换为智能对象（图层缩览图右下角有一个图标）。

2.1.3 置入文件

在打开或者新建一个文档后，可以使用“文件”菜单中的“置入”命令将照片、图片等位图，以及EPS、PDF、AI等矢量文件作为智能对象置入Photoshop文档中使用。具体操作步骤如下。

Step01 打开光盘中的素材文件2-02a.jpg（光盘\素材文件\第2章\），如下图所示。

Step02 执行“文件”→“置入”命令，打开“置入”对话框。❶选择2-02b.tif，❷单击“置入”按钮，如下图所示。

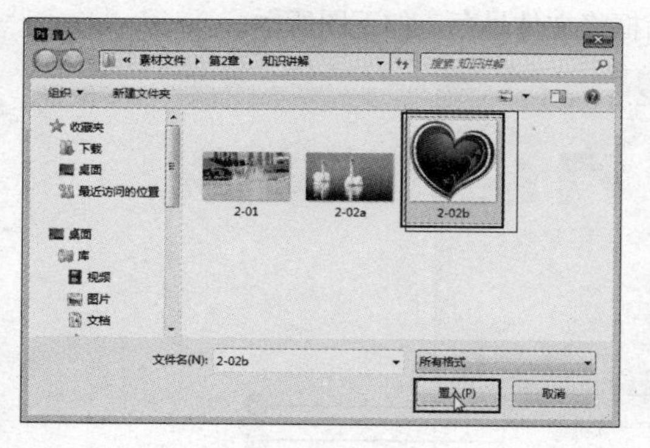

Step03 通过前面的操作，图像置入到背景图像中，如下图所示。

Step04 将置入的文件移动位置和大小，然后双击确定置入，如下图所示。

2.1.4 导入文件

Photoshop可以编辑视频帧、注释和WIA支持等内容。当新建或打开图像文件后，可以通过“文件”→“导入”下拉菜单中的命令，将这些内容导入图像中。

对于某些数码相机，可以利用“Windows图像采集（WIA）支持”来导入图像。将数码相机连接到计算机，然后执行“文件”→“导入”→“WIA支持”命令，可以将照片导入Photoshop中。

如果计算机配置有扫描仪并安装了相关的软件，则可以在“导入”下拉菜单中选择扫描仪的名称，使用扫描仪制造商的软件扫描图像，并将其存储为TIFF、PICT、BMP格式，然后在Photoshop中打开。

2.1.5 导出文件

在Photoshop中创建和编辑的图像可以导出到Illustrator或视频设备中，以满足不同的使用需求。“文件”→“导出”下拉菜单中包含了用于导出文件的命令。

执行“文件”→“导出”→“Zommify”命令，可以将高分辨率的图像发布到Web上。利用Viewpoint Media Player，用户可以平移或缩放图像以查看它的不同部分。在导出时，Photoshop会创建JPEG和HTML文件，可以将这些文件上传至Web服务器。

如果在Photoshop中创建了路径，可以执行“文件”→“导出”→“路径到Illustrator”命令，将路径导出为AI格式，在Illustrator中可以继续对路径进行编辑。

2.1.6 保存文件

图像编辑完成后，要退出Photoshop CC的工作界面时，就需要对完成的图像进行保存。保存的方法有很多种，可根据不同的需要进行选择。

1. 使用“存储”命令保存文件

当打开一个图像文件并对其进行了编辑之后，可以执行“文件”→“存储”命令，保存所做的修改，图像会按照原有的格式存储。如果是一个新建的文件，则执行该命令时会打开“存储为”对话框。

2. 使用“存储为”命令保存文件

如果要将文件保存为另外的名称和其他格式，或者存储在其他位置，可以执行“文件”→“存储为”命令，通过打开的“另存为”对话框将文件另存，如下图所示。

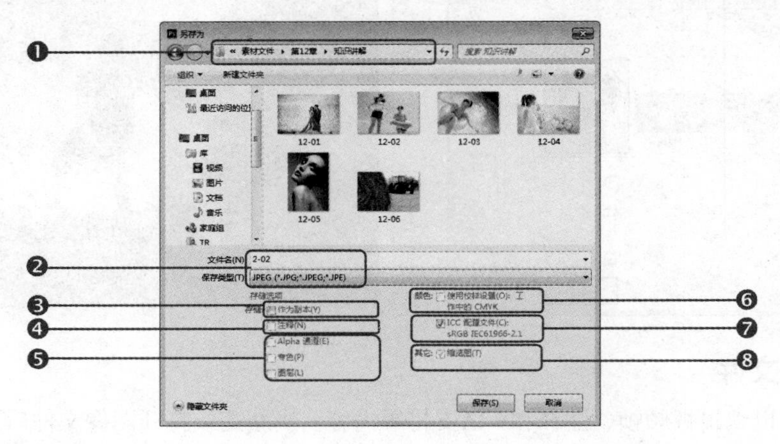

其中主要选项的含义如下表所示。

❶保存在	可以选择图像的保存位置。
❷文件名/格式	可在“文件名”文本框中输入文件名，在“格式”下拉列表框中选择图像的保存格式
❸作为副本	选中该复选框，可另存一个文件副本。副本文件与源文件存储在同一位置
❹注释	可以选择是否存储注释
❺Alpha通道/专色/图层	可以选择是否存储Alpha通道、专色和图层
❻使用校样设置	将文件的保存格式设置为EPS或PDF时，该复选框可用。选中该复选框，可以保存打印用的校样设置
❼ICC配置文件	可保存嵌入在文档中的ICC配置文件
❽缩览图	为图像创建缩览图。此后在“打开”对话框中选择一幅图像时，对话框底部会显示此图像的缩览图

2.1.7 关闭文件

完成图像的编辑后，可以采用以下方法关闭文件。

方法01：执行“文件”→“关闭”命令，或者单击文档窗口右上角的☒按钮，可以关闭当前的图像文件。

方法02：如果在Photoshop中打开了多个文件，可以执行“文件”→“关闭全部”命令，关闭所有的文件。

方法03：执行“文件”→“关闭并转到Bridge”命令，可以关闭当前的文件，然后打开Bridge。

方法04：执行“文件”→“退出”命令，或者单击程序窗口右上角的×按钮，可以关闭文件并退出Photoshop。如果文件没有保存，会弹出一个对话框，询问是否保存文件。

2.2 图像的视图操作

在图像处理中，经常需要对当前文件的视图进行调整，以便更好地编辑和修改图像。为了更精确地编辑图像，Photoshop CC为用户提供了多种用于缩放窗口的工具和命令。下面将进行详细的介绍。

2.2.1 缩放视图

在工具箱中单击“缩放工具”按钮或按快捷键【Z】后，将激活缩放工具选项栏，如下图所示。

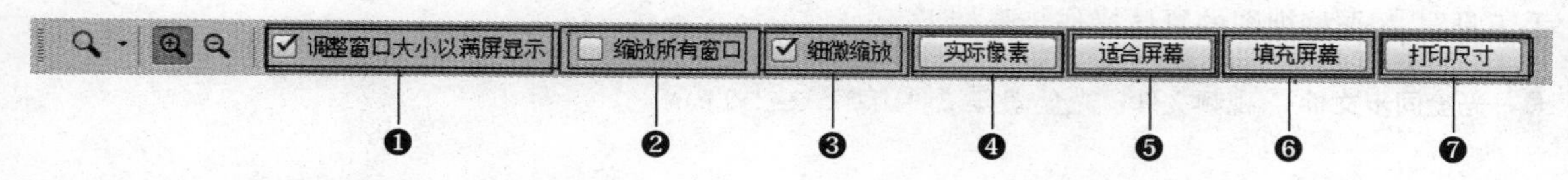

其中常见参数的作用如下表所示。

❶调整窗口大小以满屏显示	选中该复选框，则在缩放图像时，图像的窗口也将随着图像的缩放而自动缩放
❷缩放所有窗口	选中该复选框，则在缩放某一图像的同时，其他视图窗口中的图像也会跟着自动缩放
❸细微缩放	选中该复选框后，在图像中向左拖动鼠标可以连续缩小图像，向右拖动鼠标可以连续放大图像。要进行连续缩放，视频卡必须支持 OpenGL，且必须在“常规”首选项中选中“带动画效果的缩放”复选框
❹实际像素	单击该按钮，可以让图像以实际像素大小（100%）显示
❺适合屏幕	单击该按钮，可以依据工作窗口的大小自动选择适合的缩放比例显示图像
❻填充屏幕	单击该按钮，可以依据工作窗口的大小自动缩放视图大小，并填满工作窗口
❼打印尺寸	单击该按钮，可以让图像以实际的打印尺寸来显示，但这个大小只能作为参考，真实的打印尺寸还是要打印出来才会准确

选择“缩放工具”后，在其选项栏中单击“放大”按钮或“缩小”按钮，然后在图像窗口中单击，即可对图像进行放大或缩小显示，效果分别如下图所示。

高手指点——快速放大和缩小视图

用户可以执行“视图”→“放大”命令将图像逐步放大，也可以直接按【Ctrl++】组合键快速放大图像。同样，可以执行“视图”→“缩小”命令将图像逐步缩小，也可以直接按【Ctrl+-】组合键快速缩小图像。

2.2.2 平移视图

当图像显示的大小超过当前画布大小时，窗口就不能显示所有的图像内容。这时除了通过拖动窗口中的滚动条来查看内容外，还可以利用工具箱中的“抓手工具”来查看内容。使用“抓手工具”平移视图的具体操作步骤如下。

光盘同步文件　视频文件：光盘\教学文件\第2章\2-2-2.mp4

Step01 打开光盘中的素材文件2-04.jpg（光盘\素材文件\第2章\），选择工具箱中的“抓手工具”，将鼠标指针移至图像中，如下图所示。

Step02 按鼠标左键并向左侧拖动，位于图像窗口外的图像被显示出来，如下图所示。

专家提示

“抓手工具”只有在图像显示大于当前图像窗口时才起作用。双击“抓手工具”按钮，将自动调整图像大小以适合屏幕的显示范围。在使用绝大多数工具时，按住键盘中的空格键都可以切换为抓手工具。

2.2.3 旋转视图

“旋转视图工具”可以在不破坏图像的情况下旋转视图，使图像编辑变得更加方便。在选择工具箱中的“旋转视图工具”后，其选项栏如下图所示。

其中常见参数的作用如下表所示。

❶旋转角度	在“旋转角度”后面的文本框中输入角度值，可以精确地旋转画布
❷设置视图的旋转角度	单击该按钮或旋转按钮上的指针，可以根据时针刻度直观地旋转视图
❸复位视图	单击该按钮或按【Esc】键，可以将画布恢复到原始角度
❹旋转所有窗口	选中该复选框后，如果用户打开了多个图像文件，可以以相同的角度同时旋转所有文件的视图

使用“旋转视图工具”旋转视图的具体操作步骤如下。

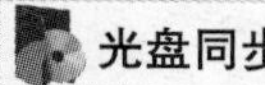

光盘同步文件 视频文件：光盘\教学文件\第2章\2-2-3.mp4

Step01 打开光盘中的素材文件2–05.jpg（光盘\素材文件\第2章\），选择工具箱中的“旋转视图工具”，如下图所示。

Step02 在图像中单击会出现一个红色的罗盘，红色的指针指向上方，按鼠标左键并拖动即可旋转画布，如下图所示。

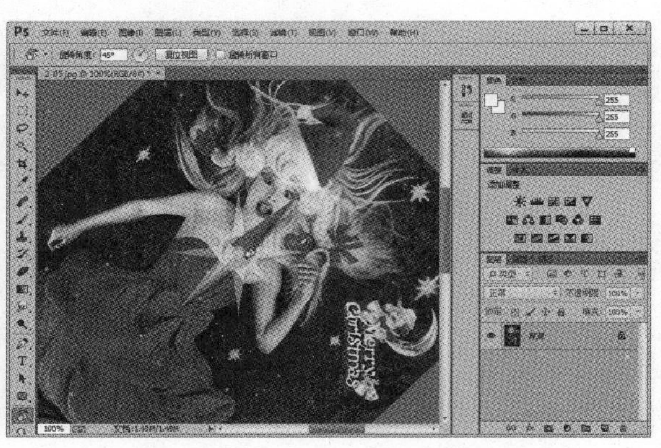

2.2.4 图像的排列方式

如果打开了多个图像文件，可执行“窗口”→“排列”命令，在弹出的子菜单中选择相应的命令控制文件的排列方式。下面介绍常用的排列方式。

◆ 层叠：从图像编辑窗口的左上角到右下角以层层堆叠的方式显示打开的多个文件，如左下图所示。

◆ 平铺：自动边靠边地拼贴放置所有图像文件，当关闭其中的一个图像文件时，其他文件就会自动调整大小以填充可用的空间，如右下图所示。

◆ 使所有内容在窗口中浮动：使所有图像文件都浮动在图像编辑窗口中。

◆ 将所有内容合并到选项卡中：全屏显示其中一个文件，其他图像文件自动最小化到选项卡中，如左下图所示。

◆ 匹配缩放：将所有打开的图像文件都匹配到与活动窗口相同的缩放比例，如右下图所示。

◆ 匹配位置：将所有窗口中图像的显示位置都匹配到与当前窗口相同。

◆ 匹配旋转：将所有图像文件中画布的旋转角度都匹配到与活动窗口相同。

◆ 全部匹配：将所有图像文件的缩放比例、图像显示位置、画布旋转角度与当前活动窗口进行匹配。

◆ 为"文件名"新建窗口：为当前打开的文件新建一个视图窗口。需要注意的是，新建的只是视图窗口，而不是文件名。

高手指点——其他文档排列方式

打开多个文件后，可以执行"窗口"→"排列"命令，在弹出的子菜单中选择一种文档排列方式，如全部垂直拼贴、双联、三联、四联等。

2.2.5 切换不同的屏幕模式

单击工具箱底部的"更改屏幕模式"按钮，可以显示一组用于切换屏幕模式的按钮，包括"标准屏幕模式"按钮、"带有菜单栏的全屏模式"按钮、"全屏模式"按钮。

1. 标准屏幕模式

默认的屏幕模式，可显示菜单栏、标题栏、滚动条和其他屏幕元素，如左下图所示。

2. 带有菜单栏的全屏模式

显示带有菜单栏和50%灰色背景的全屏窗口，如右下图所示。

3. 全屏模式

显示只有黑色背景，无标题栏、菜单栏和滚动条的全屏窗口。进入全屏模式前，系统会提示注意事项，单击“全屏”按钮，如左下图所示；全屏模式效果如右下图所示。

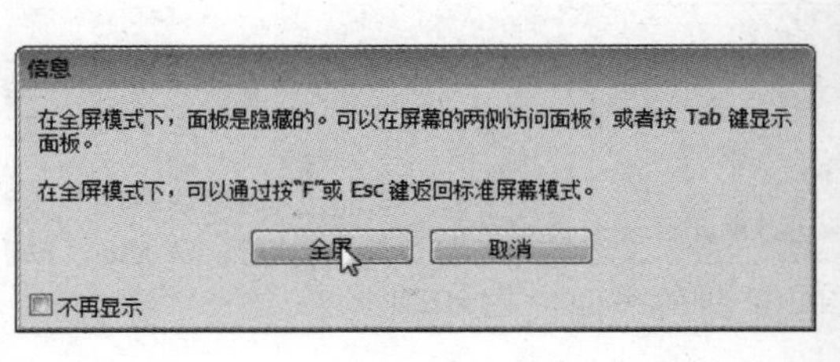

专家提示

按【F】键可在各种屏幕模式间切换。按【Tab】键可以隐藏/显示工具箱、面板和工具选项栏；按【Shift+Tab】组合键可以隐藏/显示面板。

2.3 图像的变换与变形

移动、旋转、缩放、扭曲、斜切等是图像处理的基本方法，其中，移动、旋转和缩放称为变换操作，扭曲和斜切称为变形操作。

2.3.1 移动图像

“移动工具” 是最常用的工具之一，无论是移动图层、选区内的图像，还是将其他文档中的图像拖入当前文档，都需要使用该工具。

选择工具箱中的“移动工具” ，其选项栏如下图所示。

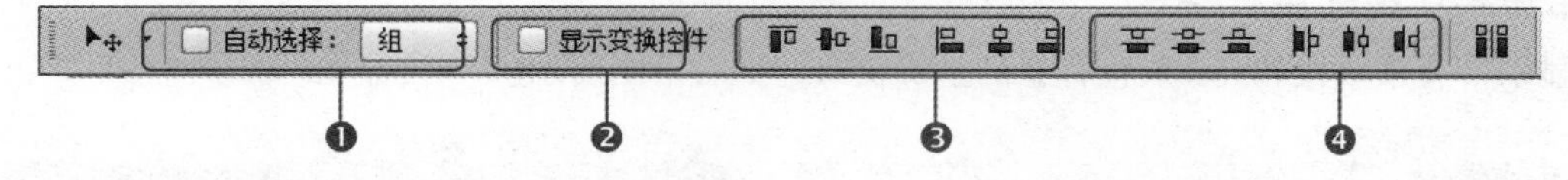

其中常见参数的作用如下表所示。

❶自动选择	如果文档中包含多个图层或组，可选中该复选框，并在其后的下拉列表框中选择要移动的内容。选择“图层”，使用“移动工具”在画面中单击时，可以自动选择工具下包含像素的最顶层的图层；选择“组”，则在画面中单击时，可以自动选择工具下包含像素的最顶层的图层所在的图层组
❷显示变换控件	选中该复选框后，当选择一个图层时，就会在图层内容的周围显示定界框，此时可以拖动控制点来对图像进行变换操作。当文档中图层较多，并且要经常进行变换操作时，该复选框非常实用；但平时用处不大

续表

❸对齐图层	选择了两个或者两个以上的图层时，可单击相应的按钮将所选图层对齐。这些按钮包括“顶对齐”按钮、“垂直居中对齐”按钮、“底对齐”按钮、“左对齐”按钮、“水平居中对齐”按钮和“右对齐”按钮
❹分布图层	如果选择了3个或3个以上的图层，可单击相应的按钮使所选图层按照一定的规则均匀分布。这些按钮包括“顶分布”按钮、“垂直居中分布”按钮、“按底分布”按钮、“按左分布”按钮、“水平居中分布”按钮和“按右分布”按钮

在“图层”面板中单击要移动的对象所在的图层，使用“移动工具”在画面中单击并拖动鼠标，即可移动图层中的图像内容，如下图所示。

2.3.2 定界框、中心点和控制点

执行“编辑”→“变换”命令，在弹出的子菜单中包含了各种变换命令，可以利用它们对图层、路径、矢量形状以及选中的图像进行变换操作。

执行变换命令时，对象周围会出现一个定界框。定界框中央有一个中心点，周围有控制点，如左下图所示。默认情况下，中心点位于对象的中心。中心点用于定义对象的变换中心，通过拖动可以移动它的位置，如右下图所示。拖动控制点可以对对象进行变换。

2.3.3 旋转与缩放操作

使用“旋转”命令可以旋转对象的方向和角度，以得到最佳的图像效果；当图像尺寸不能满足实际需要时，使用“缩放”命令可以对选择的图像进行放大和缩小操作。其具体操作步骤如下。

光盘同步文件 视频文件：光盘\教学文件\第2章\2-3-3.mp4

Step01 打开光盘中的素材文件2-08.psd（光盘\素材文件\第2章\），执行“窗口”→“图层”命令，打开“图层”面板，单击“图层1”；执行“编辑”→“变换”→“缩放”命令，进入缩放状态，如下图所示。

Step02 将鼠标指针移动至控制点上，当它变成双箭头形状 ↗ 时，按住鼠标左键并拖动，即可缩放图像（向外拖动表示放大图像，向内拖动表示缩小图像），如下图所示。

Step03 执行“编辑”→“变换→“旋转”命令，显示定界框后，将鼠标指针移动至定界框外，当它变成 ↩ 形状时，按鼠标左键并拖动，即可旋转对象，如下图所示。

Step04 完成操作后，在选项栏中单击“提交变换”按钮✔，确认操作，效果如下图所示。

高手指点——快速确认变换操作

完成变换操作后，在定界框内双击或按【Enter】键，可以快速确认变换操作。

2.3.4 斜切与扭曲操作

使用“斜切”命令可以对选择的图像进行斜切操作，用户可以自由调整斜切的角度，得到斜切变形后的图像效果；使用“扭曲”命令可以对选择的图像进行扭曲操作，用户可以自由拖动控制点，得到扭曲变形后的图像效果。其具体操作步骤如下。

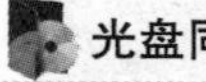

光盘同步文件 视频文件：光盘\教学文件\第2章\2-3-4.mp4

Step01 打开光盘中的素材文件2-08.psd（光盘\素材文件\第2章\），执行“编辑”→“变换”→“斜切”命令，显示定界框后，将鼠标指针放在定界框外侧，当它变成▶‡或▶↔形状时，按鼠标左键并拖动，可以沿垂直或水平方向斜切对象，如下图所示。

Step02 执行“编辑”→“变换”→“扭曲”命令，显示定界框后，将鼠标指针放在定界框周围的控制点上，当它变成▶形状时，按鼠标左键并拖动，即可扭曲对象，如下图所示。

2.3.5 透视与变形操作

使用“透视”命令不仅可以对选择的图像进行透视操作，还可以拖动控制点对图像进行透视变形；使用“变形”命令，可以拖动定界框内的任意点，对图像进行更加灵活的变形操作。其具体操作步骤如下。

光盘同步文件 视频文件：光盘\教学文件\第2章\2-3-5.mp4

Step01 打开光盘中的素材文件2-08.psd（光盘\素材文件\第2章\），执行“编辑”→“变换”→“透视”命令，显示定界框后，将鼠标指针放在定界框周围的控制点上，当它变成▶形状时，按鼠标左键并拖动，可产生透视变形效果，如下图所示。

Step02 执行“编辑”→“变换”→“变形”命令，会显示出变形网格（即定界框）。将鼠标指针放在网格内，当它变成▶形状时，按鼠标左键并拖动，可产生变形效果，如下图所示。

2.3.6 自由变换

“自由变换”和“变换”命令的作用基本相同，都可以对图像进行各种形式的变换，只是“自由变换”是通过快捷键对图像进行变换，变换方式更加灵活。按【Ctrl+T】组合键即可进入自由变换状态，默认变换方式为“缩放”。在定界框中右击，在弹出的快捷菜单中可以选择变换方式。

◆ 在默认变换方式下，选择定界框上的任意一个控制点，同时按住【Ctrl】键和鼠标左键，移动鼠标，即可使图像自由扭曲。

◆ 在默认变换方式下，同时按住【Alt】键和鼠标左键，移动任意一个控制点，可使图像随着中心点缩放。

◆ 缩放：将鼠标指针指向定界框上的控制点，然后拖动鼠标。拖动时，按【Shift】键，可以等比例缩放；按【Alt】键，可以以变换中心为基点进行图像缩放。

◆ 旋转：将鼠标指针放置在定界框外，光标变为旋转符号时拖动。

◆ 斜切：按【Ctrl+Shift】组合键，拖动控制点。

◆ 扭曲：按【Ctrl】键，拖动控制点；同时按【Ctrl+Alt】组合键，拖动鼠标可以以变换中心为基点扭曲。

◆ 透视：按【Ctrl+Shift+Alt】组合键，拖动控制点。

2.3.7 翻转对象

翻转对象可以分为水平翻转和垂直翻转两种方式。执行“编辑”→“变换”→“水平翻转”命令，即可水平翻转对象，如左下图所示；执行“编辑”→“变换”→“垂直翻转”命令，即可垂直翻转对象，如右下图所示。

2.4 修改和调整图像

由于图像的用途不一样，因此对图像的大小有着不同的要求。在实际应用中，常常需要对图像进行移动、裁剪或者对文件的尺寸进行设置，以满足设计工作的需要。

2.4.1 裁剪图像

在对图像进行处理时，经常需要对其进行裁剪以便删除多余的内容，使画面更加完美。裁剪图像有以下几种方法。

1. 裁剪工具

选择工具箱中的“裁剪工具”![icon]，其选项栏如下图所示。

其中常见参数的作用如下表所示。

❶使用预设裁剪	在该下拉列表框中可以选择预设的裁剪方式，包括“原始比例”“前面的图像”等
❷清除	单击该按钮，可以清除前面设置的“宽度”“高度”和“分辨率”值，恢复空白设置
❸拉直图像	单击“拉直”按钮，在照片上单击并拖动鼠标绘制一条直线，让线与地平线、建筑物墙面和其他关键元素对齐，即可自动将画面拉直
❹视图选项	单击按钮，在弹出的下拉列表框中选择进行裁剪时的视图显示方式
❺设置其他裁切选项	单击按钮，在弹出的下拉面板中，可以设置其他选项，包括“使用经典模式”和“启用裁剪屏蔽”等
❻删除裁剪的像素	默认情况下，Photoshop CC会将裁剪掉的图像保留在文件中（可使用“移动工具”拖动图像，将隐藏的图像内容显示出来）。如果要彻底删除被裁剪的图像，可选中该复选框，再进行裁剪

图像过宽或者空白太多，都可以使用“裁剪工具”进行裁剪。具体操作步骤如下。

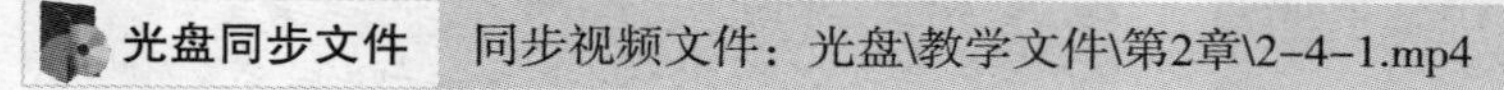

Step01 打开光盘中的素材文件2-09.jpg（光盘\素材文件\第2章\），选择工具箱中的“裁剪工具”，将鼠标指针移动至图像中，按住鼠标左键，任意拖出一个裁剪框，释放鼠标后，裁剪区域外部屏蔽图像变暗，如下图所示。

Step02 调整所裁剪的区域后，按【Enter】键确认完成裁剪，如下图所示。

2. 透视裁剪工具

“透视裁剪工具”可修改照片的透视效果。使用该工具在照片中单击并拖动鼠标，即可创建裁剪范围。拖动出现的控制点即可调整透视范围，具体操作步骤如下。

Step01 打开光盘中的素材文件2-03.jpg（光盘\素材文件\第2章\），如下图所示。

Step02 选择“透视裁剪工具”，在图像中按鼠标左键并拖动，创建裁剪区域，如下图所示。

Step03 按住鼠标左键选择裁剪框周围的控制点，拖动鼠标调整裁剪框大小，如下图所示。

Step04 调整至合适大小后，按【Enter】键确认裁剪，效果如下图所示。

3. 使用“裁剪”命令裁切图像

使用“裁剪”命令裁剪图像，需要先在图像中创建一个选区，再执行“图像”→“裁剪”命令，可以将选区以外的图像裁剪掉，只保留选区内的图像。具体操作步骤如下。

Step01 打开光盘中的素材文件2-10.jpg（光盘\素材文件\第2章\），选择工具箱中的“矩形选框工具”，拖动鼠标创建矩形选框，如下图所示。

Step02 执行“图像”→“裁剪”命令，可以将选区以外的图像裁剪掉，只保留选区内的图像，如下图所示。

4. 使用“裁切”命令裁切图像

使用“裁切”命令可以裁切掉指定的目标区域，如透明像素、左上角像素颜色等。执行“图像”→“裁切”命令，打开“裁切”对话框，如下图所示。

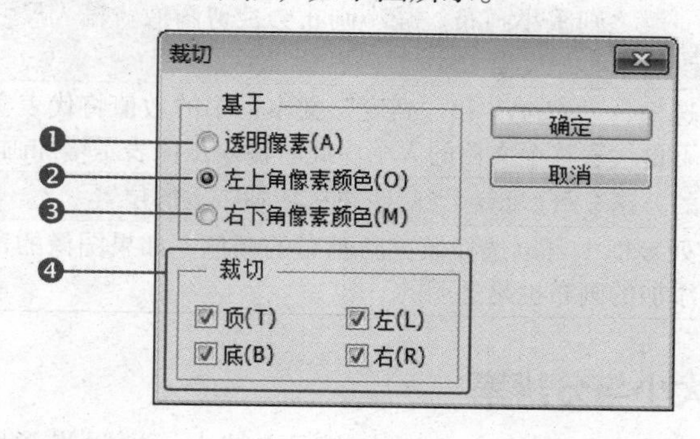

其中各项的含义如下表所示。

❶透明像素	可以删除图像边缘的透明区域，留下包含非透明像素的最小图像
❷左上角像素颜色	从图像中删除左上角像素颜色的区域
❸右下角像素颜色	从图像中删除右下角像素颜色的区域
❹裁切	用来设置要修正的图像区域

2.4.2 调整画布的尺寸

画布是指容纳文件内容的窗口，是由最初建立或打开的文件像素决定的。画布的大小是从绝对尺寸上来改变的。如果要改变画布大小，可执行“图像”→“画布大小”命令，在打开的“画布大小”对话框中修改画布尺寸，如下图所示。

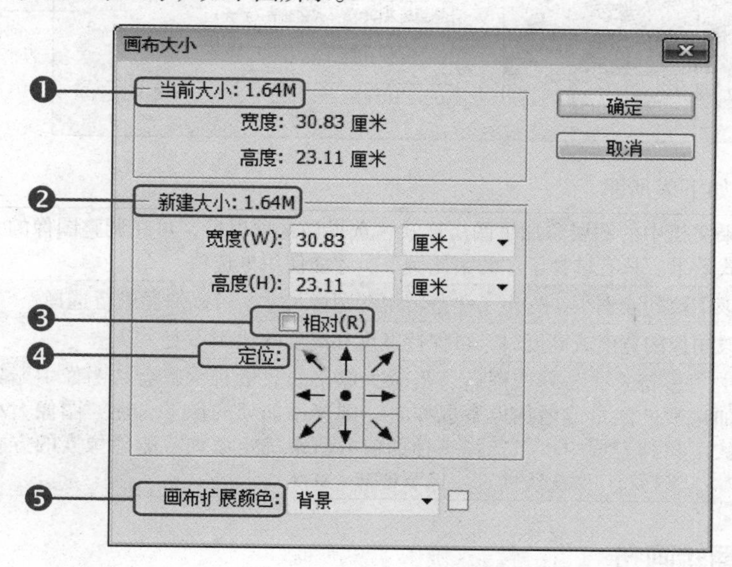

其中各项的含义如下表所示。

❶当前大小	显示了图像宽度和高度的实际尺寸以及文档的实际大小
❷新建大小	可以在“宽度”和“高度”文本框中输入画布的尺寸。当输入的数值大于原来尺寸时会增加画布，反之则减小画布。减小画布会裁剪图像。输入尺寸后，在“新建大小”右侧会显示修改画布后的文档大小
❸相对	选中该复选框，“宽度”和“高度”文本框中的数值将代表实际增加或者减少的区域的大小，而不再代表整个文档的大小。此时输入正值表示增加画布，输入负值则减小画布
❹定位	单击不同的方格，可以指示当前图像在新画布上的位置
❺画布扩展颜色	在该下拉列表框中可以选择填充新画布的颜色。如果图像的背景是透明的，则该选项将不可用，添加的画布也是透明的

2.4.3 改变图像的大小与分辨率

通常情况下，图像尺寸越大，图像文件所占空间也越大。通过设置图像尺寸可以减小文件大小。

执行“图像”→“画布大小”命令，在打开的“图像大小”对话框中即可进行设置，如下图所示。

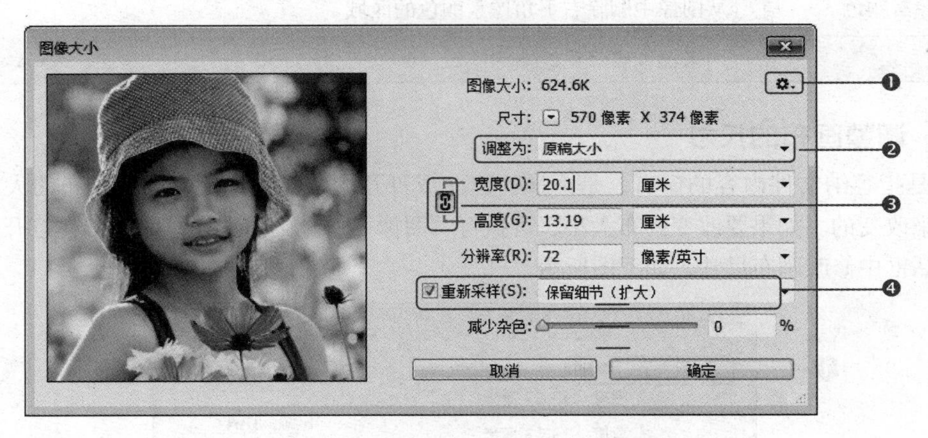

其中各项的含义如下表所示。

❶缩放样式	如果文档中的图层添加了图层样式，选择该选项以后，可在调整图像的大小时自动缩放样式效果。只有选择了“约束比例”，才能使用该选项
❷调整为	在该下拉列表框中，列出了一些常规的图像尺寸，可以快速进行选择
❸约束比例	修改图像的宽度或高度时，可保持宽度和高度的比例不变
❹重新采样	选中“重新采样”复选框后，当减少像素的数量时，就会从图像中删除一些信息；当增加像素的数量或增加像素取样时，则会添加新的像素。在“图像大小”对话框最下面的下拉列表框中可以选择一种插值方法来确定添加或删除像素的方式，如“两次立方”“邻近”“两次线性”“保留细节（扩大）”等

2.4.4 旋转和翻转画布

执行“图像”→“图像旋转”命令，在弹出的子菜单中提供了大量用于旋转画布的命令，如

“180度”“90度（顺时针）”“90度（逆时针）”“水平翻转画布”“垂直翻转画布”“任意角度”等。下面以水平翻转画布为例进行讲解，其具体操作步骤如下。

光盘同步文件　同步视频文件：光盘\教学文件\第2章\2-4-4.mp4

Step01 打开光盘中的素材文件2-11.jpg（光盘\素材文件\第2章\），如下图所示。

Step02 执行“图像”→“图像旋转”→“水平翻转画布”命令，效果如下图所示。

高手指点——精确旋转画布

执行“图像”→“图像旋转”→“任意角度”命令，在弹出的“旋转画布”对话框中输入画布的旋转角度，即可按照设定的角度和方向精确旋转画布。

2.5 用“历史记录”面板还原图像

在编辑图像时，所做的每一步操作都会记录在“历史记录”面板中。通过该面板可以将图像恢复到操作过程中的某一步状态，也可以再次回到当前操作状态，还可以将处理结果创建为快照或新的文件。

2.5.1 “历史记录”面板

执行“窗口”→“历史记录”命令，打开“历史记录”面板，如下图所示。

其中选项的含义如下表所示。

❶设置历史记录画笔的源	使用历史记录画笔时，该图标所在的位置将作为历史记录画笔的源图像
❷快照缩览图	被记录为快照的图像状态
❸当前状态	将图像恢复到该命令的编辑状态
❹从当前状态创建新文档	基于当前操作步骤中图像的状态创建一个新的文件
❺创建新快照	基于当前的状态创建快照
❻删除当前状态	选择一个操作步骤后，单击该按钮可将该步骤及后面的操作删除

2.5.2 使用“历史记录”面板还原图像

使用“历史记录”面板还原图像的方法很简单，要想回到某一个步骤，在“历史记录”面板中单击该步骤即可。不过“历史记录”面板中默认只能保存20步操作，我们可以在“首选项”对话框中设置其保存数量。

2.5.3 用快照还原图像

在处理图像或者绘制图像的时候，可以使用快照来保存重要的步骤，以后不管有多少步骤，都不会影响快照中保存的步骤。使用快照还原图像的具体操作步骤如下。

光盘同步文件 同步视频文件：光盘\教学文件\第2章\2-5-3.mp4

Step01 打开光盘中的素材文件2-12.jpg（光盘\素材文件\第2章\），执行“滤镜”→“油画”命令，在弹出的“油画”对话框中单击“确定”按钮，如下图所示。

Step02 观察其“历史记录”面板记录的步骤，如下图所示。

Step03 在“历史记录”面板中单击下方的“创建新快照”按钮，建立“快照1”，如下图所示。

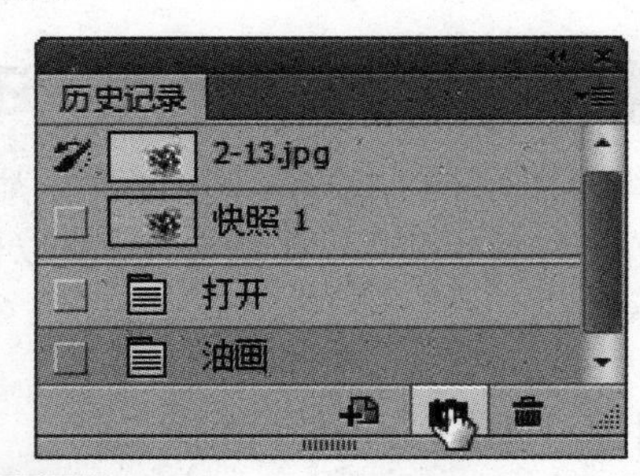

Step04 继续对文件进行编辑。如果返回到“油画”效果，单击“快照1”即可，如下图所示。

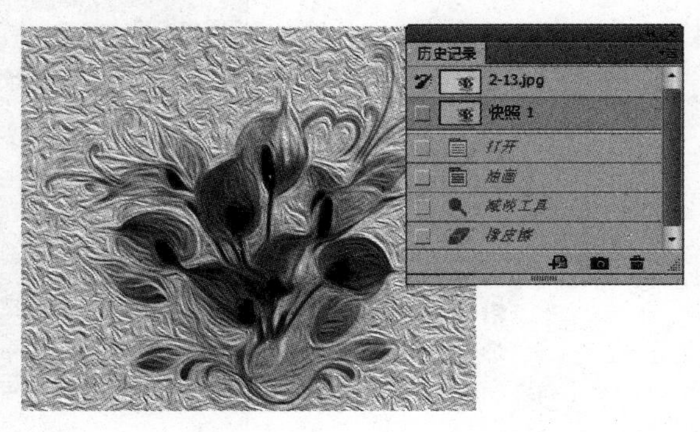

2.5.4 删除快照

在“历史记录”面板中，将某一多余的快照拖动到“删除当前状态”按钮上，即可将其删除，如下图所示。

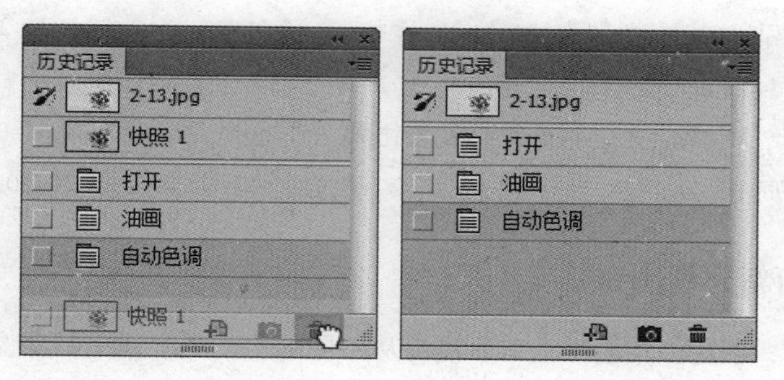

2.5.5 创建非线性历史记录

在“历史记录”面板中，单击某一操作步骤来还原图像时，该步骤以下的操作全部变暗，如左下图所示；如果此时进行其他操作，则该步骤后面的记录都会被新的操作替代，如中下图所示；非线性历史记录允许在更改选择的状态时保留后面的操作，如右下图所示。

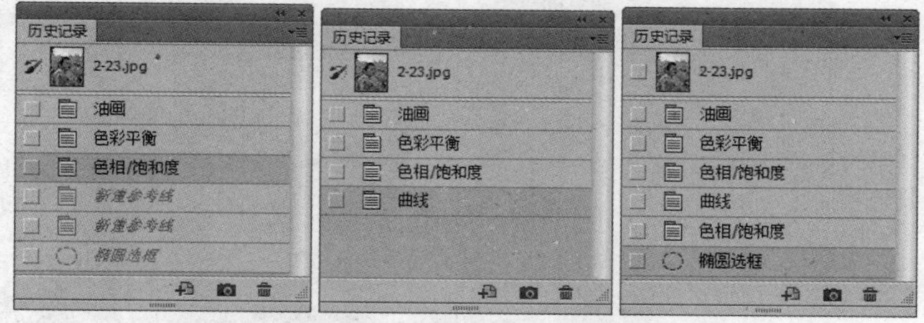

单击“历史记录”面板中的“扩展”按钮，在弹出的菜单中选择“历史记录选项”命令，打开“历史记录选项”对话框，选中“允许非线性历史记录”复选框，即可将历史记录设置为非线性状态，如下图所示。

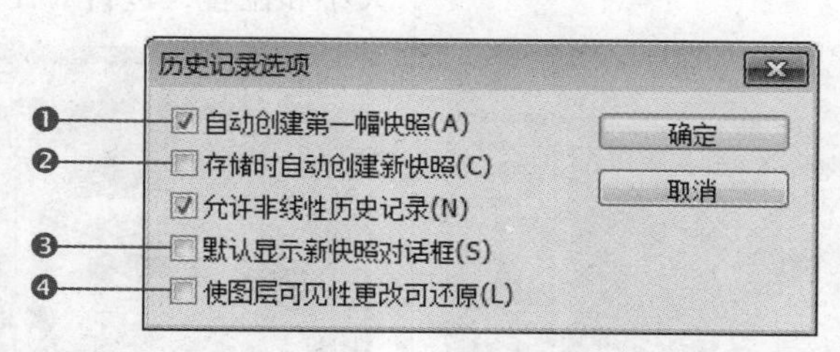

“历史记录选项”对话框中其他选项的含义如下表所示。

选项	含义
❶自动创建第一幅快照	打开图像文件时，图像的初始状态自动创建为快照
❷存储时自动创建新快照	在编辑的过程中，每保存一次文件，都会自动创建一个快照
❸默认显示新快照对话框	强制Photoshop提示操作者输入快照名称
❹使图层可见性更改可还原	保存对图层可见性的更改

技高一筹

下面结合本章内容，给大家介绍一些实用技巧。

光盘同步文件 原始文件：光盘\素材文件\第2章\技高一筹\2-01.jpg，2-02.psd，2-03.jpg，2-04.psd，2-05.jpg

结果文件：光盘\结果文件\第2章\技高一筹\2.01.psd，2-03.jpg，2-05.psd

同步视频文件：光盘\教学文件\第2章\技高一筹\技巧01.mp4~技巧05.mp4

◎技巧 01　如何新建视图窗口

在处理图像时，创建多个视图窗口，可以从不同的角度观察同一幅图像，使其调整更加准确。新建视图窗口的具体操作步骤如下。

Step01 打开光盘中的素材文件2-01.jpg（光盘\素材文件\第2章\技高一筹\），如下图所示。

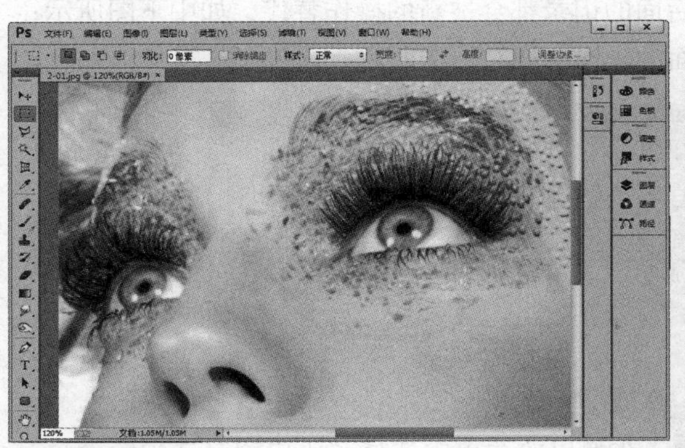

Step02 执行“窗口”→“排列”→“为2-01.jpg新建窗口”命令，新建视图窗口，如下图所示。

Step03 执行“窗口”→“排列”→“双联垂直”命令，设置视图的排列方式，如下图所示。

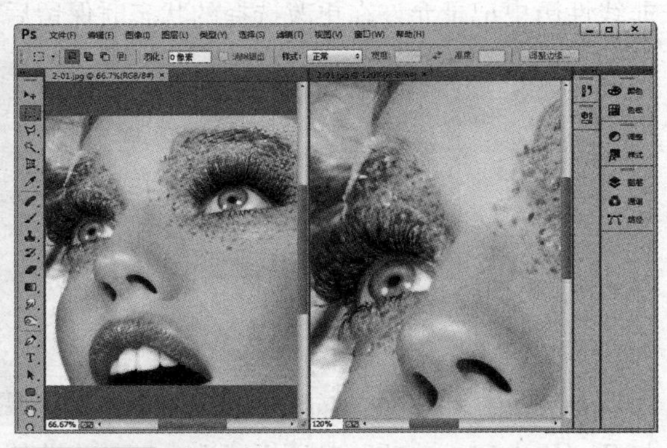

Step04 根据实际情况，分别调整每个视图的大小和位置，进行对比观察，如下图所示。

◎技巧 02　图像操控变形

Photoshop CC中的操控变形比变形网格还要强大，操作非常方便。使用该功能时，我们可以在图像的关键点上放置图钉，然后通过拖动图钉来对图像进行变形操作。操控变形的具体操作步骤如下。

Step01 打开光盘中的素材文件 2–02.psd（光盘\素材文件\第 2 章\技高一筹\），如下图所示。

Step02 选择“图层1”，执行“编辑”→“操控变形”命令，在人物图像上显示变形网格，如下图所示。

Step03 在选项栏中，取消选中“显示网格”复选框，在人物的关键位置单击，添加图钉，如下图所示。

Step04 拖动人物右手位置的图钉，可以改变其动作姿态，如下图所示。

Step05 继续在人物的脚部位置添加图钉，并向下方拖动，如下图所示。

Step06 单击选项栏中的 ✓ 按钮，确认变换，人物腿部的变化效果如下图所示。

专家提示

单击某一图钉后，按【Delete】键可将其删除。此外，按住【Alt】键单击图钉也可以将其删除。如果要删除所有图钉，可在变形网格上右击，在弹出的快捷菜单中选择“移去所有图钉”命令。

◎技巧 03　内容识别填充

内容识别填充能够快速地填充一个选区，用来填充这个选区的像素是通过感知该选区周围的内容得到的，使填充结果看上去像是真的一样。具体操作步骤如下。

Step01 打开光盘中的素材文件2-03.jpg（光盘\素材文件\第2章\技高一筹\），选择工具箱中的“矩形选框工具”[⬚]，拖动鼠标选中需要去除的对象，如下图所示。

Step02 执行“编辑”→“填充”命令，在打开的“填充”对话框中，❶设置“使用”为内容识别，❷单击“确定”按钮，如下图所示。

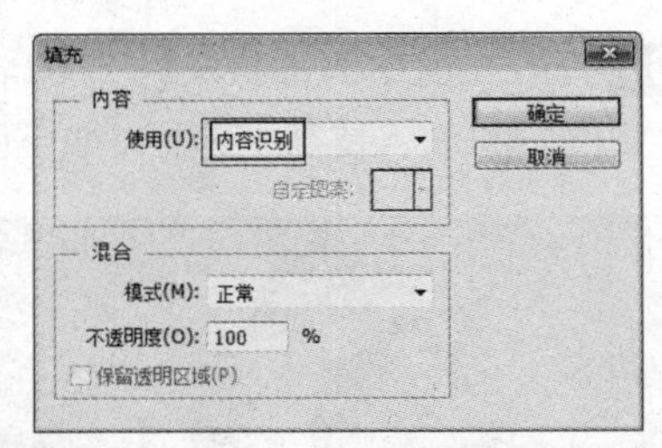

Step03 按【Ctrl+D】组合键取消选区。经过以上操作，左侧的多余对象被清除，并自然融合到环境中，如下图所示。

高手指点——快速打开“填充”对话框

按【Shift+F5】组合键，可以快速打开“填充”对话框。

◎技巧 04　使用特定的角度旋转对象

使用“变换”命令旋转对象时，是通过拖动变换点进行旋转的，旋转角度是不确定的。下面介绍如何以特定的角度旋转对象，具体操作步骤如下。

Step01 打开光盘中的素材文件2-04.psd（光盘\素材文件\第2章\技高一筹\），单击“图层1”，如下图所示。

Step02 按【Ctrl+T】组合键，进入自由变换状态。在选项栏中，设置“旋转”为“-30度”，如下图所示。

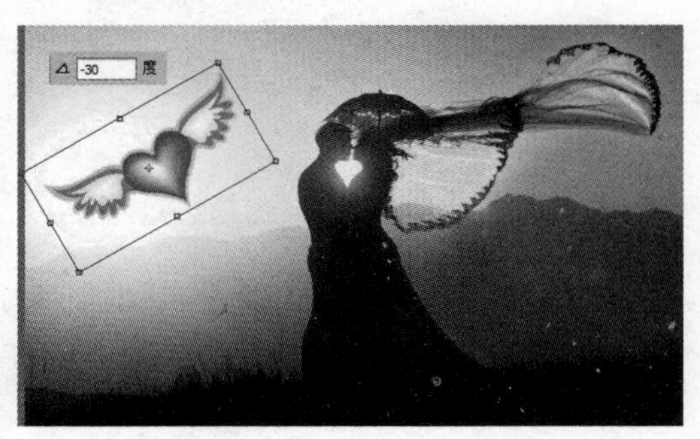

◎技巧05 使用内容识别比例缩放图像

内容识别比例是一项非常实用的缩放功能。普通的缩放在调整图像时会同步影响所有的像素，而内容识别比例则主要影响没有重要可视内容的区域中的像素。使用内容识别比例缩放图像的步骤如下。

Step01 打开光盘中的素材文件2-05.jpg（光盘\素材文件\第2章\技高一筹\），按住【Alt】键，并双击“背景”图层，将其转换为普通图层，如下图所示。

Step02 执行“编辑”→“内容识别比例”命令，显示定界框后，用鼠标拖动控制点缩放图像，如下图所示。

Step03 单击工具选项栏中的“保护肤色”按钮，让Photoshop分析图像，尽量避免包含皮肤的区域变形。继续拖动鼠标，如下图所示。

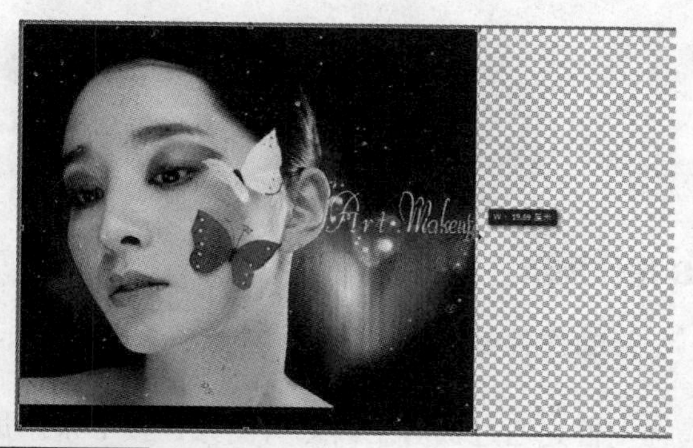

Step04 在定界框内双击，确认变换。此时画面虽然变窄，但是人物比例和结构没有明显变化，如下图所示。

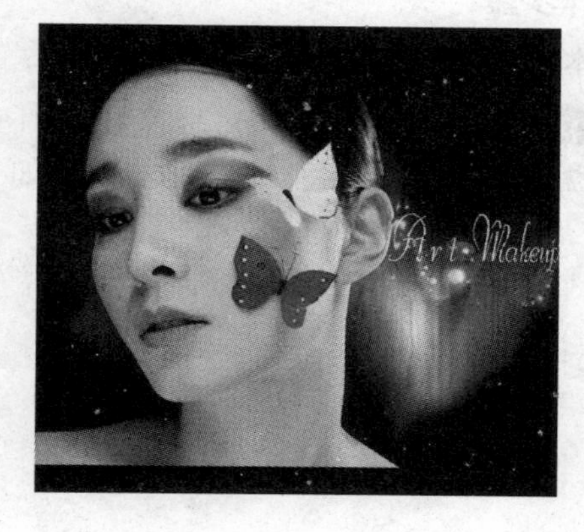

技能训练

前面主要讲述了Photoshop CC中图像的基本操作、视图操作、变换操作等知识，下面安排两个技能训练，帮助读者巩固所学的知识点。

⋆技能1 突出照片主体对象

➲训练介绍

在拍摄人物照片时，常会由于取景错误或其他原因，造成成像后的照片主次不分，没有视觉中心。在这样的情况下，可以使用Photoshop CC进行修复，如下图所示。

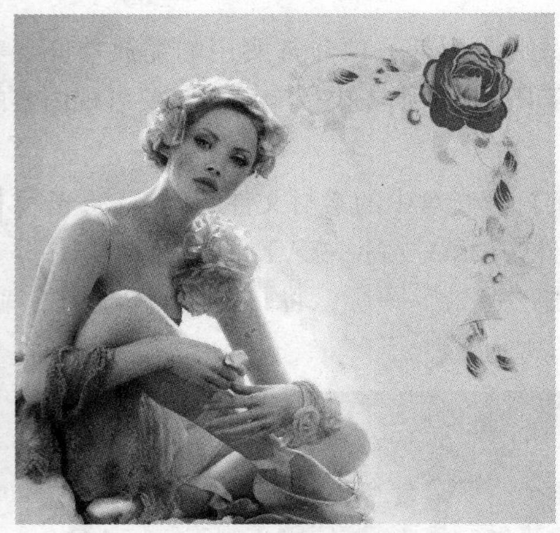

➲ 操作提示

制作关键

首先通过裁剪工具裁剪图像，接下来添加装饰素材，最后混合图层，完成整体效果。

技能与知识要点

- "裁剪工具"
- "置入"命令
- 自由变换操作

➲ 操作步骤

本实例的具体操作步骤如下。

Step01 打开光盘中的素材文件2-01a.jpg（光盘\素材文件\第2章\技能训练\），如下图所示。

Step02 选择工具箱中的"裁剪工具"，将鼠标指针移动至窗口中，按住鼠标左键不放，任意拖出一个裁剪框，如下图所示。

Step03 拖动裁剪框右侧的节点，调整裁剪框的宽度、高度和位置，如下图所示。

Step04 调整所裁剪的区域后，按【Enter】键确认完成裁剪，如下图所示。

Step05 执行“文件”→“置入”命令，打开“置入”对话框，❶选择素材文件2-01b.tif（光盘\素材文件\第2章\技能训练\），❷单击“置入”按钮，如下图所示。

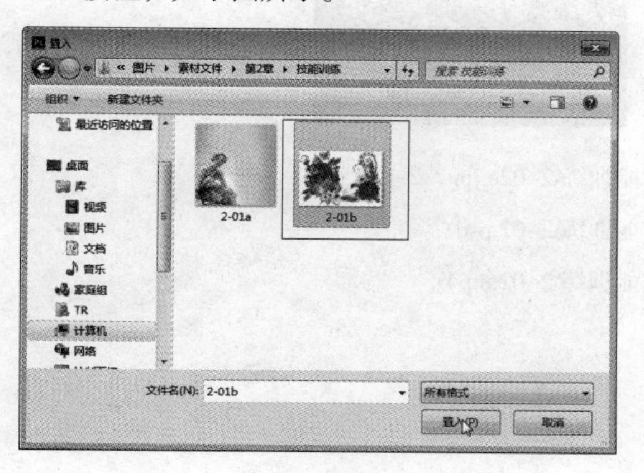

Step06 按【Enter】键确认文件置入操作，效果如下图所示。

Step07 按【Ctrl+T】组合键，执行自由变换操作。拖动变换点，旋转和放大对象，如下图所示。

Step08 按【Enter】键确认变换操作。更改2-01b图层混合模式为“颜色加深”，如下图所示。

Step09 执行“图层”→“栅格化”→“智能对象”命令，将2-01b转换为普通图层，如下图所示。

Step10 选择工具箱中的“橡皮擦工具”，在左下方拖动，擦除部分图像，如下图所示。

*技能 2　将照片添加至相框中

训练介绍

相框可以记录生活中的点点滴滴，承载着人们最美好的回忆。下面通过一个小例子介绍如何将照片添加至相框中，如下图所示。

光盘同步文件

素材文件：光盘\素材文件\第2章\技能训练\2-02a.jpg，2-02b.jpg

结果文件：光盘\结果文件\第2章\技能训练\2-02.psd

视频文件：光盘\教学文件\第2章\技能训练\2-02.mp4

◐ 操作提示

制作关键

首先创建相框选区，然后通过相应命令将照片贴入相框选区中，最后调整角度和大小，完成最终效果。

技能与知识要点

- “魔棒工具”
- “贴入”命令
- 自由变换

◐ 操作步骤

本实例的具体操作步骤如下。

Step01 打开光盘中的素材文件2-02a.jpg（光盘\素材文件\第2章\技能训练\），如下图所示。

Step02 选择工具箱中的“魔棒工具”，在图像中的白色区域单击创建选区，如下图所示。

Step03 按住【Alt】键，在其他白色区域单击，加选选区，如下图所示。

Step04 打开光盘中的素材文件2-02b.jpg（光盘\素材文件\第2章\技能训练\），按【Ctrl+A】组合键全选图像，按【Ctrl+C】组合键复制图像，如下图所示。

Step05 切换回2-02a.jpg文件中，执行“编辑”→“选择性粘贴”→“贴入”命令，如下图所示。

Step06 按【Ctrl+T】组合键，执行自由变换操作，适当缩小对象，如下图所示。

高手指点——选择性粘贴

复制或者剪切图像后，可以使用“编辑”→“选择性粘贴”子菜单中的命令粘贴图像。

●原位粘贴：执行该命令，可以将图像按照其原位粘贴到文档中。

●贴入：如果在文档中创建了选区，执行该命令，可以将图像粘贴到选区内，并自动添加蒙版，将选区之外的图像隐藏。

●外部粘贴：如果创建了选区，执行该命令，可粘贴图像，并自动创建蒙版，将选中的图像隐藏。

本章小结

本章主要介绍了Photoshop CC文件的基本操作、图像的视图操作、图像的变换与变形、修改和调整图像，以及用“历史记录”面板还原图像等相关知识，重点内容包括文件的基本操作、图像的修改和调整、图像的变换与变形等。

熟练掌握图像的基本操作，以及图像变换等知识，对于接下来进一步学习Photoshop CC来说是十分重要的。

第3章 选区的创建和修改

本章导读

在 Photoshop CC 中对图像进行编辑处理时，选区操作是必不可少的。选区工具可以分为规则选区工具和不规则选区工具。另外，创建好选区后，有时还需要对选区进行修改、编辑与填充等操作。

学完本章后应该掌握的技能

* 熟练掌握规则选区的创建方法
* 熟练掌握不规则选区的创建方法
* 熟练掌握选区的调整方法
* 熟练掌握选区的编辑方法

本章相关实例效果展示

3.1 选区的创建

选区也叫选框，是一个由流动的虚线围成的区域。有了选区后，则当前所有的图像编辑操作只对选区内的图像起作用。

3.1.1 创建规则选区

规则选区是指选区边缘为方形或圆形的选区。规则选区工具各有特点，适合创建不同类型的选区。下面分别介绍。

光盘同步文件　视频文件：光盘\教学文件\第3章\3-1-1.mp4

1. 矩形选框工具

“矩形选框工具”是选区工具中最常用的一种，可创建长方形或正方形选区。选择“矩形选框工具”后，其选项栏如下图所示。

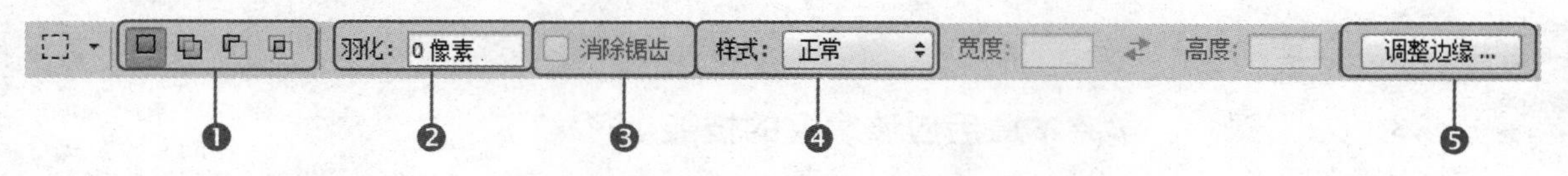

其中常见参数的作用如下表所示。

❶选区运算	“新选区”按钮的主要功能是建立一个新选区；“添加选区”按钮、“从选区减去”按钮和“与选区交”按钮则用于在选区和选区之间进行布尔运算
❷羽化	用于设置选区的羽化范围
❸消除锯齿	用于通过软化边缘像素与背景像素之间的颜色转换，使选区的锯齿状边缘平滑
❹样式	用于设置选区的创建方法，包括“正常”“固定比例”和“固定大小”选项
❺调整边缘	单击该按钮，可以打开“调整边缘”对话框，对选区进行平滑、羽化等处理

使用“矩形选框工具”创建选区的具体操作步骤如下。

Step01 打开光盘中的素材文件3-01.jpg（光盘\素材文件\第3章\），选择工具箱中的“矩形选框工具”，在图像中单击并向右下角拖动鼠标，如下图所示。

Step02 释放鼠标后，即可创建一个矩形选区，如下图所示。

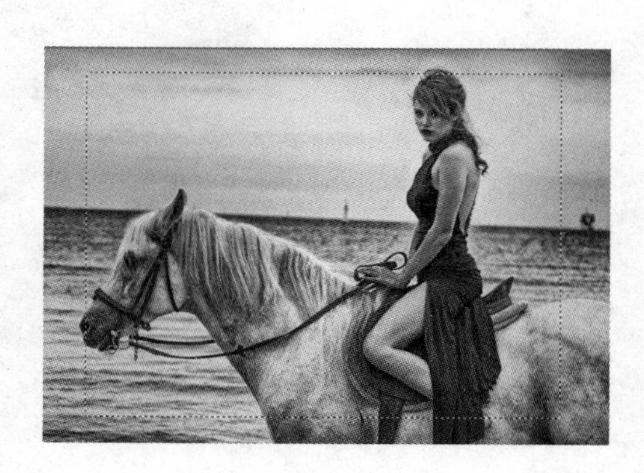

2. 椭圆选框工具

使用“椭圆选框工具”可以在图像中创建椭圆形或正圆形的选区。“椭圆选框工具”与“矩形选框工具”的选项栏基本相同，只是该工具可以使用“消除锯齿”功能。

消除锯齿	在选区边缘1个像素宽的范围内添加与周围图像相近的颜色，使选区看上去光滑。这项功能在剪切、复制和粘贴选区以创建复合图像时非常适用

选择工具箱中的“椭圆选框工具”，在图像中单击并向右下角拖动鼠标，即可创建椭圆形选区，如下图所示。

知识拓展——创建正方形和正圆选区

在使用“矩形选框工具”（“椭圆选框工具”）创建选区时，若按住【Shift】键的同时按鼠标左键并拖曳，则创建一个正方形（正圆）选区。

3. 单行选框工具、单列选框工具

使用“单行选框工具”或“单列选框工具”可以非常准确地选择图像的一行像素或一列像素。在工具箱中选择“单行选框工具”或“单列选框工具”，将鼠标指针移至图像编辑窗口，在需要创建选区的位置单击，即可创建选区。单行、单列选框效果分别如下图所示。

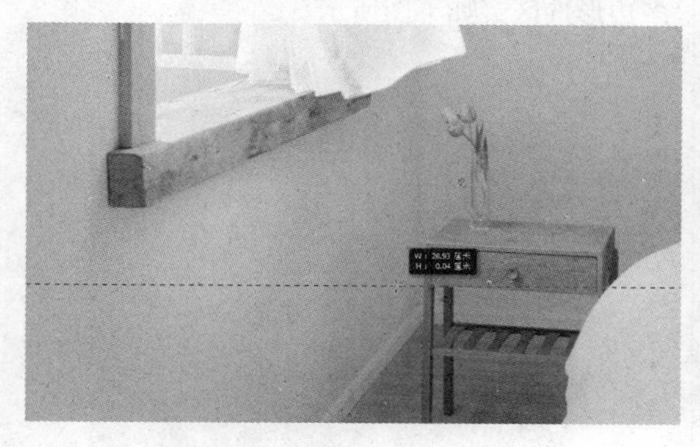

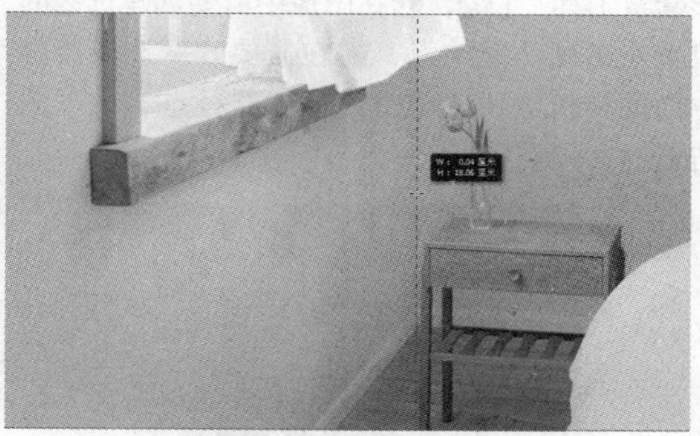

3.1.2 创建不规则选区

不规则选区工具可以绘制出特殊形状的选区，比如在人物照片中沿着边沿绘制出选区或者沿着棱角分明的物体边沿创建选区等。下面将介绍这些工具的使用方法。

光盘同步文件 视频文件：光盘\教学文件\第3章\3-1-2.mp4

1. 套索工具

“套索工具”一般用于选取一些外形比较复杂的图像。使用“套索工具”创建选区的具体操作步骤如下。

Step01 打开光盘中的素材文件3-04.jpg（光盘\素材文件\第3章\），选择工具箱中的“套索工具”，在需要选择的图像边缘处按鼠标左键并拖动，此时图像中会自动生成没有锚点的线条，如下图所示。

Step02 继续沿着图像边缘拖动鼠标，一直到起点与终点连接处，释放鼠标生成选区，如下图所示。

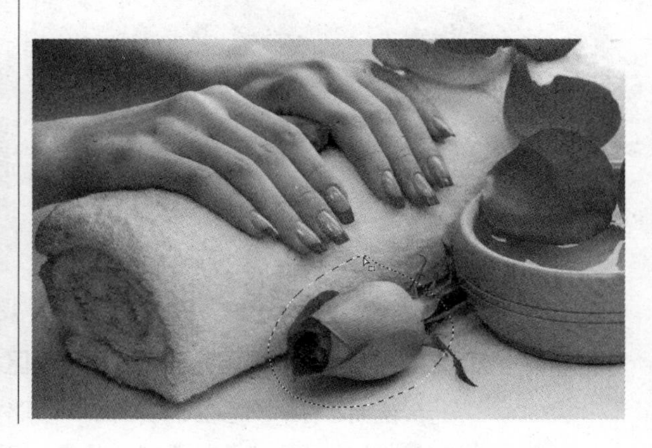

2. 多边形套索工具

“多边形套索工具”适用于选取一些复杂的、棱角分明的图像。使用“多边形套索工具”创建选区的具体操作步骤如下。

Step01 打开光盘中的素材文件3-05.jpg（光盘\素材文件\第3章\），选择工具箱中的“多边形套索工具”，❶在图像中需要创建选区的位置左击确认起始点，❷在需要改变选取范围方向的转折点位置单击，创建路径点，如下图所示。

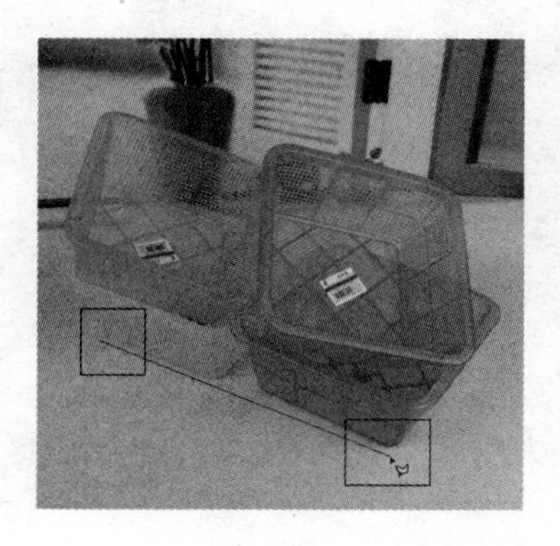

Step02 最后当终点与起点重合时，鼠标指针下方显示一个闭合图标，单击，将会得到一个多边形选区，如下图所示。

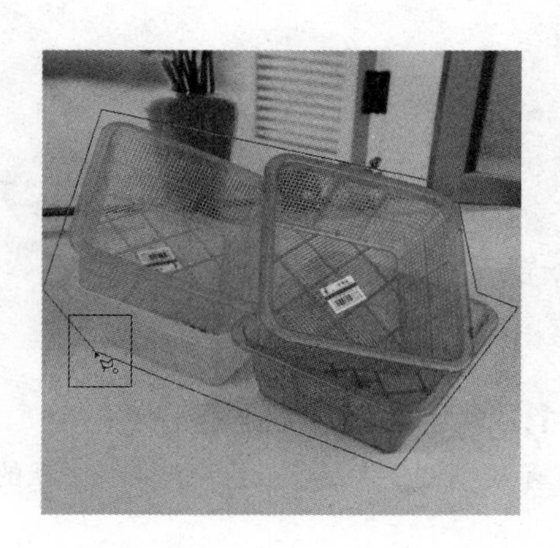

专家提示

使用“多边形套索工具”创建选区时，如果创建的路径终点没有回到起始点，这时若双击鼠标左键，系统将会自动连接终点和起始点，从而创建一个封闭的选区。

3. 磁性套索工具

“磁性套索工具”适用于选取复杂的不规则图像，以及边缘与背景对比强烈的图像。在使用该工具创建选区时，套索路径自动吸附在图像边缘上。选择“磁性套索工具”后，其选项栏如下图所示。

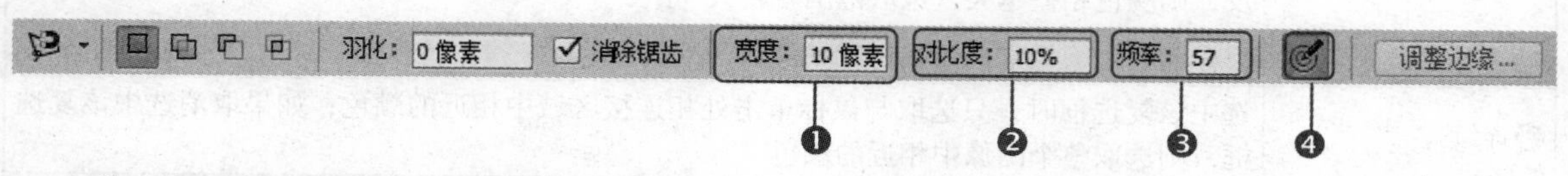

其中常见参数的作用如下表所示。

❶宽度	决定了以光标中心为基准，其周围有多少个像素能够被工具检测到。如果对象的边界不是特别清晰，需要使用较小的宽度值
❷对比度	用于设置工具感应图像边缘的灵敏度。如果图像的边缘对比清晰，可将该值设置得高一些；如果边缘不是特别清晰，则设置得低一些
❸频率	用于设置创建选区时生成的锚点的数量。该值越高，生成的锚点越多，捕捉到的边界越准确，但是过多的锚点会造成选区的边缘不够光滑
❹钢笔压力	如果计算机配置有数位板和压感笔，可以单击该按钮，Photoshop会根据压感笔的压力自动调整工具的检测范围

使用“磁性套索工具”创建选区的具体操作步骤如下。

Step01 打开光盘中的素材文件3-06.jpg（光盘\素材文件\第3章\），选择工具箱中的“磁性套索工具”，❶在图像中单击确认起始点，❷沿着对象的边缘缓缓移动鼠标指针，如下图所示。

Step02 当终点与起始点重合时，鼠标指针变为形状，单击即可创建一个图像选区，如下图所示。

4. 魔棒工具

“魔棒工具”用于在颜色相近的图像区域创建选区，只需单击鼠标即可对颜色相同或相近的图像进行选择。选择工具箱中的“魔棒工具”后，其选项栏如下图所示。

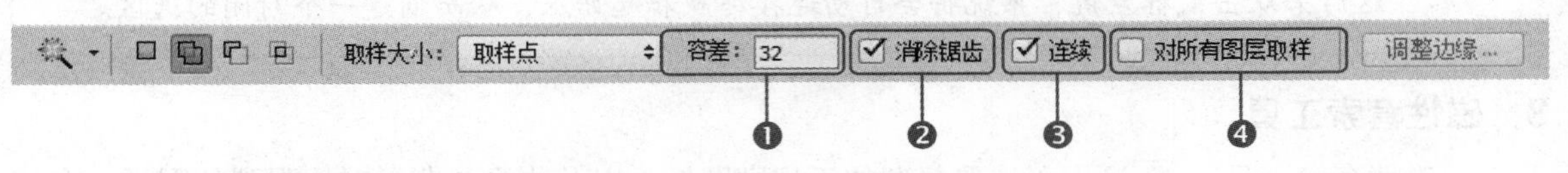

其中常见参数的作用如下表所示。

❶容差	控制创建选区范围的大小。输入的数值越小，要求的颜色越相近，选取范围就越小；相反，则颜色相差越大，选取范围就越大
❷消除锯齿	模糊羽化边缘像素，使其与背景像素产生颜色的逐渐过渡，从而去掉边缘明显的锯齿状
❸连续	选中该复选框时，只选取与鼠标单击处相连接区域中相近的颜色；如果取消选中该复选框，则选取整个图像中相近的颜色
❹对所有图层取样	用于有多个图层的文件，选中该复选框时，选取文件中所有图层中相同或相近颜色的区域；取消选中该复选框时，只选取当前图层中相同或相近颜色的区域

使用“魔棒工具”创建选区的具体操作步骤如下。

Step01 打开光盘中的素材文件3-07.jpg（光盘\素材文件\第3章\），选择工具箱中的“魔棒工具”，移动鼠标到图像背景位置，如下图所示。

Step02 在背景区域单击，即可将其选中，如下图所示。

专家提示

“魔棒工具”是通过分析颜色区别来创建选区的，常用于选择色彩比较鲜明的图像区域。

5. 快速选择工具

“快速选择工具”可以快速地选取图像中的区域。选择工具箱中的“快速选择工具”后，其选项栏如下图所示。

其中常见参数的作用如下表所示。

❶选区运算按钮	单击"新选区"按钮，可创建一个新的选区；单击"添加到选区"按钮，可在原选区的基础上添加绘制的选区；单击"从选区减去"按钮，可在原选区的基础上减去当前绘制的选区
❷笔尖下拉面板	单击按钮，可在打开的下拉面板中选择笔尖，设置大小、硬度和间距
❸对所有图层取样	可基于所有图层创建选区
❹自动增强	可减少选区边界的粗糙度和块效应。"自动增强"会自动将选区向图像边缘进一步流动并应用一些边缘调整，也可以通过"调整边缘"对话框手动应用这些边缘调整

选择"快速选择工具"后，只需要在要选取的图像上涂抹，系统就会根据鼠标所到之处的颜色自动将其创建为选区，如下图所示。

3.2 选区的基本操作

完成选区的创建后，可以对其执行一些基本操作，如移动选区、修改选区、反向选区、取消选区、重新选择等。熟练掌握这些操作，可以大大提高工作效率。

3.2.1 移动选区

创建选区后，有时需要移动选区位置。移动选区有三种方法，下面分别介绍。

方法一：使用矩形选框工具、椭圆选框工具创建选区时，在松开鼠标按键前，按住空格键拖动鼠标，即可移动选区。

方法二：创建选区后，如果选项栏中的"新选区"按钮处于选中状态，则使用选框、套索和魔棒工具时，只要将鼠标指针放在选区内，单击并拖动鼠标便可以移动选区。

方法三：可以按键盘上的【↑】【↓】【→】【←】键来轻微移动选区。

3.2.2 反向选区

在运用Photoshop CC处理图像时，经常需要将创建的选区与非选区进行相互的转换。打开图像，创建任意选区，如左下图所示；执行“选择”→“反向”命令反向选区，效果如右下图所示。

知识拓展——反选图像快捷键

按【Ctrl+Shift+I】组合键，可以快速进行反向选择。

3.2.3 取消选区

在文档窗口中创建了选区后，所有的编辑操作只作用于选区内的图像。如果需要对选区外的图像进行编辑，就需要取消当前的选择区域。取消选区的方法有很多，下面介绍常用的方法。

方法一：执行“选择”→“取消选择”命令，就可以取消选区。

方法二：选取工具箱中的选区工具，在文档窗口中的任意位置右击，在弹出的快捷菜单中选择“取消选择”命令。

方法三：按【Ctrl＋D】组合键取消选择。

3.2.4 重新选择

运用工具箱中的选区工具或相应的菜单命令创建了选区，并且执行了选区的取消操作后，若需要重新选择上次选取的区域，可执行“选择”→“重新选择”命令，或者按【Ctrl＋Shift＋D】组合键。

3.3 选区的调整

通过“选择”菜单下的相关命令，可以对已有的选区范围进行调整。例如，扩展相似颜色的选区、对选区进行精确的修改，以及对选区边缘进行柔化处理。下面将对这些命令进行详细介绍。

3.3.1 扩大选取与选取相似

“扩大选取”与“选取相似”都是用于扩展选区的命令。在图像中创建任意选区，如左下图所示。

执行“选择”→“扩大选取”命令，Photoshop会查找并选择那些与当前选区中的像素色调相近的像素，从而扩大选择区域。但该命令只扩大到与原选区相连接的区域，如中下图所示。

执行“选择”→“选取相似”命令，Photoshop同样会查找并选择那些与当前选区中的像素色调相近的像素。该命令可以查找整个文档，包括与原选区没有相邻的像素，如右下图所示。

专家提示

使用“扩大选取”命令和“选取相近”命令来扩大选区时，其扩充的范围取决于“魔棒工具”选项栏中的“容差”值的设置，即“容差”值越高，扩大的选区也就越大。

3.3.2 扩展与收缩选区

如果需要对选区的外轮廓进行编辑，可以使用“扩展”和“收缩”命令来完成。“扩展”和“收缩”命令可以将原选区向外扩展或向内收缩。其具体操作步骤如下。

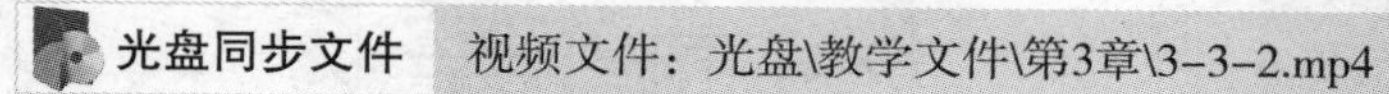

光盘同步文件　视频文件：光盘\教学文件\第3章\3-3-2.mp4

Step01 打开光盘中的素材文件3-11.jpg（光盘\素材文件\第3章\），选择工具箱中的“快速选择工具”，在图像中拖动鼠标创建选区，如下图所示。

Step02 执行“选择”→“修改”→“扩展”命令，在弹出的“扩展选区”对话框中，❶设置“扩展量”为20，❷单击“确定”按钮，如下图所示。

Step03 按【Ctrl+Z】组合键返回上一步操作，执行“选择”→“修改”→“收缩”命令，在弹出的“收缩选区”对话框中，❶设置“收缩量”为50，❷单击“确定”按钮，如下图所示。

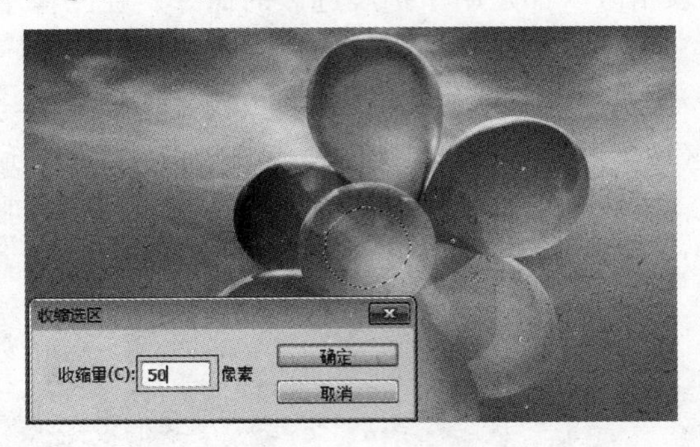

3.3.3 边界和平滑选区

“边界”命令可以在原有的轮廓选区上设置任意值的边界选区宽度，将原有的选区向内收缩或向外扩展。“平滑”命令可对选区的边缘进行平滑处理，使选区边缘变得更柔和。其具体操作步骤如下。

光盘同步文件 视频文件：光盘\教学文件\第3章\3-3-3.mp4

Step01 打开光盘中的素材文件3-12.jpg（光盘\素材文件\第3章\），选择工具箱中的“矩形选框工具” ，拖动鼠标创建选区，如下图所示。

Step02 执行“选择”→“修改”→“边界”命令，在弹出的“边界选区”对话框中，❶设置“宽度”为100像素，❷单击“确定”按钮，如下图所示。

Step03 执行“选择”→“修改”→“平滑”命令，在弹出的“平滑选区”对话框中，❶设置“取样半径”为50像素，❷单击“确定”按钮，如下图所示。

3.3.4 羽化选区

“羽化”命令用于对选区进行羽化。羽化是通过建立选区和选区周围像素之间的转换边界来模糊边缘的，这种模糊方式将丢失选区边缘的一些图像细节。其具体操作步骤如下。

光盘同步文件 视频文件：光盘\教学文件\第3章\3-3-4.mp4

Step01 打开光盘中的素材文件3-13.jpg（光盘\素材文件\第3章\），选择工具箱中的“磁性套索工具”，在花朵边沿拖动鼠标创建选区，如下图所示。

Step02 执行“选择”→“修改”→“羽化”命令，打开“羽化”对话框。❶设置“羽化半径”为100，❷单击“确定”按钮，如下图所示。

Step03 选择工具箱中的“吸管工具”，在图像中单击吸取前景色，如下图所示。

Step04 反向选区，按【Alt+Delete】组合键填充前景色，得到朦胧的图像效果，如下图所示。

知识拓展——羽化快捷键

按【Shift+F6】组合键，可以快速打开“羽化选区”对话框。

技高一筹

下面结合本章内容，给大家介绍一些实用技巧。

光盘同步文件

原始文件：光盘\素材文件\第3章\技高一筹\3-01.jpg，3-02.jpg，3-03.jpg

结果文件：光盘\结果文件\第3章\技高一筹\3-01.psd

同步视频文件：光盘\教学文件\第3章\技高一筹\技巧01.mp4~技巧04.mp4

◎技巧 01　使用“色彩范围”命令创建选区

“色彩范围”命令可根据图像的颜色范围创建选区。该命令提供了更多的控制选项，具有更高的选择精度。使用“色彩范围”命令选择图像的具体操作步骤如下。

Step01 打开光盘中的素材文件3-01.jpg（光盘\素材文件\第3章\技高一筹\），执行“选择”→“色彩范围”命令，打开“色彩范围”对话框，❶将鼠标指针移动到图像中的红色墙体位置并单击，❷单击“确定”按钮，如下图所示。

Step02 通过前面的操作，图像中的红色墙体部分被选取，如下图所示。

◎技巧 02　存储和载入选区内容

使用Photoshop CC处理图像时，可以将创建的选区进行保存，以便于以后的运用。当需要时，可以载入之前存储的选区。这在处理复杂的图像时经常会用到，下面介绍具体的操作方法。

1. 存储选区

首先，使用选区工具或相应的菜单命令在图像编辑窗口中创建选区，然后执行“选择”→“存储选区”命令，弹出“存储选区”对话框，如下图所示。

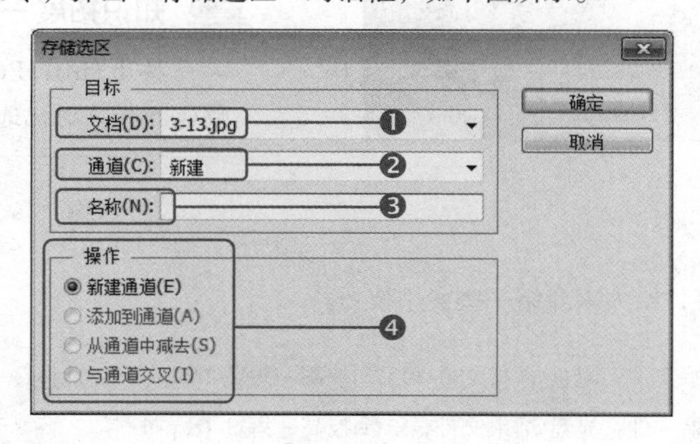

其中主要选项的含义如下表所示。

❶文档	用于设置存储选区的文档
❷通道	用于设置存储选区的目标通道

续表

❸名称	用于设置新建Alpha通道的名称
❹操作	用于设置存储的选区与原通道中选区的运算操作

2. 载入选区

在图像编辑窗口中，随时可以载入之前存储的选区。载入选区的方法有两种，下面分别介绍。

方法一：执行“选择”→“载入选区”命令。

方法二：选择工具箱中的选区工具，在图像编辑窗口中单击鼠标右键，在弹出的快捷菜单中选择“载入选区”命令。

执行以上任一操作，都将弹出“载入选区”对话框，如下图所示。

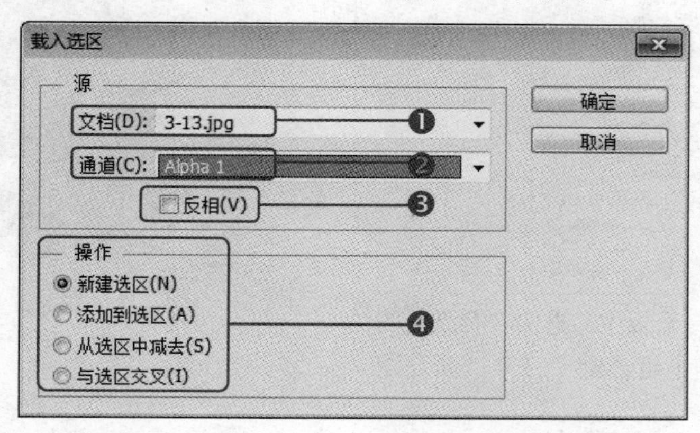

其中主要选项的含义如下表所示。

❶文档	用于选择存储选区的文档
❷通道	用于选择存储选区的通道
❸反相	选中该复选框，可将通道中存储的选区反向选择
❹操作	用于选择载入的选区与图像中当前选区的运算方式

◎技巧 03　使用“调整蒙版”命令选择毛发

使用“调整蒙版”命令可以精细地调整选区的边缘，常用于选择人物头发、动物毛发等。下面介绍使用该命令选择动物毛发的具体操作步骤。

Step01 打开光盘中的素材文件 3-02.jpg（光盘 \ 素材文件 \ 第 3 章 \ 技高一筹 \），选择工具箱中的“套索工具”，沿着对象主体拖动鼠标创建选区，如下图所示。

Step02 在该工具的选项栏中，单击“调整边缘”按钮，打开“调整边缘”对话框。❶选中“智能半径”复选框，设置“半径”为250像素，“羽化”为80像素，“移动边缘”为-15%，“输出到”为新建图层，❷单击“确定”按钮，如下图所示。

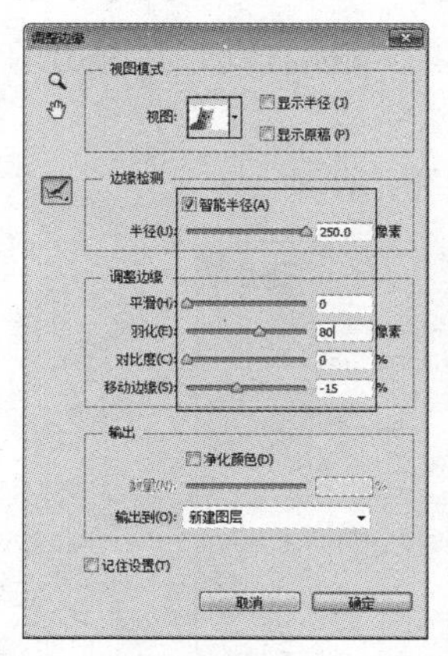

Step03 在“图层”面板中，选中“背景”图层。按【Ctrl+Shift+N】组合键，打开“新建图层”对话框，单击“确定”按钮，如下图所示。

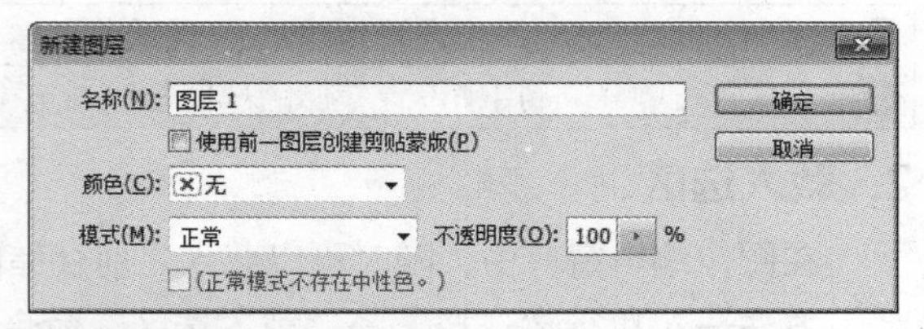

Step04 设置前景色为黄色#f8f400，按【Alt+Delete】组合键填充前景色，效果如下图所示。

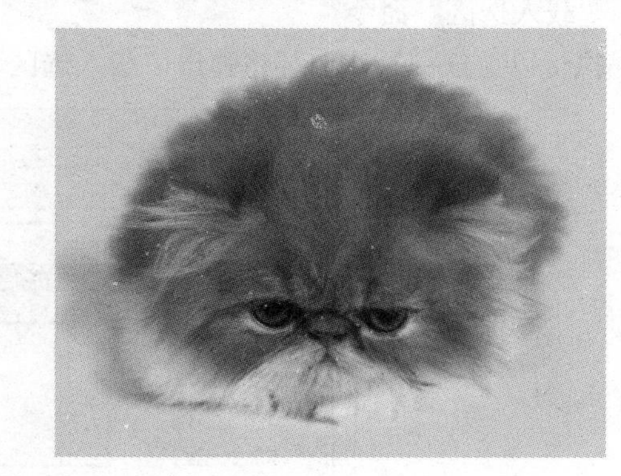

◎技巧 04　在快速蒙版模式下编辑选区

在快速蒙版模式下，可以使用各种绘画工具和滤镜对选区进行细致的加工，就像是处理图像一样。具体操作步骤如下。

Step01 打开光盘中的素材文件3-03.jpg（光盘\素材文件\第3章\技高一筹\），选择工具箱中的“魔棒工具”，在背景处单击创建选区，如下图所示。

Step02 执行“选择”→“在快速蒙版模式下编辑”命令，进入快速蒙版模式，如下图所示。

Step03 选择工具箱中的“画笔工具”，按【X】键切换（前）背景色，确保前景色为白色，在半透明红色区域涂抹，如下图所示。

Step04 再次执行“选择”→“在快速蒙版模式下编辑”命令，退出快速蒙版模式，选区的修改效果如下图所示。

专家提示

按【Q】键可以快速进入（退出）快速蒙版模式。进入快速蒙版模式后，使用黑色“画笔工具”涂抹可以减少选区；使用白色“画笔工具”涂抹可以增加选区。

技能训练

前面主要讲述了Photoshop CC选区的创建、选区的基本操作，以及选区的调整等知识，下面安排两个技能训练，帮助读者巩固所学的知识点。

★技能1　制作特殊图像边缘效果

训练介绍

在制作图像效果时，为图像添加边缘和花边等装饰物，可以使其层次分明，立体感更强。

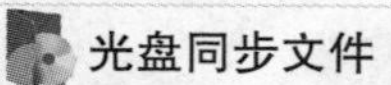

光盘同步文件

素材文件：光盘\素材文件\第3章\技能训练\3-01.jpg

结果文件：光盘\结果文件\第3章\技能训练\3-01.jpg

视频文件：光盘\教学文件\第3章\技能训练\3-01.mp4

操作提示

制作关键

本实例首先全选图像，并扩展选区边界；接下来进入快速蒙版模式，通过滤镜命令生成有层次感的选区效果；最后吸取图像中的颜色，为选区填充前景色，完成效果制作。

技能与知识要点

- 全选
- 边界选区
- 快速蒙版
- 马赛克
- 吸取并填充颜色

操作步骤

本实例的具体操作步骤如下。

Step01 打开光盘中的素材文件3–01.jpg（光盘\素材文件\第3章\技能训练\），执行“选择”→“全部”命令，或按【Ctrl+A】组合键，选择所有图像，如下图所示。

Step02 执行“选择”→“修改”→“边界”命令，打开“边界选区”对话框，❶设置“宽度”为50像素，❷单击“确定”按钮，如下图所示。

Step03 执行“选择”→“在快速蒙版模式下编辑”命令，进入快速蒙版模式，如下图所示。

Step04 执行“滤镜”→“像素化”→“马赛克”命令，打开“马赛克”对话框，❶设置“单元格大小”为10方形，❷单击“确定”按钮，如下图所示。

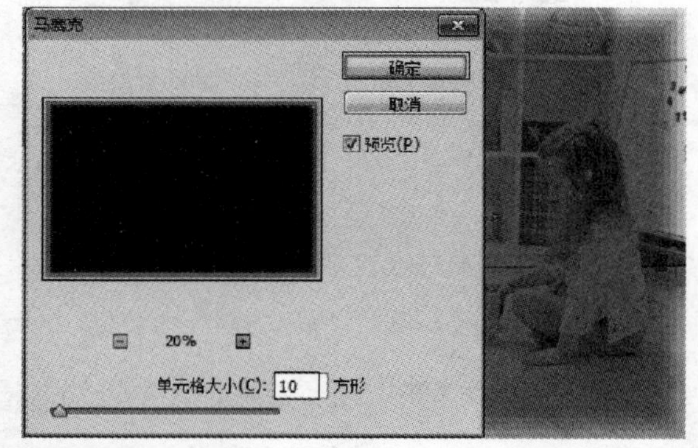

Step05 再次执行“选择”→“在快速蒙版模

式下编辑”命令，退出快速蒙版模式，如下图所示。

Step06 选择工具箱中的“吸管工具”，在图像中橙色位置单击吸取前景色，按【Alt+Delete】组合键填充前景色，效果如下图所示。

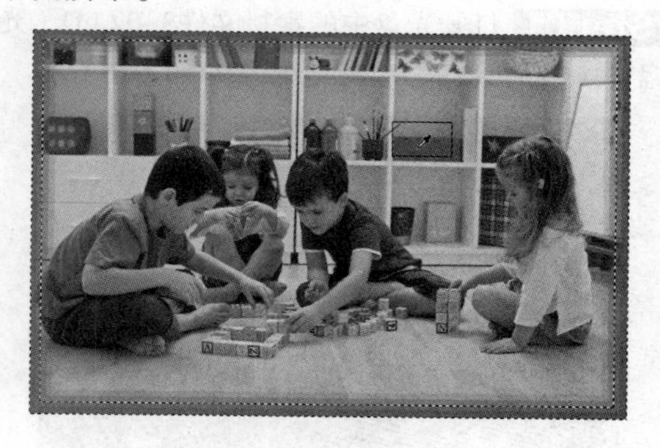

* 技能 2　制作朦胧感背景艺术照

➲ 训练介绍

画面清晰的图像虽然看起来明明白白、清清楚楚，但缺少了一种朦胧美。在这种情况下，可以为图像添加特殊的朦胧效果，使画面更富有情调和美感。

光盘同步文件

素材文件：光盘\素材文件\第3章\技能训练\3-02.jpg

结果文件：光盘\结果文件\第3章\技能训练\3-02.jpg

视频文件：光盘\教学文件\第3章\技能训练\3-02.mp4

➲ 操作提示

制作关键

首先通过“磁性套索工具”创建选区；接下来羽化和反向选区，使用滤镜命令为图像添加朦胧的视觉效果；最后取消选区，得到想要的朦胧背景效果。

技能与知识要点

- “磁性套索工具”
- “羽化”命令
- “反向”命令
- “绘画涂抹”滤镜
- “取消选区”命令

◐ 操作步骤

本实例的具体操作步骤如下。

Step01 打开光盘中的素材文件3-02.jpg（光盘\素材文件\第3章\技能训练\），如下图所示。

Step02 选择工具箱中的“磁性套索工具”，沿着人物头部拖动鼠标创建选区，如下图所示。

Step03 执行“选择”→“修改”→“羽化”命令，打开“羽化选区”对话框。❶设置“羽化半径”为30像素，❷单击“确定”按钮，如下图所示。

Step04 执行“选择”→“反向”命令，反向选区，如下图所示。

Step05 执行“滤镜”→“滤镜库”命令，打开“滤镜库”对话框。A单击“艺术效果”栏中的“绘画涂抹”滤镜，B保持默认参数设置，单击“确定”按钮，如下图所示。

Step06 执行“选择”→“取消选择”命令，取消选区，得到朦胧的背景效果，如下图所示。

本章小结

本章主要介绍了选区的创建与修改，其中选区的创建包括规则选区工具和不规则选区工具的各种使用技巧；选区的修改包括选区的移动、反向、取消和重选，以及扩展相似颜色的选区、对选区进行精确的修改、对选区边缘进行柔化处理等知识。通过对本章内容的学习，可以使读者了解和掌握选区的有效创建和修改方法。

第4章

图像的绘制与修饰

本章导读

Photoshop CC 作为一款专业的图像处理软件，绘图和修饰功能是它的强项。在 Photoshop CC 中，不仅可以在图像中进行绘画，还可以对已有的图像进行修饰和变化。本章将介绍如何绘制图像、修饰图像以及去除图像中的缺陷。

学完本章后应该掌握的技能

* 熟练掌握色彩填充工具的使用方法
* 熟练掌握绘画工具的使用方法
* 熟练掌握修复工具的使用方法
* 熟练掌握像素编辑工具的使用方法
* 熟练掌握颜色处理工具的使用方法

本章相关实例效果展示

4.1 填充工具

使用填充工具可以对图像进行颜色和图案填充。进行颜色填充前，首先要设置好前景色和背景色。下面将具体介绍这些工具的使用方法。

4.1.1 设置前景色与背景色

在Photoshop中所有要被运用到图像中的颜色都会在前景色或者背景色中表现出来。使用前景色可用于绘画、填充和描边，使用背景色可以产生渐变填充和在空白区域中填充。此外，在应用一些具有特殊效果的滤镜时也会用到前景色和背景色。

要设置前景色和背景色，可通过工具箱下方的两个色块来完成。默认情况下前景色为黑色，而背景色为白色，如下图所示。

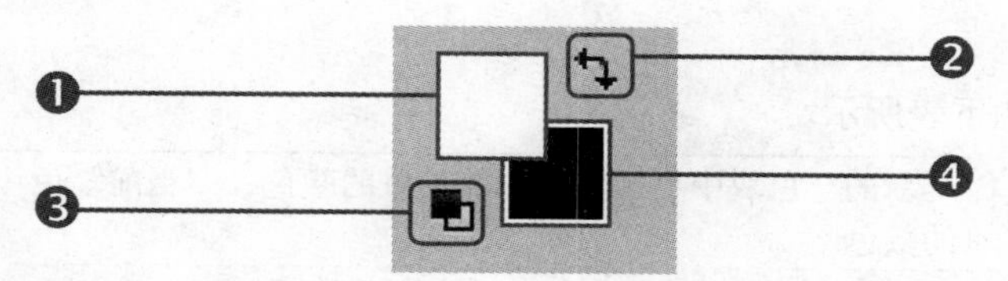

其中各项的含义如下表所示。

❶设置前景色	该色块中显示的是当前所使用的前景色。单击该色块，弹出“拾色器（前景色）”对话框，在其中可对前景色进行设置
❷默认前景色和背景色	单击此按钮，即可将当前前景色和背景色调整到默认的效果
❸切换前景色和背景色	单击此按钮，可使前景色和背景色互换
❹设置背景色	该色块中显示的是当前所使用的背景色。单击该色块，弹出“拾色器（背景色）”对话框，在其中可对背景色进行设置

专家提示

按键盘上的【D】键，可以快速将前景色和背景色调整到默认的效果；按键盘上的【X】键，可以快速切换前景色和背景色的颜色。

4.1.2 拾色器

单击工具箱中的前景色或背景色图标，打开“拾色器”对话框，如下图所示。在该对话框中，可以定义当前前景色或背景色的颜色。

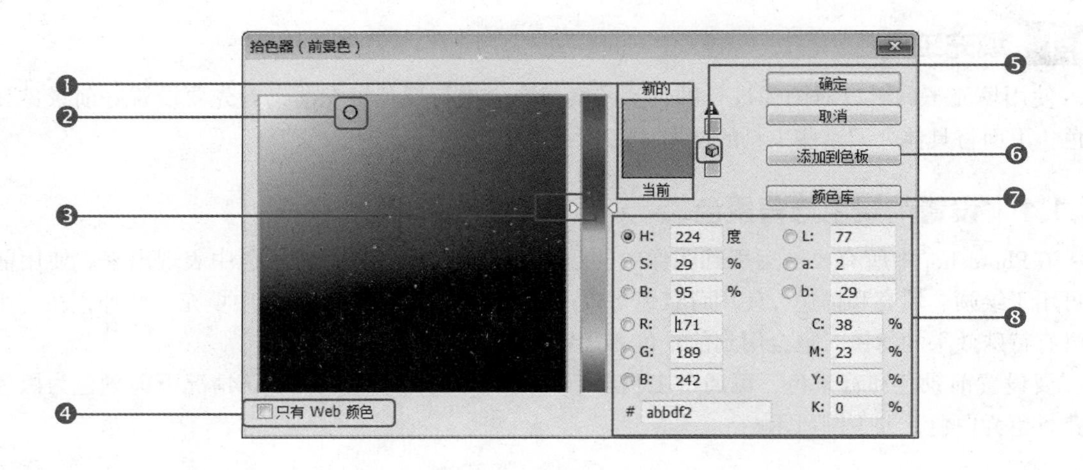

其中各项的含义如下表所示。

❶新的/当前	“新的”色块中显示的是当前设置的颜色，“当前”色块中显示的是上一次使用的颜色
❷色域/拾取的颜色	在“色域”中拖动鼠标可以改变当前拾取的颜色
❸颜色滑块	拖动颜色滑块可以调整颜色范围
❹只有Web颜色	表示只在色域中显示Web安全色
❺非Web安全色警告	表示当前设置的颜色不能在网上准确显示，单击警告下面的小方块，可以将颜色替换为与其最为接近的Web安全颜色
❻添加到色板	单击该按钮，可以将当前设置的颜色添加到“色板”面板
❼颜色库	单击该按钮，可以切换到“颜色库”中
❽颜色值	显示了当前设置的颜色的颜色值。此外，也可以输入颜色值来精确定义颜色

4.1.3 吸管工具

“吸管工具”可以从当前图像上进行取样，同时将取样的色样重新定义前景色和背景色。选择工具箱中的“吸管工具”，其选项栏如下图所示。

光盘同步文件 视频文件：光盘\教学文件\第4章\4-1-3.mp4

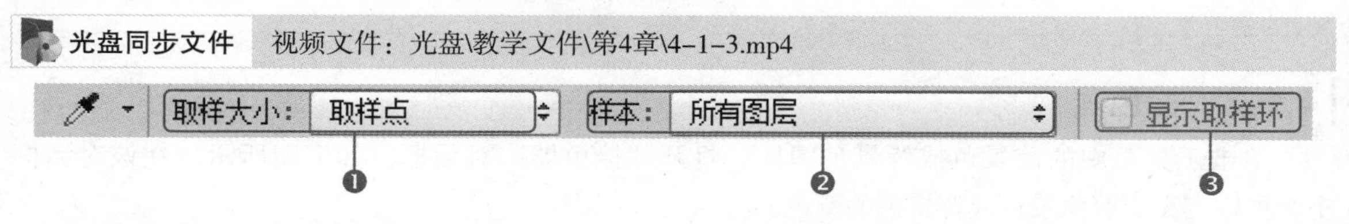

其中常见参数的作用如下表所示。

❶取样大小	用于设置吸管工具的取样范围。选择“取样点”，可拾取光标所在位置像素的精确颜色；选择“3×3平均”，可拾取光标所在位置3个像素区域内的平均颜色；选择“5×5平均”，可拾取光标所在位置5个像素区域内的平均颜色。其他选项以此类推
❷样本	选择“当前图层”表示只在当前图层上取样；选择“所有图层”表示在所有图层上取样
❸显示取样环	选中该复选框，可在拾取颜色时显示取样环

使用“吸管工具”吸取颜色的具体操作步骤如下。

Step01 打开光盘中的素材文件4-01.jpg（光盘\素材文件\第4章\），选择工具箱中的“吸管工具”，默认前景色为黑色，如下图所示。

Step02 在图像中目标位置左击，前景色变为粉红色，如下图所示。

专家提示

按住【Alt】键单击，可拾取单击点的颜色并将其设置为背景色；如果将光标放在图像上，然后按住鼠标左键在屏幕上拖动，则可以拾取窗口、菜单栏和面板的颜色。

4.1.4 油漆桶工具

“油漆桶工具”可以根据图像的颜色容差填充颜色或图案，直接在图像中单击即可，是一种非常方便、快捷的填充工具。选择“油漆桶工具”后，其选项栏如下图所示。

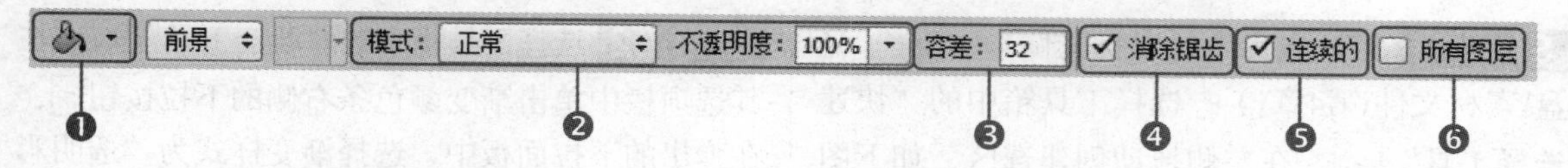

其中常见参数的作用如下表所示。

❶填充内容	单击右侧的 ▾ 按钮，在弹出的下拉列表框中选择填充内容，包括“前景色”和“图案”
❷模式/不透明度	用于设置填充内容的混合模式和不透明度
❸容差	用于定义必须填充的像素的颜色相似程度。低容差会填充颜色值范围内与单击点像素非常相似的像素，高容差则填充更大范围内的像素
❹消除锯齿	可以平滑填充选区的边缘
❺连续的	选中该复选框时，只填充与鼠标单击点相邻的像素；取消选中该复选框时，可填充图像中所有相似的像素
❻所有图层	选中该复选框，表示基于所有可见图层中的合并颜色数据填充像素；取消选中该复选框，则仅填充当前图层

4.1.5 渐变工具

“渐变工具”是一种特殊的填充工具，通过它可以填充几种渐变色组成的颜色。在工具箱中选择“渐变工具”后，其选项栏如下图所示。

光盘同步文件 视频文件：光盘\教学文件\第4章\4-1-5.mp4

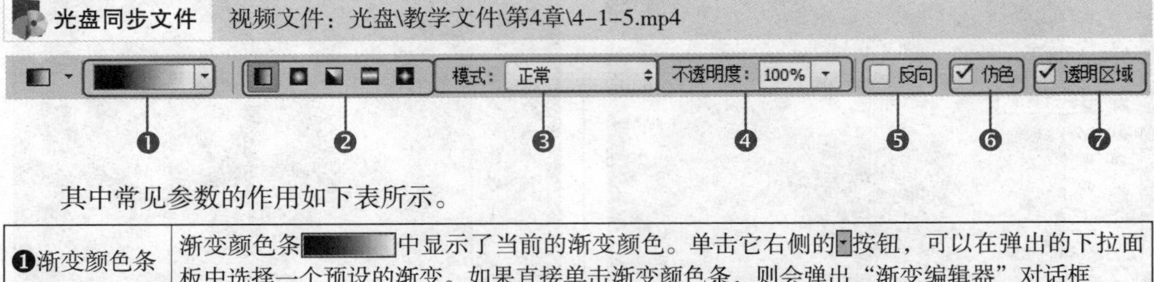

其中常见参数的作用如下表所示。

❶渐变颜色条	渐变颜色条中显示了当前的渐变颜色。单击它右侧的按钮，可以在弹出的下拉面板中选择一个预设的渐变。如果直接单击渐变颜色条，则会弹出“渐变编辑器”对话框
❷渐变类型	单击“线性渐变”按钮，可以创建以直线方式从起点到终点的渐变；单击“径向渐变”按钮，可创建以圆形图案方式从起点到终点的渐变；单击“角度渐变”按钮，可创建围绕起点以逆时针扫描方式的渐变；单击“对称渐变”按钮，可创建使用均衡的线性渐变在起点的任意一侧渐变；单击“菱形渐变”按钮，以菱形方式从起点向外渐变，终点定义菱形的一个角
❸模式	用于设置应用渐变时的混合模式
❹不透明度	用于设置渐变效果的不透明度
❺反向	可转换渐变中的颜色顺序，得到反方向的渐变结果
❻仿色	选中该复选框，可使渐变效果更加平滑。主要用于防止打印时出现条带化现象，但在屏幕上并不明显体现
❼透明区域	选中该复选框，可以创建包含透明像素的渐变；取消选中该复选框，则创建实色渐变

使用“渐变工具”对图像进行渐变颜色的填充，其具体操作步骤如下。

Step01 打开光盘中的素材文件4-02.jpg（光盘\素材文件\第4章\），选择工具箱中的“快速选择工具”，在左侧拖动创建选区，如下图所示。

Step02 选择工具箱中的“渐变工具”，在其选项栏中单击渐变颜色条右侧的下拉按钮，在弹出的下拉面板中，选择渐变样式为“透明彩虹渐变”，如下图所示。

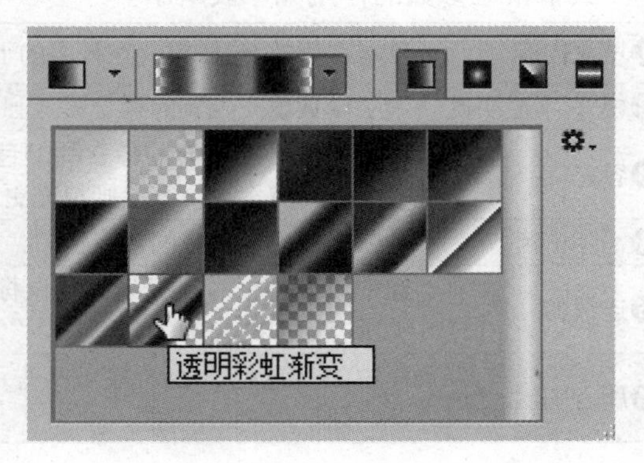

Step03 在图像中从左下角至右上角拖动鼠标填充渐变色，如下图所示。

Step04 释放鼠标后，按【Ctrl+D】组合键取消选区，目标区域就被填充为渐变效果，如下图所示。

专家提示

选择“渐变工具”■后，在图像中按住鼠标左键进行绘制，则起始点到结束点之间会显示出一条提示直线，鼠标拖曳的方向决定填充后颜色倾斜的方向。另外，提示线的长短也会直接影响渐变色的最终效果。

4.2 绘画工具

“画笔”“铅笔”“颜色替换”和“混合器画笔工具”是Photoshop提供的绘画工具，利用这些绘画工具可以绘制任意的图像。下面就来了解这些工具的使用方法。

4.2.1 画笔工具

“画笔工具”是用于涂抹颜色的工具。画笔的笔触形态、大小及材质，都可以随意调整，还可以调整其不透明度。选择“画笔工具”后，其选项栏如下图所示。

其中常见参数的作用如下表所示。

❶“画笔预设”选取器	从中可以选择笔尖形状，设置画笔的大小和硬度
❷切换画笔面板	单击该按钮，可以打开“画笔”面板。除了可以在选项栏中设置画笔外，还可以通过“画笔”面板进行内容更丰富的设置
❸模式	在下拉列表框中可以选择画笔笔迹颜色与下面像素的混合模式
❹不透明度	用于设置画笔的不透明度，该值越低，线条的透明度越高
❺流量	用于设置当光标移动到某个区域上方时应用颜色的速率。在某个区域上方涂抹时，如果一直按住鼠标左键，颜色将根据流动的速率增加，直至达到不透明度设置
❻启用喷枪模式	单击该按钮，可以启用喷枪功能，Photoshop会根据鼠标按键的单击程度确定画笔线条的填充数量

续表

❼绘图板压力控制大小	单击该按钮，可以启动绘图压力控制画笔，并覆盖“画笔”面板中对画笔所做的设置

打开“画笔预设”选取器，如下图所示。

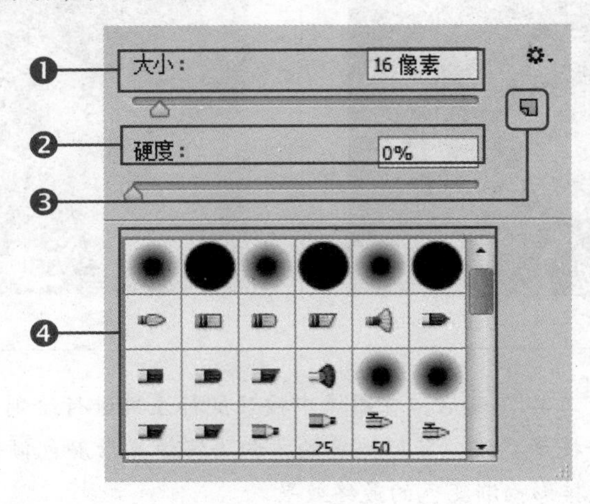

其中各项含义如下表所示。

❶大小	拖动滑块或者在文本框中输入数值，可以调整画笔的大小
❷硬度	用于设置画笔笔尖的硬度
❸创建新的预设	单击该按钮，可以打开“画笔名称”对话框。从中输入画笔的名称后，单击“确定”按钮，可以将当前画笔保存为一个预设的画笔
❹画笔样式（笔尖形状）	Photoshop提供了3种类型的笔尖：圆形笔尖、毛刷笔尖以及图像样本笔尖

高手指点——快速调整画笔大小和硬度

按【]】键可将画笔直径快速变大，按【[】键可将画笔直径快速变小；按【Shift+[】组合键可将画笔硬度快速变小，按【Shift+]】组合键可将画笔硬度快速变大。

画笔的默认笔尖形状为正圆形。在画笔样式列表框中单击所需的画笔样式，即可将其应用到当前画笔上。此时，在图像中单击或拖动，即可绘制各种图像，如下图所示。

4.2.2 铅笔工具

“铅笔工具”与“画笔工具”非常相似，都是用于绘制线条的，但它只能绘制硬边线条。其操作与设置方法与“画笔工具”几乎相同。“铅笔工具”选项栏与“画笔工具”选项栏也基本相同，只是多了个“自动抹除”复选框，如下图所示。

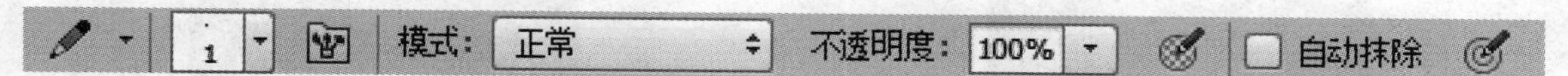

“自动抹除”是“铅笔工具”特有的功能。选中该复选框后，当图像的颜色与前景色相同时，则“铅笔工具”会自动抹除前景色而填入背景色；当图像的颜色与背景色相同时，则“铅笔工具”会自动抹除背景色而填入前景色。

4.2.3 颜色替换工具

“颜色替换工具”是用设置好的前景色来替换图像中的颜色，它在不同的颜色模式下所产生的最终颜色也不同。选择“颜色替换工具”后，其选项栏如下图所示。

光盘同步文件 视频文件：光盘\教学文件\第4章\4-2-3.mp4

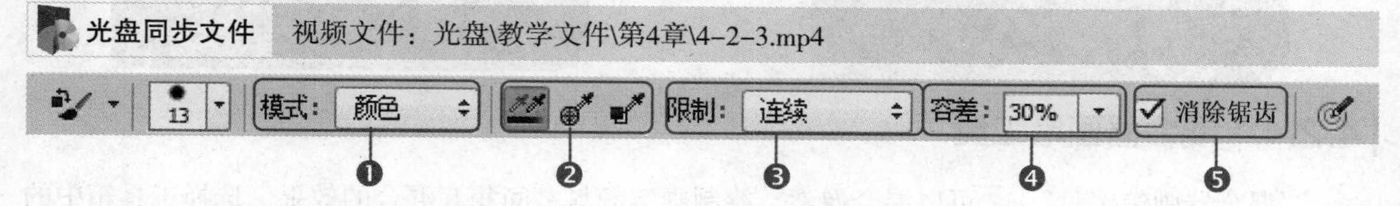

其中常见参数的作用如下表所示。

参数	作用
❶模式	包括“色相”“饱和度”“颜色”和“亮度”4种模式。常用的模式为“颜色”模式，这也是默认模式
❷取样	取样方式包括“连续”、“一次”、“背景色板”。其中“连续”是以光标当前位置的颜色为颜色基准；“一次”始终以开始涂抹时的基准颜色为颜色基准；“背景色板”是以背景色为颜色基准进行替换
❸限制	设置替换颜色的方式，以工具涂抹时的第一次接触颜色为基准色。在该下拉列表框中有3个选项，分别为“连续”“不连续”和“查找边缘”。其中“连续”是以涂抹过程中光标当前所在位置的颜色作为基准颜色来选择替换颜色的范围；“不连续”是指凡是光标移动到的地方都会被替换颜色；“查找边缘”主要是将色彩区域之间的边缘部分替换颜色
❹容差	用于设置颜色替换的容差范围。数值越大，则替换的颜色范围也越大
❺消除锯齿	选中该复选框，可以为校正的区域定义平滑的边缘，从而消除锯齿

专家提示

使用“颜色替换工具”替换颜色时，鼠标指针中间有一个十字标记。替换颜色边缘的时候，即使画笔直径覆盖了颜色及背景，但只要十字标记是在背景的颜色上，就只会替换背景颜色。

使用“颜色替换工具”替换图像中的颜色，其具体操作步骤如下。

Step01 打开光盘中的素材文件4-04.jpg（光盘\素材文件\第4章\），选择工具箱中的“颜色替换工具”，设置前景色为洋红色#da0fe7，如下图所示。

Step02 再将鼠标指针指向图像窗口中，拖动涂抹即可完成颜色的替换，如下图所示。

4.2.4 混合器画笔工具

“混合器画笔工具”可以混合像素，绘制画笔颜料之间相互混合的效果。选择工具箱中的“混合器画笔工具”，其选项栏如下图所示。

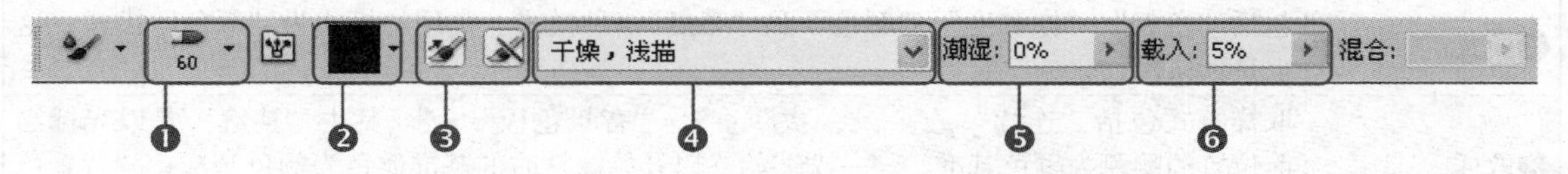

其中常见参数的作用如下表所示。

❶“画笔预设”选取器	单击可打开“画笔预设选取器”，从中可以选取需要的画笔形状，并对画笔进行相应的设置
❷设置画笔颜色	单击可打开“拾色器（混合器画笔颜色）”对话框，从中可以设置画笔的颜色
❸“每次描边后载入画笔”按钮和“每次描边后整理画笔”按钮	单击“每次描边后载入画笔”按扭，完成一次涂抹操作后不会对画笔进行更新和整理；单击“每次描边后清理画笔”按扭，完成一次涂抹操作后对画笔进行更新和整理
❹预设混合画笔	单击右侧的下拉按钮，在弹出的“有用的混合画笔组合”下拉列表框中可以选择系统自带的混合画笔。当挑选一种混合画笔时，选项栏右侧的4个相应选项会自动更改为预设值
❺潮湿	设置从图像中拾取的油彩量，数值越大，色彩越多
❻载入	可以设置画笔上的油彩量，数值越大，画笔的色彩越多

4.3 修复工具

修复工具的主要功能是对数码照片或绘制的图像进行相应的修补，从而获得更好的画面效果。下面分别介绍这些工具的使用方法。

4.3.1 污点修复画笔工具

“污点修复画笔工具”可以迅速修复图像存在的瑕疵或污点。使用“污点修复画笔工具”修复图像时不需要取样，直接对污点进行涂抹即可。选择该工具后，其选项栏如下图所示。

其中常见参数的作用如下表所示。

❶画笔	此选项与画笔工具相同，用于设置修复画笔的直径、硬度和间距。根据修复区域的大小来设置各项参数
❷模式	用于设置修复图像时使用的混合模式。除“正常”“正片叠底”等常用模式外，该工具还提供了一种“替换”模式。选择该模式时，可以保留画笔描边的边缘处的杂色、胶片颗粒和纹理
❸类型	用于设置修复方法。“近似匹配”的作用是将所涂抹的区域以周围的像素进行覆盖；“创建纹理”的作用是以其他的纹理进行覆盖；“内容识别”是由软件自动分析周围图像的特点，将图像进行拼接组合后填充在该区域并进行融合，从而达到快速无缝的拼接效果
❹对所有图层取样	选中该复选框，可从所有的可见图层中提取数据；取消选中该复选框，则只能从被选取的图层中提取数据

4.3.2 修复画笔工具

“修复画笔工具”也可以快速修复图像中存在的瑕疵或污点。不过，与“污点修复画笔工具”不同的是，在使用“修复画笔工具”时，应先取样，选择“修复画笔工具”，其选项栏如下图所示。

光盘同步文件 视频文件：光盘\教学文件\第4章\4-3-2.mp4

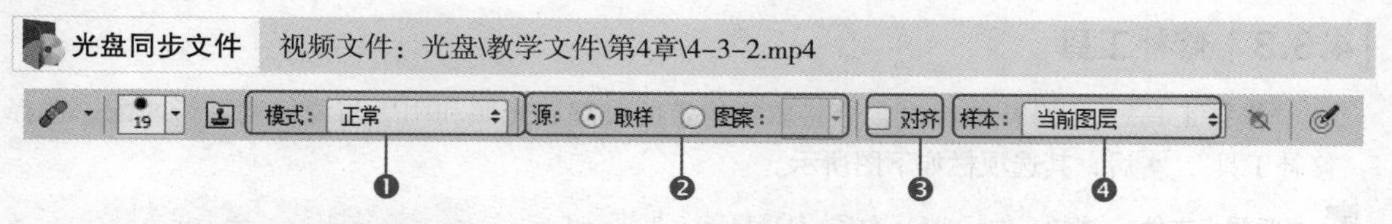

其中常见参数的作用如下表所示。

❶模式	在下拉列表框中可以设置修复图像的混合模式
❷源	设置用于修复像素的源。选中“取样”单选按钮，可以从图像的像素上取样；选中“图案”单选按钮，则可在其下拉列表框中选择一个图案作为取样，效果类似于使用图案图章绘制图案
❸对齐	选中该复选框，会在修复过程中，每次重新开始涂抹，都会自动对齐图像位置进行修复，不会因中途停止而错位修复
❹样本	用于设置从指定的图层中进行数据取样。如果要从当前图层及其下方的可见图层中取样，可以选择“当前和下方图层”；如果仅从当前图层中取样，可以选择“当前图层”；如果要从所有可见图层中取样，可以选择“所有图层”

使用“修复画笔工具”修复图像的具体操作步骤如下。

Step01 打开光盘中的素材文件4-05.jpg（光盘\素材文件\第4章\），选择工具箱中的“修复画笔工具”，按住【Alt】键的同时，单击取样的颜色，如下图所示。

Step02 释放【Alt】键，完成采样操作。在污点位置单击并拖动鼠标进行修复，如下图所示。

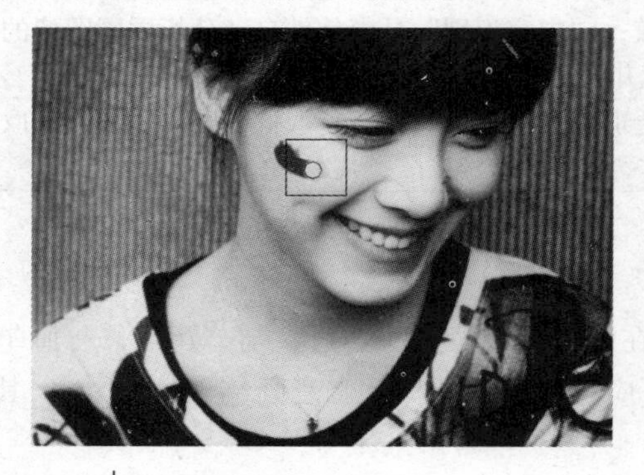

Step03 根据污点的大小适当更改画笔大小，单击并拖动鼠标进行修复，如下图所示。

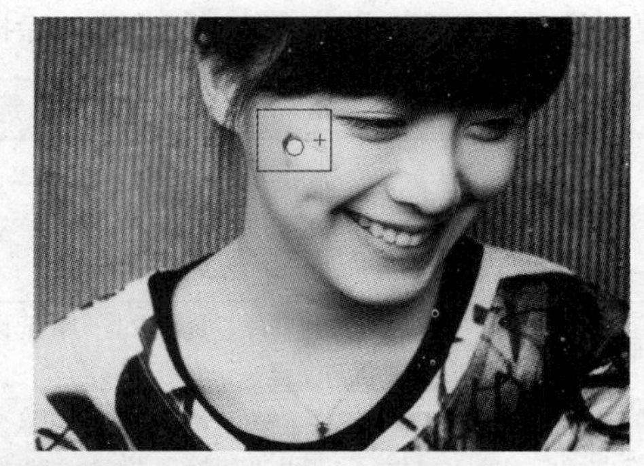

Step04 通过不断拖动鼠标进行修复，污点修复效果如下图所示。

4.3.3 修补工具

“修补工具”修补图像时，会将取样像素的纹理、光照和阴影与源像素进行匹配。选择“修补工具”后，其选项栏如下图所示。

光盘同步文件 视频文件：光盘\教学文件\第4章\4-3-3.mp4

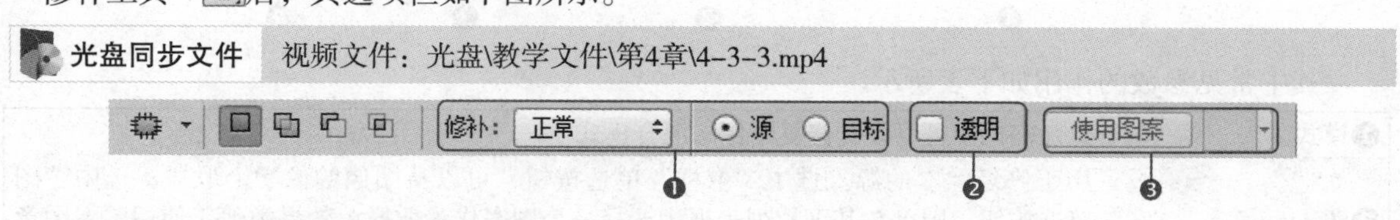

其中常见参数的作用如下表所示。

❶修补	用于设置修补方式。选中“源”单选按钮，在将选区拖至要修补的区域后，释放鼠标就会用当前选区中的图像修补原来选中的内容；选中“目标”单选按钮，则会将选中的图像复制到目标区域
❷透明	选中该复选框后，可以使修补的图像与原图像产生透明的叠加效果
❸使用图案	在右侧的下拉列表框中选择一个图案，然后单击该按钮，可以使用所选图案修补选区内的图像

使用“修补工具”对图像进行修补的具体操作步骤如下。

Step01 打开光盘中的素材文件4-06.jpg（光盘\素材文件\第4章\），选择工具箱中的“修补工具”，在图像中拖动鼠标选择修补区域，如下图所示。

Step02 释放鼠标后，将“修补工具”指向选区内，拖动选区到采样目标区域，释放鼠标即可完成图像修补，如下图所示。

4.3.4 内容感知移动工具

“内容感知移动工具”可以将它选中的对象移动或扩散到图像的其他位置，并重组和混合对象，产生出色的视觉效果。选择“内容感知移动工具”后，其选项栏如下图所示。

光盘同步文件 视频文件：光盘\教学文件\第4章\4-3-4.mp4

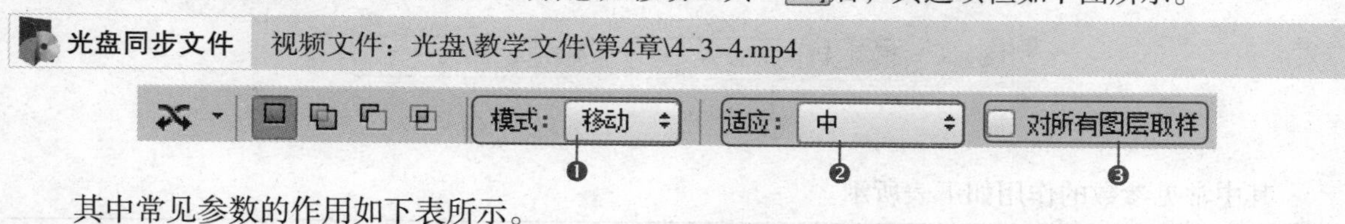

其中常见参数的作用如下表所示。

❶模式	用于选择图像移动方式，包括“移动”和“扩展”
❷适应	用于设置图像修复精度
❸对所有图层取样	如果文档中包括多个图层，选中该复选框，可以对所有图层中的图像进行取样

使用“内容感知移动工具”移动对象的具体操作步骤如下。

Step01 打开光盘中的素材文件4-07.jpg（光盘\素材文件\第4章\），选择工具箱中的“内容感知移动工具”，在人物周围拖动鼠标创建选区，如下图所示。

Step02 释放鼠标后，鼠标指针经过的区域转化为选区，如下图所示。

Step03 在选项栏中，设置“模式”为扩展，向左侧拖动选区复制对象，如下图所示。

Step04 释放鼠标后，图像将自动和周围环境进行融合，得到最佳的扩展效果，如下图所示。

4.3.5 红眼工具

“红眼工具”可以去除用闪光灯拍摄的人物照片中的红眼，以及动物照片中的白色或绿色反光。选择“红眼工具”后，其选项栏如下图所示。

光盘同步文件 视频文件：光盘\教学文件\第4章\4-3-5.mp4

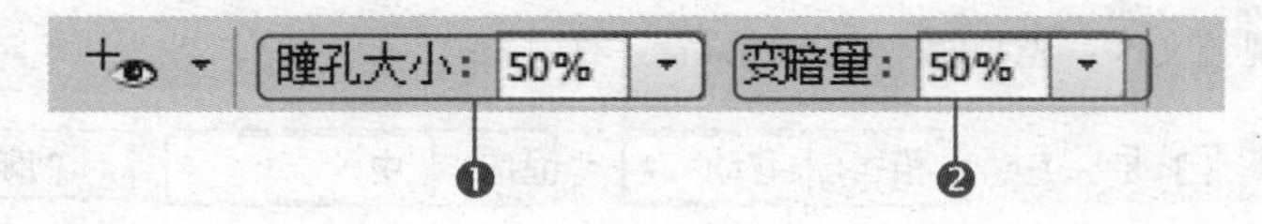

其中常见参数的作用如下表所示。

❶瞳孔大小	可设置瞳孔（眼睛暗色的中心）的大小
❷变暗量	用于设置瞳孔的暗度

使用“红眼工具”修复图像的具体操作步骤如下。

Step01 打开光盘中的素材文件4-08.jpg（光盘\素材文件\第4章\），选择工具箱中的“红眼工具”，在人物红眼区域拖动鼠标，修复红眼，如下图所示。

Step02 释放鼠标后，红眼得到修复。使用相同的方法修复另一侧的红眼，最终效果如下图所示。

4.4 图章工具

图章工具包括“仿制图章工具”和“图案图章工具”两种。“仿制图章工具”的主要功能就是修复含有瑕疵的图像，去掉其中的瑕疵部分；而“图案图章工具”则以选取的图案进行涂抹填充。

4.4.1 仿制图章工具

“仿制图章工具”对于复制对象或移去图像中的缺陷很有用。选择“仿制图章工具”后，其选项栏如下图所示。

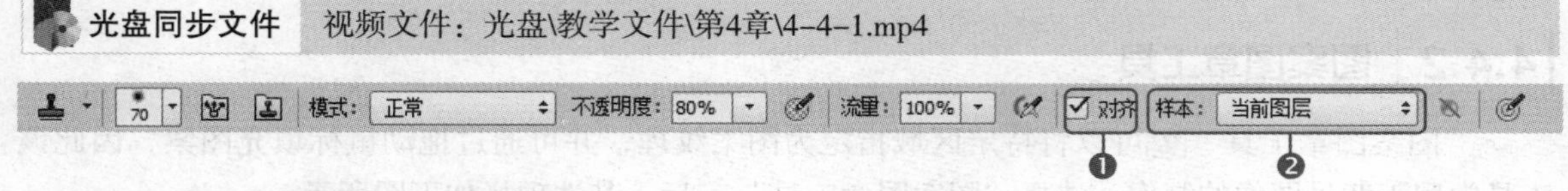
光盘同步文件　视频文件：光盘\教学文件\第4章\4-4-1.mp4

其中常见参数的作用如下表所示。

❶对齐	选中该复选框，可以连续对图像进行取样；取消选中该复选框，则每单击一次，都使用初始取样点中的样本像素。因此，每次单击都被视为是另一次复制
❷样本	在“样本”下拉列表框中，可以选择取样的目标范围，包括“当前图层”“当前和下方图层”和“所有图层”

使用“仿制图章工具”修复图像的具体操作步骤如下。

Step01 打开光盘中的素材文件4-09.jpg（光盘\素材文件\第4章\），在工具箱中选择“仿制图章工具”，将鼠标指针移动至采样的目标位置，按住【Alt】键，然后单击鼠标左键进行采样，如下图所示。

Step02 在“仿制源”面板中，设置W和H为80%，如下图所示。

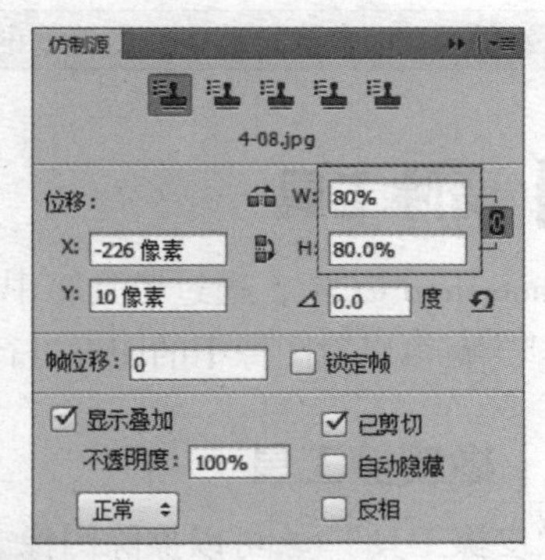

Step03 在目标位置拖动鼠标，即可以80%的比例逐步复制图像，如下图所示。

Step04 继续单击并拖动鼠标进行涂抹，可使模糊的图像逐渐变得清晰，如下图所示。

4.4.2 图案图章工具

“图案图章工具”可以将特定区域指定为图案纹理，并可通过拖动鼠标填充图案，因此该工具常用于背景图像的制作。选择“图案图章工具”后，其选项栏如下图所示。

其中常见参数的作用如下表所示。

❶对齐	选中该复选框，可以保持图案与原始起点的连续性，即使多次单击鼠标也不例外；取消选中该复选框时，则每次单击鼠标都重新应用图案
❷印象派效果	选中该复选框，则选取的绘画图像将产生模糊、朦胧化的印象派效果

4.5 清除工具

在Photoshop CC中，通过工具箱中的“橡皮擦工具”、“背景橡皮擦工具”和“魔术橡皮擦工具”可以对图像中的图像进行清除。下面分别介绍这些工具的使用方法。

4.5.1 橡皮擦工具

“橡皮擦工具”可以擦除图像。如果处理的是“背景”图层或锁定了透明区域的图层，涂抹区域会显示为背景色；处理其他图层时，可擦除涂抹区域的像素。选择“橡皮擦工具”后，其选项栏如下图所示。

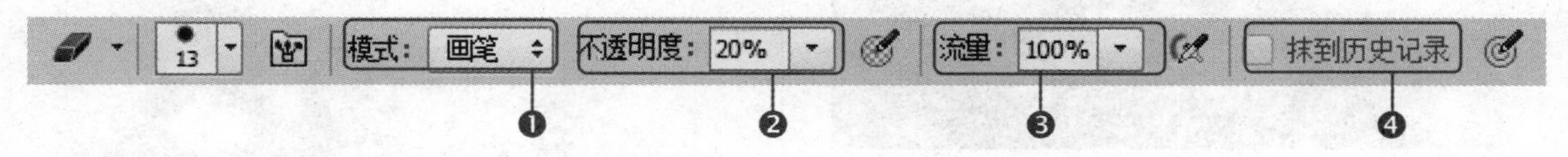

其中常见参数的作用如下表所示。

❶模式	在该下拉列表框中可以选择橡皮擦的种类。选择“画笔”，可创建柔边擦除效果；选择“铅笔”，可创建硬边擦除效果；选择“块”，擦除的效果为块状
❷不透明度	设置工具的擦除强度，100%的不透明度可以完全擦除像素，较低的不透明度将部分擦除像素
❸流量	用于控制工具的涂抹速度

续表

❹抹到历史记录	选中该复选框后，“橡皮擦工具”就具有了历史记录画笔的功能

4.5.2 背景橡皮擦工具

“背景橡皮擦工具”主要用于擦除图像的背景区域，被擦除的图像以透明效果进行显示。选择“背景橡皮擦工具”，其选项栏如下图所示。

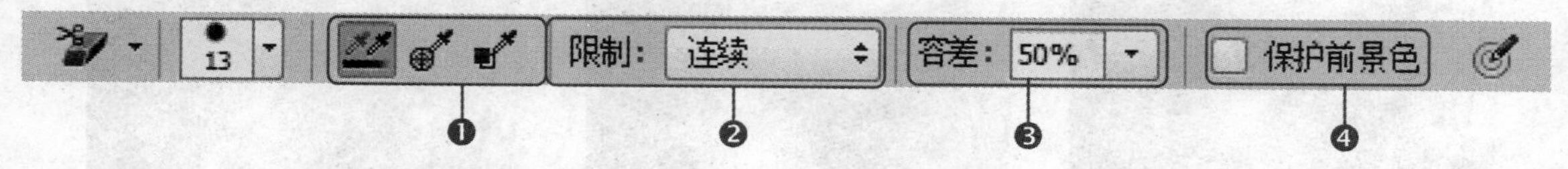

其中常见参数的作用如下表所示。

❶取样	用于设置取样方式。单击“连续”按钮，在拖动鼠标时可连续对颜色取样，凡是出现在光标中心十字线内的图像都会被擦除；单击“下一次”按钮，只擦除包含第一次单击点颜色的图像；单击“背景色板”按钮，只擦除包含背景色的图像
❷限制	定义擦除时的限制模式。选择“不连续”，可擦除出现在光标下任何位置的样本颜色；选择“连续”，只擦除包含样本颜色并且互相连接的区域；选择“查找边缘”，可擦除包含样本颜色的连续区域，同时更好地保留形状边缘的锐化程度
❸容差	用于设置颜色的容差范围。低容差仅限于擦除与样本颜色非常相似的区域，高容差可擦除范围更广的颜色
❹保护前景色	选中该复选框后，可防止擦除与前景色匹配的区域

专家提示

拖动“背景橡皮擦工具”涂除图像时，鼠标指针中心点+所经过的区域会被擦除。一般情况下，拖动鼠标擦除图像时，鼠标中心点+不能处于边缘处，只能靠近保留内容的边缘。

4.5.3 魔术橡皮擦工具

“魔术橡皮擦工具”的作用和“魔棒工具”极为相似，可以自动擦除当前图层中与选区颜色相近的像素。该工具的使用方法是，直接在要擦除的区域上单击，即可进行擦除。选择该工具后，其选项栏如下图所示。

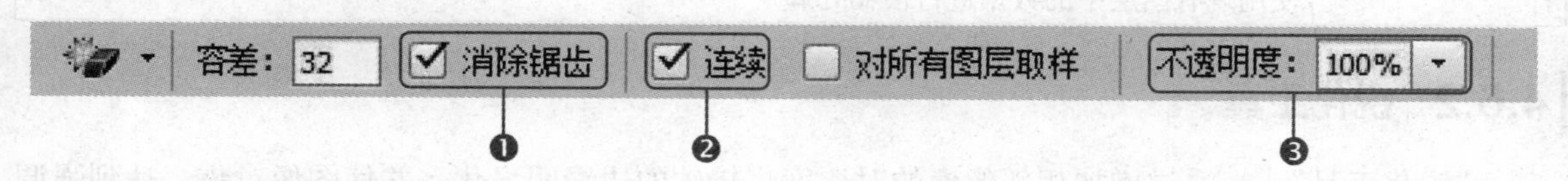

其中常见参数的作用如下表所示。

❶消除锯齿	选中该复选框，可以使擦除边缘平滑
❷连续	选中该复选框，擦除仅与单击处相邻的且在容差范围内的颜色；取消选中该复选框，则擦除图像中所有符合容差范围内的颜色
❸不透明度	设置所要擦除图像区域的不透明度，数值越大，则图像被擦除得越彻底

“橡皮擦工具”“背景橡皮擦工具”和“魔术橡皮擦工具”的对比效果如下图所示。

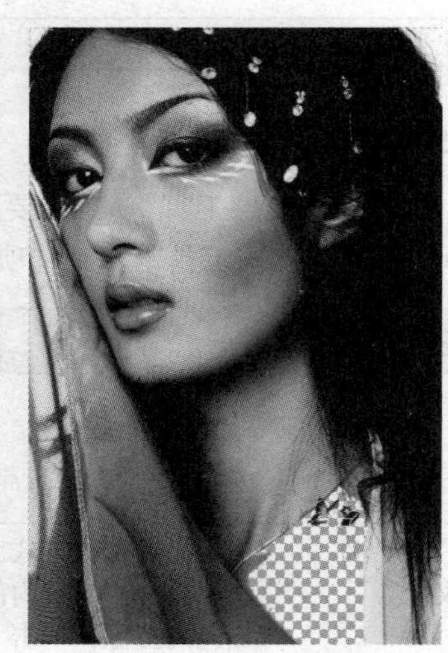

4.6 像素编辑工具

像素编辑工具组中包括“模糊工具”、“锐化工具”、“涂抹工具”3种工具，下面对这些工具进行详细的介绍。

4.6.1 模糊工具

“模糊工具”可以使僵硬的图像边界变得柔和，颜色过渡变得平缓，起到一种模糊图像的效果，从而减少图像细节。选择“模糊工具”后，其选项栏如下图所示。

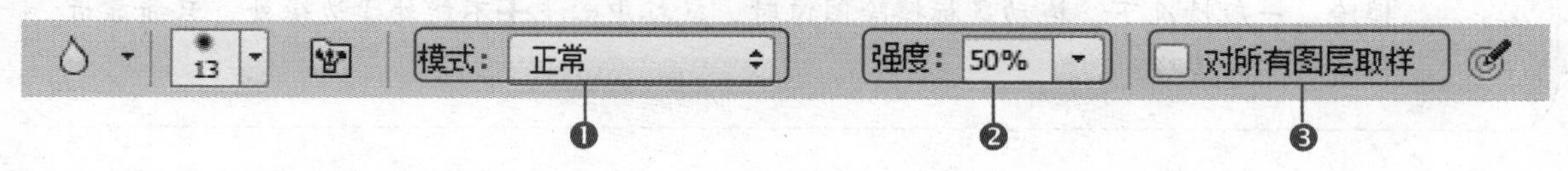

其中常见参数的作用如下表所示。

❶模式	用于设置图像模糊的方式，如变亮、变暗、色相、饱和度等
❷强度	用于设置模糊强度，强度越大，则模糊效果越明显
❸对所有图层取样	选中该复选框，使用所有可见图层中的数据进行模糊或锐化处理；取消选中该复选框，只使用现有图层中的数据进行模糊处理

4.6.2 锐化工具

“锐化工具”通过增加相邻像素的对比度将较软的边缘明显化，并使图像对焦，达到强调图像细节的目的。选择“锐化工具”后，其选项栏如下图所示。

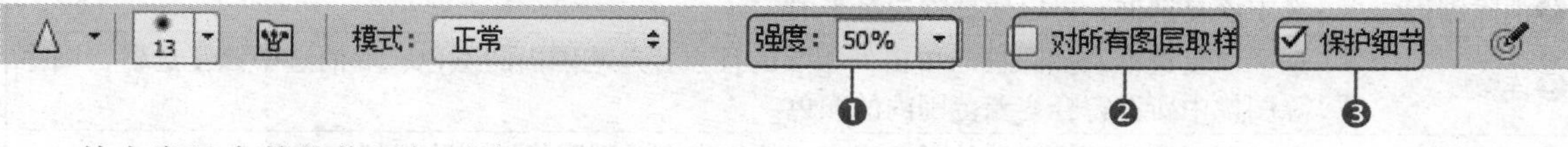

其中常见参数的作用如下表所示。

❶强度	用于设置工具的强度
❷对所有图层取样	如果文档中包含多个图层，选中该复选框，表示使用所有可见图层中的数据进行处理；取消选中该复选框，则只处理当前图层中的数据
❸保护细节	选中该复选框，可以防止颜色发生色相偏移，在对图像进行加深时更好地保护原图像的色调

专家提示

使用“锐化工具”在某个区域绘制的次数越多，锐化效果就越明显，但过度使用“锐化工具”后，将会导致图像严重失真，出现很多杂点，所以在操作时不宜锐化过度。

使用“模糊工具”和“锐化工具”处理图像的对比效果如下图所示。

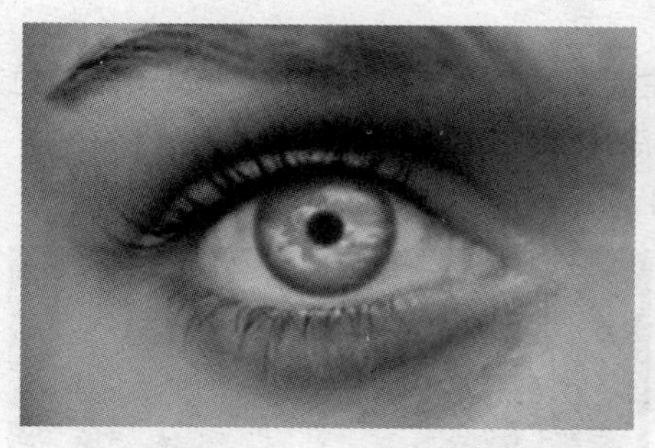

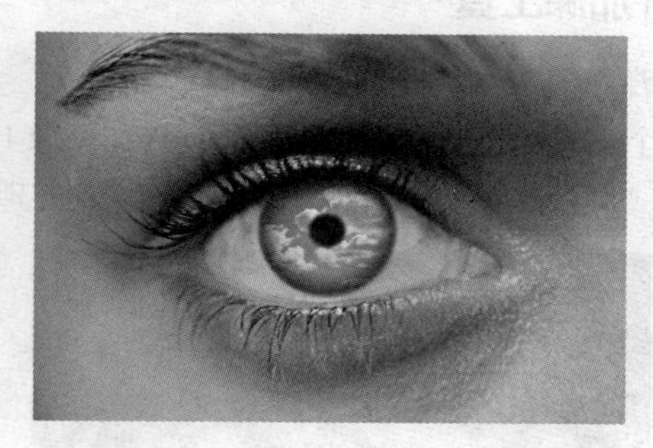

4.6.3 涂抹工具

“涂抹工具”可将图像的像素进行移动，移动后产生类似手指涂抹的模糊效果。该工具选项栏与“模糊工具”基本相同，只是多了一个“手指绘画”复选框，如下图所示。

13 模式：正常 强度：50% 对所有图层取样 手指绘画

“手指绘画”复选框的作用如下表所示。

手指绘画	选中该复选框后，可以在涂抹时添加前景色；取消选中该复选框，则使用每个描边起点处光标所在位置的颜色进行涂抹

4.7 颜色处理工具

在图像处理中，如果需要调整图像明暗程度的变化，可以通过“加深工具”、“减淡工具”以及“海绵工具”来实现。下面对这些工具进行详细的介绍。

4.7.1 减淡工具

“减淡工具”用于调整图像局部或整体的颜色深浅，使涂抹区域的图像颜色变淡。选择“减淡工具”后，其选项栏如下图所示。

其中常见参数的作用如下表所示。

❶范围	定义“减淡工具”的作用范围，包括“阴影”“中间调”“高光”3个选项。选择“阴影”选项时，作用范围是图像暗部区域像素；选择“中间调”选项时，作用范围是图像的中间调范围像素；选择“高光”选项时，作用范围是图像亮部区域像素
❷曝光度	用于设置提高颜色的亮度强度，取值越大，作用区域像素的亮度越高；取值越小，作用区域像素的亮度越低
❸保护色调	选中该复选框时，图像的整体色调不会发生改变

4.7.2 加深工具

“加深工具”与“减淡工具”相反，主要是对图像进行变暗以达到图像颜色加深的目的。这两个工具的选项栏是相同的，直接在图像上涂抹即可加深图像。

使用“减淡工具”和“加深工具”处理图像的对比效果如下图所示。

4.7.3 海绵工具

“海绵工具”可以调整图像整体或局部的颜色饱和度。选择“海绵工具”后，其选项栏如下图所示。

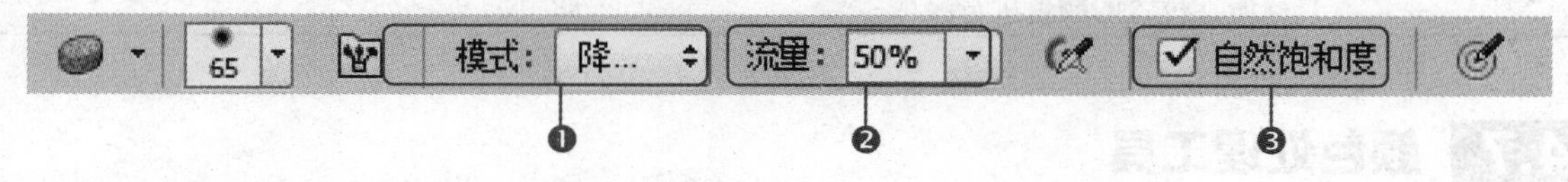

其中常见参数的作用如下表所示。

❶模式	包括“降低饱和度”与“饱和”两个选项，选择“降低饱和度”选项时，可降低目标区域的饱和度；选择“饱和”选项时，可增强目标区域的饱和度
❷流量	用于设置“海绵工具”的作用强度。取值越大，效果越明显；取值越小，效果越不明显
❸自然饱和度	选中该复选框时，在进行饱和度调整时，颜色会更自然

技高一筹

下面结合本章内容，给大家介绍一些实用技巧。

光盘同步文件　原始文件：光盘\素材文件\第4章\技高一筹\4-01.jpg，4-02.jpg

结果文件：光盘\结果文件\第4章\技高一筹\4-01.jpg，4-02.jpg

同步视频文件：光盘\教学文件\第4章\技高一筹\技巧01.mp4~技巧04.mp4

◎技巧 01　如何绘制分散的图像

画笔除了可以在“画笔工具”选项栏中进行设置外，还可以通过“画笔”面板进行内容更丰富的设置。执行“窗口”→“画笔”命令，或在“画笔工具”选项栏中单击“切换画笔面板”按钮，即可打开 “画笔”面板，如下图所示。

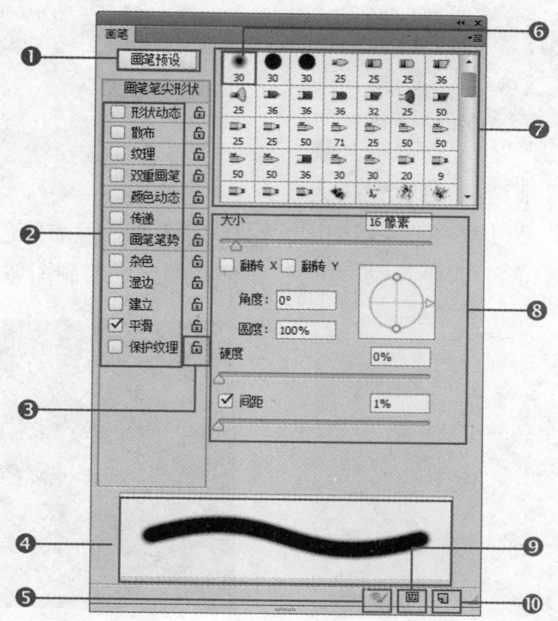

其中各项的含义如下表所示。

❶画笔预设	可以打开“画笔预设”面板
❷画笔设置	改变画笔的角度、圆度，以及为其添加纹理、颜色动态等变量
❸锁定/未锁定	锁定或未锁定画笔笔尖形状
❹画笔描边预览	可预览选择的画笔笔尖形状
❺显示画笔样式	使用毛刷笔尖时，显示笔尖样式
❻选中的画笔笔尖	当前选择的画笔笔尖
❼画笔笔尖	显示了Photoshop提供的预设画笔笔尖
❽画笔参数选项	用于调整画笔参数

续表

❾打开预设管理器	可以打开“预设管理器”。
❿创建新画笔	对预设画笔进行调整，可单击该按钮，将其保存为一个新的预设画笔

使用“画笔工具”绘制分散图像的具体操作步骤如下。

Step01 打开光盘中的素材文件4-01.jpg（光盘\素材文件\第4章\技高一筹\），选择工具箱中的“画笔工具”，如下图所示。

Step02 按【F5】键打开“画笔”面板，❶单击选择“海绵画笔投影”画笔，❷设置“大小”为40像素，“间距”为136%，❸选中“形状动态”复选框，❹设置“大小抖动”为85%，如下图所示。

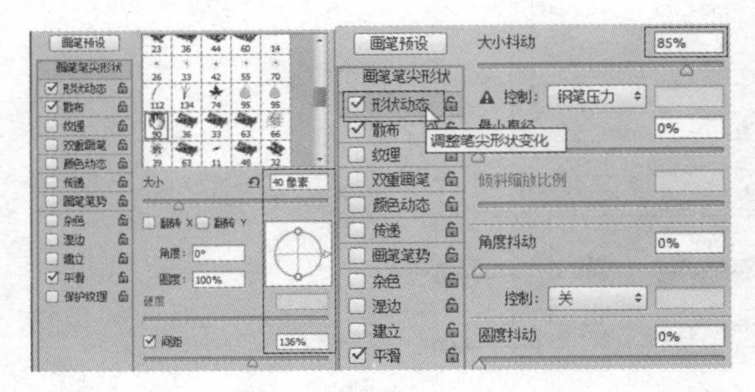

Step03 在“画笔”面板中，选中“散布”复选框，在“散布”选项组中选中“两轴”复选框，设置为449%，如下图所示。

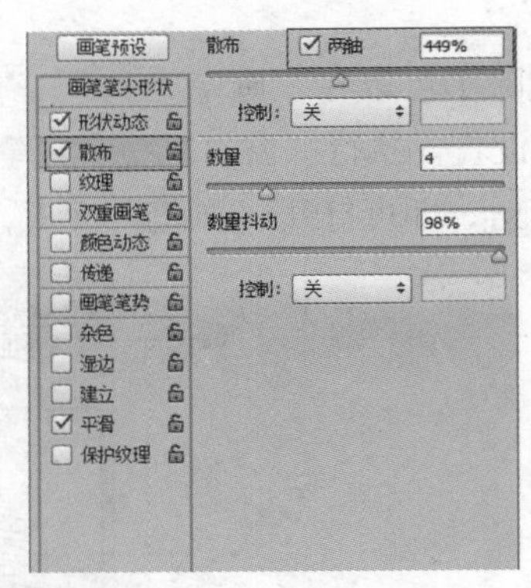

Step04 设置前景色为玫红色#ec59c4，拖动鼠标在图像中绘制图像，如下图所示。

◎技巧 02 如何载入预设画笔

在使用“画笔工具”绘制图像时，如果画笔样式列表框中的画笔样式不够用，还可以载入系统自带的画笔样式。具体操作步骤如下。

Step01 选择工具箱中的“画笔工具”，❶单击其选项栏中的按钮，打开“画笔预设”选取器，❷单击右上角的按钮，❸在弹出的菜单中选择需要添加的画笔样式，比如“混合画笔”，如下图所示。

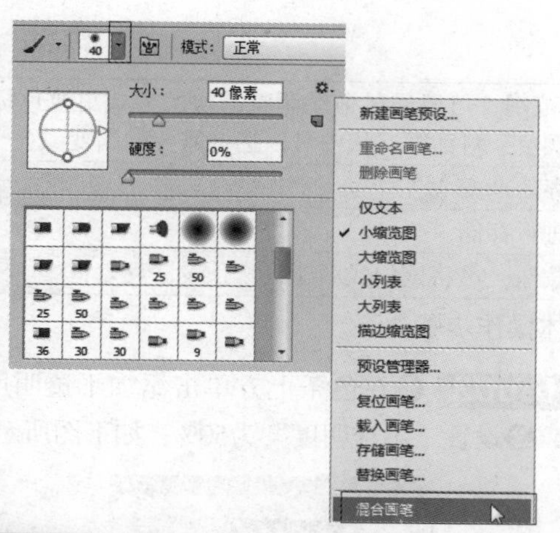

Step02 在弹出的对话框中，单击“确定”按钮，即可将所选的画笔样式添加到画笔样式列表框中，如下图所示。

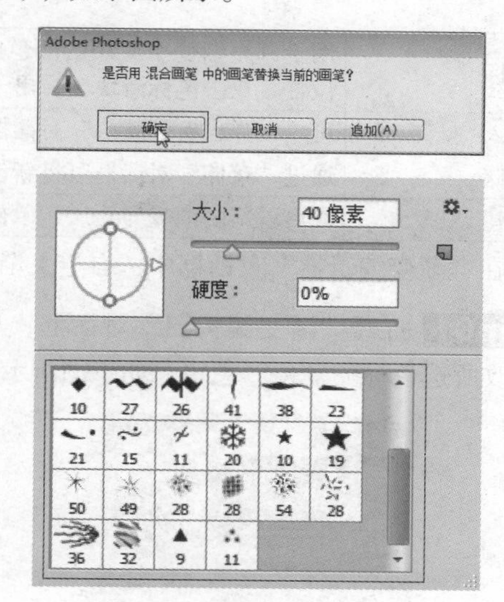

◎技巧 03 如何设置渐变色

使用“渐变工具”进行色彩填充时，还可以自定义渐变色。单击渐变颜色条，打开“渐变编辑器”对话框，如下图所示。

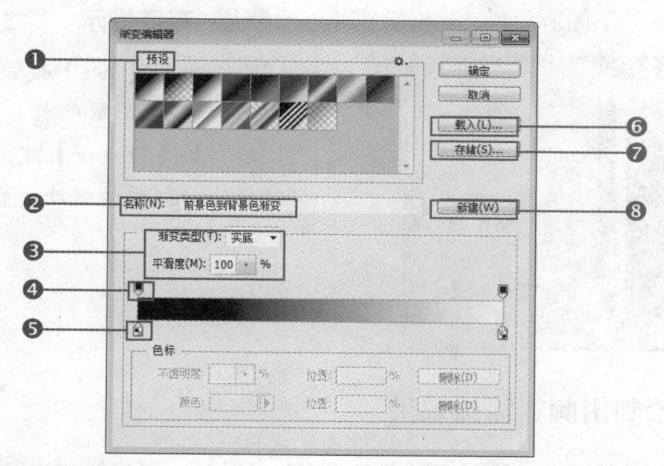

其中主要选项的含义如下表所示。

❶预设	显示Photoshop CC提供的基本预设渐变样式。单击某一样式后，可以设置该样式的渐变。此外，还可以单击其右边的按钮，在弹出的扩展菜单中选择其他的渐变样式
❷名称	在“名称”文本框中可显示选定的渐变名称，也可以输入新建渐变名称
❸“渐变类型”和“平滑度”	在“渐变类型”下拉列表框中，可选择显示为单色形态的“实底”和显示为多种色带形态的“杂色”。“实底”为默认形态，通过“平滑度”选项可调整渐变过程的柔和程度，数值越大效果越柔和；选择“杂色”类型，则可通过其下方的“粗糙度”选项设置杂色渐变的柔和度，数值越大颜色渐变过程越鲜明
❹不透明度色标	用于调整渐变中应用的颜色的不透明度，默认值为100%，数值越小渐变颜色越透明

续表

❺色标	用于调整渐变中应用的颜色或者颜色的范围，可以通过拖动调整滑块的方式更改色标的位置。双击色标滑块，弹出“选择色标颜色”对话框，从中可以选择需要的渐变颜色
❻载入	可以在弹出的“载入”对话框中打开保存的渐变
❼存储	通过“存储”对话框可将新设置的渐变进行存储
❽新建	在设置新的渐变样式后，单击“新建”按钮，可将该样式新建到“预设”列表框中

在“渐变编辑器”对话框中，自定义渐变色的具体操作步骤如下。

Step01 打开“渐变编辑器”对话框，单击“更改所选色标的颜色”色块，如下图所示。

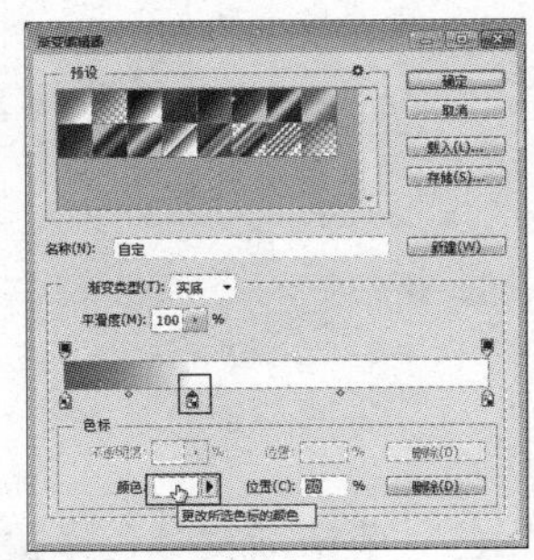

Step02 在弹出的“拾色器（色标颜色）”对话框中，设置颜色值，如下图所示。

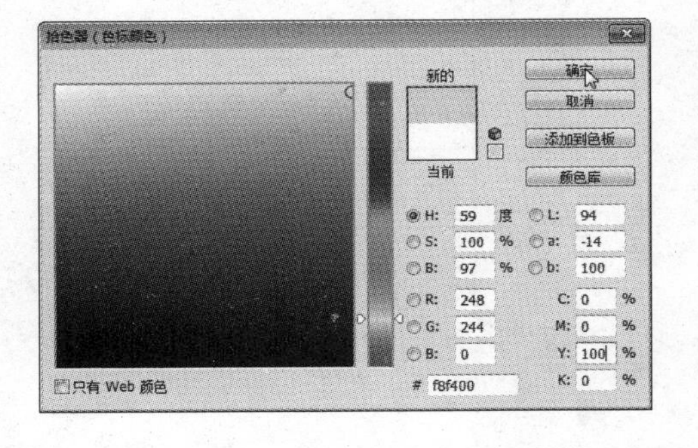

Step03 ❶在色条上方单击添加不透明度色标，❷设置“不透明度”为50%，如下图所示。

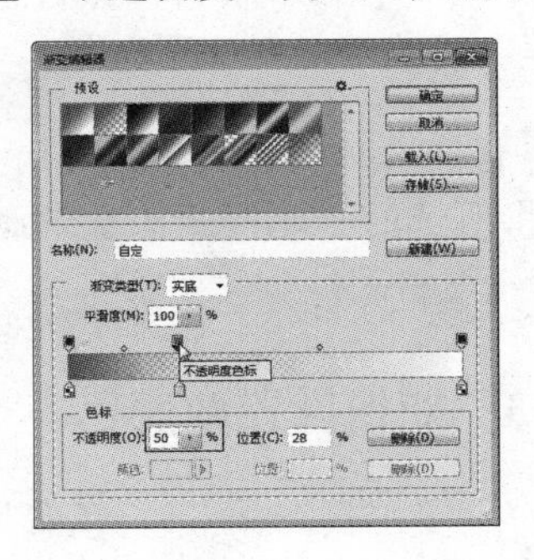

专家提示

按住【Alt】键，拖动色标可以快速复制色标；选中色标后，按【Delete】键，或者将色标拖动到对话框外，可以快速删除色标。

◎技巧 04　如何绘制出颜料涂抹效果

使用“混合器画笔工具”绘画时，设置适当的参数后，可以绘制出颜料涂抹效果。具体操作步骤如下。

Step01 打开光盘中的素材文件4-02.jpg（光盘\素材文件\第4章\技高一筹\），选择“渐变工具”后，在其选项栏中单击渐变颜色条，打开“渐变编辑器”对话框；❶在色条下方单击添加色标，❷单击“更改所选色标的颜色”色块，如下图所示。

Step02 选择“混合器画笔工具”，在“画笔预设”选取器中，选择“圆扇形细硬毛刷”，选择“湿润、深混合”画笔组合，如下图所示。

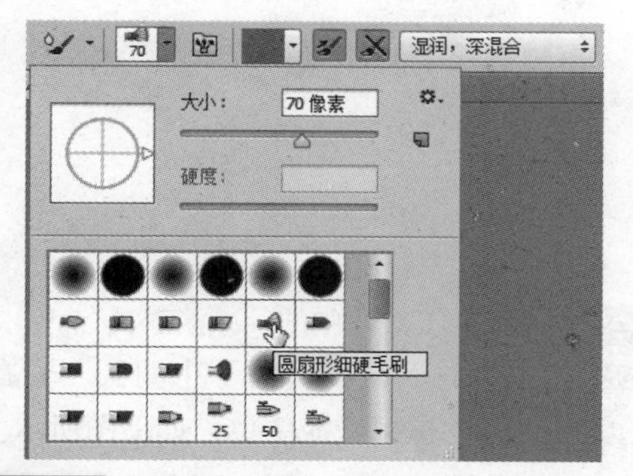

Step03 在图像中，沿着图像纹理拖动鼠标进行绘制，如下图所示。

Step04 继续拖动鼠标进行绘制，创建出画面的颜料涂抹效果，如下图所示。

技能训练

前面主要讲述了Photoshop CC中的填充工具、修复工具、图章工具等图像绘制与修饰知识，下面安排两个技能训练，帮助读者巩固所学的知识点。

*技能 1　更改人物衣饰色彩

训练介绍

拍摄人物照片时，通常会因为模特衣饰不够鲜艳而影响整体效果。在数码照片后期处理中，可以选择合适的工具更改人物衣饰色彩，如下图所示。

光盘同步文件

素材文件：光盘\素材文件\第4章\技能训练\4-01.jpg

结果文件：光盘\结果文件\第4章\技能训练\4-01.jpg

视频文件：光盘\教学文件\第4章\技能训练\4-01.mp4

➲ 操作提示

制作关键

首先对衣服色彩进行替换，接下来减淡人物帽子的明度，最后增加配饰的鲜艳程度，完成效果制作。

技能与知识要点

- “颜色替换工具”
- “减淡工具”
- “海绵工具”

➲ 操作步骤

本实例的具体操作步骤如下。

Step01 打开光盘中的素材文件4-01.jpg（光盘\素材文件\第4章\技能训练\），设置前景色为洋红色#e3007b，如下图所示。

Step02 选择工具箱中的“颜色替换工具”，在人物衣服上拖动鼠标进行替换，如下图所示。

Step03 选择工具箱中的“减淡工具”，在其选项栏中设置“范围”为“中间调”，在人物的帽子上拖动鼠标减淡颜色，如下图所示。

Setp04 选择工具箱中的“海绵工具”，在其选项栏中设置“模式”为加色，“流量”为50%，在人物配饰上涂抹，如下图所示。

*技能 2　制作愤怒的小鸟特效

➲ 训练介绍

小鸟给人的感觉通常是小巧、活泼和可爱的，但小鸟也是会发怒的。它们发怒的样子通常是毛发倒立，活像一团毛茸茸的小鸡，如下图所示。

光盘同步文件

素材文件：光盘\素材文件\第4章\技能训练\4-02.jpg

结果文件：光盘\结果文件\第4章\技能训练\4-02.jpg

视频文件：光盘\教学文件\第4章\技能训练\4-02.mp4

➲ 操作提示

制作关键

首先选择适合的预设画笔，接下来沿着小鸟边缘进行涂抹，继续涂抹加深效果，得到最终效果。

技能与知识要点

- “涂抹工具”
- 手指绘画
- 画笔预设

➲ 操作步骤

本实例的具体操作步骤如下。

Step01 打开光盘中的素材文件4-02.jpg（光盘\素材文件\第4章\技能训练\），如下图所示。

Step02 选择工具箱中的“涂抹工具”，在选项栏中选中“手指绘画”复选框，在“画笔预设”面板中单击“圆钝形中等硬”画笔，如下图所示。

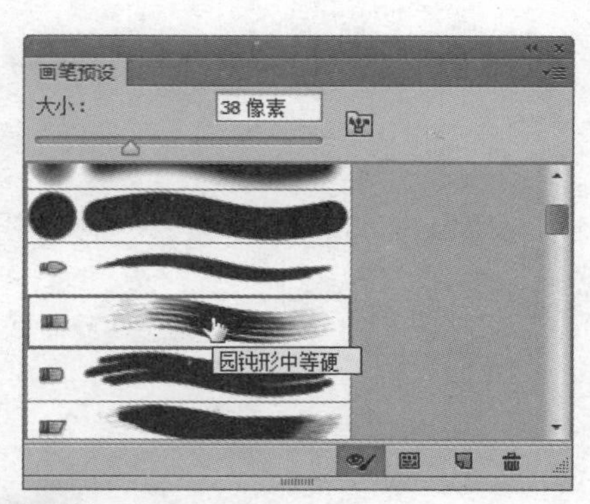

Step03 在小鸟边缘拖动鼠标进行涂抹，效果如下图所示。

Step04 继续沿着小鸟的毛色和纹路拖动鼠标进行涂抹，最终效果如下图所示。

本章小结

本章主要讲解了图像的绘制与修饰方法，首先讲述了填充工具的使用方法，然后重点讲述了绘画工具的使用方法，最后讲述了图像修饰相关工具的具体使用方法。填充工具、绘画工具和修饰工具是本章学习的重点内容。

第5章 图层的管理与应用

本章导读

在Photoshop中，图层是图像信息的平台，承载了几乎所有的编辑操作。正因为有了图层，才使Photoshop具有强大的图像效果处理与艺术加工的功能。通过本章的学习，希望读者了解图层的概念并掌握图层的基本使用方法。

学完本章后应该掌握的技能

* 掌握图层的基本操作
* 掌握高级图层功能的使用
* 掌握图层混合模式的使用

本章相关实例效果展示

5.1 初识图层

图层是Photoshop中很重要的一部分内容，也是很多图像处理软件的基础概念之一。通过图层，用户可以设定图像的合成效果，或者编辑一些特效来丰富艺术效果。

5.1.1 图层的基本概念

图层就如同堆叠在一起的透明纸，每一张纸上面都保存着不同的图像，可以透过上面图层的透明区域看到下面图层的内容。每个图层中的对象都可以单独处理，而不会影响其他图层中的内容。图层可以移动，也可以调整堆叠顺序。

5.1.2 认识“图层”面板

“图层”面板中显示了图像中的所有图层、图层组和图层效果，可以通过其中的相关功能来完成一些图像编辑任务，例如，创建、隐藏、复制和删除图层等。下面对“图层”面板的组成进行介绍，如下图所示。

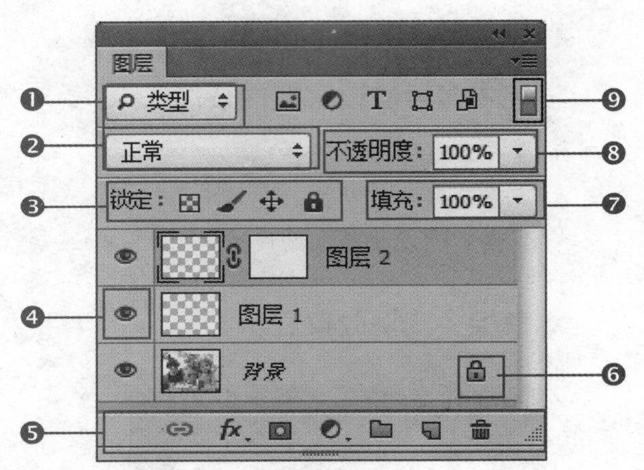

其中主要选项的含义如下表所示。

❶选取图层类型	当图层数量较多时，可在该下拉列表框中选择一种图层类型（包括“名称”“效果”“模式”“属性”“颜色”），让“图层”面板只显示此类图层，隐藏其他类型的图层
❷设置图层混合模式	用来设置当前图层的混合模式，使之与下面的图像产生混合
❸锁定按钮	用来锁定当前图层的属性，使其不可编辑。其中包括“锁定透明像素”按钮、“锁定图像像素”按钮、“锁定位置”按钮和“锁定全部”按钮
❹指示图层可见性	显示该标志的图层为可见图层，单击它可以隐藏图层。隐藏的图层不能编辑
❺快捷工具按钮	图层操作的常用快捷工具按钮，主要包括“链接图层”按钮、“添加图层样式”按钮fx、“添加图层蒙版”按钮、“创建新的填充或调整图层”按钮、“创建新组”按钮、“创建新图层”按钮、“删除图层”按钮
❻锁定标志	显示该图标时，表示图层处于锁定状态
❼填充	设置当前图层的填充不透明度。它与图层的不透明度类似，但只影响图层中绘制的像素和形状的不透明度，不会影响图层样式的不透明度
❽不透明度	设置当前图层的不透明度，使之呈现透明状态，从而显示出下面图层中的内容

续表

❾打开或关闭图层过滤	单击该按钮，可以启动或停用图层过滤功能

5.2 图层的基本操作

图层的基本操作包括新建、复制、删除、合并图层，以及图层顺序的调整等，这些操作都可以通过执行“图层”菜单中的相应命令或在“图层”面板中完成。

5.2.1 创建新图层

新建的图层一般位于当前图层的最上方，采用正常模式和100%的不透明度，并且依照建立的次序命名，如图层1、图层2……下面介绍新建图层的常用操作方法。

单击“图层”面板右下角的“创建新图层”按钮，即可在当前图层上面创建一个新图层，如下图所示。

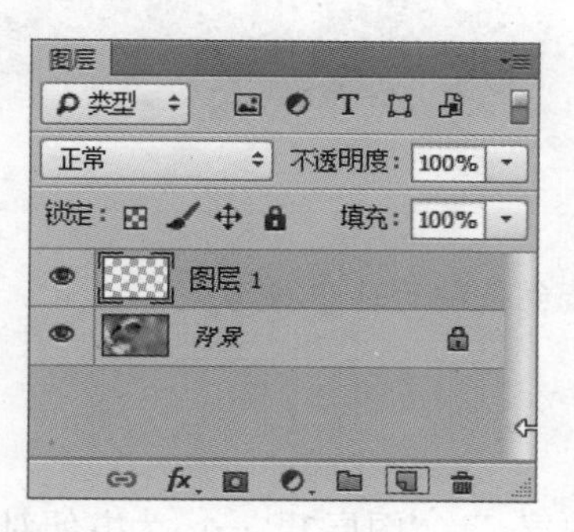

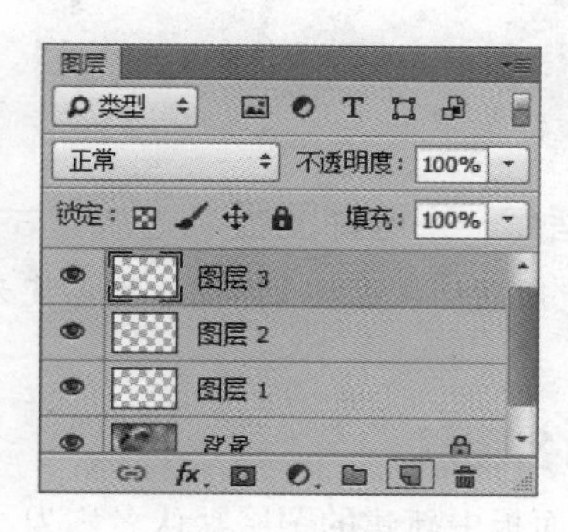

5.2.2 创建图层组

图层组可以像普通图层一样移动、复制、链接、对齐和分布等。单击“图层”面板右下角的“创建新组”按钮，如左下图所示；就会自动在当前图层上面创建一个图层组，如中下图所示；可以将已有的图层拖动到图层组中，如右下图所示。

5.2.3 显示与隐藏图层

在实际操作过程中，由于图层太多影响操作时，可以暂时将某些图层设为不可见。通过“图层”面板控制图层的显示和隐藏，具体操作步骤如下。

光盘同步文件 视频文件：光盘\教学文件\第5章\5-2-3.mp4

Step01 打开光盘中的素材文件5-02.psd（光盘\素材文件\第5章\），单击“人物”图层前的“指示图层可见性” 图标，即可隐藏该图层，如下图所示。

Step02 再次单击“人物”图层前的“指示图层可见性” 图标，即可显示该图层，如下图所示。

高手指点——选择图层

使用鼠标在图层上单击，图层变为蓝色条即为选中状态。

5.2.4 重命名图层

在“图层”面板中新建的图层默认名称为“图层1”“图层2”……为方便对图层的管理和编辑，一般需要对图层进行重新命名。其具体操作步骤如下。

光盘同步文件 视频文件：光盘\教学文件\第5章\5-2-4.mp4

Step01 在“图层”面板中双击图层名称，如“人物”，此时出现文本框，如下图所示。

Step02 ❶在文本框中输入所需要的图层名称，如“时尚人物”；❷在文本框以外的任意位置单击，或按【Enter】键确认，即可完成图层名称的更改，如下图所示。

5.2.5 复制图层

复制图层，是将当前图层的所有内容进行复制，并得到一个新的图层。新图层内容的位置与原图层内容的位置完全重合，并且系统自动将其命名为原图层名称的“拷贝”（即副本）。

光盘同步文件　视频文件：光盘\教学文件\第5章\5-2-5.mp4

Step01 在“图层”面板中，拖动需要进行复制的图层，如“时尚人物”，到面板底部的“创建新图层”按钮上，如下图所示。

Step02 释放鼠标后，得到复制图层，如下图所示。

5.2.6 删除图层

当某个图层不再需要时，可将其删除，以最大限度地降低图像文件的大小。下面介绍常用的图层删除方法。

光盘同步文件　视频文件：光盘\教学文件\第5章\5-2-6.mp4

Step01 在“图层”面板中，拖动要删除的图层到面板底部的“删除图层”按钮上，如下图所示。

Step02 通过前面的操作，指定图层被删除，如下图所示。

高手指点——快速删除图层

在“图层”面板中选定要删除的图层，按【Delete】键可以快速删除该图层。

5.2.7 锁定图层

“图层”面板中提供了用于保护图层透明区域、图像像素和位置的锁定功能，如下图所示。可以根据需要锁定全部或部分图层的属性，以免编辑图像时意外修改图层。

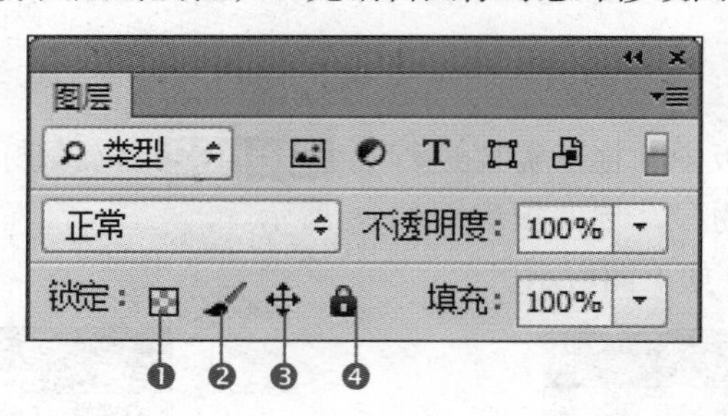

其中各按钮的功能如下表所示。

❶锁定透明像素	单击该按钮，则图层或图层组中的透明像素被锁定。当使用绘制工具绘图时，将只对图层非透明的区域（即有图像的像素部分）有效。
❷锁定图像像素	单击该按钮，可以将当前图层保护起来，使之不受任何填充、描边及其他绘图操作的影响
❸锁定位置	用于锁定图像的位置，此时不能对图层内的图像进行移动、旋转、翻转和自由变换等操作，但可以对图层内的图像进行填充、描边和其他绘图的操作
❹锁定全部	单击该按钮，图层全部被锁定，不能移动位置、不可执行任何图像编辑操作，也不能更改图层的不透明度和混合模式

5.2.8 链接图层

链接图层功能可以设定多个图层之间的链接关系。当图层链接后，就可以对链接图层进行对齐、分布等操作。链接多个图层后，当移动或变换图层中的图像时，所链接图层中的所有图像也会同时移动或变换。其具体操作步骤如下。

光盘同步文件 视频文件：光盘\教学文件\第5章\5-2-8.mp4

Step01 ❶按住【Ctrl】键，在“图层”面板中依次选择“图层1”和“图层2”；❷单击“图层”面板底部的“链接图层”按钮，如下图所示。

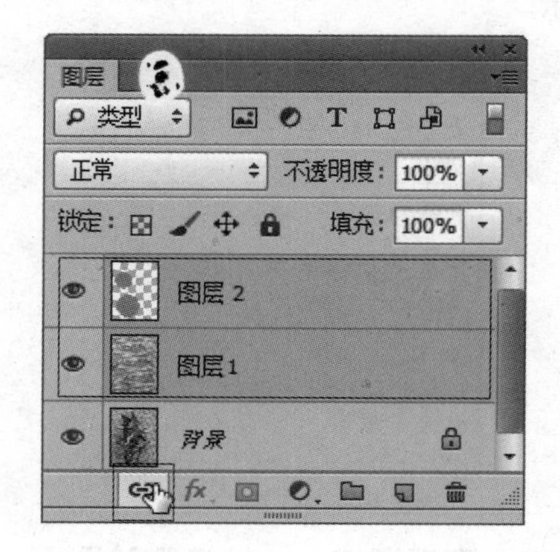

Step02 经过上一步的操作，完成选定图层的链接操作，链接的图层名称右侧将显示🔗图标，如下图所示。

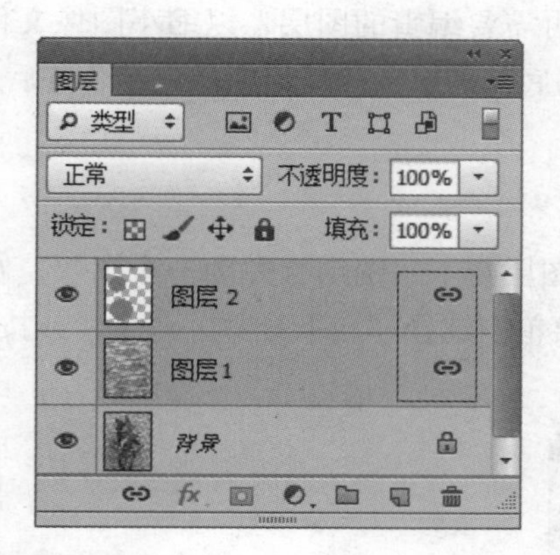

高手指点——取消链接图层

如果需要解除图层之间的链接，可以选择链接图层中要取消链接的图层为当前图层，再单击“图层”面板底部的“链接图层”按钮🔗，或者选择“图层”→“取消图层链接”命令。

5.2.9 对齐与分布图层

选择工具箱中的“移动工具”▶+，在“图层”面板中链接或选定要对齐或分布的图层，即可在工具选项栏的右侧显示出用于对齐和分布图层的按钮，如下图所示。

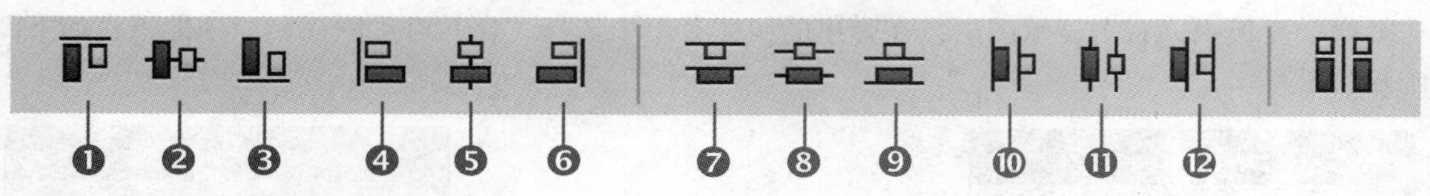

其中各按钮的功能如下表所示。

❶顶对齐	单击该按钮，所选图层对象将以位于最上方的对象为基准，进行顶部对齐
❷垂直居中	单击该按钮，所选图层对象将以居中的对象为基准，进行垂直居中对齐
❸底对齐	单击该按钮，所选图层对象将以位于最下方的对象为基准，进行底部对齐
❹左对齐	单击该按钮，所选图层对象将以位于最左侧的对象为基准，进行左对齐
❺水平居中	单击该按钮，所选图层对象将以中间的对象为基准，进行水平居中对齐
❻右对齐	单击该按钮，所选图层对象将以位于最右侧的对象为基准，进行右对齐
❼按顶分布	单击该按钮，可均匀分布各链接图层或所选择的多个图层的位置，使它们最上方的图像间相隔同样的距离
❽垂直居中分布	单击该按钮，可将所选图层对象间垂直方向的图像相隔同样的距离
❾按底分布	单击该按钮，可将所选图层对象间最下方的图像相隔同样的距离
❿按左分布	单击该按钮，可将所选图层对象间最左侧的图像相隔同样的距离
⓫水平居中分布	单击该按钮，可将所选图层对象间水平方向的图像相隔同样的距离
⓬按右分布	单击该按钮，可将所选图层对象间最右侧的图像相隔同样的距离

5.2.10 合并和盖印图层

创建图层后，可以合并不再需要编辑的图层，以缩小图像文件的大小。在合并图层时，顶部图层上的图像将替换它所覆盖的底部图层上的任何图像；在合并后的图层中，所有透明区域的重叠部分会继续保持透明。

1. 向下合并图层

向下合并图层是指将当前图层与下一图层合并为一个图层。在“图层”面板中，右击需要向下合并的图层，在弹出的快捷菜单中选择“向下合并”命令，或按【Ctrl+E】组合键即可，如下图所示。

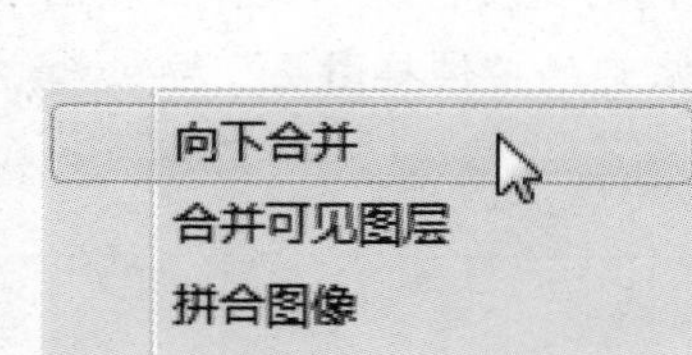

2. 合并可见图层

合并可见图层是指将所有显示出的图层都合并为一个图层，被隐藏的图层则不会被合并。在“图层”面板中，右击显示图层，在弹出的快捷菜单中选择“合并可见图层”命令即可，如下图所示。

3. 拼合图像

通过拼合图像可以缩小文件大小。它会将所有可见图层合并到背景中并扔掉隐藏的图层，即使用白色填充其余的任何透明区域。存储拼合的图像后，将不能恢复到未拼合时的状态。也就是说，图层的合并是永久行为。右击任意图层，在弹出的快捷菜单中选择“拼合图像”命令即可，如下图所示。

4. 盖印图层

盖印是一种特殊的图层合并方法，它可以将多个图层中的图像内容合并到一个图层中，并保持原有图层完好无损。因此，盖印往往会增加图层的数量。如果想要得到某些图层的合并效果，而又要保持原图层完整时，盖印是最佳的解决办法。

按【Shift+Ctrl+Alt+E】组合键可以盖印所有可见图层，在“图层”面板最上方自动创建图层，如下图所示。

5.3 图层的高级应用

在图像处理过程中，不仅可以对图层进行复制、锁定等基本操作，还可以对它进行更加复杂的操作，以实现各种功能应用，如创建剪贴蒙版、填充图层、调整图层、设置图层混合模式，以及应用图层样式等。

5.3.1 创建剪贴蒙版

图层剪贴蒙版，以底层图层上的对象形状作为蒙版区域，上层图层中的对象在蒙版区域内部将被显示，在蒙版区域外部则被隐藏。在“图层”面板中可以创建剪贴蒙版，具体操作步骤如下。

光盘同步文件　视频文件：光盘\教学文件\第5章\5-3-1.mp4

Step01 打开光盘中的素材文件5-03.psd（光盘\素材文件\第5章\），该文件有3个图层，如下图所示。

Step02 执行“图层”→“创建剪贴蒙版”命令，效果如下图所示。

高手指点——快速创建剪贴蒙版

按【Alt+Ctrl+G】组合键，可快速创建剪贴蒙版。再次按【Alt+Ctrl+G】组合键，可以释放图层剪贴蒙版，所创建的效果也将随之消失。

5.3.2 填充图层

在“图层”面板中创建填充图层，可以为目标图像添加色彩、渐变或图案填充效果。这是一种保护性色彩填充，并不会改变图像自身的颜色。下面以图案填充为例，讲述填充图层的创建方法。具体操作步骤如下。

光盘同步文件 视频文件：光盘\教学文件\第5章\5-3-2.mp4

Step01 打开光盘中的素材文件5-04.psd（光盘\素材文件\第5章\），单击选中“背景”图层，如下图所示。

Step02 在“图层”面板中，❶单击“创建新的填充或调整图层”按钮，❷在弹出的菜单中选择“图案”命令，如下图所示。

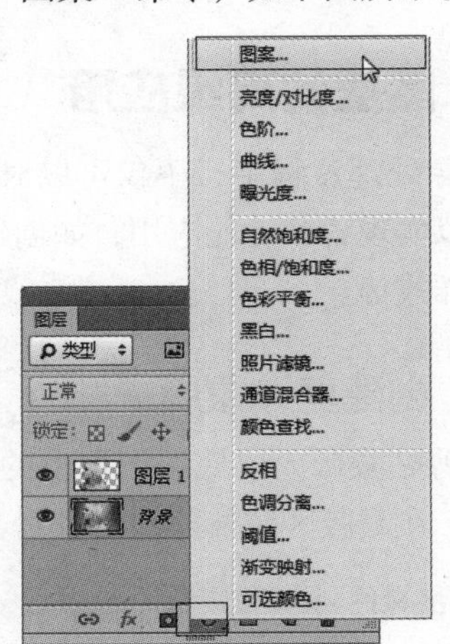

Step03 在弹出的“图案填充”对话框中，❶单击图案缩览图，❷在弹出的下拉列表框中选择“白色木质纤维纸”选项，❸单击“确定”按钮，如下图所示。

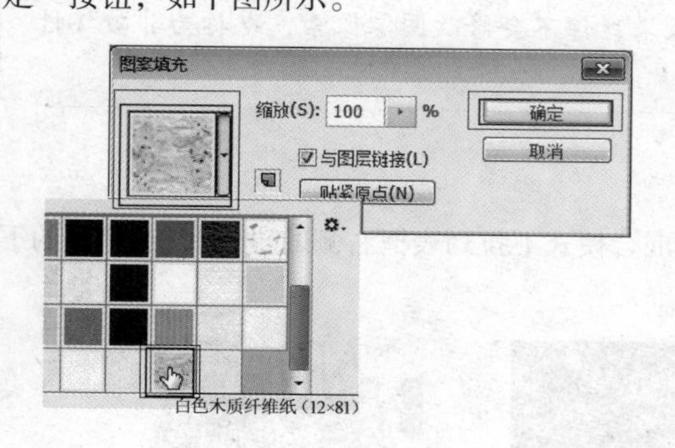

Step04 通过前面的操作，即在“背景”图层上方创建了图案填充图层，如下图所示。

5.3.3 调整图层

执行“窗口”→“调整”命令，即可打开“调整”面板，如左下图所示。在“调整”面板中，Photoshop将16种调整图层以图标的形式集中到一起。单击要创建的调整图层图标，即可在当前图层上方创建一个调整图层，如中下图所示；并且面板自动切换到该调整图层对应的“属性”面板，以便用户进行设置，如右下图所示。

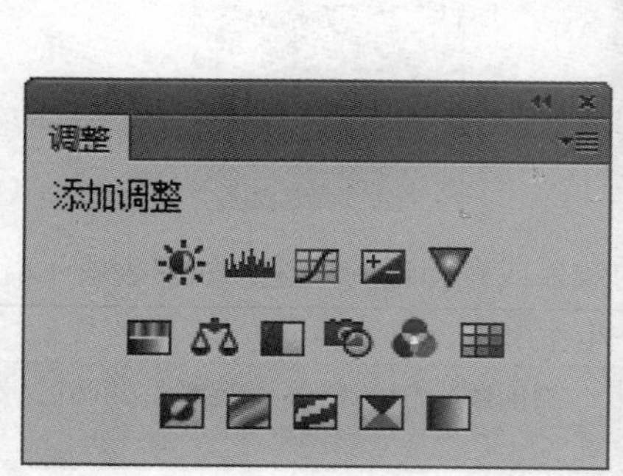

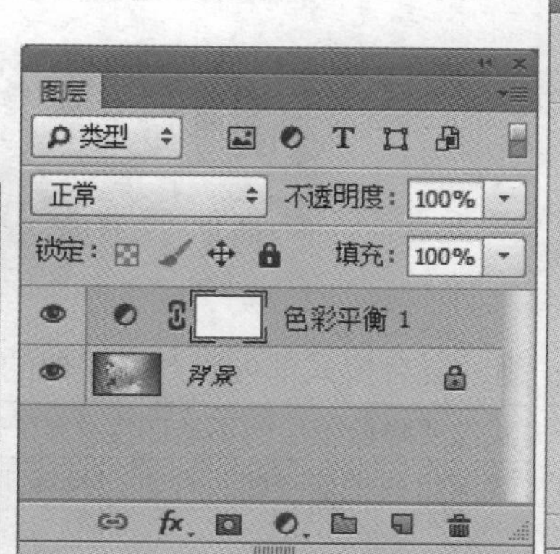

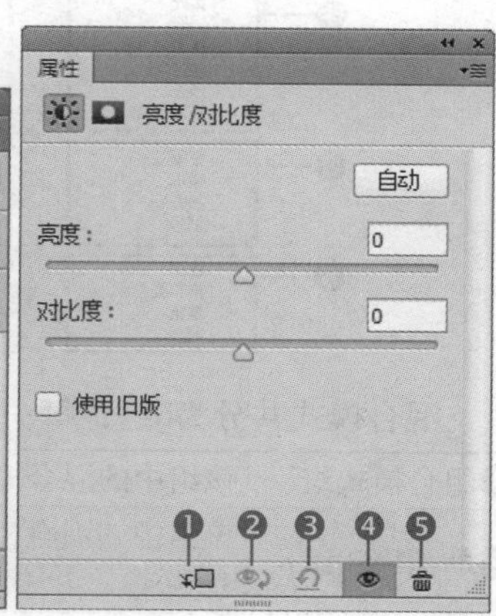

右上图所示“属性”面板中，底部各按钮的功能如下表所示。

❶此调整影响下面的所有图层	单击此按钮，用户设置的调整图层效果将影响下面的所有图层
❷按此按钮可查看上一状态	单击此按钮，可在图像窗口中快速切换原图像与设置调整图层后的效果
❸复位到调整默认值	单击此按钮，可以将设置的调整参数恢复到默认值
❹切换图层可见性	单击此按钮，可以隐藏用户创建的调整图层，再次单击可以显示调整图层
❺删除此调整图层	单击此按钮，将会弹出提示对话框，询问是否删除调整图层，单击“是”按钮即可删除相应的调整图层

高手指点——调整图层的作用

图像色彩与色调的调整方式有两种，一种是利用“图像”菜单中的“调整”命令，另一种就是通过调整图层来操作。但是通过“调整”命令，会直接修改所选图层中的像素；而调整图层可以达到同样的效果，但不会修改图像像素，也称为非破坏性调整。

5.3.4 图层混合模式

在“图层”面板中选择一个图层，单击左上方混合模式下拉列表框右侧的按钮，在弹出的下拉列表框中可以选择一种混合模式，如下图所示。

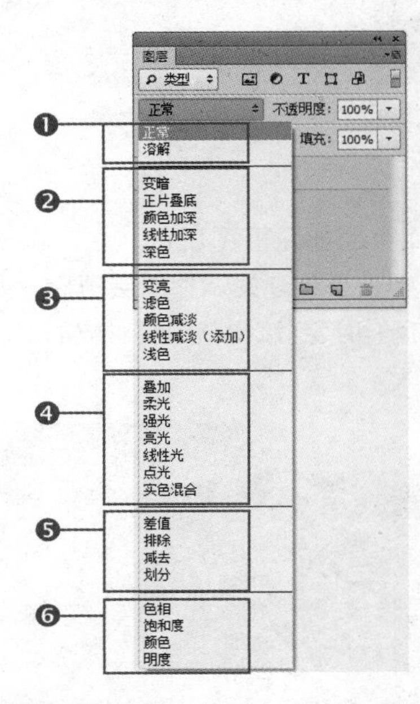

混合模式共分为6组，每一组的混合模式都可以产生相似的效果或有相近的用途，如下表所示。

❶组合模式组	该组中的混合模式需要降低图层的不透明度才能产生作用
❷加深模式组	该组中的混合模式可以使图像变暗。在混合过程中，当前图层中的白色将被底色较暗的像素替代
❸减淡模式组	该组与加深模式组产生的效果相反，它们可以使图像变亮。在使用这些混合模式时，图像中的黑色会被较亮的像素替换，而任何比黑色亮的像素都可能加亮底层图像
❹对比模式组	该组中的混合模式可以增强图像的反差。在混合时，50%的灰色会完全消失，任何亮度值高于50%灰色的像素都可能加亮底层的图像，亮度值低于50%灰色的像素则可能使底层图像变暗
❺比较模式组	该组中的混合模式可以比较当前图像与底层图像，然后将相同的区域显示为黑色，不同的区域显示为灰度层次或彩色。如果当前图层中包含白色，白色的区域会使底层图像反相，而黑色不会对底层图像产生影响
❻色彩模式组	使用该组中的混合模式时，Photoshop会将色彩分为色相、饱和度和亮度3种成分，然后再将其中的一种或两种应用在混合后的图像中

5.3.5 图层样式的应用

Photoshop CC中提供了许多图层样式，如外发光、阴影、光泽、图案叠加等。使用这些图层样式，可以使图层中的所有对象产生立体感、发光和阴影等特殊的效果。下面将进行详细的介绍。

光盘同步文件 视频文件：光盘\教学文件\第5章\5-3-5.mp4

1. 添加图层样式

如果要为图层添加样式，必须选择此图层，然后打开“图层样式”对话框，进行效果的设定。其具体操作步骤如下。

Step01 打开光盘中的素材文件5-06.psd（光盘\素材文件\第5章\，双击“主体”图层，如下图所示。

Step02 在弹出的“图层样式”对话框中，❶选中“外发光”复选框，❷设置“混合模式”为滤色，发光颜色为透明条纹渐变，“不透明度”为75%，“扩展”为10%，“大小”为84像素，“范围”为50%，“抖动”为0%，如下图所示。

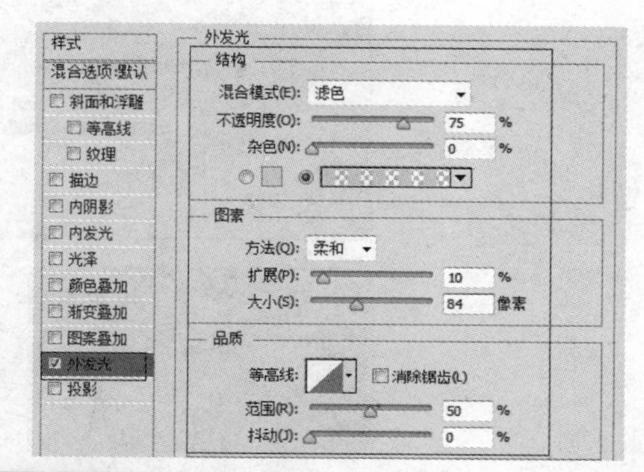

Step03 通过前面的操作，为图像中的人物添加了强化发光效果，如下图所示。

专家提示

执行“图层”→“图层样式”→“混合选项”命令，或者单击“图层”面板底部的“添加图层样式”按钮 fx.，在弹出的菜单中选择一种图层样式，都可快速打开“图层样式”对话框。

2. 混合选项

通过“混合选项”，可以设定图层中图像与下面图层中图像混合的效果，如下图所示。

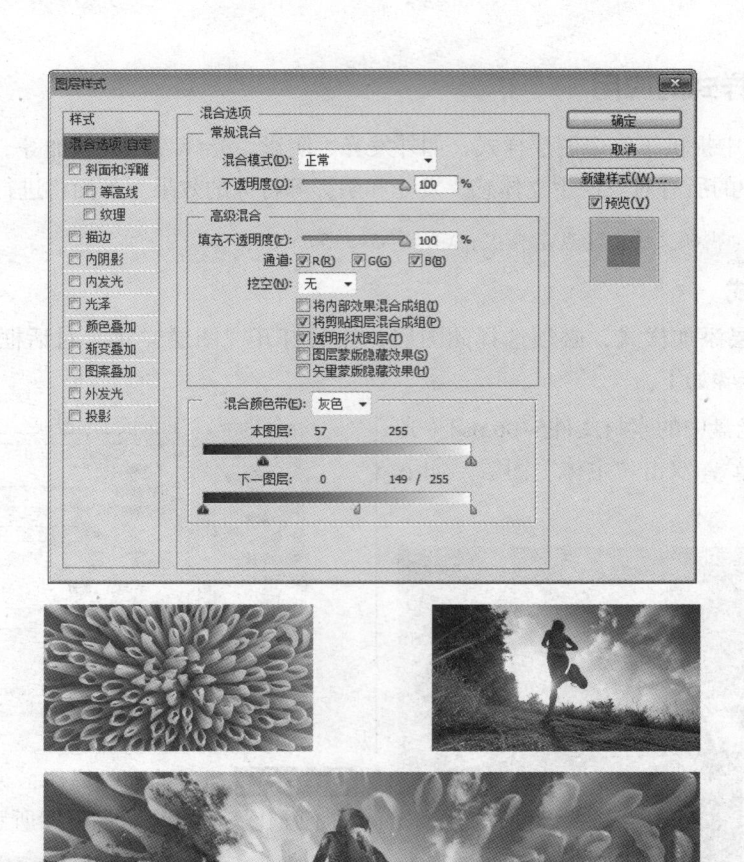

对“混合选项”的设置，涉及“常规混合”“高级混合”“混合颜色带”3个选项组。其含义如下表所示。

常规混合	可以设定混合模式和不透明度，其效果等同于在“图层”面板中进行的设定
高级混合	可以对“填充不透明度”“通道”“挖空”等混合选项进行设置，通过组合调整得到更绚丽的混合效果
混合颜色带	可以通过调整色阶值来指定颜色像素的显示，并且可以控制不同通道中的颜色像素。拖曳“本图层”色阶滑动条上的滑块，设定色阶范围，当前图层图像中包含在该色阶范围中的像素将显示；拖曳“下一图层”色阶滑动条上的滑块，设定色阶范围，下面图层图像中包含在该色阶范围中的像素将显示

3. “斜面与浮雕”图层样式

“斜面和浮雕”是极为常用的一种图层样式，可以使图像产生立体的浮雕效果，如下图所示。

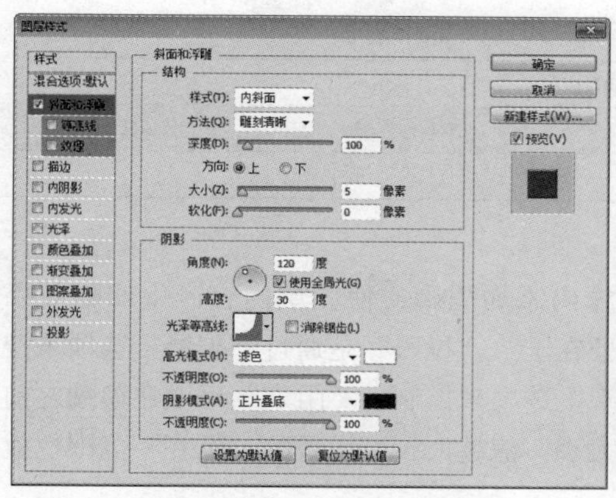

其中常见参数的含义如下表所示。

样式	在该下拉列表框中可以选择斜面和浮雕的样式
方法	用于选择一种创建浮雕的方法
深度	用于设置浮雕斜面的应用深度，该值越高，浮雕的立体感越强
方向	定位光源角度后，可通过该选项设置高光和阴影的位置
大小	用于设置斜面和浮雕中阴影面积的大小
软化	用于设置斜面和浮雕的柔和程度，该值越高，效果越柔和
角度/高度	“角度”选项用于设置光源的照射角度，“高度”选项用于设置光源的高度
光泽等高线	可以选择一种等高线样式，为斜面和浮雕表面添加光泽，创建具有光泽感的金属外观浮雕效果
消除锯齿	可以消除由于设置了光泽等高线而产生的锯齿
高光模式	用于设置高光的混合模式、颜色和不透明度
阴影模式	用于设置阴影的混合模式、颜色和不透明度

4. “描边”图层样式

“描边”图层样式可以使用颜色、渐变或图案描边对象的轮廓，它对于硬边形状，如文字等特别有用，如下图所示。

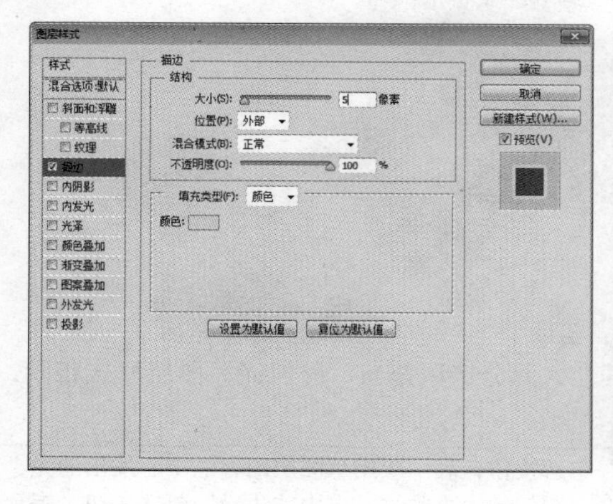

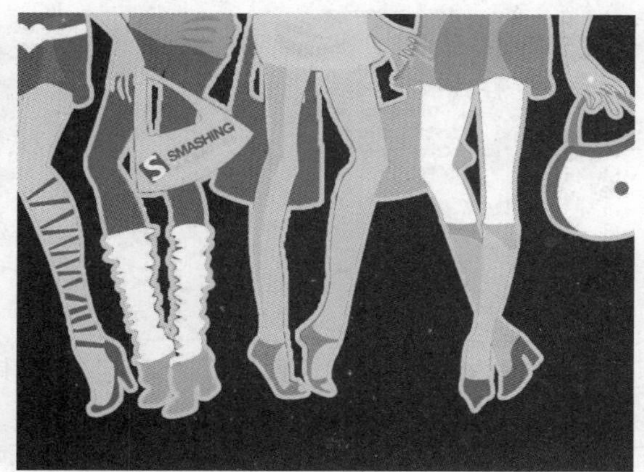

设置选项主要有“大小”“位置”和“填充类型”，其含义如下表所示。

大小	用于调整描边的宽度，取值越大，描边越粗
位置	用于调整对图层对象进行描边的位置，有“外部”“内部”和“居中”3个选项
填充类型	用于指定描边的填充类型，分为“颜色”“渐变”“图案”3种

5. “内阴影”图层样式

“内阴影”图层样式可以在紧靠图层内容的边缘内添加阴影，使图层内容产生凹陷效果。“内阴影”与“投影”的设置方式基本相同，不同之处在于，“投影”是通过“扩展”选项来控制投影边缘的渐变程度的，而“内阴影”则是通过“阻塞”选项来控制。“阻塞”可以在模糊之前收缩内阴影的边界。“阻塞”与“大小”选项相关，“大小”值越大，可设置的“阻塞”范围也就越大，如下图所示。

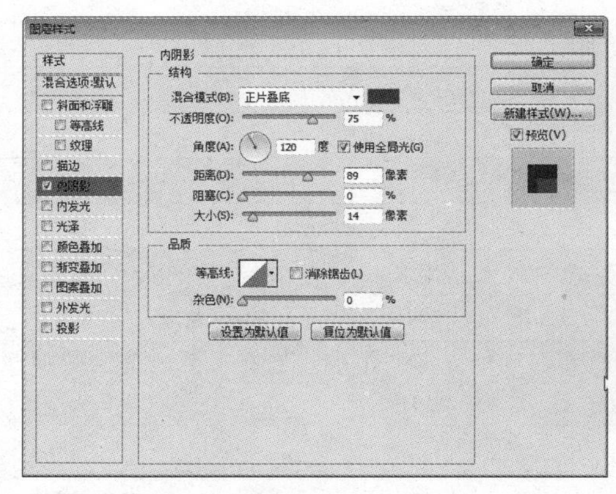

6. “内发光”图层样式

“内发光”图层样式可以沿图层内容的边缘向内创建发光效果，如下图所示。

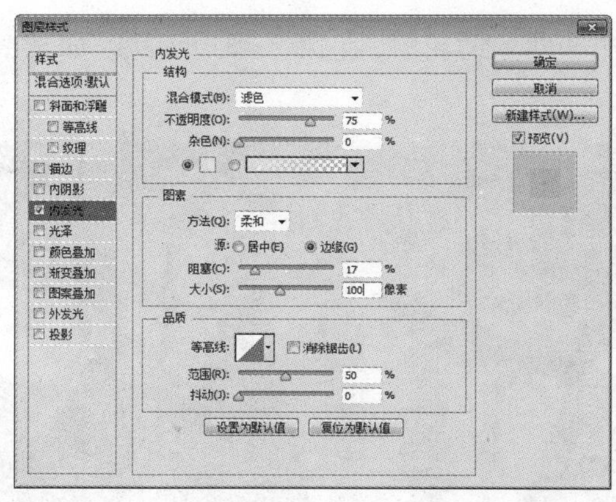

该图层样式中，除了“源”和“阻塞”外，其他大部分选项都与“外发光”图层样式相同，其含义如下表所示。

源	用于控制发光源的位置。选中“居中”单选按钮，表示应用从图层内容的中心发出的光，此时如果增加“大小”值，发光效果会向图像的中央收缩；选中“边缘”单选按钮，表示应用从图层内容的内部边缘发出的光，此时如果增加“大小”值，发光效果会向图像的中央扩展

续表

阻塞	用于在模糊之前收缩内发光的杂边边界

7. “光泽”图层样式

“光泽”图层样式可以应用光滑、有光泽的内部阴影，通常用于创建金属表面的光泽外观，如下图所示。该图层样式没有特别的选项，但可以通过选择不同的“等高线”来改变光泽的样式。

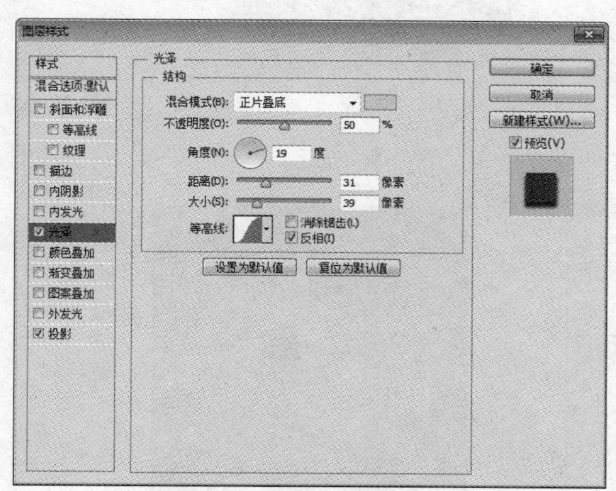

8. “颜色叠加”“渐变叠加”“图案叠加”图层样式

这3种图层样式可以在图层上叠加指定的颜色、渐变和图案。通过设置不同的参数，可以控制叠加效果，分别如下图所示。

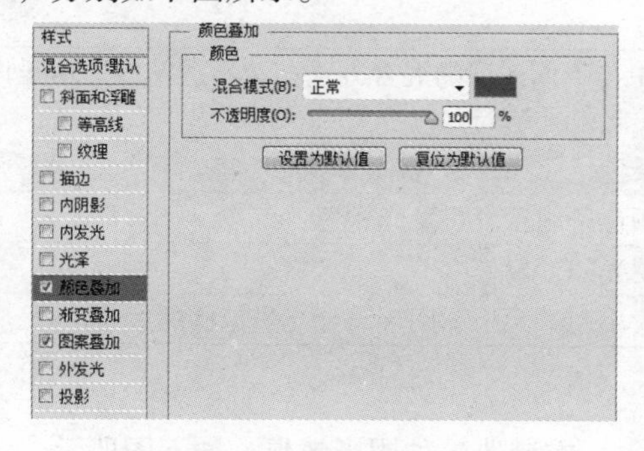

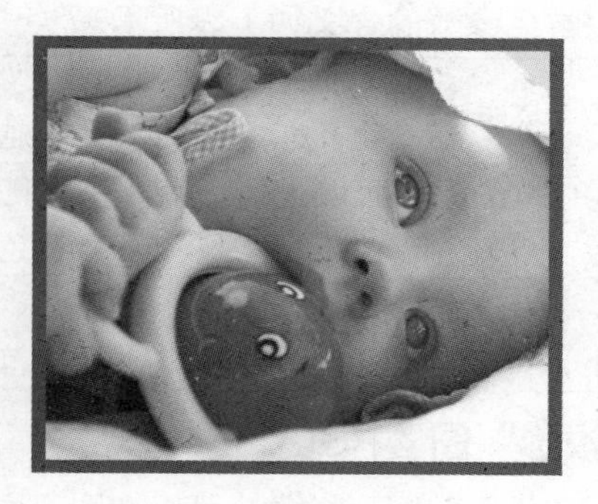

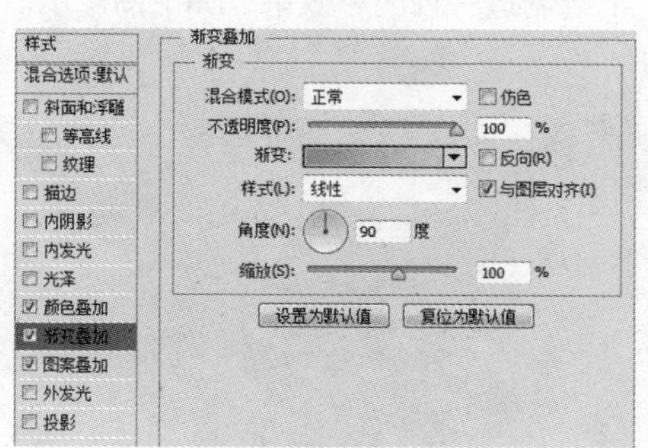

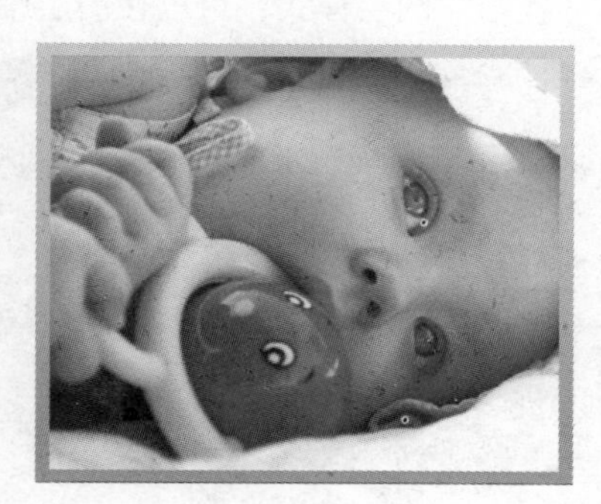

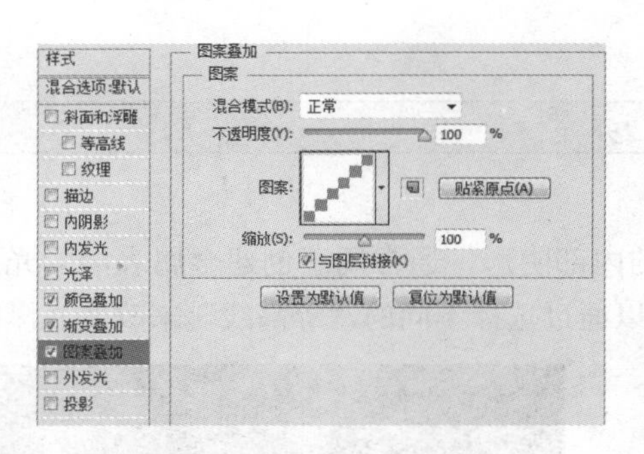

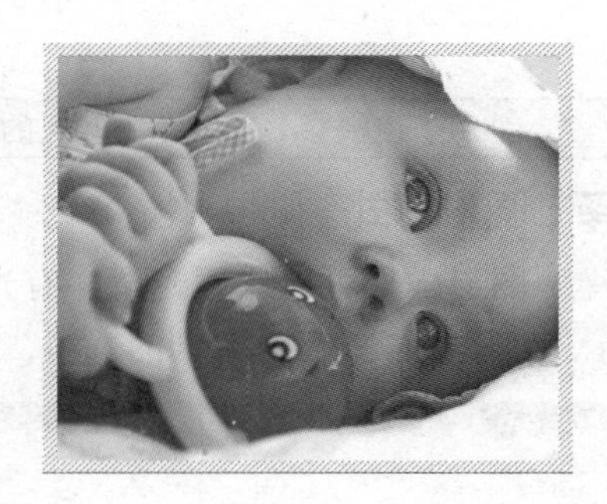

9. “外发光”图层样式

“外发光”图层样式可以在图层对象边缘外产生发光效果，如下图所示。

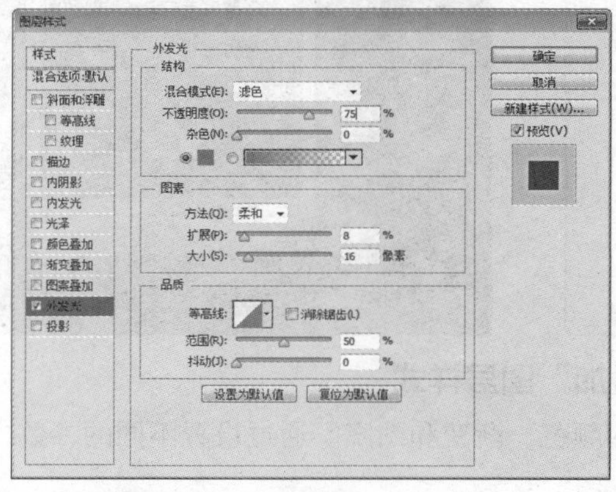

其中常见参数的含义如下表所示。

混合模式/不透明度	“混合模式”用于设置发光效果与下面图层的混合方式；“不透明度”用于设置发光效果的不透明度，该值越低，发光效果越弱
杂色	可以在发光效果中添加随机的杂色，使光晕呈现颗粒感
发光颜色	“杂色”选项下面的颜色框和颜色条用于设置发光颜色
方法	用于设置发光的方法，以控制发光的准确程度
扩展/大小	“扩展”用于设置发光范围的大小；“大小”用于设置光晕范围的大小

10. “投影”图层样式

应用“投影”图层样式，可以在图层中的对象下方制造一种阴影效果，如下图所示。

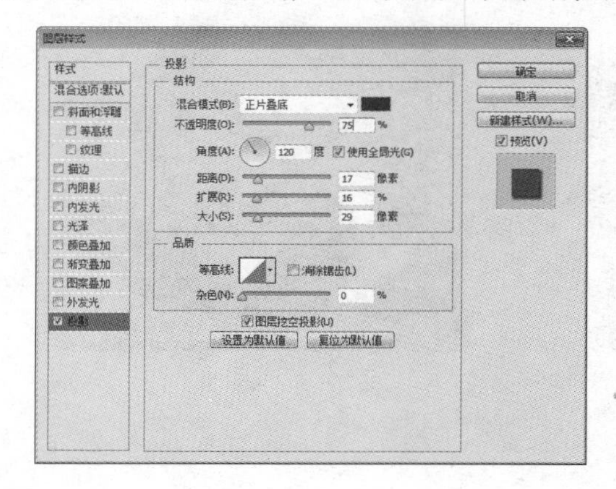

其中常见参数的含义如下表所示。

混合模式	用于设置投影与下面图层的混合方式，默认为“正片叠底”模式
投影颜色	在“混合模式”后面的颜色框中，可设定阴影的颜色
不透明度	设置图层效果的不透明度，不透明度值越大，图像效果就越明显。可直接在后面的文本框中输入数值进行精确调节，或拖动滑动条中的滑块
角度	设置光照角度，可确定投下阴影的方向与角度。当选中后面的“使用全局光”复选框时，可将所有图层对象的阴影角度都统一
距离	设置阴影偏移的幅度，距离越大，层次感越强；距离越小，层次感越弱
扩展	设置模糊的边界，“扩展”值越大，模糊的部分越少，可调节阴影的边缘清晰度
大小	设置模糊的边界，“大小”值越大，模糊的部分就越大
等高线	设置阴影的明暗部分，可单击右侧的下拉按钮，在弹出的下拉面板中选择预设效果；也可单击预设效果，在弹出的“等高线编辑器”对话框中重新进行编辑。等高线可设置暗部与高光部
消除锯齿	混合等高线边缘的像素，使投影更加平滑。该选项对于尺寸小且具有复制等高线的投影最有用
杂色	为阴影增加杂点效果，“杂色”值越大，杂点越明显
图层挖空投影	用于控制半透明图层中投影的可见性。选中该复选框后，如果当前图层的填充不透明度小于100%，则半透明图层中的投影不可见

5.3.6 图层复合的应用

图层复合是“图层”面板状态的快照，它记录了当前文档中图层的可见性、位置和外观（包括图层的不透明度、混合模式以及图层样式等）。通过图层复合可以快速地在文档中切换不同版面的显示状态，比较适合展示多种设计方案。

1. “图层复合”面板

“图层复合”面板用于创建、编辑、显示和删除图层复合。执行“窗口”→“图层复合”命令，打开“图层复合”面板，如下图所示。

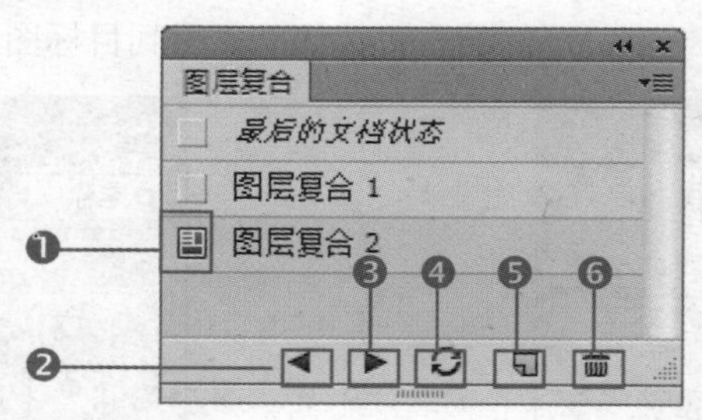

其中主要选项的含义如下表所示。

❶应用图层复合	显示该图标的图层复合为当前使用的图层复合
❷应用选中的上一图层复合	切换到上一个图层复合
❸应用选中的下一图层复合	切换到下一个图层复合
❹更新图层复合	如果更改了图层复合的配置，可单击该按钮进行更新
❺创建新的图层复合	用于创建一个新的图层复合
❻删除图层复合	用于删除当前创建的图层复合

2. 更新图层复合

当出现无法完全恢复图层复合的警告图标⚠时，可以通过以下方法来处理。

方法一：单击警告图标，弹出一个提示对话框，说明图层复合无法正常恢复。单击“清除”按钮可清除警告，使其余的图层保存不变。

方法二：忽略警告。如果不对警告进行任何处理，可能会导致丢失一个或多个图层，而其他已存储的参数可能会保留下来。

方法三：更新图层复合。单击“更新图层复合”按钮，对图层复合进行更新，这可能导致以前记录的参数丢失，但可以使复合保持最新状态。

方法四：在警告图标上右击，在打开的快捷菜单中可以选择是清除当前图层复合的警告，还是清除所有图层复合的警告。

技高一筹

下面结合本章内容，给大家介绍一些实用技巧。

光盘同步文件 原始文件：光盘\素材文件\第5章\技高一筹\ 5-01.psd，5-02.psd，5-03.psd
结果文件：光盘\结果文件\第5章\技高一筹\ 5-03.psd
同步视频文件：光盘\教学文件\第5章\技高一筹\技巧01.mp4~技巧04.mp4

◎技巧 01　如何查找图层

在制作图像效果时，如果图层太多，通常不能快速地找到指定的图层。下面介绍如何通过图层名称查找图层，具体操作步骤如下。

Step01 打开光盘中的素材文件5-01.psd（光盘\素材文件\第5章\技高一筹\），该文件有3个图层，如下图所示。

Step02 在“图层”面板中，❶设置左侧的“选取滤镜类型”为“名称”，❷输入“形状”，得到目标图层，如下图所示。

专家提示

应用图层过滤后，单击“图层”面板右侧的“打开或关闭图层过滤”图标，可以恢复默认的图层效果。

◎技巧 02　如何隔离图层

如果制作图像效果时，没有对图层正确地命名，选择图层会变得很难。Photoshop CC新增了隔离图层功能，能把选择的图层单独显示在“图层”面板中。具体操作步骤如下。

Step01 打开光盘中的素材文件5-02.psd（光盘\素材文件\第5章\技高一筹\）。该文件有很多图层，❶在“图层”面板中，选中需要隔离的图层；❷在图像中右击，在弹出的快捷菜单中选择“隔离图层”命令，如下图所示。

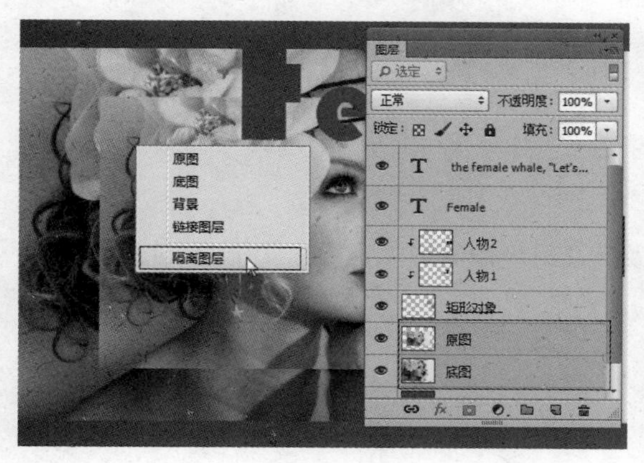

Step02 通过前面的操作，“图层”面板中将只显示指定图层。选择工具箱中的“移动工具” 移动图层，不会影响其他图层，如下图所示。

◎技巧 03　快速为对象添加默认样式

在“样式”面板中，有大量的预设图层样式，用户可以快速为图像添加图层样式。具体操作步骤如下。

Step01 打开光盘中的素材文件5-03.psd（光盘\素材文件\第5章\技高一筹\），在“样式”面板中，单击“绿色滤镜”图标，如下图所示。

Step02 通过前面的操作，自动添加“颜色叠加”图层样式，如下图所示。

◎技巧 04　智能对象的应用

智能对象和普通图层的区别在于可以保留对象的原有内容和所有原始特征，对它进行处理时，不会直接用到对象的原始数据，这是一种非破坏性的编辑功能。将图层中的对象创建为智能对象的具体操作步骤如下。

Step01 在“图层”面板中选择一个或者多个图层，执行“图层”→“智能对象”→“转换为智能对象”命令，将它们打包到一个智能对象中。

Step02 普通图层和智能图层缩略图的对比如下图所示。

技能训练

前面主要讲述了图层的基础知识、基本操作及其高级应用等知识，下面安排两个技能训练，帮助读者巩固所学的知识点。

＊技能 1　点亮黑夜的街灯

➲ 训练介绍

黑夜的街灯灯光微弱，却可以温暖寒夜的空气，点亮人们脚下的道路。下面介绍如何通过Photoshop CC点亮黑夜的街灯，如下图所示。

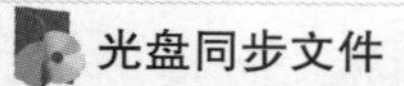

素材文件：光盘\素材文件\第5章\技能训练\ 5-01.jpg
结果文件：光盘\结果文件\第5章\技能训练\ 5-01.psd
视频文件：光盘\教学文件\第5章\技能训练\ 5-01.mp4

操作提示

制作关键

本实例首先创建光源选区，接下来填充颜色，最后添加“外发光”图层样式，设置合适的参数后完成效果制作。

技能与知识要点

- “魔棒工具”
- 填充颜色
- “外发光”图层样式

操作步骤

本实例的具体操作步骤如下。

Step01 打开光盘中的素材文件5-01.jpg（光盘\素材文件\第5章\技能训练\），设置前景色为洋红色#e3007b，如下图所示。

Step02 选择工具箱中的“魔棒工具”，在灰色位置单击创建选区，如下图所示。

Step03 按【Ctrl+J】组合键复制图层，在“图层”面板中单击“锁定透明度”按钮，填充浅黄色#fffdda，如下图所示。

Step04 双击图层，在打开的“图层样式”对话框中选中“外发光”复选框，设置“混合模式”为滤色，发光颜色为黄色，“不透明度”为75%，“扩展”为16%，“大小”为250像素，“范围”为50%，“抖动”为0%，如下图所示。

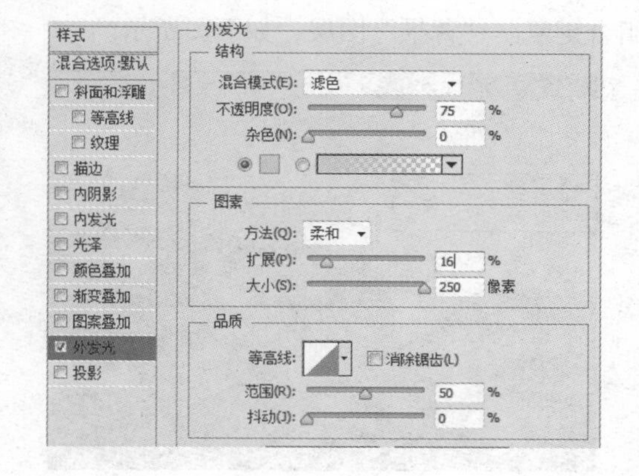

＊技能 2　制作版画特效

➲ 训练介绍

版画因为纹理清晰、立体感强而得到人们的普遍喜爱。它是一种常见的艺术表现形式，能够更加准确地表现物体的轮廓，如下图所示。

光盘同步文件　素材文件：光盘\素材文件\第5章\5-02.jpg

结果文件：光盘\结果文件\第5章\5-02.psd

视频文件：光盘\教学文件\第5章\5-02.mp4

➲ 操作提示

制作关键

首先使用滤镜命令创建浮雕效果，然后更改图层混合模式得到画面效果，z最后通过颜色叠加为图像上色。

技能与知识要点

- “浮雕效果”滤镜
- 图层混合模式
- “颜色叠加”图层样式

➲ 操作步骤

本实例的具体操作步骤如下。

Step01 打开光盘中的素材文件5-02.jpg（光盘\素材文件\第5章\技能训练\），按【Ctrl+J】组合键复制“背景”图层，如下图所示。

Step02 执行“滤镜”→“风格化”→“浮雕效果”命令，❶保持默认参数设置，❷单击“确定”按钮，如下图所示。

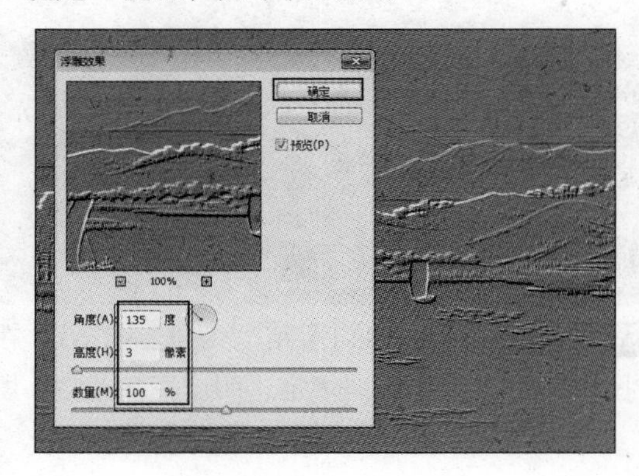

Step03 更改“图层1”图层混合模式为“线性光”，如下图所示。

Step04 通过前面的操作，得到版画特效，如下图所示。

Step05 双击图层，在打开的“图层样式”对话框中，❶选中“颜色叠加”复选框，❷设置“混合模式”为线性加深，“不透明度”为10%，叠加颜色为黄色，如下图所示。

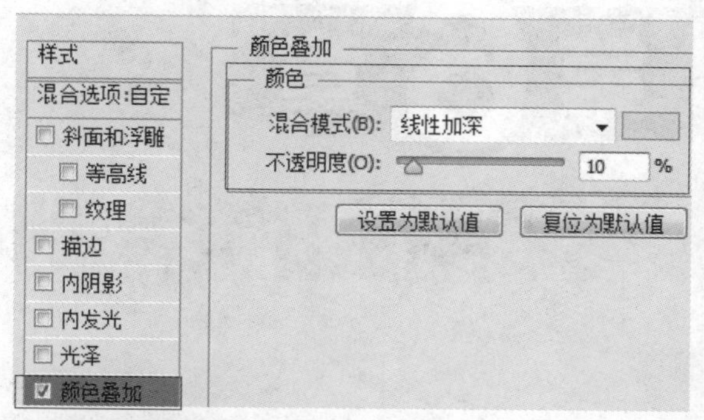

Step06 通过前面的操作，即可为版画上色，最终效果如下图所示。

高手指点——什么是版画

版画是指以刀或化学药品等在木、石、麻胶、铜、锌等版面上雕刻或蚀刻后印刷出来的图画。它是中国美术的一个重要门类。古代版画主要是指木刻，也有少数铜版刻和套色漏印。独特的刀味与木味使它在中国文化艺术史上具有独立的艺术价值与地位。

本章小结

本章详细地介绍了Photoshop CC中图层的管理与应用，包括图层的新建、复制、删除、链接、锁定、合并等操作，如何使用图层组管理图层，创建剪贴蒙版、填充图层、调整图层、更改图层混合模式，以及图层样式的创建与编辑等内容。读者需熟练掌握图层的各种管理、组织方法与技巧，为后面的设计之路打下基础。

第6章 路径的绘制与编辑

本章导读

路径是 Photoshop 矢量设计功能的充分体现，用户可以利用路径功能绘制线条或曲线，并对绘制后的线条进行填充或描边，以实现对图像的更多操作。利用 Photoshop CC 提供的相关路径工具可以绘制多种形式的图形，并且可以运用路径编辑工具对绘制的图像进行编辑，这样就有效地解决了由像素组成的位图的一些弊端。本章将讲述路径的绘制与编辑方法。

学完本章后应该掌握的技能

* 认识什么是路径
* 了解路径的组成
* 熟练掌握使用钢笔工具创建路径
* 熟练掌握使用形状工具创建路径
* 熟练掌握路径的基本操作

本章相关实例效果展示

6.1 认识路径

使用矢量工具可以创建不同类型的对象，包括形状图层、工作路径和矢量图形。选择一种矢量工具后，需要先在工具选项栏中选择相应的绘制模式，然后再进行绘图操作。下面先来了解一下路径的概念及其组成。

6.1.1 路径的概念

路径是由一些点、直线段和曲线段组成的矢量对象，它可以弥补绘图工具的一些不足。在Photoshop CC中，可以将路径与位图图像分离开，以进行独立的编辑。

路径既可以是闭合的，如绘制一个封闭图形；也可以是开放的，带有明显的端点。在曲线段上，每个选中的锚点显示一条或两条方向线，方向线以方向点结束。方向线和方向点的位置决定路径曲线段的大小和形状。移动方向线和方向点将改变路径中曲线段的形状。在直线段上，则只有直线段与锚点。

6.1.2 路径的组成

路径不是图像中的像素，只是用来绘制图形或选择图像的一种依据。利用路径可以编辑不规则图形，建立不规则选区，还可以对路径进行描边和填充等操作。路径是由锚点、路径线段和方向线组成。

1. 锚点

锚点又称为节点。在绘制路径时，线段与线段之间由一个锚点连接。锚点本身具有直线或曲线属性。当锚点显示为白色空心时，表示该锚点未被选取；而当锚点为黑色实心时，表示该锚点为当前选取的节点。

2. 路径线段

两个锚点之间连接的部分就称为线段。如果线段两端的锚点都带有直线属性，则该线段为直线；如果任意一端的锚点带有曲线属性，则该线段为曲线。当改变锚点的属性时，通过该锚点的线段也会被影响。路径线段的轮廓，用于控制绘制图形的形状。

3. 方向线

当选取带有曲线属性的锚点时，锚点的两侧便会出现方向线。用鼠标拖动方向线末端的方向点，即可改变曲线段的弯曲程度。

6.1.3 认识“路径”面板

执行“窗口”→“路径”命令，打开“路径”面板。当创建路径后，在“路径”面板上就会自动创建一个新的工作路径，如下图所示。

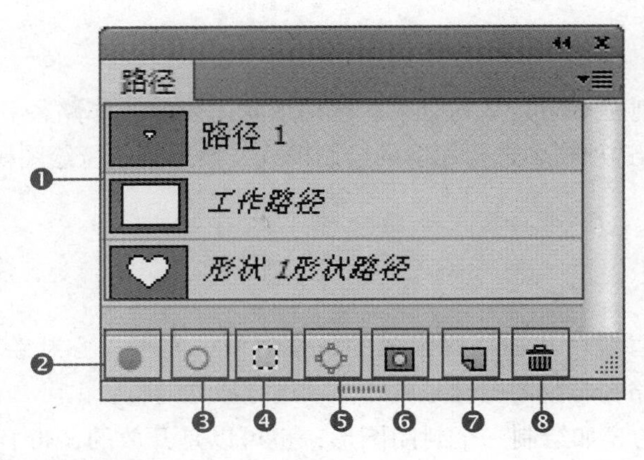

其中主要选项的含义如下表所示。

❶路径/工作路径/矢量蒙版	显示了当前文档中包含的路径、临时路径和矢量蒙版
❷用前景色填充路径	用前景色填充路径区域
❸用画笔描边路径	用画笔工具对路径进行描边
❹将路径作为选区载入	将当前路径转换为选区范围
❺从选区生成工作路径	从当前的选区中生成工作路径
❻添加蒙版	从当前路径创建蒙版
❼创建新路径	可以创建新的路径
❽删除当前路径	可以删除当前选中的路径

知识拓展——修改路径名称

双击“路径”面板中的路径名称，可以在显示的文本框中修改路径的名称。

6.2 路径的创建

使用路径工具可以创建准确且随意的线条或形状，而且路径含有矢量特点，放大后不会出现锯齿现象。在图像处理中，路径工具在抠取复杂的图像上有很大的帮助。

6.2.1 通过钢笔工具创建路径

钢笔工具是Photoshop中最为强大的绘图工具。它主要有两种用途：一是绘制矢量图形，二是用于选取对象。钢笔工具包含“钢笔工具”和“自由钢笔工具”两种，下面分别介绍。

光盘同步文件　视频文件：光盘\教学文件\第6章\6-2-1.mp4

1. 钢笔工具

“钢笔工具”可以绘制任意形状的路径，通常用于描摹对象的轮廓。使用钢笔工具绘制路径的具体操作步骤如下。

Step01 选择工具箱中的“钢笔工具”，在其选项栏的工具模式下拉列表框中选择“路径”选项，❶在图像中单击创建路径起点，❷移动鼠标在下一处单击创建锚点，如下图所示。

Step02 再次单击并拖动鼠标，创建第一个平滑点，如下图所示。

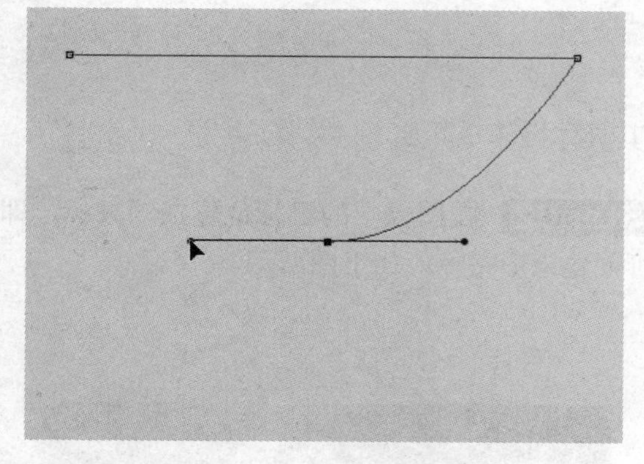

Step03 单击并向下拖动鼠标，创建第二个平滑点，如下图所示。

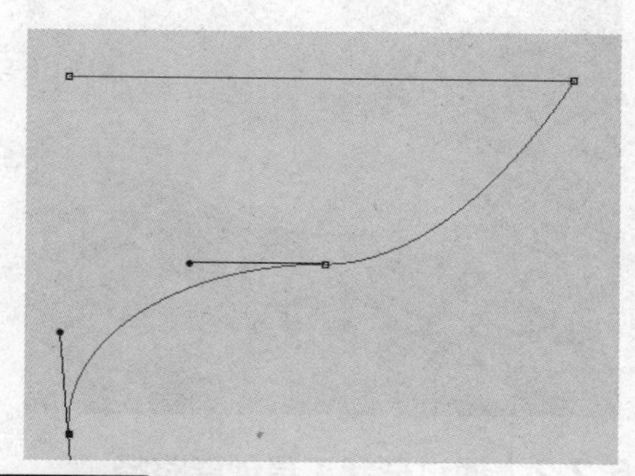

Step04 移动鼠标指针到路径的起始点上，当它变成形状时单击，即可创建一条闭合路径，如下图所示。

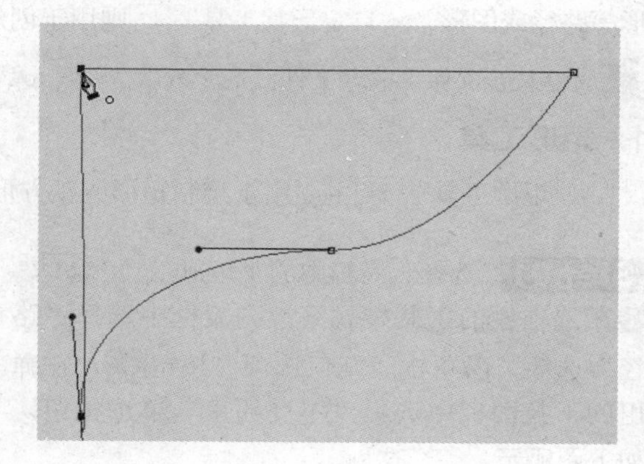

2. 自由钢笔工具

“自由钢笔工具”用于绘制比较随意的图形，其使用方法与“套索工具”非常相似。选择该工具后，在画面中单击并拖动鼠标，即可绘制路径。其具体操作步骤如下。

Step01 打开光盘中的素材文件6-01.jpg（光盘\素材文件\第6章\），选择工具箱中的“自由钢笔工具”，在图像中单击确定起点，然后按下鼠标左键并拖动创建路径，如下图所示。

Step02 绘制完成后，释放鼠标结束路径的创建，如下图所示。

知识拓展——磁性钢笔工具

选择“自由钢笔工具”后，在其选项栏中选中“磁性的”复选框，可将“自由钢笔工具”转换为“磁性钢笔工具”，只需要在对象边缘单击并拖动鼠标，即可创建路径。

6.2.2 通过形状工具创建路径

Photoshop中的形状工具包括“矩形工具”、“圆角矩形工具”、“椭圆工具”、“多边形工具”、“直线工具”和“自定形状工具”，前几个工具可以创建矩形、圆形、多边形等路径或图形，“自定形状工具”则用于创建自定义的路径或图形。下面分别介绍。

光盘同步文件 视频文件：光盘\教学文件\第6章\6-2-2.mp4

1. 矩形工具

“矩形工具”主要用于绘制矩形或正方形，其具体操作步骤如下。

Step01 选择工具箱中的“矩形工具”，❶在选项栏的工具模式下拉列表框中选择“路径”选项，❷单击“几何选项”按钮，在弹出的下拉面板中选中“不受约束”单选按钮，如下图所示。

对齐边缘
不受约束
方形
固定大小 W: H:
比例 W: H:
从中心

Step02 在图像中的目标位置拖动鼠标，即可创建矩形路径，如下图所示。

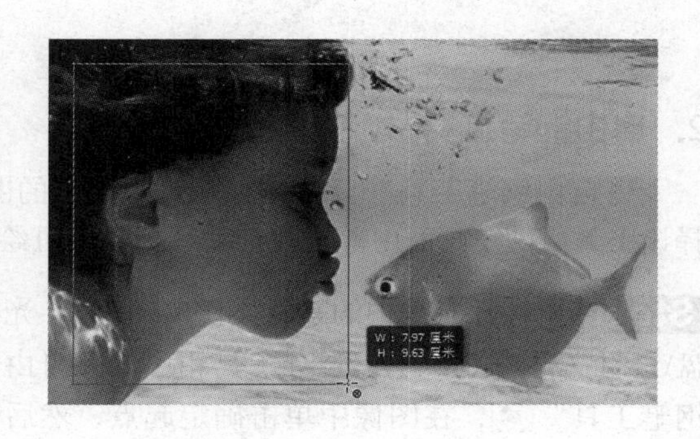

2．圆角矩形工具

使用“圆角矩形工具”可以创建带圆角的矩形路径。在其选项栏中，可以通过设置“半径”选项调整圆角的幅度。例如，设置“半径”为50像素和100像素，效果分别如下图所示。

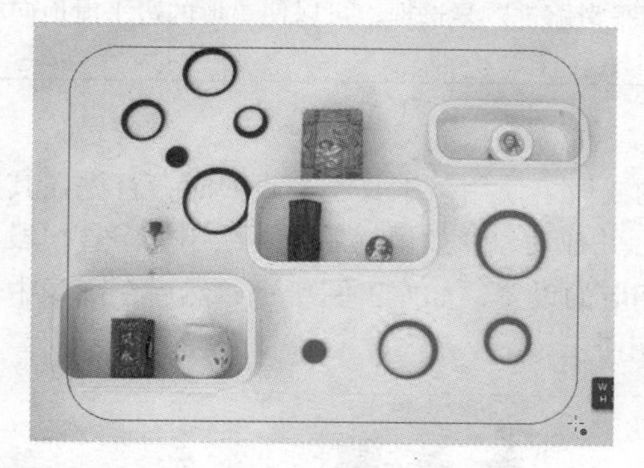

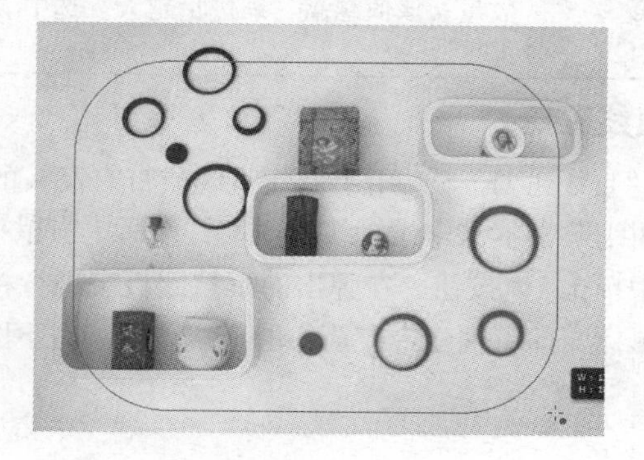

3．椭圆工具

使用“椭圆工具”可以绘制椭圆或圆形的路径。其使用方法与“矩形工具”相同，只是绘制的形状不同，如下图所示分别为椭圆和正圆形路径。

4．多边形工具

“多边形工具”用于绘制多边形和星形。在其选项栏的“边”文本框中输入边数；然后单击按钮，在弹出的下拉面板中进行相应的设置，如左下图所示；最后在图像中单击并拖动鼠标，即可创建多边形路径，如右下图所示。

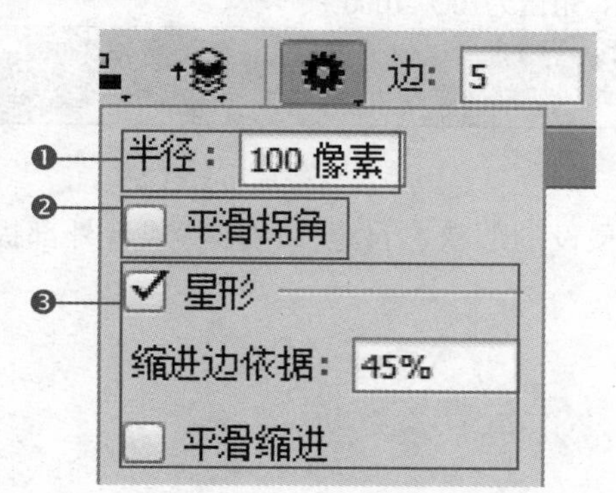

在左上图所示的“多边形选项”面板中，各选项含义如下表所示。

❶半径	设置多边形或星形的半径长度。此后单击并拖动鼠标时，将创建指定半径值的多边形或星形
❷平滑拐角	创建具有平滑拐角的多边形和星形
❸星形	选中该复选框，可以创建星形。在“缩进边依据”文本框中可以设置星形边缘向中心缩进的数量，该值越高，缩进量越大。选中“平滑缩进”复选框，可以使星形的边平滑地向中心缩进

5. 直线工具

“直线工具”用于创建直线或带有箭头的线段。使用该工具绘制直线时，首先在其选项栏的“粗细”文本框中设置线的宽度，然后单击鼠标并拖动，释放鼠标后即可绘制一条直线段。在选项栏中单击按钮，在弹出的下拉面板中进行相应的设置，如左下图所示；然后在图像中单击并拖动鼠标，即可创建带有箭头的直线段，如右下图所示。

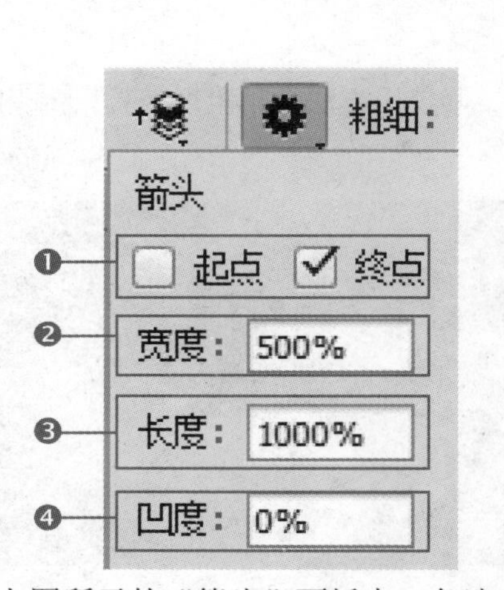

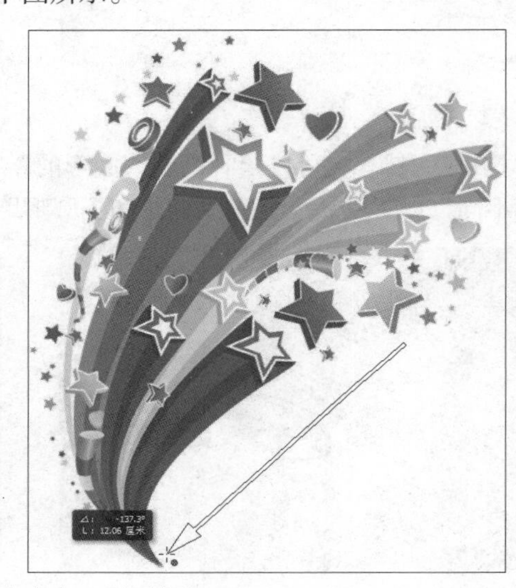

在左上图所示的“箭头”面板中，各选项含义如下表所示。

❶起点/终点	选中“起点”复选框，可在直线的起点添加箭头；选中“终点”复选框，可在直线的终点添加箭头；同时选中这两个复选框，则起点和终点都会添加箭头
❷宽度	用来设置箭头宽度与直线宽度的百分比，范围为10%~1000%
❸长度	用来设置箭头长度与直线宽度的百分比，范围为10%~1000%
❹凹度	用来设置箭头的凹陷程度，范围为-50%~50%。该值为0%时，箭头尾部平齐；大于0%时，向内凹陷；小于0%时，向外凸出

6. 自定形状工具

使用“自定形状工具”可以创建Photoshop预设的形状、自定义的形状或者外部提供的形状，具体操作步骤如下。

Step01 选择“自定形状工具”后，在其选择栏单击“形状”右侧的按钮，在弹出的下拉面板中选择一种形状，如下图所示。

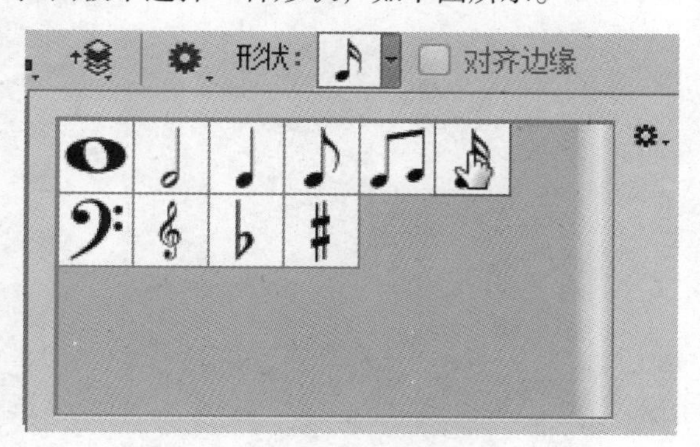

Step02 在图像中单击并拖动鼠标，即可创建预设形状，如下图所示。

知识拓展——载入预设形状

在“形状”下拉面板中，单击右上方的扩展按钮，在弹出的下拉菜单中可以选择需要的预设形状。

6.3 路径的编辑

编辑路径的基本操作，包括路径和选区的转换、新建路径、复制路径、填充和描边路径等，下面将分别进行讲述。

6.3.1 选择和移动路径

工具箱中有两个路径选择工具，分别是“路径选择工具”和“直接选择工具”，可以利用它们选择和移动路径。

使用“直接选择工具”单击一个锚点，即可选中该锚点。选中的锚点为实心方块，未选中的锚点为空心方块。单击一个路径线段，可以选择该路径线段。

选择锚点、路径线段和路径后，按住鼠标左键不放并拖动，即可将其移动。

6.3.2 添加和删除锚点

添加、删除锚点是对路径中的锚点进行的操作，添加锚点是在路径中添加新的锚点，删除锚点则是将路径中的锚点删除。其具体操作步骤如下。

光盘同步文件　视频文件：光盘\教学文件\第6章\6-3-2.mp4

Step01 选择工具箱中的“添加锚点工具”，直接在需要添加锚点的路径位置单击，即可添加锚点，如下图所示。

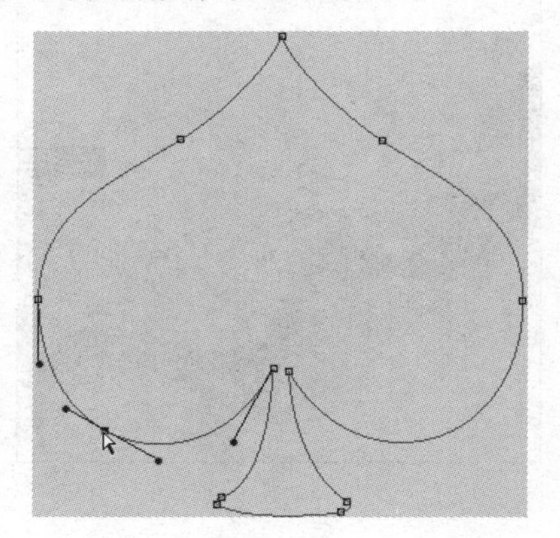

Step02 选择工具箱中的“删除锚点工具”，在路径上单击锚点，即可以删除该锚点，如下图所示。

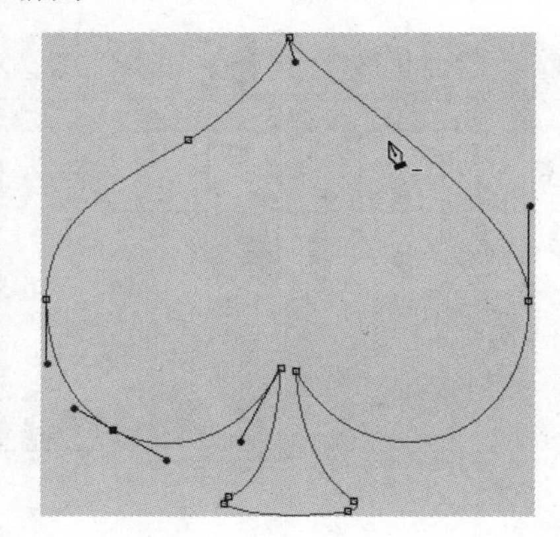

6.3.3 复制和删除路径

路径具有与图像一样的编辑属性，例如可以进行复制、粘贴和删除等操作。下面将对这些功能进行详细的介绍。

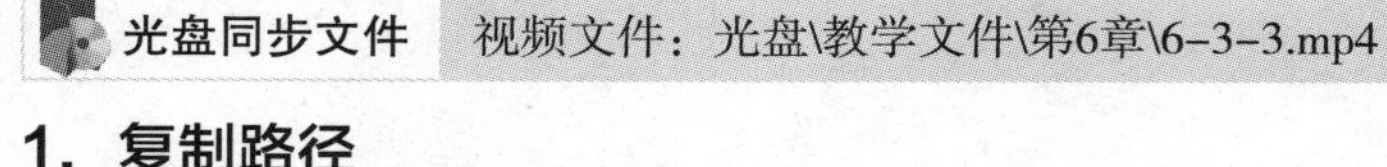

光盘同步文件　视频文件：光盘\教学文件\第6章\6-3-3.mp4

1. 复制路径

无论是工作路径还是非工作路径，都可以对其先备份再进行粘贴，从而达到复制路径的目的。其具体操作步骤如下。

Step01 打开光盘中的素材文件6-09.psd（光盘\素材文件\第6章\），选择工具箱中的“路径选择工具”，在图像中单击选择整个树木路径，如下图所示。

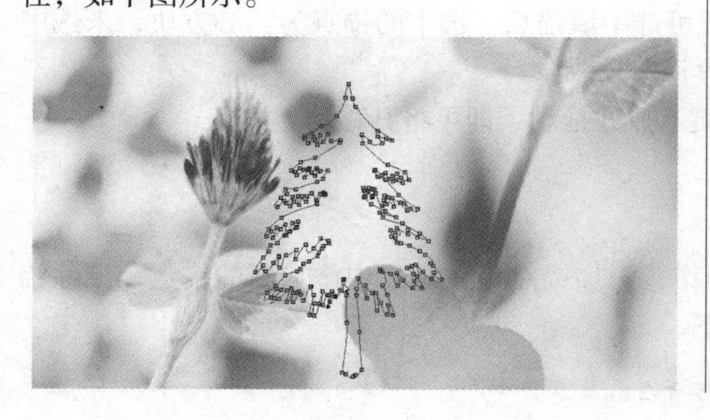

Step02 按住【Alt】键，此时鼠标指针呈现形状，单击并向上拖动，即可移动并复制选择的路径，如下图所示。

2. 删除路径

对于图像中没有作用的路径，可以将其删除。在“路径”面板中，单击“删除当前路径”按钮，会弹出提示框，询问是否删除当前路径，单击“是”按钮，即可删除选取的路径。

6.3.4 显示和隐藏路径

使用路径工具在图像编辑窗口中完成路径的绘制后，如果需要对其他图像进行编辑，此时可以将绘制的路径隐藏起来，当需要时再显示即可。

在“路径”面板的灰色空白区域单击，可快速隐藏当前图像编辑窗口中显示的路径。如果需要显示所隐藏的工作路径，只需在“路径”面板中单击该路径的名称即可。

6.3.5 填充和描边路径

对绘制的路径进行填充和描边操作时，无须将路径转换为选择区域，可通过“路径”面板中的按钮直接将颜色、图案填充至路径中，或直接用设置的前景色对路径进行描边。下面将进行详细的介绍。

光盘同步文件 视频文件：光盘\教学文件\第6章\6-3-5.mp4

Step01 打开光盘中的素材文件6-10.jpg（光盘\素材文件\第6章\），选择工具箱中的“自定形状工具”，在图像中绘制路径，如下图所示。

Step02 设置前景色为绿色#28ac01，单击“路径”面板底部的“用前景色填充路径”按钮，如下图所示。

Step03 设置前景色为黄色#f5e500，选择工具箱中的“画笔工具”，在其选项栏中设置“大小”为10像素， 单击“路径”面板底部的“用画笔描边路径”按钮，如下图所示。

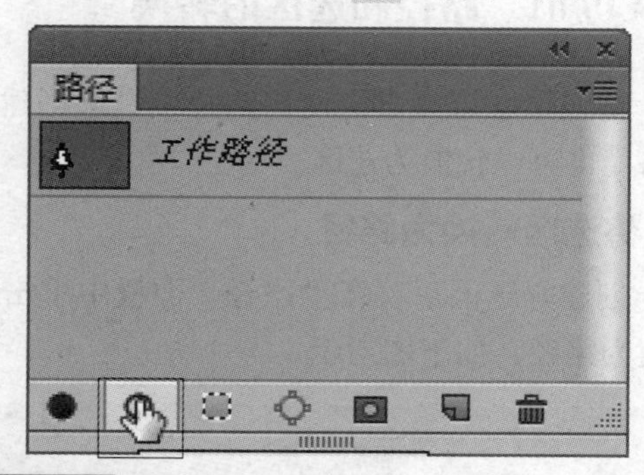

Step04 通过前面的操作，得到路径的描边效果。在“路径”面板中的灰色空白区域单击，隐藏工作路径，如下图所示。

知识拓展——选择路径填充和描边内容

按住【Alt】键的同时单击“路径”面板底部的“用前景色填充路径”按钮，将弹出“填充路径”对话框。打开“使用”下拉列表框，从中可以选择填充路径的内容，如“前景色”“背景色”和“图案”等。

按住【Alt】键的同时，单击“路径”面板底部的“用画笔描边路径”按钮，弹出“描边路径”对话框。打开“工具”下拉列表框，从中选择一种用于描边的工具，然后单击“确定”按钮，即可用该工具对路径进行描边。

技高一筹

下面结合本章内容，给大家介绍一些实用技巧。

光盘同步文件	原始文件：光盘\素材文件\第6章\6-11.jpg 同步视频文件：光盘\教学文件\第6章\技高一筹\技巧01.mp4~技巧05.mp4

◎技巧 01　路径和选区的转换

路径除了可以直接使用路径工具来创建外，还可以将创建好的选区转换为路径。同时，创建的路径也可以转换为选区。

1. 将选区转换为路径

创建好选区后，在“路径”面板中单击“从选区生成工作路径”按钮 ，即可将创建的选区转换为路径，如下图所示。

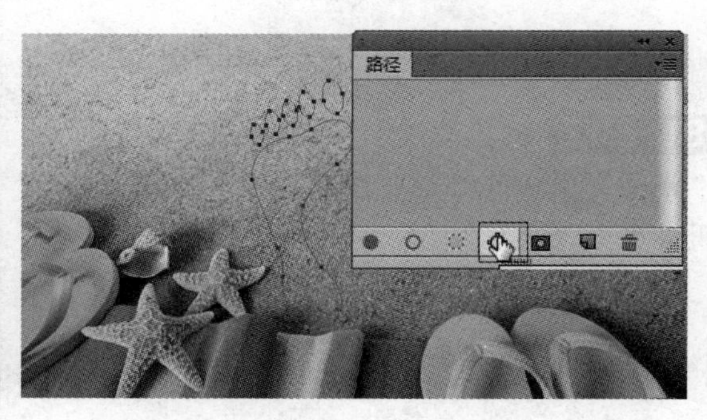

2. 将路径转换为选区

当绘制好路径后，单击“路径”面板底部的“将路径作为选区载入”按钮 ，就可以将路径直接转换为选区，如下图所示。

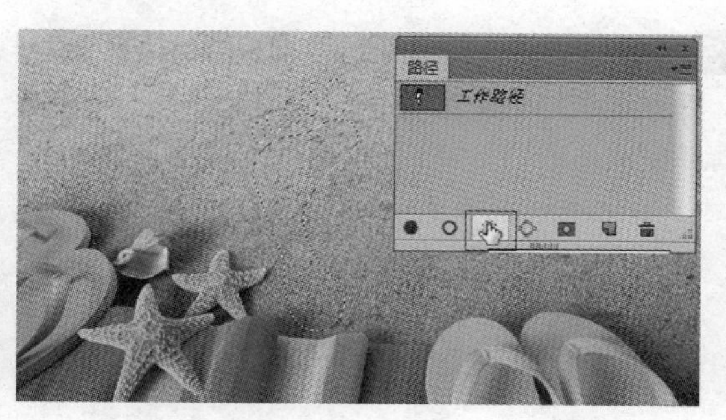

知识拓展——快速将路径转换为选区

路径转换为选区后并没有删除路径，在处理图像时可以多次相互转换。按【Ctrl+Enter】组合键，可快速将路径转换为选区。

◎技巧 02　如何转换锚点的属性

“转换点工具”用于转换锚点的类型。选择该工具后，将鼠标指针放在锚点上，如果当前锚点为角点，则如左下图所示；单击并拖动鼠标则可将其转换为平滑点，如中下图所示；如果当前锚点为平滑点，单击即可将其转换为角点，如右下图所示。

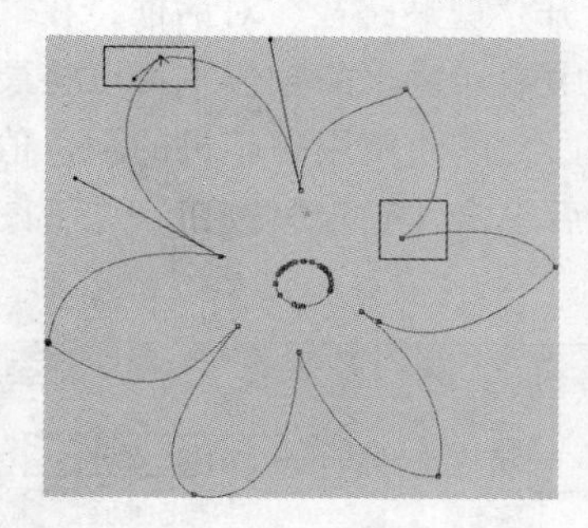

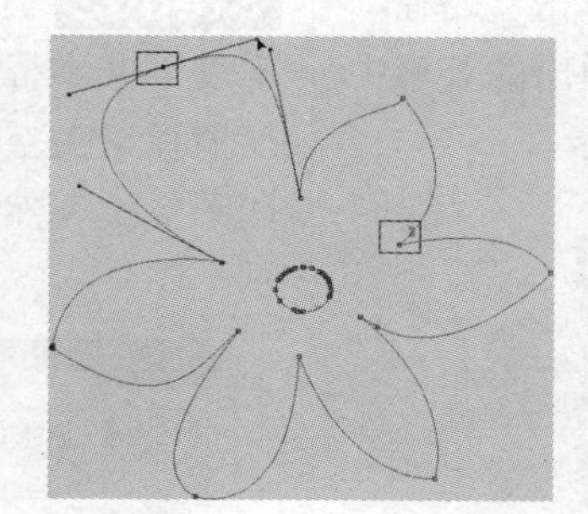

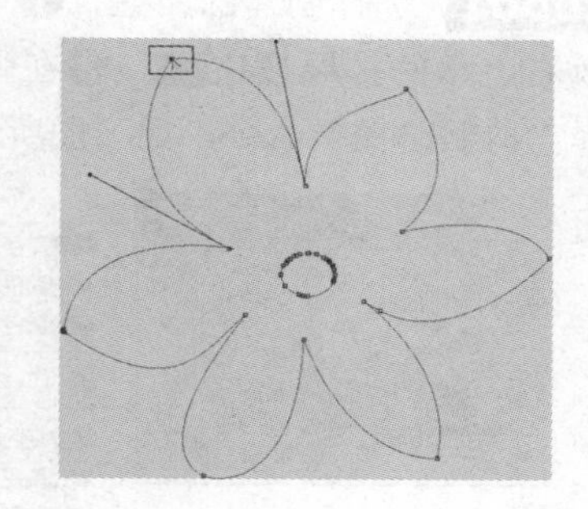

专家提示

将“钢笔工具”放置到路径上时，可临时将其切换为“添加锚点工具”；将“钢笔工具”放置到锚点上，“该工具将变成“删除锚点工具”；如果此时按住【Alt】键，则“删除锚点工具”又会变成“转换点工具”；在使用“钢笔工具”时，如果按住【Ctrl】键，该工具又会切换到“直接选择工具”。

◎技巧 03　如何修改圆角矩形的圆角半径

如果对绘制的圆角矩形不满意，可以在“属性”面板中进行修改。具体操作步骤如下。

Step01 选择工具箱中的“圆角矩形工具”，在其选项栏中设置“半径”为100像素，拖动鼠标绘制圆角矩形，如下图所示。

Step02 在“属性”面板中，单击“将角半径值链接到一起”按钮，设置4个半径值均为185像素，如下图所示。

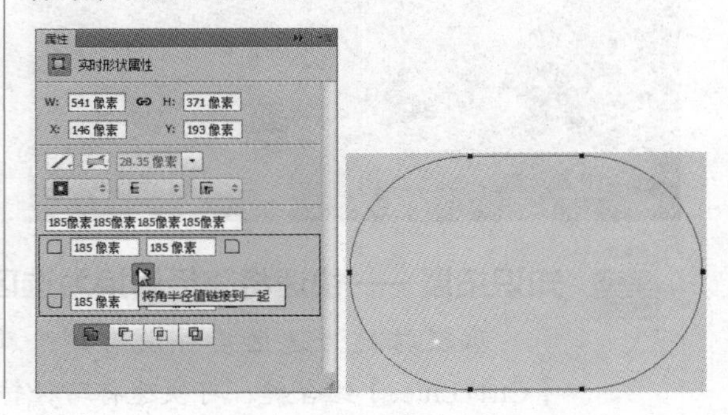

◎技巧 04　创建剪贴路径

在打印 Photoshop 图像或将图像置入另一个应用程序时，如果只想使用该图像的一部分，可以利用剪贴路径来实现。例如，只需要使用前景对象，而排除背景对象，可通过“剪贴路径”命令分离前景对象，使其他图像区域变得透明。创建剪贴路径的具体操作步骤如下。

Step01 选择创建的路径，❶单击“路径”面板右上角的扩展按钮，❷在弹出的菜单中选择“剪贴路径”命令，如下图所示。

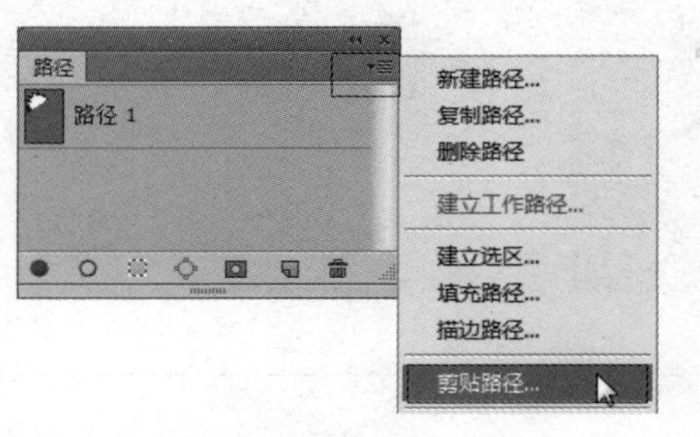

Step02 打开“剪贴路径”对话框，在“展平度”文本框中输入适当的数值（可以将展平度值保留为空白，以便使用打印机的默认值打印图像），然后单击“确定”按钮，如下图所示。

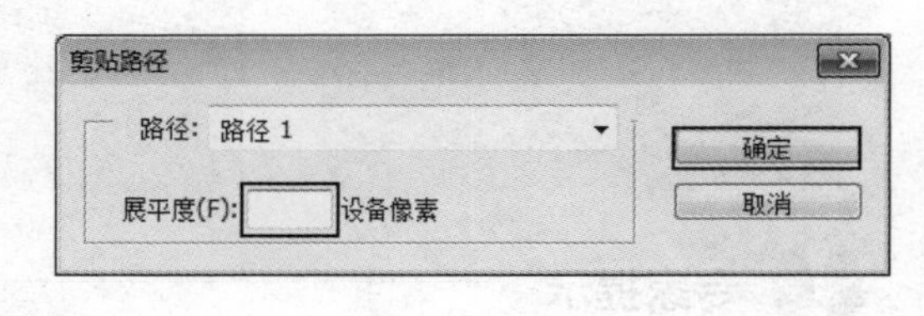

◎技巧 05　如何合并路径

在绘制复杂的路径形状时，可以使用路径合并功能，以创建出需要的路径形状。合并路径的具体操作步骤如下。

Step01 选择“自定形状工具”，拖动鼠标绘制两个重叠的形状。在该工具选项栏中，❶单击“路径操作”按钮，❷在弹出的下拉列表中选择“合并形状”选项，如下图所示。

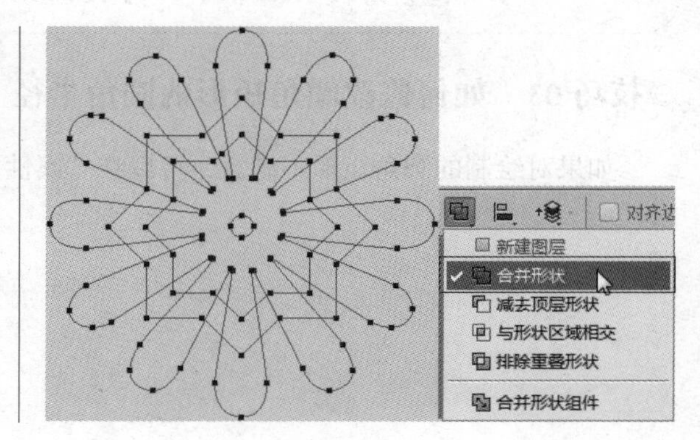

Step02 ❶再次单击“路径操作”按钮，❷在弹出的下拉列表中选择“合并形状组件”选项，如下图所示。

技能训练

前面主要讲述了Photoshop CC路径的绘制与编辑等知识，下面安排两个技能训练，帮助读者巩固所学的知识点。

*技能 1　制作时尚人物剪影

训练介绍

剪影是只表现人物、动物或其他物体的典型外轮廓，无内部结构，通过影的造型表现形象。下面介绍如何制作时尚人物剪影效果，如下图所示。

光盘同步文件

素材文件：光盘\素材文件\第6章\技能训练\6-01a.tif，6-01b.tif

结果文件：光盘\结果文件\第6章\技能训练\6-01.psd

视频文件：光盘\教学文件\第6章\技能训练\6-01.mp4

操作提示

制作关键

本实例首先创建渐变背景，接下来制作放射图形，最后添加装饰和人物剪影素材图片，完成效果制作。

技能与知识要点

- “渐变工具”
- “钢笔工具”
- “变换”命令

➲ 操作步骤

本实例的具体操作步骤如下。

Step01 执行“文件”→“新建”命令，在弹出的“新建”对话框中，❶设置“宽度”为15厘米，“高度”为10厘米，“分辨率”为300像素/英寸，❷单击“确定”按钮，如下图所示。

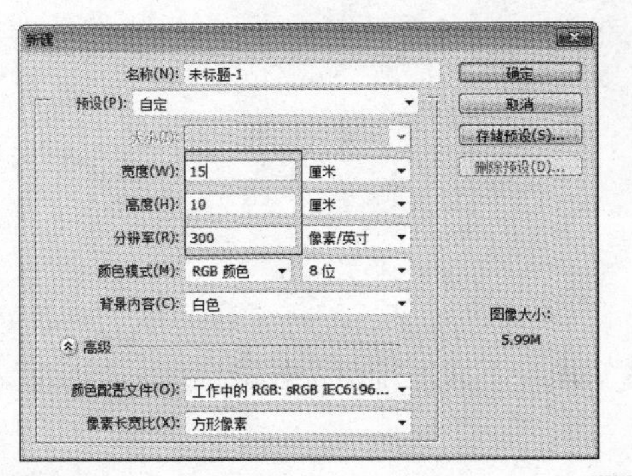

Step02 选择工具箱中的“渐变工具”，设置前景色为浅蓝色#54c4ff，背景色为深蓝色#006aa7，单击“径向渐变”按钮，拖动鼠标填充渐变色，如下图所示。

Step03 新建“图层1”，选择工具箱中的“钢笔工具”，在其选项栏的工具模式下拉列表框中选择“路径”选项，依次单击鼠标创建路径，如下图所示。

Step04 在“路径”面板中，单击“将路径作为选区载入”按钮，载入路径选区，如下图所示。

Step05 按【Ctrl+Delete】组合键为选区填充背景深蓝色，如下图所示。

Step06 按【Ctrl+J】组合键，复制图层1。按【Ctrl+T】组合键，执行自由变换操作，移动变换中心点到左下方，如下图所示。

Step07 在选项栏中，设置“旋转”为7.5度，如下图所示。

Step08 按【Shift+Alt+Ctrl+T】组合键48次，以相同的角度旋转并复制对象，如下图所示。

Step09 打开光盘中的素材文件“6-01a.tif”（光盘\素材文件\第6章\技能训练\），拖动到当前文件中，并移动到适当位置，如下图所示。

Step10 打开光盘中的素材文件“6-01b.tif”（光盘\素材文件\第6章\技能训练\），拖动到当前文件中，并移动到适当位置，如下图所示。

*技能 2　制作围绕人物轮廓的线条

训练介绍

制作图像特效时，为主体对象添加围绕轮廓的线条，可以增加图像的吸引力，使画面更加丰富。下面介绍如何制作围绕人物轮廓的线条，如下图所示。

光盘同步文件　素材文件：光盘\素材文件\第6章\技能训练\6-02.jpg
结果文件：光盘\结果文件\第6章\技能训练\6-02.psd
视频文件：光盘\教学文件\第6章\技能训练\6-02.mp4

操作提示

制作关键

首先绘制路径和设置画笔工具，接下来描边路径，通过图层样式制作轮廓发光和色彩效果。

技能与知识要点

- "钢笔工具"
- 图层样式
- 图像变换

操作步骤

本实例的具体操作步骤如下。

Step01 打开光盘中的素材文件"6-02.jpg"（光盘\素材文件\第6章\技能训练\），选择"钢笔工具"，在其选项栏的工具模式下拉列表框中选择"路径"选项，然后依次单击鼠标创建路径；隐藏所有图层，效果如下图所示。

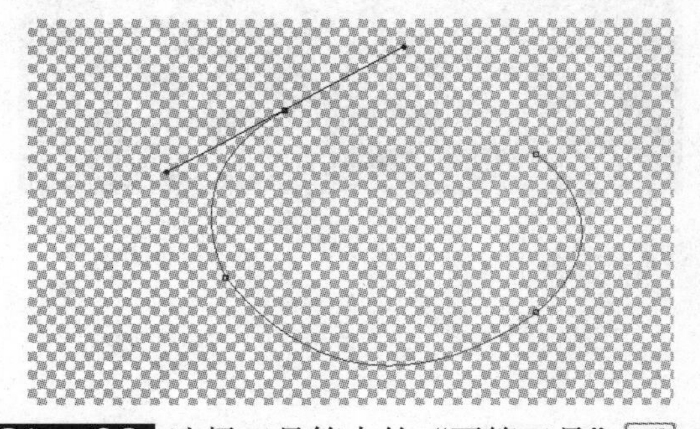

Step02 选择工具箱中的"画笔工具"，❶在"画笔预设"面板中，单击"水彩大贱滴"画笔，❷在"画笔预设选取器"中，设置"大小"为50像素，如下图所示。

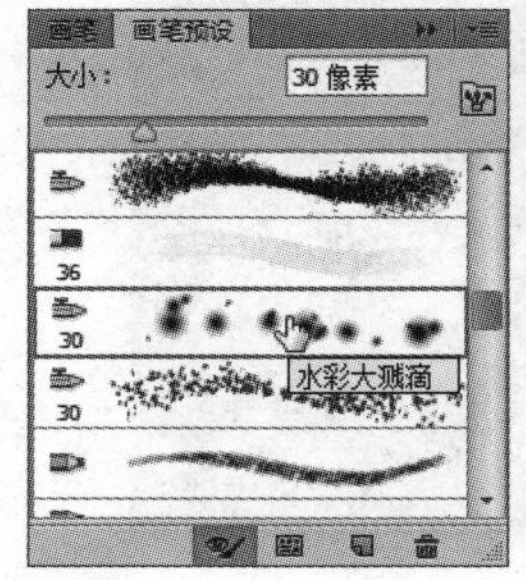

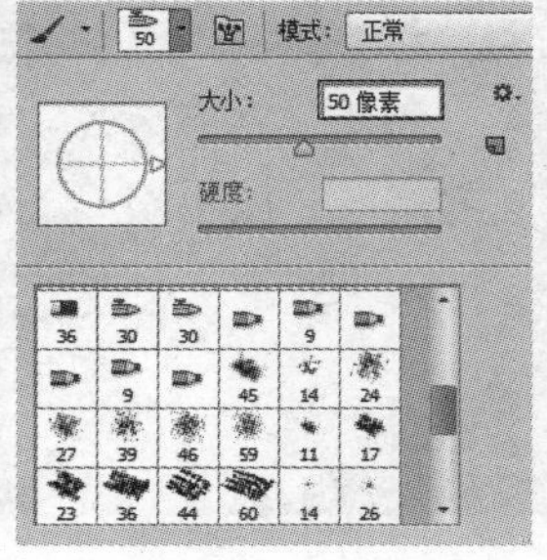

Step03 新建"图层1"。在"路径"面板中，单击"用画笔描边路径"按钮，如下图所示。

Step04 执行"图像"→"变换"→"扭曲"命令，适当变换对象，使对象围绕人物，如下图所示。

Step05 双击图层，在打开的"图层样式"对话框中，❶选中"外发光"复选框，❷设置"混合模式"为滤色，"不透明度"为75%，叠加颜色为黄色，"扩展"为5%，"大小"为73

像素，如下图所示。

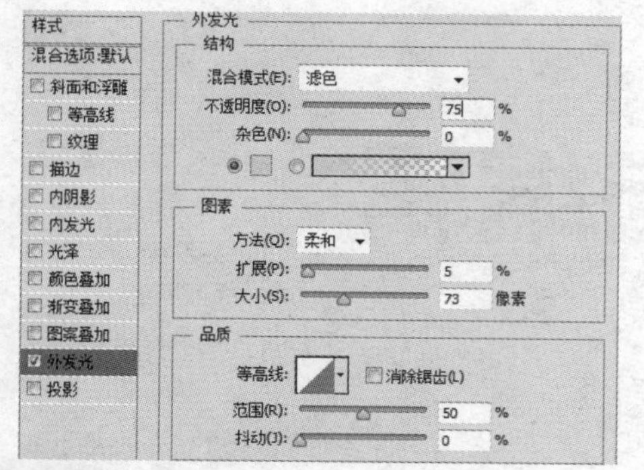

Step06 按【Ctrl+J】组合键复制图层，调整对象的大小和角度，如下图所示。

Step07 双击复制的图层，在打开的“图层样式”对话框中，选中“渐变叠加”复选框，设置渐变类型为色谱渐变，“样式”为对称的，“角度”为-90度，如下图所示。

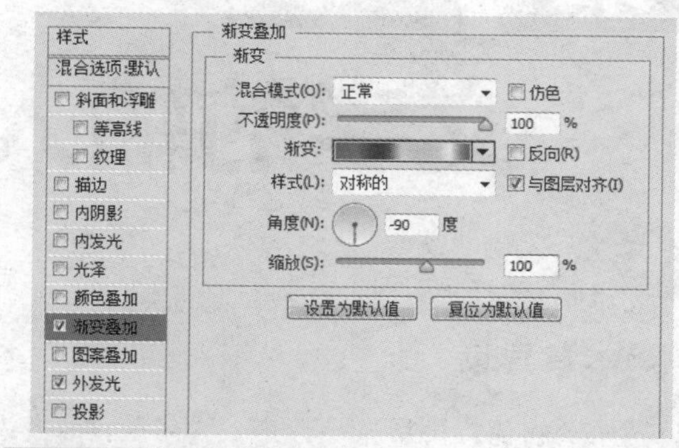

Step08 通过前面的操作，得到图像的渐变叠加色彩效果，如下图所示。

本章小结

本章首先讲解了路径的概念及组成，其次详细地介绍了如何创建直线路径，曲线路径，以及自定义形状中相关路径的创建方法；最后介绍了路径的控制与编辑修改等方面的内容。

第7章 文字的输入与编辑

本章导读

在优秀的图像设计中，文字是设计作品的重要组成部分。通过丰富多样的文字，有利于人们了解作品中所要表现的重要信息和主旨。Photoshop CC 提供了强大的文字编辑功能，能够制作出各种文字艺术效果。本章将详细讲解文字的创建与编辑方法。

学完本章后应该掌握的技能

* 熟练掌握点文字的创建方法
* 熟练掌握段落文字的创建方法
* 熟练掌握将文字转换为路径的基本方法
* 熟练掌握将文字转换为形状的基本方法
* 了解文字的拼写与检查基础知识

本章相关实例效果展示

7.1 了解 Photoshop CC 中的文字

文字是传达信息的重要手段。在图像的处理过程中，可以创建各种奇特的文字效果，来丰富画面、增强美感。下面就来了解文字的类型及其工具选项栏。

7.1.1 文字的类型

在Photoshop中，文字是由数学方式定义的形状组成的。在将文字栅格化以前，Photoshop会保留基于矢量的文字轮廓，可以任意缩放文字或调整文字大小，而不会产生锯齿。

Photoshop提供了4种文字工具，其中，“横排文字工具”和“直排文字工具”用来创建点文字、段落文字和路径文字，“横排文字蒙版工具”和“直排文字蒙版工具”用来创建文字选区。

7.1.2 文字工具选项栏

在输入文字前，需要在工具选项栏或“字符”面板中设置字符的属性，包括字体、大小、文字颜色等。文字工具选项栏如下图所示。

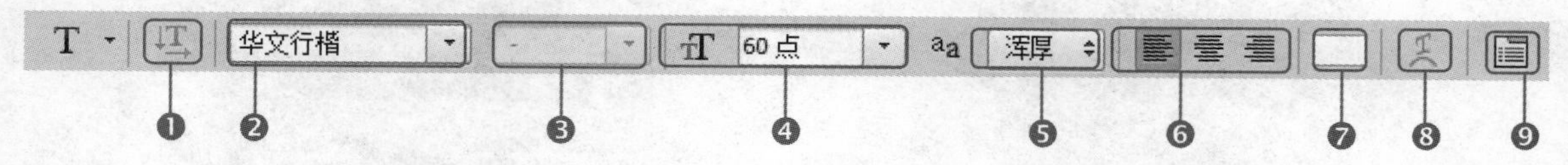

其中常见参数的作用如下表所示。

❶切换文本取向	如果当前文字为横排文字，单击该按钮，可将其转换为直排文字；如果是直排文字，则可将其转换为横排文字
❷设置字体系列	在该下拉列表框中可以选择字体
❸设置字体样式	用来为字符设置样式，包括Regular（规则的）、Italic（斜体）、Bold（粗体）和Bold Italic（粗斜体）。该选项只对部分英文字体有效
❹设置字体大小	可以选择字体的大小，或者直接输入数值来进行调整
❺设置消除锯齿的方法	可以为文字消除锯齿选择一种方法，Photoshop会通过部分地填充边缘像素来产生边缘平滑的文字，使文字的边缘混合到背景中而看不出锯齿。其中包含“无”“锐利”“犀利”“浑厚”和“平滑”
❻设置文本对齐	根据输入文字时光标的位置来设置文本的对齐方式，包括左对齐文本（）、居中对齐文本（）和右对齐文本（）
❼设置文本颜色	单击颜色块，可以在打开的“拾色器”对话框中设置文字的颜色
❽创建文字变形	单击该按钮，可以在打开的“变形文字”对话框中为文本添加变形样式，创建变形文字
❾切换字符和段落面板	单击该按钮，可以显示或隐藏“字符”和“段落”面板

7.2 文本的创建与编辑

使用不同的文字工具，可以创建点文字、段落文字、路径文字和文字选区。下面将进行详细的讲解。

7.2.1 创建点文字

点文字适用于单字、单行或单列文字的输入。在文档窗口中输入文本行时，点文字行会随着文字的输入向窗口右侧延伸，到达文件右端时不会自动换行。具体操作步骤如下。

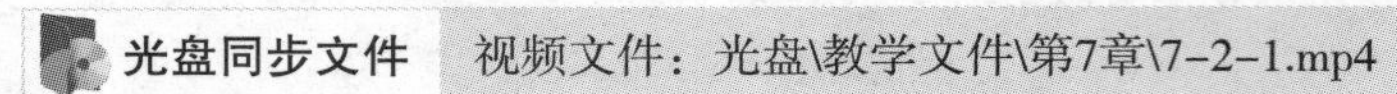
光盘同步文件 视频文件：光盘\教学文件\第7章\7-2-1.mp4

Step01 打开光盘中的素材文件7-01.jpg（光盘\素材文件\第7章\），选择工具箱中的“横排文字工具” T，❶在其选项栏中设置字体、大小，❷在图像中需要输入文字的位置单击鼠标，确认文字插入点，如下图所示。

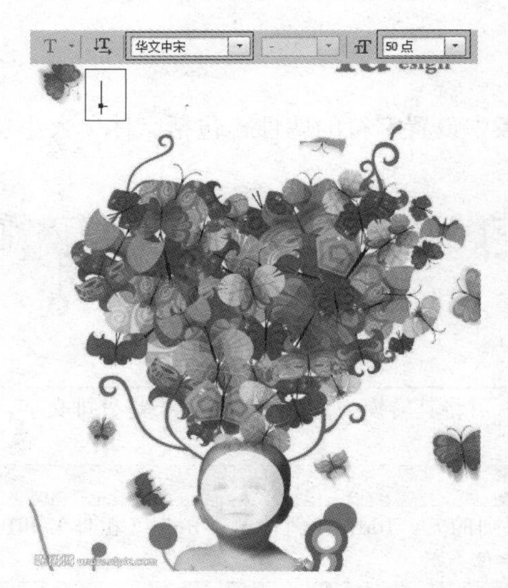

Step02 输入文字，按【Enter】键可以换行。然后单击选项栏中的“提交所有当前编辑”按钮 ✔，或按【Ctrl+Enter】组合键，确认文字的输入。此时，在“图层”面板中将自动新建一个文字图层来存放文字，如下图所示。

7.2.2 设置“字符”面板

“字符”面板中提供了比工具选项栏更多的选项。单击工具选项栏中的“切换字符和段落面板”按钮或者执行“窗口”→“字符”命令，都可以打开“字符”面板，如下图所示。

知识拓展——什么是基线

使用文字工具在图像中单击设置文字插入点时，会出现一个闪烁的鼠标指针，鼠标指针中的小线条标记就是文字基线的位置。调整字符的基线可以上升或下降字符，以满足一些特殊文本的需要。

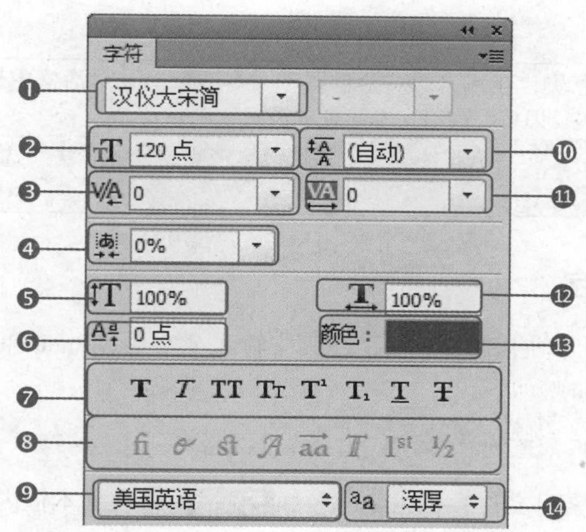

其中各项含义如下表所示。

❶设置字体系列	该选项与文字工具选项栏中的“设置字体系列”选项相同，用于设置选中文本的字体。在“设置字体系列”下拉列表框中可选择需要的字体，选择不同的字体将得到不同的文本效果，选中文本将应用当前选中的字体
❷设置字体大小	可在下拉列表框中选择文字大小值，也可以在文本框中输入大小值，对文字的大小进行设置
❸设置两个字符间的字距微调	该选项用于设置两个字符之间的字距微调，设置范围为-1000~10 000。单击右侧的下拉按钮，在打开的下拉列表框中可以选择预设的字距微调值。若要为选中字符使用字体内置的字距微调信息，则选择“度量标准”选项；若要依据选定字符的形状自动调整它们之间的距离，则选择“视觉”选项；若要手动调整字距微调，则可在其后的文本框中直接输入一个数值或从该下拉列表框中选择需要的选项。若选择了文本范围，则无法手动对文本进行字距微调，需要使用字距调整进行设置
❹设置所选字符的比例间距	选中需要进行比例间距设置的文字，在下拉列表框中选择需要变换的间距百分比，百分比越大比例间距越近
❺垂直缩放	选中需要进行缩放的文字后，可以在该文本框中输入任意数值对选中的文字进行垂直缩放（默认设置为100%）
❻设置基线偏移	在该文本框中可以对文字的基线位置进行设置。输入不同的数值设置基线偏移的程度，输入负值可以将基线向下偏移，输入正值则可以将基线向上偏移
❼设置字体样式	通过单击其中的按钮可以对文字进行仿粗体、仿斜体、全部大写字母、小型大写字母、设置文字为上标、设置文字为下标、为文字添加下划线、删除线等设置
❽OpenType字体	包含了当前PostScript和TrueType字体不具备的功能，如花饰字和自由连字
❾连字符、拼写规则	对所选字符进行有关连字符和拼写规则的语言设置，Photoshop使用语言词典检查连字符的连接
❿设置行距	使用文字工具进行多行文字的创建时，可以通过该项对多行文字的行距进行设置。可在下拉列表框中选择固定的行距值，也可以在文本框中直接输入数值进行设置，输入的数值越大则行距越大
⓫设置所选字符的字距调整	选中需要设置的文字后，可在下拉列表框中选择需要调整的字距数值
⓬水平缩放	选中需要进行缩放的文字，可以在该文本框中输入任意数值对选中的文字进行水平缩放（默认设置为100%）

续表

⑬设置文本颜色	单击颜色块，在弹出的“拾色器（文本颜色）”对话框中选择适合的颜色，单击“确定”按钮，即可完成对文本颜色的设置
⑭设置消除锯齿的方法	该选项与在文字工具选项栏中的“设置消除锯齿的方法”选项相同，用于设置消除锯齿的方法

7.2.3 输入段落文字

创建段落文字时，会自动生成文本框，在其中输入文字后，Photoshop会根据文本框的大小、长宽自动换行。具体操作步骤如下。

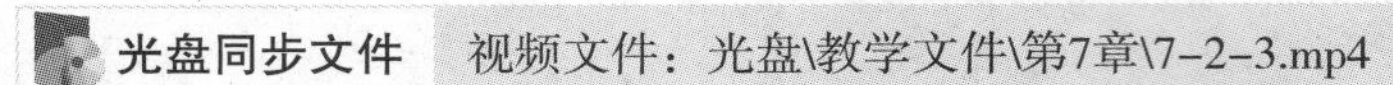

光盘同步文件　视频文件：光盘\教学文件\第7章\7-2-3.mp4

Step01 打开光盘中的素材文件7-02.jpg（光盘\素材文件\第7章\），选择工具箱中的“横排文字工具”T，在图像中单击并拖动鼠标，此时出现一个定界框，释放鼠标即出现一个文本框，如下图所示。

Step02 在文本框内输入文字，当文字达到文本框边界时会自动换行，如下图所示。

知识拓展——段落文字的溢流图标显示

当输入的段落文字超出文本框所能容纳的文字数量时，在文本框右下角会出现一个溢流图标，用于提醒用户有文本没有显示出来。改变文本框的大小可以显示出隐藏的文本。

7.2.4 设置“段落”面板

“段落”面板主要用于设置文本的对齐方式和缩进方式等。单击工具选项栏中的“切换字符和段落面板”按钮，或者执行“窗口”→“段落”命令，都可以打开“段落”面板，如下图所示。

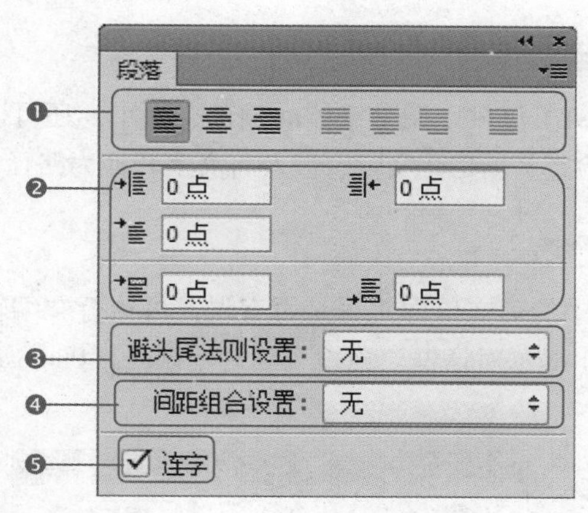

其中各项的含义如下表所示。

❶对齐方式	包括左对齐文本（）、居中对齐文本（）、右对齐文本（）、最后一行左对齐（）、最后一行居中对齐（）、最后一行右对齐（）和全部对齐（）
❷段落调整	包括左缩进（）、右缩进（）、首行缩进（）、段前添加空格（）和段后添加空格（）
❸避头尾法则设置	选取换行集为无、JIS宽松、JIS严格
❹间距组合设置	选取内部字符间距集
❺连字	自动用连字符连接

7.2.5 转换点文本与段落文本

在Photoshop中，点文字与段落文字之间可以相互转换。创建点文字后，执行“文字”→“转换为段落文本”命令，即可将点文字转换为段落文本；如果是段落文字，可执行“文字”→“转换为点文本”命令，即可将段落文字转换为点文本。

将段落文字转换为点文本时，溢出定界框的字符将会被删除掉。因此，为了避免丢失文字，应首先调整定界框，使所有文字在转换前都显示出来。

7.2.6 转换水平文字与垂直文字

水平文字和垂直文字可以互相转换，方法是执行“文字”→“取向”→“水平”或“垂直”命令，或是单击工具选项栏的“切换文本取向”按钮。

7.2.7 字符样式和段落样式

“字符样式”和“段落样式”面板可以保存文字样式，并可以快速应用于其他文字、线条或文本段落，从而极大地提高了用户的工作效率。

专家提示

在文字选中状态下，按【Ctrl+Shift+<】组合键可以快速减小文字，按【Ctrl+Shift+>】组合键可以快速增大文字。按【Alt+↑】组合键可以快速减小行距，按【Alt+↓】组合键可以快速增大行距。

7.3 文字的高级应用

在图像中输入文字后，不仅可以调整字体的颜色、大小，还可以对已输入的文字进行其他编辑处理，包括文字的拼写检查、栅格化文字，以及将文字转换为路径等操作。

7.3.1 文字的拼写检查

如果要检查当前文本中的英文单词拼写是否有误，可执行“编辑”→“拼写检查”命令，系统将自动进行检查，并弹出提示对话框。当检查到有错误时，Photoshop CC会提供修改建议，如下图所示。

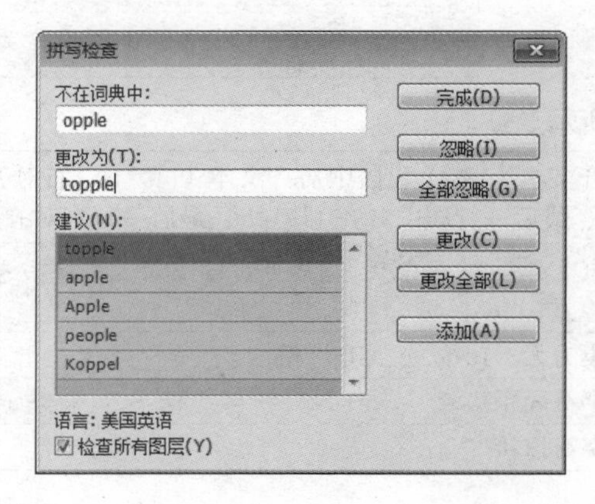

7.3.2 查找和替换文字

执行“编辑”→“查找和替换文本”命令，可以查找当前文本中需要修改的文字、单词、标点或字符，并将其替换为指定的内容，如下图所示。

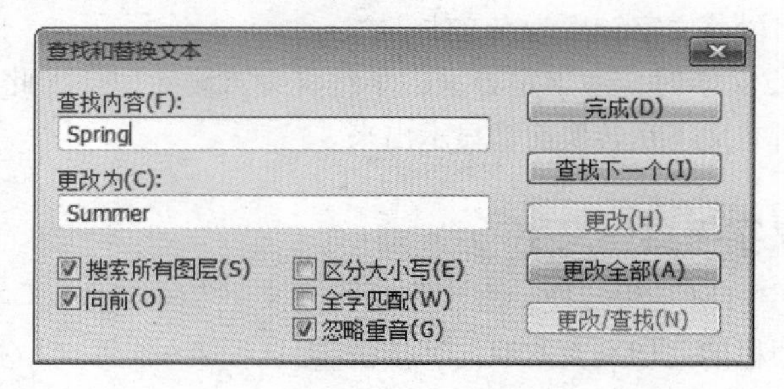

7.3.3 更新所有文字图层

执行“文字”→“更新所有文字图层”命令，可更新当前文件中所有文字图层的属性。可以避免重复劳动，提高工作效率。

7.3.4 替换所有欠缺字体

打开文件时，如果其中的文字使用了系统中没有的字体，会弹出一条警告信息，指明缺少哪些字体。出现这种情况时，可以执行“文字”→“替换所有欠缺字体”命令，使用系统中安装的字体替换文档中欠缺的字体。

7.3.5 栅格化字体

文字栅格化后，就由矢量图变成位图了。这样有利于使用滤镜等其他命令，以制作更丰富的文字效果。文字被栅格化后，将不能返回矢量文字的可编辑状态。选择文字图层，执行“文字”→“栅格化文字图层”命令即可。

7.3.6 从字体生成工作路径

从文字图层创建工作路径之后，用户可以像处理任何其他路径一样对该路径进行存储和操作。不能再以文本形式编辑路径中的字符，不过，原始文字图层将保持不变并可编辑。选择文字图层，执行“文字”→“创建工作路径”命令即可。

7.3.7 将字体转换为形状

在将文字转换为形状后，文字图层被替换为具有矢量蒙版的图层。可以编辑矢量蒙版并对图层应用样式，但是无法将字符作为文本进行编辑。选择文字图层，执行“类型→转换为形状”命令即可。

技高一筹

下面结合本章内容，给大家介绍一些实用技巧。

光盘同步文件

原始文件：光盘\素材文件\第7章\技高一筹\7-01.psd，7-02.psd，7-03.jpg

结果文件：光盘\结果文件\第7章\技高一筹\7-01.psd，7-02.psd

同步视频文件：光盘\教学文件\第7章\技高一筹\技巧01.mp4~技巧04.mp4

◎技巧 01 如何创建变形文字

文字变形是指将创建好的文字进行变形处理，使其产生特殊的文字效果。文字变形的具体操作步骤如下。

Step01 打开光盘中的素材文件7-01.psd（光盘\素材文件\第7章\技高一筹\），选择文字图层，如下图所示。

Step02 执行“文字”→“文字变形”命令，弹出“变形文字”对话框，❶设置“样式”为旗帜，“弯曲”为-60%，❷单击“确定”按钮，如下图所示。

知识拓展——取消文字变形

选取文字后，在工具选项栏中单击“创建文字变形”按钮，打开“变形文字”对话框，设置“样式”为无，单击“确定”按钮，可取消当前选取文字的变形效果。

◎技巧 02　如何沿着路径添加文字

路径文字是指创建在路径上的文字，文字会沿着路径排列，改变路径形状时，文字的排列方式也会随之改变。图像在输出时，路径不会被输出。沿路径排列文字的具体操作步骤如下。

Step01 打开光盘中的素材文件7-02.psd（光盘\素材文件\第7章\技高一筹\），选择工具箱中的“自定形状工具”，在图像中单击并拖动鼠标绘制路径，如下图所示。

Step02 选择工具箱中的“横排文字工具”，❶在其选项栏中设置字体样式与大小；❷将鼠标指针移动至路径上，此时鼠标指针会变成特殊形状，如下图所示。

Step03 单击设置文字插入点，画面中会出现闪烁的“I”，此时输入文字，即可沿着路径排列，如下图所示。

Step04 按【Ctrl+Enter】组合键确认操作，并隐藏路径，如下图所示。

专家提示

沿着路径输入文字时，文字将沿着锚点被添加到路径的方向排列。在路径上输入横排文字会导致字母与基线垂直，在路径上输入直排文字会导致文字方向与基线平行。

用户也可以在闭合路径内输入文字。在这种情况下，文字将始终横向排列，当文字到达闭合路径的边界时就会发生换行。移动路径或更改路径形状时，相关的文字将会适应新的路径位置或形状。

◎技巧 03　如何创建文字选区

“横排文字蒙版工具”和“直排文字蒙版工具”用于创建文字选区。选中其中一种工具，在画面中单击，输入文字后，按【Ctrl+Etner】组合键确认操作，即可创建文字选区，如下图所示。

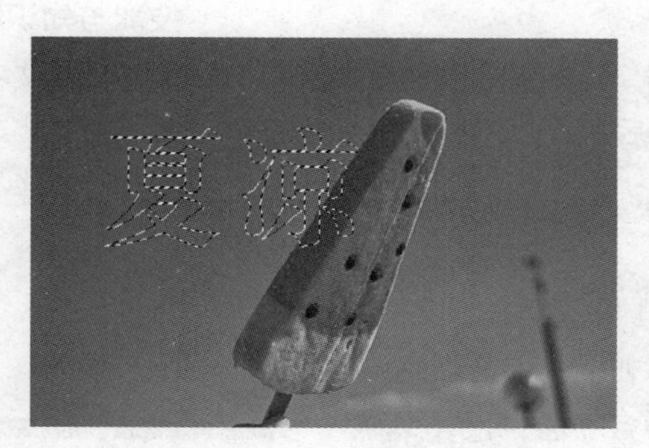

◎技巧 04　什么是 OpenType 字体

OpenType字体是Windows和Macintosh操作系统都支持的字体文件，因此，使用OpenType字体以后，在这两个操作平台间交换文件时，不会出现字体替换或其他导致文本重新排列的问题。输入文字或编辑文本时，可以在工具选项栏或“字符”面板中选择OpenType字体，并设置文字格式。

技能训练

前面主要讲述了文字的创建与编辑、文字的高级应用等知识，下面安排两个技能训练，帮助读者巩固所学的知识点。

*技能 1　制作通信时代宣传卡

训练介绍

卡片是用于传递信息的，要使传递的信息更加准确，需要借助文字来完成。下面介绍如何制作通讯时代宣传卡，如下图所示。

光盘同步文件

素材文件：光盘\素材文件\第7章\技能训练\7-01.jpg

结果文件：光盘\结果文件\第7章\技能训练\7-01.psd

视频文件：光盘\教学文件\第7章\技能训练\7-01.mp4

操作提示

制作关键

本实例首先添加素材，接下来输入文字，对文字的属性进行设置，最后制作投影并更改文字颜色，完成效果制作。

技能与知识要点

- “横排文字工具” T
- “栅格化文字图层”命令
- “最小化”滤镜

操作步骤

本实例的具体操作步骤如下。

Step01 打开光盘中的素材文件“7-01.jpg”（光盘\素材文件\第7章\技能训练\），选择工具箱中的“横排文字工具” T，在其选项栏中，设置字体为方正大标宋简体，字体大小为60点，在图像中输入文字，如下图所示。

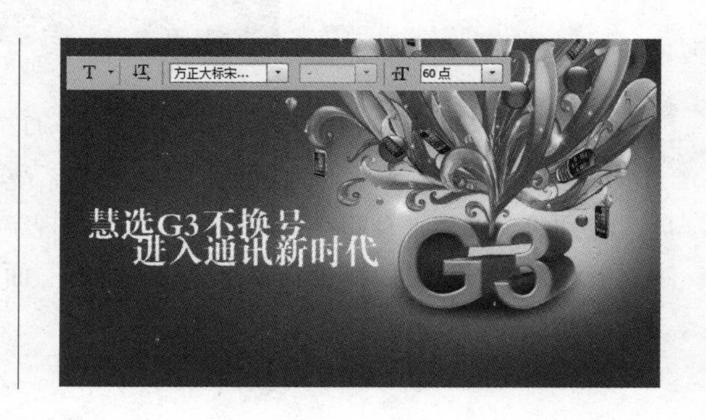

Step02 选中文字“G3”，在选项栏中更改字体大小为100点，效果如下图所示。

Step03 在“字符”面板中，设置“行距”为120点，如下图所示。

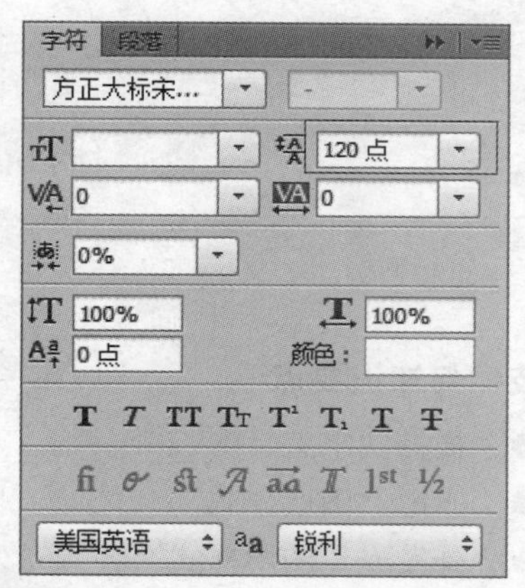

Step04 按【Ctrl+J】组合键，复制文字图层；单击选中下方的文字图层，如下图所示。

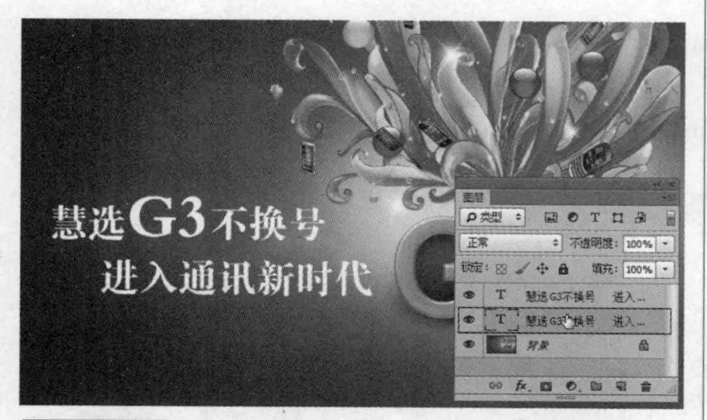

Step05 执行“文字”→“栅格化文字图层”命令。执行“滤镜”→“其他”→“最小值”命令，在弹出的“最小值”对话框中设置“半径”为1像素，单击“确定”按钮，如下图所示。

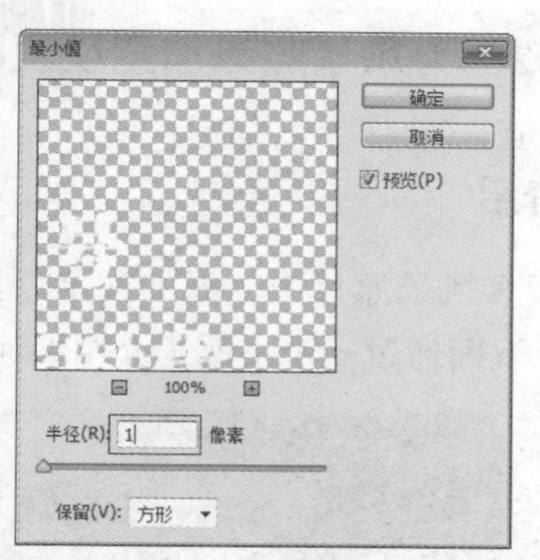

Step06 在“图层”面板中，单击“锁定透明像素”按钮，填充深红色#920c00，如下图所示。

Step07 按键盘上的【→】键和【↓】键，适当移动文字位置，如下图所示。

Step08 使用“横排文字工具” T 选中“G3”，更改文字颜色为草绿色#dfe957，如下图所示。

*技能 2 为风景照添加意境说明文字

训练介绍

在很多风景照片中，添加文字后可以更好地表明画面中的意境，并使画面看起来更加具有艺术气息。下面通过一个小例子介绍如何为风景照片添加文字效果，如下图所示。

光盘同步文件

素材文件：光盘\素材文件\第7章\技能实训\7-02.jpg

结果文件：光盘\结果文件\第7章\技能实训\7-02.psd

视频文件：光盘\教学文件\第7章\技能实训\7-02.mp4

操作提示

制作关键

首先在照片中输入文字，然后设置文字的图层样式，完成文字的添加。

技能与知识要点

- “横排文字工具” T
- “投影”图层样式
- “外发光”图层样式

操作步骤

本实例的具体操作步骤如下。

Step01 打开光盘中的素材文件7-02.jpg（光盘\素材文件\第7章\技能训练\），如下图所示。

Step02 选择“横排文字工具” T，设置前景色为红色#ed3c7f，设置字体为“华文行楷”，字体大小为50点，在图像中输入文字，如下图所示。

Step03 选中“盛开”两字，设置其字体大小为70点，按【Ctrl+Enter】组合键确认文字的输入，如下图所示。

Step04 双击文字图层，在弹出的“图层样式”对话框中，选中“投影”复选框，设置“不透明度”为75%，“角度”为120度，“距离”为8像素，“扩展”为15%，“大小”为8像素，如下图所示。

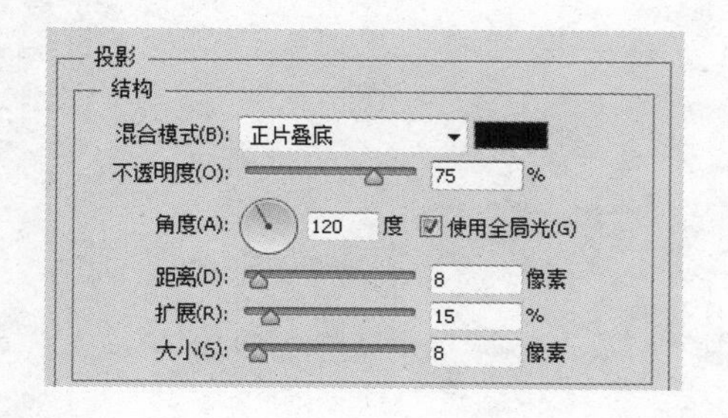

Step05 在“图层样式”对话框中，选中“外发光”复选框，设置发光颜色为白色，“扩展”为11%，“大小”为27像素，如下图所示。

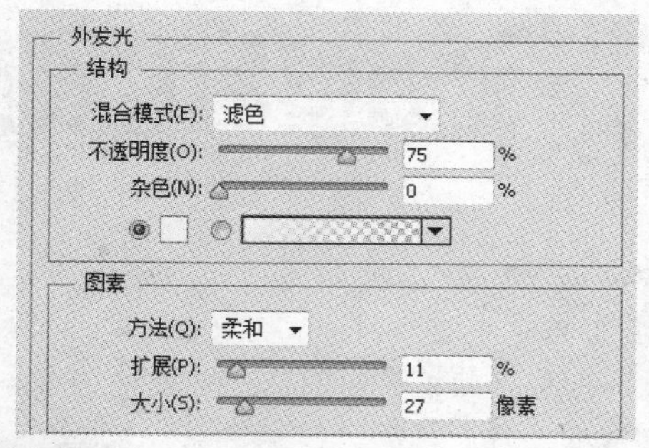

Step06 选择“横排文字工具” T，在其选项栏中设置字体为Bell MT，字体大小为20 点，在照片中输入文字。给风景照添加文字，整体效果如下图所示。

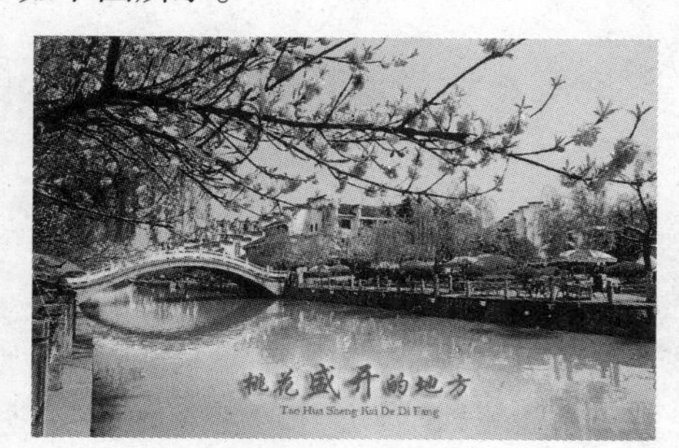

本章小结

本章主要讲述了文字输入与编辑的相关知识，包括点文字、段落文字和路径文字的创建编辑，以及如何设置文字的样式和将文字进行变形处理的一些技巧。输入文字后，对其进行适当的编辑，可以使之与图像搭配更加和谐、统一。希望通过本章的讲解，读者能熟练掌握文字操作，并运用到设计作品中去。

第8章 通道和蒙版的应用

本章导读

通道和蒙版是Photoshop CC的核心功能，通道主要用于保存颜色数据，蒙版可将图像进行隐藏及特效处理。本章将介绍通道和蒙版的应用，包括通道和蒙版的基础知识、通道和蒙版的分类和应用范围，以及“通道”和“蒙版”面板的基本操作。通道及蒙版对于初学者来说不太容易理解，因此本章将由浅入深地介绍其相关知识，以便于读者理解与掌握。

学完本章后应该掌握的技能

* 了解通道的类型
* 熟练掌握通道的基本操作
* 熟练掌握图层蒙版的创建与编辑
* 熟练掌握矢量蒙版的创建与编辑
* 熟练掌握剪贴蒙版的创建与编辑

本章相关实例效果展示

8.1 认识通道

通道是Photoshop CC的重要内容之一，它与图像内容、色彩和选区相关。虽然没有通过菜单的形式表现出来，但是它所表现的存储颜色信息和选择范围的功能是非常强大的。在通道中可存储选区、单独调整通道的颜色、进行应用图像以及计算命令的高级操作。

8.1.1 通道的类型

通道作为图像的组成部分，与图像的格式密不可分。图像颜色模式决定了通道的数量和模式。Photoshop CC提供了3种类型的通道：颜色通道、专色通道和Alpha通道。下面就来了解这几种通道的特征和用途。

1. 颜色通道

颜色通道就像是摄影胶片，它们记录了图像内容和颜色信息。图像的颜色模式不同，颜色通道的数量也不相同。每个颜色通道都是一幅灰度图像，只代表一种颜色的明暗变化。例如，一幅RGB颜色模式的图像，就显示为RGB、红、绿、蓝4个通道，如左下图所示；在CMYK颜色模式下，分为CMYK、青色、洋红、黄色、黑色5个通道，如中下图所示；在Lab颜色模式下，则分为Lab、明度、a、b 4个通道，如右下图所示。

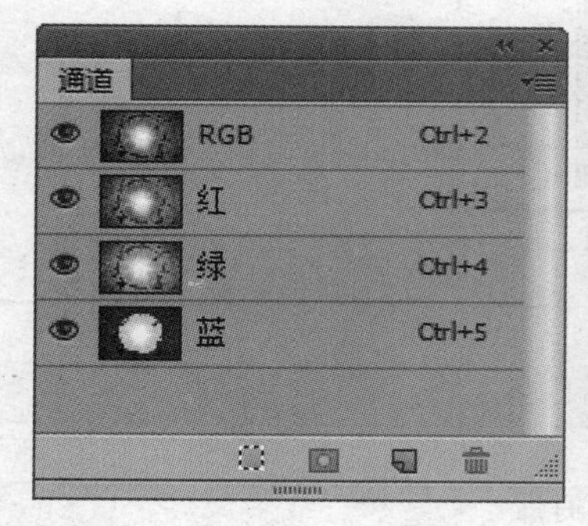

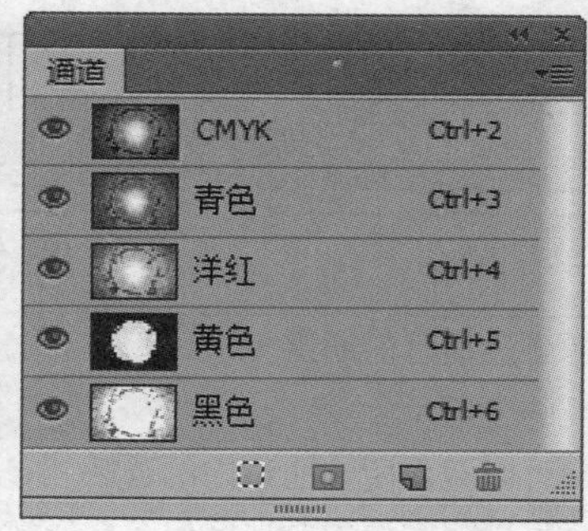

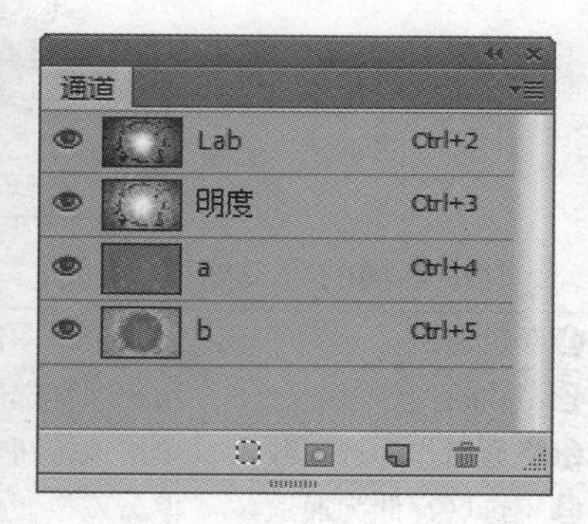

专家提示

灰度模式下，图像的颜色通道只有一个，用于保存图像的灰度信息；位图模式下，图像的通道只有一个，用来表示图像的黑白两种颜色；索引颜色模式下，图像的通道只有一个，用于保存调色板中的位置信息。

2. 专色通道

专色通道是一种特殊的通道，用来存储印刷用的专色。专色是特殊的预混油墨，如金属金银色油墨、荧光油墨等，它们用于替代或是补充普通的印刷色油墨。通常情况下，专色通道都是以专色的名称来命名的。

每一种专色都有其本身固定的色相，它解决了印刷中颜色传递准确性的问题。在打印图像时，因为专色色域很宽，超过了RGB、CMYK的表现色域，所以大部分颜色使用CMYK四色印刷油墨是无法呈现的。

3. Alpha通道

Alpha通道是一种利用颜色的灰阶亮度来存储选区的灰度通道，只能以黑、白、灰来表现图像。在默认情况下，白色为选区部分，黑色为非选区部分，中间的灰度表示具有一定透明效果的选区。Alpha通道有三种用途，一是用于保存选区；二是可将选区存储为灰度图像，这样用户就能够用“画笔”“加深”“减淡”等工具以及添加各种滤镜，通过Alpha通道来修改选区；三是可以从Alpha通道中载入选区。

8.1.2 “通道”面板

在“通道”面板中，可以创建、保存和管理通道。打开一幅图像时，Photoshop CC会自动创建该图像的颜色通道。执行“窗口”→“通道”命令，即可打开“通道”面板，如下图所示。

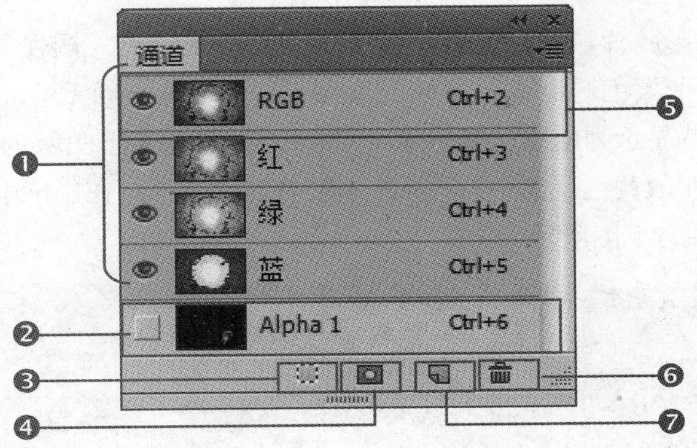

其中各项的含义如下表所示。

❶颜色通道	用于记录图像颜色信息的通道
❷Alpha通道	用来保存选区的通道
❸将通道作为选区载入	单击该按钮，可以载入所选通道内的选区
❹将选区存储为通道	单击该按钮，可以将图像中的选区保存在通道内
❺复合通道	面板中最先列出的通道是复合通道，在复合通道下可以同时预览和编辑所有颜色通道
❻删除当前通道	单击该按钮，可删除当前选择的通道；但复合通道不能删除
❼创建新通道	单击该按钮，可创建Alpha通道

高手指点——隐藏与显示通道

单击某个颜色通道前的“指示通道可视性”按钮，可隐藏复合通道和颜色通道；单击复合通道前面的该按钮，可隐藏复合通道和所有颜色通道。显示通道的操作方法相同。

8.2 通道的基本操作

在了解了“通道”面板后，下面开始学习通道的一些基本操作，比如通道的重命名、复制、删除，通道与选区的互相转换，以及分离与合并通道等。

8.2.1 选择通道

通道中包含的是灰度图像，可以像编辑任何图像一样使用绘画、修饰、选区等工具进行处理。如果要编辑一个通道，可单击该通道，将它选中，如左下图所示。文档窗口会显示所选通道的灰度图像，如右下图所示。

高手指点——快速选择通道

按【Ctrl+3】【Ctrl+4】【Ctrl+5】组合键可依次选择红色、绿色和蓝色通道；按【Ctrl+2】组合键可重新回到RGB复合通道，显示彩色图像。

8.2.2 新建 Alpha 通道

创建通道时，需要先创建出所需的选区，再将其转换成Alpha通道存储起来。具体操作步骤如下。

光盘同步文件 视频文件：光盘\教学文件\第8章\8-2-2.mp4

Step01 打开光盘中的素材文件8-01.jpg（光盘\素材文件\第8章\），选中左侧气球，如下图所示。

Step02 打开“通道”面板，单击底部的“将选区存储为通道”按钮 ，得到Alpha1通道，如下图所示。

8.2.3 新建专色通道

创建专色通道可以解决印刷色差的问题。它使用专色进行印刷，是避免出现色差的最好方法。具体操作步骤如下。

光盘同步文件　视频文件：光盘\教学文件\第8章\8-2-3.mp4

Step01 打开光盘中的素材文件8-02.jpg（光盘\素材文件\第8章\），选中人物的红色衣服，如下图所示。

Step02 打开“通道”面板，❶单击扩展按钮，❷选择“新建专色通道”命令，如下图所示。

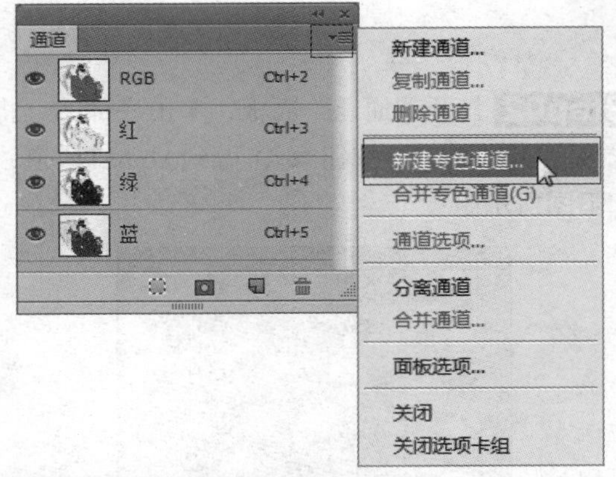

Step03 ❶在弹出的“新建专色通道”对话框中，单击“颜色”色块，❷在弹出的“拾色器（专色）”对话框中，单击“颜色库”按钮，如下图所示。

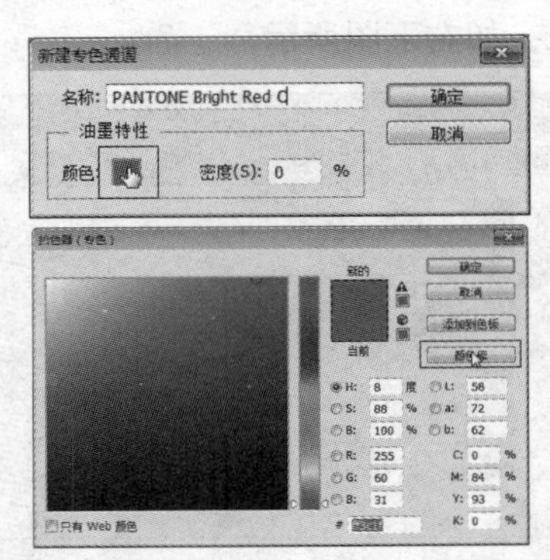

Step04 在弹出的“颜色库”对话框中，单击需要的专色色条，然后单击“确定”按钮，如下图所示。

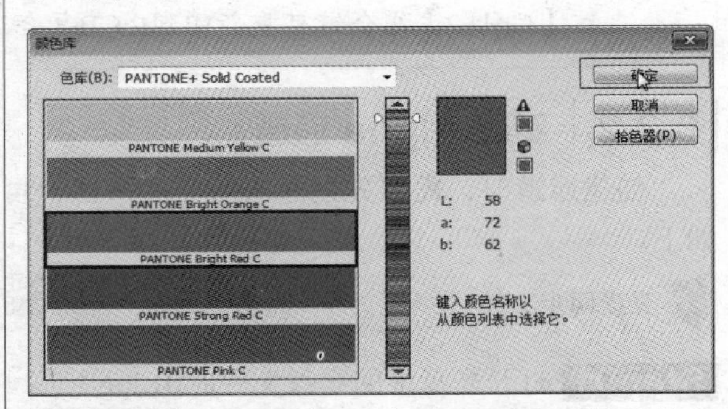

Step05 在“通道”面板中即可看到新建的专色通道，如下图所示。

高手指点——PANTONE色卡

PANTONE色卡的每个颜色都有其唯一的编号，只要根据掌握的编号，印刷厂就可以准确地知道你需要呈现的颜色效果。

8.2.4 复制通道

在编辑通道内容之前，可以复制需要编辑的通道来创建一个备份。复制通道的方法与复制图层类似，具体操作步骤如下。

光盘同步文件 视频文件：光盘\教学文件\第8章\8-2-4.mp4

Step01 单击并拖曳"红"通道至"通道"面板底部的"创建新通道"按钮 上，如下图所示。

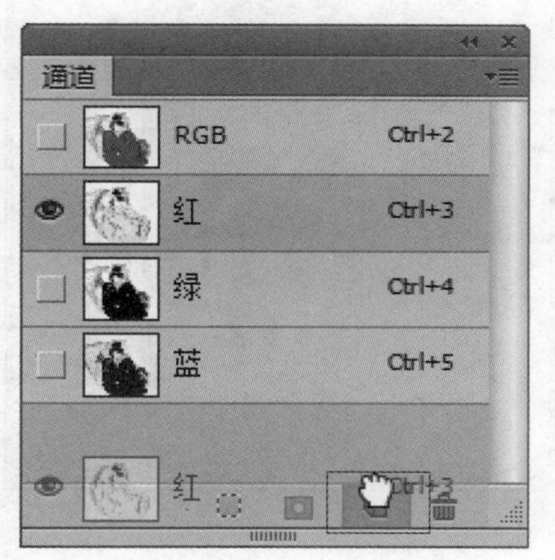

Step02 通过上一步的操作，得到新通道"红 拷贝"，如下图所示。

8.2.5 删除通道

当不需要某些通道时，可以将其删除，以减小文件容量。选中要删除的通道，然后拖动到"删除通道"按钮上即可，如下图所示。

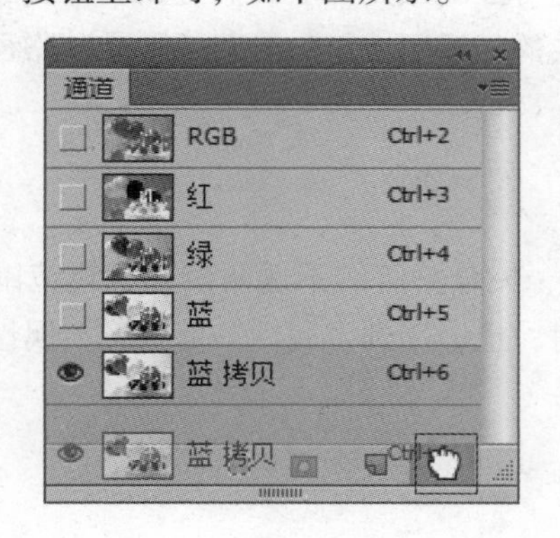

8.2.6 分离与合并通道

在Photoshop中，可以将拼合图像的通道分离为单独的图像，或者对分离的多个相同图像大小的通道进行合并。经过这些操作，可以使图像产生意想不到的效果。

可以对不同模式的图像执行分离通道操作，其分离的数量取决于当前图像的颜色模式。例如，对RGB模式的图像执行分离通道操作，可以得到R、G、B 3个单独的灰度图像。单个通道出现在单独的灰度图像窗口，新窗口中的标题栏中显示出原文件名，以及通道的缩写或全名，如下图所示。

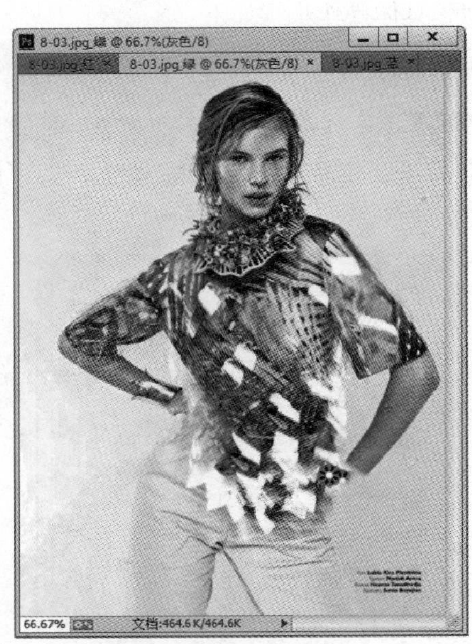

8.3 蒙版的应用

Photoshop CC中提供了3种蒙版：图层蒙版、剪贴蒙版和矢量蒙版。图层蒙版是通过蒙版中的灰度信息来控制图像的显示区域，可用于合成图像，也可控制填充图层、调整图层、智能滤镜的有效范围；剪贴蒙版通过一个对象的形状来控制其他图层的显示区域；矢量蒙版则通过路径和矢量形状来控制图像的显示区域。

8.3.1 了解“蒙版”面板

“属性”面板用于调整所选图层中的图层蒙版、矢量蒙版的不透明度和羽化范围，如下图所示。此外，使用“光照效果”滤镜及创建调整图层时，也会用到“属性”面板。“属性”面板如下图所示。

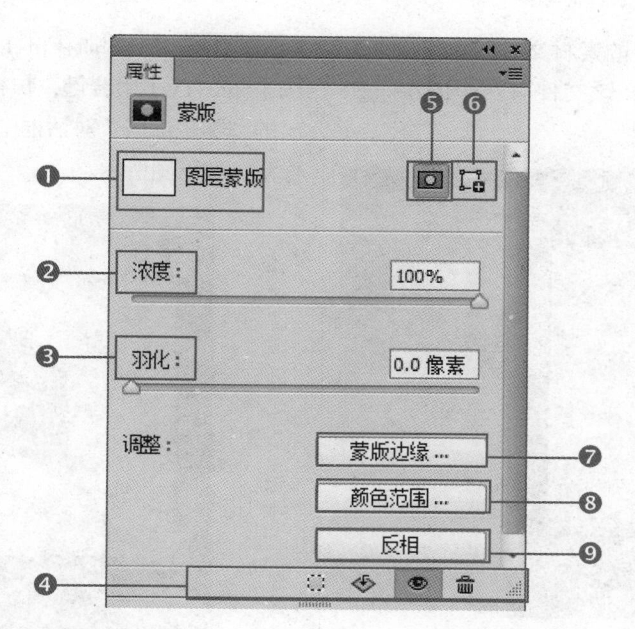

其中各项的含义如下表所示。

❶当前选择的蒙版	显示了在“图层”面板中选择的蒙版类型
❷浓度	拖动滑块可以控制蒙版的不透明度，即蒙版的遮盖强度
❸羽化	拖动滑块可以柔化蒙版的边缘
❹快捷工具	单击 按钮，可将蒙版载入为选区；单击 按钮，可将蒙版效果应用到图层中；单击 按钮，可停用或启用蒙版；单击 按钮，可删除蒙版
❺添加像素蒙版	单击该按钮，可以为当前图层添加图层蒙版
❻添加矢量蒙版	单击该按钮，可以为当前图层添加矢量蒙版
❼蒙版边缘	单击该按钮，在弹出的“调整蒙版”对话框中可以修改蒙版边缘，并针对不同的背景查看蒙版
❽颜色范围	单击该按钮，可以打开“色彩范围”对话框，此时可在图像中取样并调整颜色容差来修改蒙版范围
❾反相	可以反转蒙版的遮盖区域

8.3.2 图层蒙版的创建和编辑

图层蒙版是一种附加在目标图层上的特殊的蒙版，用于控制图层中的部分区域是隐藏还是显示。创建图层蒙版后，在“通道”面板中会自动生成一个图层蒙版通道。通过使用图层蒙版，在图像处理过程中可以制作出特殊的效果。

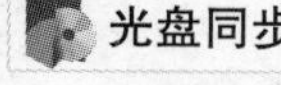

光盘同步文件　视频文件：光盘\教学文件\第8章\8-3-2.mp4

1. 创建图层蒙版

创建图层蒙版的具体操作步骤如下。

Step01 打开光盘中的素材文件8-04.psd（光盘\素材文件\第8章\），该文件有两个图层，如下图所示。

Step02 使用“魔棒工具” 选中背景白色，如下图所示。

Step03 按【Shift+Ctrl+I】组合键，反向选区；按【Shift+F6】组合键，执行“羽化”命令，在弹出的“羽化选区”对话框中设置“羽化半径”为1像素，如下图所示。

Step04 单击“图层”面板下方的“添加图层蒙版”按钮 ，为“图层1”添加蒙版，如下图所示。

2. 停用图层蒙版

停用图层蒙版可以暂时隐藏蒙版效果，并还原图像的原始效果。按住【Shift】键的同时，单击该蒙版的缩览图，可快速关闭该蒙版；若再次单击该缩览图，则显示蒙版，如下图所示。

3. 应用图层蒙版

当确定蒙版效果不再更改时，可对蒙版进行应用。通过“属性（蒙版）”面板中的“应用蒙版”按钮，可将设置的蒙版应用到当前图层中，即将蒙版与图层中的图像合并。应用蒙版前后的效果对比如下图所示。

4. 复制与转换图层蒙版

按住【Alt】键，将一个图层的蒙版拖至另外的图层，可以将蒙版复制到目标图层。如果直接将蒙版拖至另外的图层，则可将该蒙版转移到目标图层，原图层将不再有蒙版。

8.3.3 矢量蒙版的创建与编辑

矢量蒙版是由“钢笔工具”、“自定形状工具”等矢量工具创建的蒙版，它与分辨率无关。在相应的图层中添加矢量蒙版后，图像可以沿着路径变化出特殊形状的效果。

光盘同步文件	视频文件：光盘\教学文件\第8章\8-3-3.mp4

Step01 打开光盘中的素材文件8-05.psd（光盘\素材文件\第8章\），该文件有两个图层，如下图所示。

Step02 选择工具箱中的"自定形状工具"，在其选项栏中设置形状为"花5"，在图像中单击并拖动鼠标创建路径，如下图所示。

Step03 执行"图层"→"矢量蒙版"→"当前路径"命令，即可创建矢量蒙版，路径区域外的图像会被蒙版遮盖，如下图所示。

高手指点——快速创建矢量蒙版

创建好路径后，在"图层"面板中，按住【Ctrl】键单击"添加图层蒙版"按钮，即可基于当前路径创建矢量蒙版。

矢量蒙版设置完成后，也可以对矢量蒙版进行应用、停用、链接、删除等操作，操作方法与图层蒙版相同。

8.3.4 剪贴蒙版的创建和编辑

剪贴蒙版是通过下方图层的形状来限制上方图层的显示状态，达到一种剪贴画的效果。剪贴蒙版至少需要两个图层才能创建。

光盘同步文件 视频文件：光盘\教学文件\第8章\8-3-4.mp4

Step01 打开光盘中的素材文件8-06.psd（光盘\素材文件\第8章\），该文件有3个图层，如下图所示。

Step02 执行“图层”→“创建剪贴蒙版”命令，创建剪贴蒙版，如下图所示。

技高一筹

下面结合本章内容，给大家介绍一些实用技巧。

光盘同步文件　原始文件：光盘\素材文件\第8章\技高一筹\8-01.jpg，8-02.jpg，8-03.jpg，8-04.jpg
结果文件：光盘\结果文件\第8章\技高一筹\8-02.jpg
同步视频文件：光盘\教学文件\第8章\技高一筹\技巧01.mp4~技巧04.mp4

◎技巧 01　如何载入通道选区

在“通道”面板中，除了通过“将通道作为选区载入”按钮载入选区外，还可以通过单击“通道”缩览图快速载入选区，如下图所示。

◎技巧 02　如何取消蒙版和图层的链接关系

创建图层蒙版后，蒙版缩览图和图像缩览图中间有一个链接图标，它表示蒙版与图像处于链接状态。此时进行变换操作，蒙版会与图像一同变换。执行“图层”→“图层蒙版”→“取消链接”命令，或者单击该图标，可以取消链接。取消后，可以单独变换图像和蒙版，如下图所示。

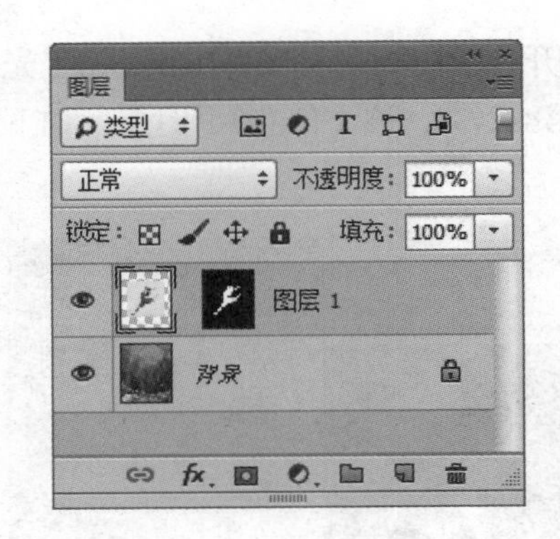

◎技巧 03　使用“应用图像”命令合成通道图像

使用“应用图像”命令，可以将原始图像的图层和通道（源）与目标图像（目标）的图层和通道混合，产生特殊的效果。具体操作步骤如下。

Step01 打开光盘中的素材文件8-02.jpg（光盘\素材文件\第8章\技高一筹），如下图所示。

Step02 打开光盘中的素材文件8-03.jpg（光盘\素材文件\第8章\技高一筹），如下图所示。

Step03 执行“图像”→“应用图像”命令，在弹出的“应用图像”对话框中，❶设置“源”为8-02.jpg，“混合”为线性光，❷单击“确定”按钮，如下图所示。

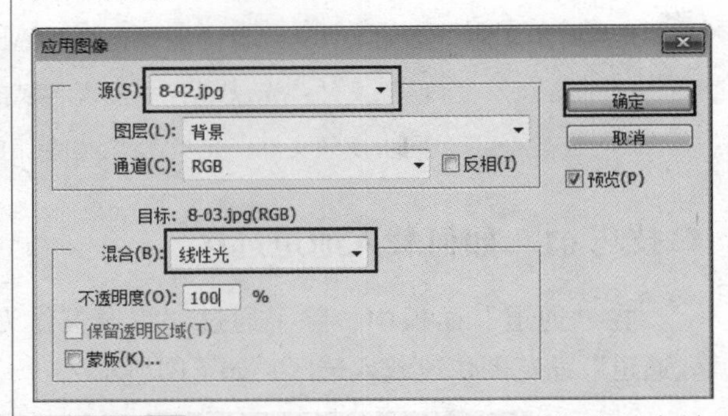

Step04 通过前面的操作，得到图像的混合效果，如下图所示。

◎技巧 04 使用“计算”命令生成新通道

“计算”命令也可将不同的两个图像中的通道混合在一起。它与“应用图像”命令不同的是，使用“计算”命令混合出来的图像以黑、白、灰显示。并且通过对“计算”对话框中“结果”选项的设置，可将混合的结果新建为通道、文档或选区。使用“计算”命令生成新通道的具体操作步骤如下。

Step01 打开光盘中的素材文件8-04.jpg（光盘\素材文件\第8章\技高一筹），如下图所示。

Step02 执行“图像”→“计算”命令，打开“计算”对话框。❶设置“源1”通道为绿，“源2”通道为红，“结果”为新建通道，❷单击“确定”按钮，如下图所示。

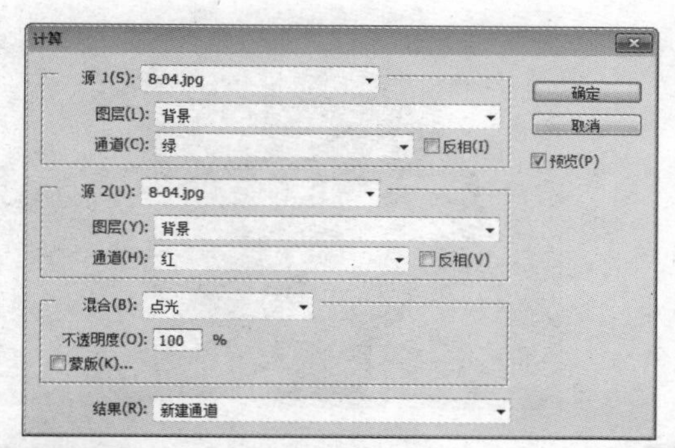

Step03 通过前面的操作，即可在“通道”面板中新建通道“Alpha1”，如下图所示。

专家提示

使用“应用图像”和“计算”命令进行操作时，如果是在两个文件之间进行通道合成，需要确保两者具有相同的文件大小和分辨率，否则无法进行通道合成。

技能训练

前面主要讲述了通道的基本操作、蒙版的应用等知识，下面安排两个技能训练，帮助读者巩固所学的知识点。

*技能 1　运用通道抠图并更换背景

训练介绍

通道可以存储色彩的灰度信息，通过调整灰度图像的黑白灰调，可以生成不同的选区。利用通道的该属性，可以更精确地抠出人物头发和动物毛发等细微选区，并可更换背景，如下图所示。

光盘同步文件　素材文件：光盘\素材文件\第8章\技能训练\8-01a.jpg，8-01b.jpg

结果文件：光盘\结果文件\第8章\技能训练\8-01.psd

视频文件：光盘\教学文件\第8章\技能训练\8-01.mp4

操作提示

制作关键

首先通过色调调整创建出最精确的头发选区，接下来创建人物大致轮廓，最后使用图层蒙版合成整体效果。

技能与知识要点

- “曲线”和“色阶”命令
- 载入通道选区
- 图层蒙版

操作步骤

本实例的具体操作步骤如下。

Step01 打开光盘中的素材文件8-01a.jpg（光盘\素材文件\第8章\技能训练），如下图所示。

Step02 在“通道”面板中，拖动“蓝”通道至面板下方的“创建新通道”按钮上，复制得到“蓝 副本”通道，如下图所示。

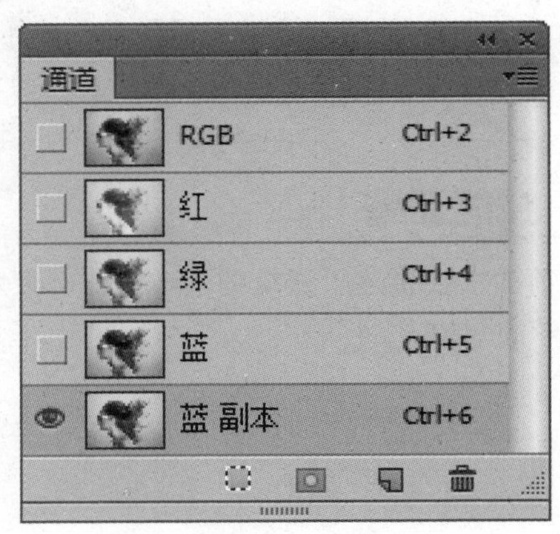

Step03 执行“图像”→“调整”→“曲线”命令，弹出“曲线”对话框，❶单击并向下拖动鼠标调整曲线形状，❷单击“确定”按钮，如下图所示。

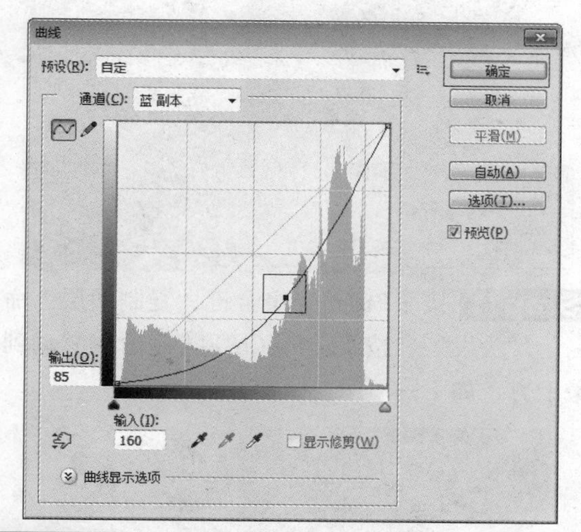

Step04 执行“图像”→“调整”→“色阶”命令，弹出“色阶”对话框，❶设置输入色阶（0，0.64，181），❷单击“确定”按钮，如下图所示。

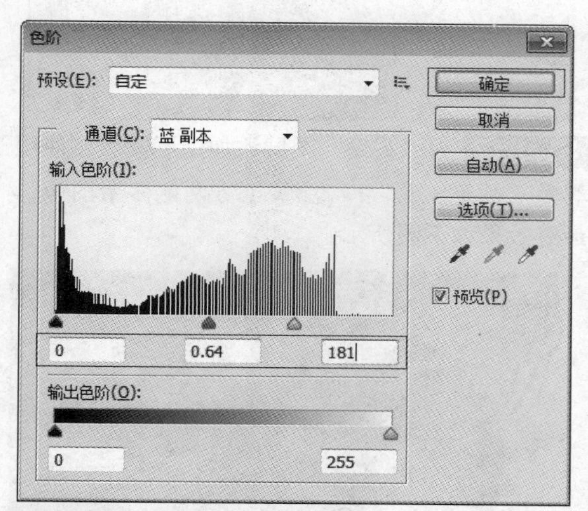

Step05 选择工具箱中的“画笔工具”，设置前景色为黑色，将鼠标指针移动至人物区域单击进行涂抹，如下图所示。

Step06 通过前面的操作，涂抹后的人物效果如下图所示。

Step07 选择工具箱中的“快速选择工具”，沿着人物拖动创建大致选区，如下图所示。

Step08 按【Ctrl+J】组合键，复制图层，命名为“人体”。导入光盘中的素材文件8-01b.jpg（光盘\素材文件\第8章\技能训练），如下图所示。

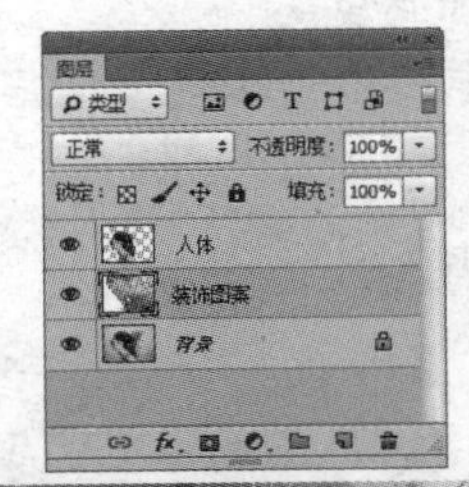

Step09 在“通道”面板中，单击“将通道作为选区载入”按钮，将通道载入选区，如下图所示。

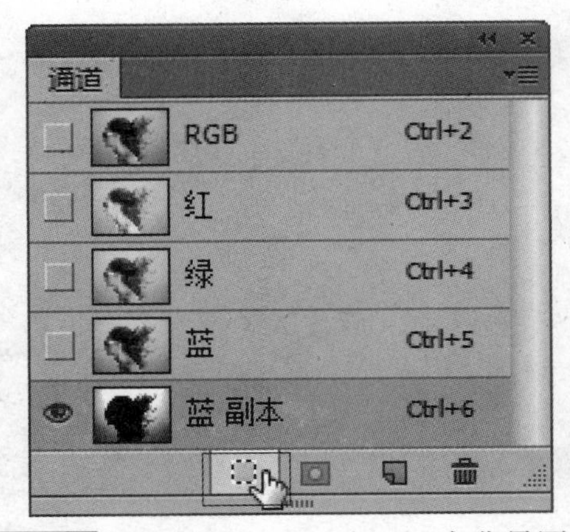

Step10 在“图层”面板中，双击背景图层，在弹出的对话框中单击“确定”按钮，将背景图层转换为普通图层，按【Shift+Ctrl+I】组合键反向选区，如下图所示。

Step11 按【Ctrl+J】组合键，复制图层，命名为“头发”，按【Shift+Ctrl+]】组合键移动到最上方，如下图所示。

Step12 为“头发”图层添加图层蒙版，使用黑色“画笔工具”涂掉下方两侧多余图像，最终效果如下图所示。

*技能 2 调出浪漫金秋树林效果

➲ 训练介绍

下面通过一个小例子，介绍如何调出金黄色的树林效果，如下图所示。

光盘同步文件

素材文件：光盘\素材文件\第8章\技能训练\8-02.jpg

结果文件：光盘\结果文件\第8章\技能训练\8-02.psd

视频文件：光盘\教学文件\第8章\技能训练\8-02.mp4

➲ 操作提示

制作关键

首先转换图像的颜色模式，然后通过通道合成调整图像色调，最后对色彩进行微调完成效果。

技能与知识要点

- “计算”命令
- 选择和复制通道
- 图层混合

➲ 操作步骤

本实例的具体操作步骤如下。

Step01 打开光盘中的素材文件8-02.jpg（光盘\素材文件\第8章\技能训练），执行“图像”→“模式”→“Lab颜色”命令，切换至“通道”面板，单击a通道，如下图所示。

Step02 执行“图像”→“计算”命令，❶在弹出的“计算”对话框中设置“源1”通道为a，“源2”通道为b，“混合”为叠加；❷单击“确定”按钮，如下图所示。

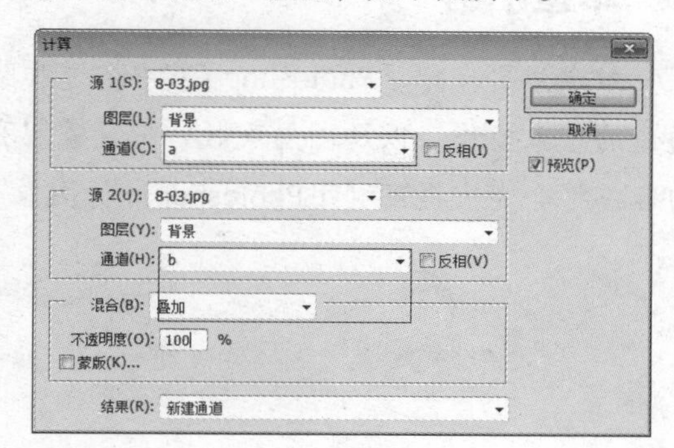

Step03 设置完成后，得到Alpha 1通道。单击Alpha 1通道，按【Ctrl+A】组合键全选，再按【Ctrl+C】组合键复制；单击a通道，按【Ctrl+V】组合键粘贴，如下图所示。

Step04 执行“图像”→“模式”→“RGB颜色”命令，返回到RGB颜色模式，按【Ctrl+D】组合键取消选择，如下图所示。

Step05 按【Ctrl+J】组合键复制图层，更改图层混合模式为“线性减淡（添加）”，“不透明度”为50%，如下图所示。

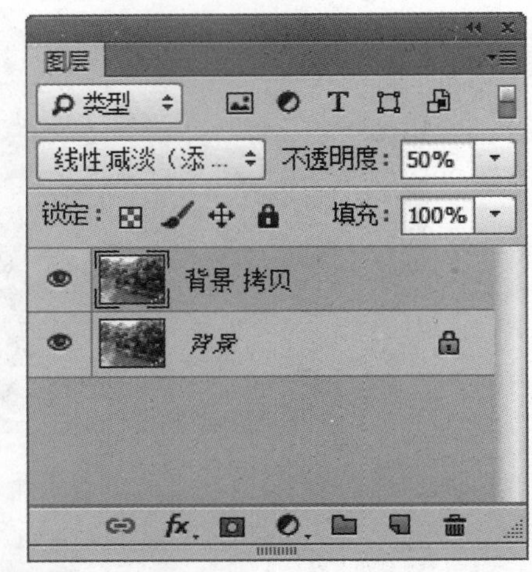

Step06 通过前面的操作，得到浪漫的金黄色树林效果，如下图所示。

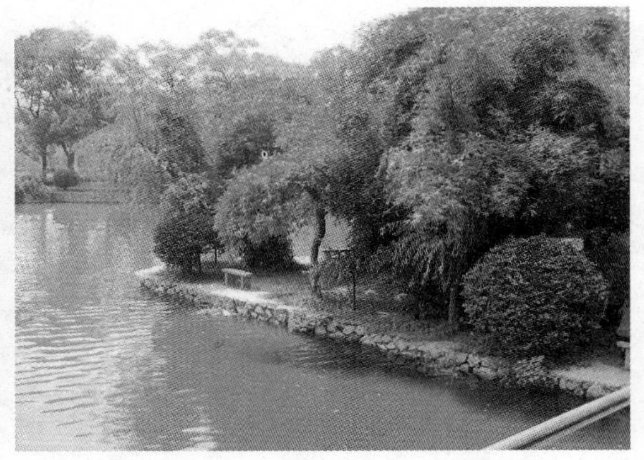

本章小结

本章主要介绍了Photoshop CC中通道和蒙版功能的综合应用，内容包括通道的基础知识、通道的基本操作，以及图层蒙版、矢量蒙版和剪贴蒙版的创建与编辑等。熟练掌握并应用本章内容，将会大大提高利用Photoshop进行图像艺术创作的能力。

第9章 色彩的调整与编辑

本章导读

在一幅图像中，色彩不仅能真实记录下物体，还能够带给我们不同的心理感受。创造性地使用色彩，可以营造各种独特的氛围和意境，使图像更具表现力。Photoshop CC 提供了丰富的色彩和色调调整功能，使用这些功能可以校正图像色彩的色相、饱和度和明度等。本章将介绍这些工具的使用方法。

学完本章后应该掌握的技能

* 了解色彩处理的基础知识
* 熟练掌握自动调整图像
* 熟练掌握图像明暗的调整
* 熟练掌握图像色彩的调整

本章相关实例效果展示

9.1 色彩处理基础知识

在学习色彩处理之前，了解一些色彩处理的基础知识是非常必要的，包括色域和溢色、使用直方图查看图像等。

9.1.1 色域和溢色

我们使用的数码相机、扫描仪、显示器、打印机以及印刷设备等都有特定的色彩空间。计算机上显示的色彩是屏幕颜色，原理是电子流冲击屏幕上的发光体使之发光来合成颜色，而印刷色则是通过油墨合成的颜色。色彩范围的不同，导致这两种模式之间存在一定的差异。了解它们之间的区别，对于平面设计、网页设计等工作都是很有帮助的。

1. 色域

色域是指一种设备能够产生出的色彩范围。在现实世界中，自然界可见光谱的颜色组成了最大的色域空间，它包含了人眼能见到的所有颜色。CIE（国际照明委员会）根据人眼视觉特性，把光线波长转换为亮度和色相，创建了一套描述色域的色彩数据。

RGB模式（屏幕模式）比CMYK模式（印刷模式）的色域范围广，所以当RGB图像转换为CMYK模式后，图像的颜色信息会有损失。这也是为什么在屏幕上看起来漂亮的色彩，无法用印刷复制出来，屏幕与印刷在色彩上产生了差异。

2. 溢色

显示器的色域（RGB模式）要比打印机的色域（CMYK模式）广，这就导致用户在显示器上看到或调出的颜色有可能打印不出来，那些不能被打印准确输出的颜色称为“溢色”。

使用“拾色器”对话框或“颜色”面板设置颜色时，如果出现溢色，Photoshop CC就会给出一个警告。在它下面有一个小颜色块，这是Photoshop CC提供的与当前颜色最为接近的打印颜色。单击该颜色块，就可以用它来替换溢色，如下图所示。

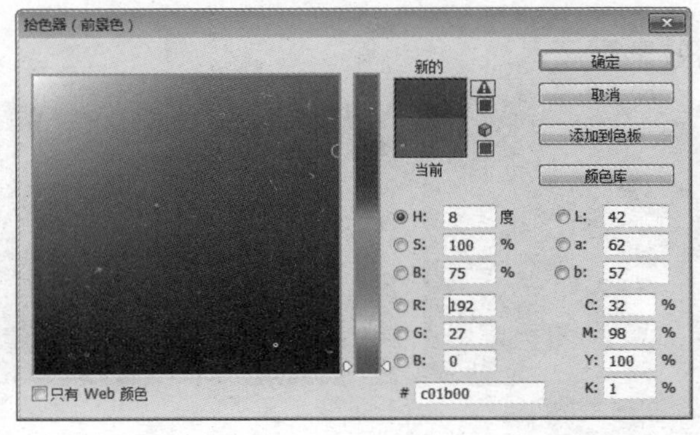

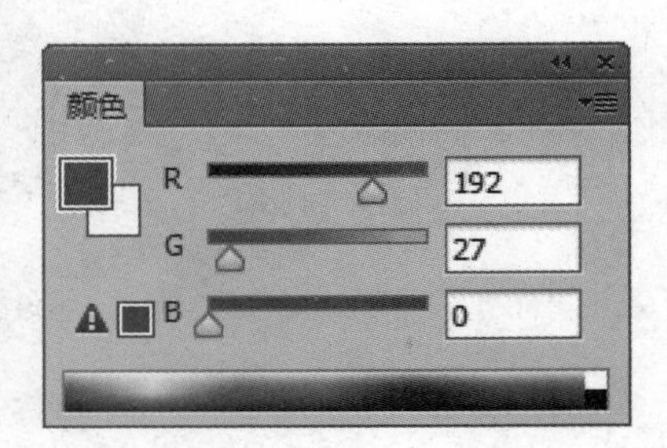

知识拓展——在“拾色器”中查看溢色

在打开“拾色器”对话框后，执行“视图”→“色域警告”命令，则该对话框中的溢色也会显示为灰色。上下拖动颜色滑块，可观察将RGB图像转换为CMYK后，哪个色系丢失的颜色最多。

9.1.2 在计算机屏幕上模拟印刷

在完成设计作品（如海报、画册、杂志封面等）后，需要将作品印刷出来。这时，可以在计算机屏幕上查看这些图像印刷后的效果。打开一幅图像，执行“视图”→“校样设置”→“工作中的CMYK”命令，再执行“视图”→“校样颜色”命令，启动电子校样，Photoshop CC就会模拟印刷机印刷后的图像效果。

“校样颜色”只是提供了一个CMYK模式预览，以便用户查看转换后RGB颜色信息的丢失情况，而并没有真正将图像转换为CMYK模式。如果要关闭电子校样，可再次执行“校样颜色”命令。

9.1.3 使用直方图查看图像信息

直方图是一种统计图形，它用图形表示了图像的每个亮度级别的像素数量，展现了像素在图像中的分布情况。通过观察直方图，可以判断出照片的阴影、中间调和高光中包含的细节是否充足，以便对其做出正确的调整。

1. “直方图”面板

打开一幅图像，执行“窗口”→“直方图”命令，可以打开“直方图”面板，如下图所示。

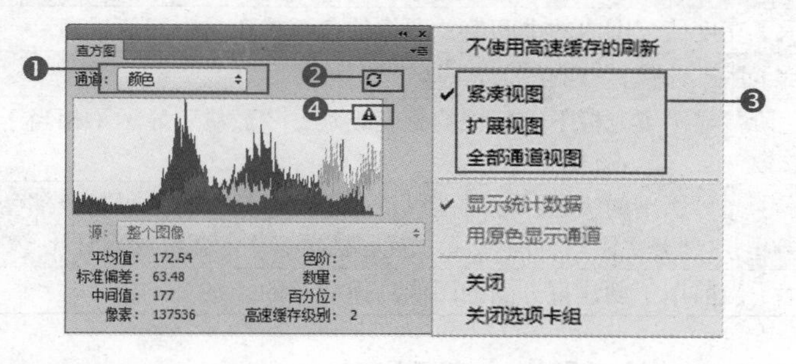

其中主要选项的含义如下表所示。

❶通道	在该下拉列表框中选择一个通道（包括颜色通道、Alpha通道和专色通道）后，“直方图”面板中会显示该通道的直方图；选择“明度”，则可以显示复合通道的亮度或强度值；选择“颜色”，可显示颜色中单个颜色通道的复合直方图
❷不使用高速缓存的刷新	单击该按钮可以刷新直方图，显示当前状态下最新的统计结果
❸面板的显示方式	其中包含切换面板显示方式的命令。“紧凑视图”是默认的显示方式，它显示的是不带统计数据或控件的直方图；“扩展视图”显示的是带统计数据和空间的直方图；“全部通道视图”显示的是带有统计数据和控件的直方图，同时还会显示每一个通道的单个直方图（不包括Alpha通道、专色通道和蒙版）
❹高速缓存数据警告	使用“直方图”面板时，Photoshop CC会在内存中高速缓存直方图。也就是说，最新的直方图是被Photoshop CC存储在内存中的，而并非实时显示在“直方图”面板中。此时直方图的显示速度较快，但并不能及时显示统计结果，面板中就会出现⚠图标。单击该图标，可以刷新直方图

2. 直方图中的统计数据

以“扩展视图”和“全部通道视图”方式显示“直方图”面板时，可在其中查看统计数据，如左下图所示。如果在直方图上单击并拖动鼠标，则可以显示所选范围内的数据，如右下图所示。

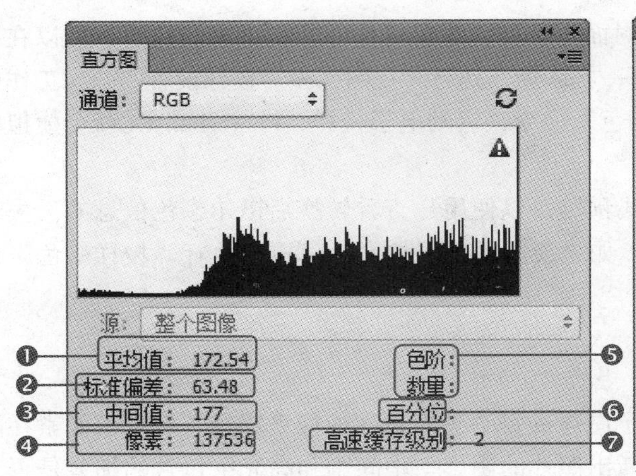

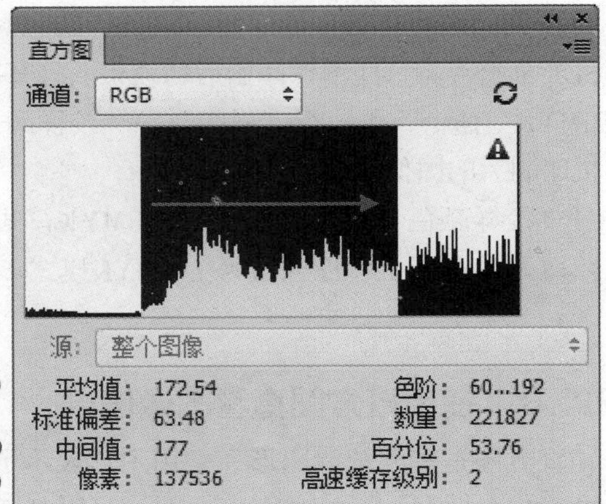

“直方图”面板中各项数据的含义如下表所示。

❶平均值	显示了像素的平均亮度值（0～255之间的平均亮度）。通过观察该值，可以判断出图像的色调类型
❷标准偏差	显示了亮度值的变化范围，该值越高，说明图像的亮度变化越剧烈
❸中间值	显示了亮度值范围内的中间值，图像的色调越亮，中间值越高
❹像素	显示了用于计算直方图的像素总数
❺色阶/数量	“色阶”显示了光标下面区域的亮度级别；“数量”显示了相当于光标下面亮度级别的像素总数
❻百分位	显示了光标所指的级别或该级别以下的像素累计数。如果对全部色阶范围进行取样，该值为100；对部分色阶取样时，显示的是取样部分占总量的百分比
❼高速缓存级别	显示了当前用于创建直方图的图像高速缓存的级别

知识拓展——在“拾色器”中查看溢色

在使用“色阶”或“曲线”命令调整图像时，“直方图”面板中会出现两个直方图，黑色的是当前调整状态下的直方图，灰色的则是调整前的直方图。应用调整之后，原始直方图会被新的直方图取代。

9.2 自动调整图像

受到天气等客观因素的影响，拍摄出来的照片往往不是太暗就是太亮。因此，如何捕捉光线，一直都是拍摄时最主要的难点。运用Photoshop CC中的调整命令，可调整照片的色调和影调，弥补拍摄时的不足，使图像更加完美。

9.2.1 “自动色调”命令

“自动色调”命令可以自动调整图像中的黑场和白场，将每个颜色通道中最亮和最暗的像素映射到纯白和纯黑，中间像素值按比例重新分布，从而增强图像的对比度。执行“图像”→“自动色调”命令，Photoshop CC会自动调整图像，如下图所示。

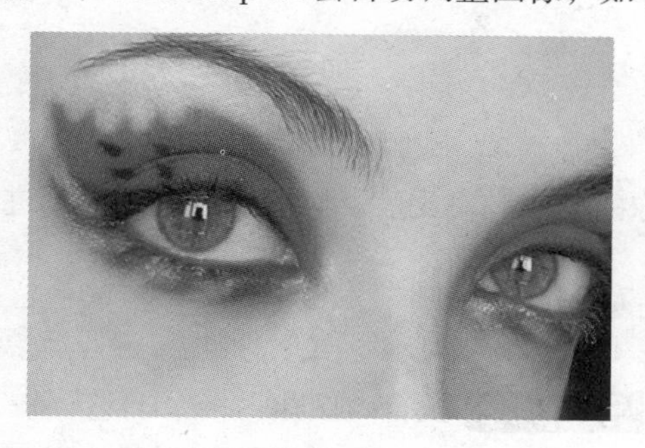
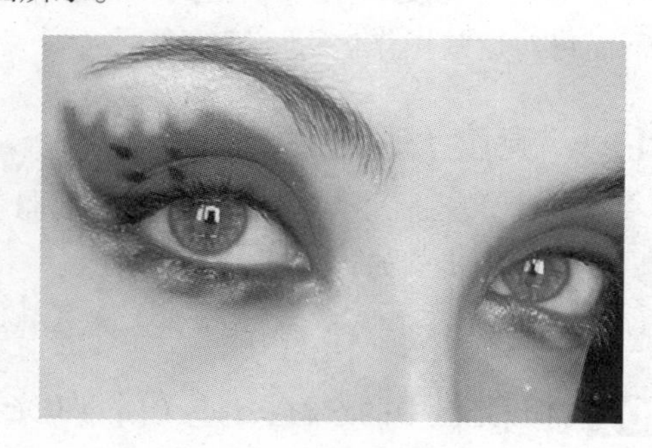

9.2.2 “自动对比度”命令

“自动对比度”命令可以调整图像的对比度，使高光区域显得更亮，阴影区域显得更暗，增加图像之间的对比，适用于色调较灰、明暗对比不强的图像。执行“图像”→“自动对比度”命令，即可对选择的图像自动调整对比度，如下图所示。

9.2.3 “自动颜色”命令

“自动颜色”命令可还原图像中各部分的真实颜色，使其不受环境色的影响。执行“图像”→“自动颜色”命令，即可自动调整图像的颜色，如下图所示。

9.3 图像的明暗调整

对图像的色调进行调整，主要是调整图像的明暗程度。在Photoshop CC中，调整图像色调的方法有多种，如通过亮度/对比度调整图像色调，通过色阶调整图像色调，以及通过曲线调整图像色调等。下面将对这些操作进行详细的介绍。

9.3.1 “亮度 / 对比度”命令

“亮度/对比度”命令可以快速增强或减弱图像的亮度和对比度，对图像的色彩范围进行简单的调整。具体操作步骤如下。

光盘同步文件 视频文件：光盘\教学文件\第9章\9-3-1.mp4

Step01 打开光盘中的素材文件9-01.jpg（光盘\素材文件\第9章\），如下图所示。

Step02 执行“图像”→“调整”→“亮度/对比度”命令，弹出“亮度/对比度”对话框，❶设置其参数，❷单击“确定”按钮，如下图所示。

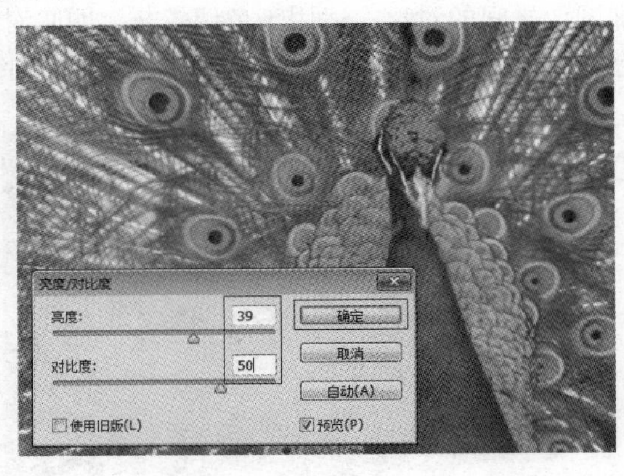

9.3.2 “色阶”命令

“色阶”是Photoshop CC最为重要的调整工具之一，它可以调整图像的阴影、中间调和高光的强度级别，校正色调范围和色彩平衡。简单来说，“色阶”不仅可以调整色调，还可以调整色彩。其具体操作步骤如下。

光盘同步文件 视频文件：光盘\教学文件\第9章\9-3-2.mp4

Step01 打开光盘中的素材文件9-02.jpg（光盘\素材文件\第9章\），如下图所示。

Step02 执行“图像”→“调整”→“色阶”命令，或按【Ctrl+L】组合键，弹出“色阶”对话框，❶设置其参数，❷单击“确定”按钮，如下图所示。

9.3.3 “曲线”命令

“曲线”命令是功能强大的图像校正命令，该命令可以在图像的整个色调范围内调整不同的色调，还可以对图像中的个别颜色通道进行精确的调整。其具体操作步骤如下。

光盘同步文件 视频文件：光盘\教学文件\第9章\9-3-3.mp4

Step01 打开光盘中的素材文件9-03.jpg（光盘\素材文件\第9章\），如下图所示。

Step02 执行“图像”→“调整”→“曲线”命令，弹出“曲线”对话框，❶调整曲线形状，❷单击“确定”按钮，如下图所示。

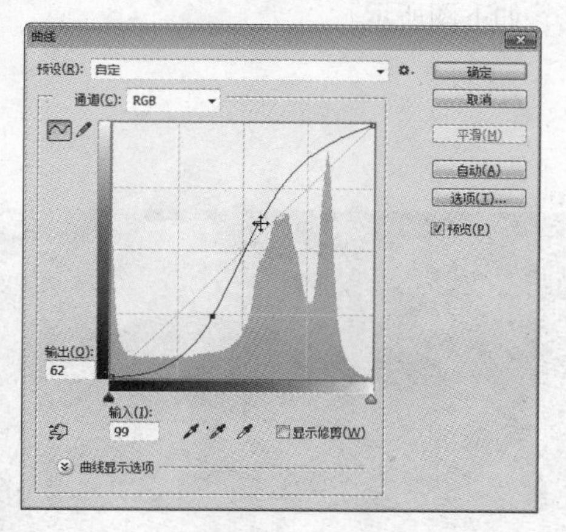

Step03 调整后的效果如下图所示。

专家提示

按【Ctrl+M】组合键，可以快速打开“曲线”对话框。

如果图像为RGB模式，则曲线向上弯曲时，可以将色调调亮；曲线向下弯曲时，可以将色调调暗；曲线为S形时，可以加大图像的对比度。

如果图像为CMYK模式，调整方式相反。

9.3.4 “曝光度”命令

在照片的拍摄过程中，经常会因为照片曝光过度导致图像偏亮，或者因为曝光不够导致图像偏暗。这时可通过“曝光度”命令来调整图像的曝光度，使其达到正常。其具体操作步骤如下。

光盘同步文件 视频文件：光盘\教学文件\第9章\9-3-4.mp4

Step01 打开光盘中的素材文件9-04.jpg（光盘\素材文件\第9章\），执行“图像”→“调整”→“曝光度”命令，弹出“曝光度”对话框，❶设置“曝光度”为1，❷单击“确定”按钮，如下图所示。

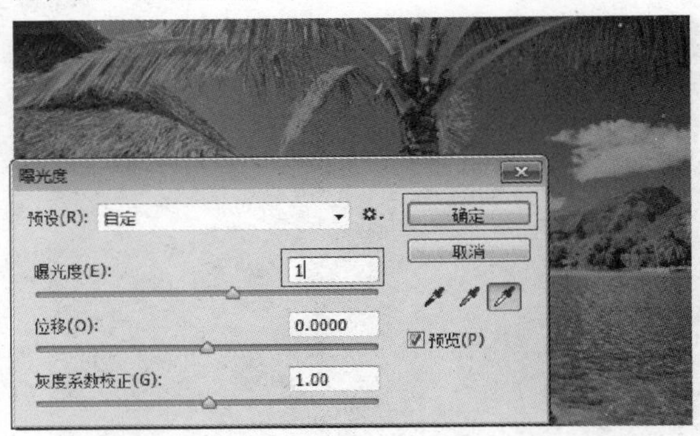

Step02 通过上一步的操作，偏暗的图像变得明亮而富有生机，如下图所示。

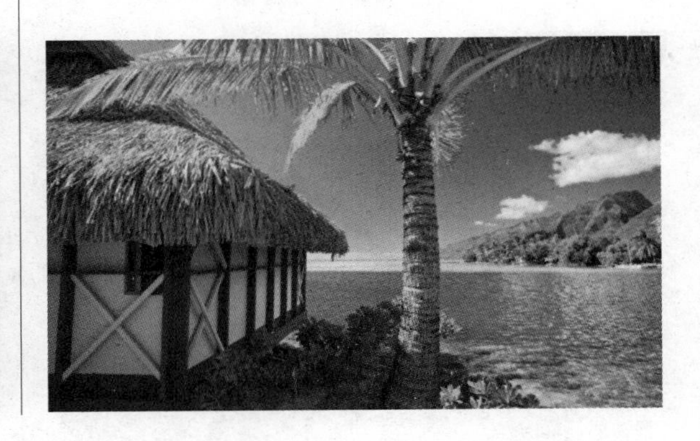

9.3.5 “阴影 / 高光”命令

“阴影/高光”命令拥有分别控制调亮阴影和调暗高光的选项，可快速调整数码照片的阴影和高光部分。该命令主要用于调整因为阴影或逆光而比较暗的数码照片。其具体操作步骤如下。

Step01 打开光盘中的素材文件9-05.jpg（光盘\素材文件\第9章\），执行“图像”→“调整”→“阴影/高光”命令，弹出“阴影/高光”对话框，❶设置阴影“数量”为35%，❷单击“确定”按钮，如下图所示。

Step02 通过上一步的操作，偏暗的图像变得明亮，如下图所示。

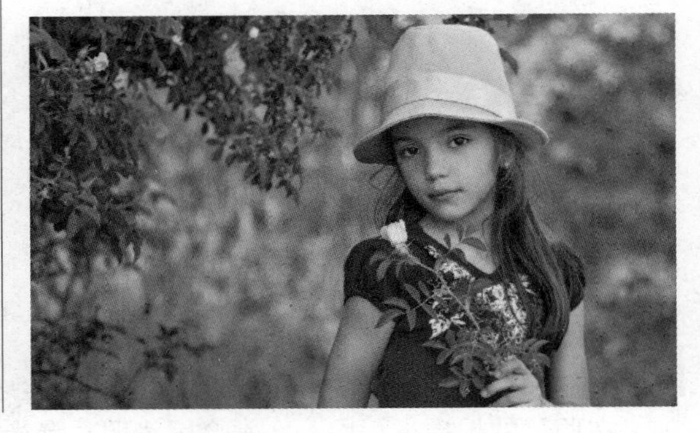

9.4 图像的色彩调整

运用色彩调整命令可以对图像整体色彩进行调整，使这些图像看起来更富有生机。这些调整色彩的命令包括“色相/饱和度”“自然饱和度”“色彩平衡”和“照片滤镜”等命令。

9.4.1 “色相 / 饱和度”命令

“色相/饱和度”命令不但可以调整图像整体颜色，还可以单独调整其中一种颜色成分的色相、饱和度和明度。对于图像整体或局部色相、饱和度有欠缺的数码照片，可以使用该命令快速恢复数码照片的原本色彩。具体操作步骤如下。

 **光盘同步文件** 视频文件：光盘\教学文件\第9章\9-4-1.mp4

Step01 打开光盘中的素材文件9-06.jpg（光盘\素材文件\第9章\），可以看到图像色彩偏暗，如下图所示。

Step02 执行“图像”→“调整”→“色相/饱和度”命令，弹出“色相/饱和度”对话框，❶设置“饱和度”为50，❷单击“确定”按钮，如下图所示。

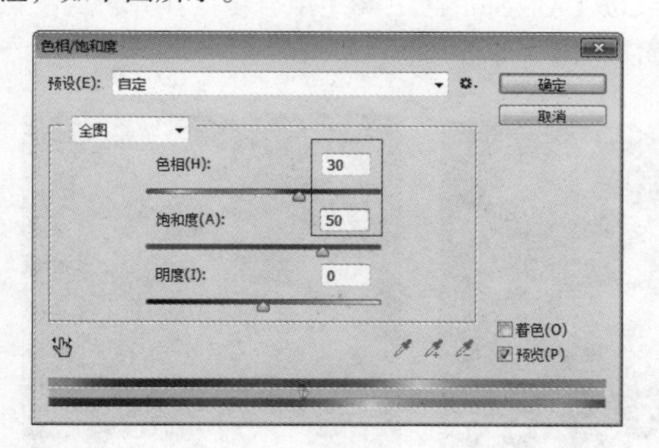

Step03 通过上一步的操作，图像色调已发生改变，如下图所示。

 **专家提示**

按【Ctrl+U】组合键，可以快速打开“色相/饱和度”对话框。

在“色相/饱和度”对话框底部有两个颜色条，上面的为原图像状态，下面的为调整后的颜色状态。

9.4.2 “自然饱和度”命令

“自然饱和度”命令是用于调整颜色饱和度的命令，它的特别之处是可以在增加饱和度的同时防止颜色过于饱和而出现溢色。执行“图像”→“调整”→“自然饱和度”命令，即可调整颜色饱和度。

9.4.3 “色彩平衡”命令

“色彩平衡”命令用于调整各种色彩的平衡。它将图像分为高光、中间调和阴影3种色调，可以调整其中一种、两种甚至全部色调的颜色。其具体操作步骤如下。

 **光盘同步文件** 视频文件：光盘\教学文件\第9章\9-4-3.mp4

Step01 打开光盘中的素材文件9–07.jpg（光盘\素材文件\第9章\），执行“图像”→“调整”→“色彩平衡”命令，或按【Ctrl+B】组合键，弹出“色彩平衡”对话框，❶设置“色阶”为78、59、–61，❷单击“确定”按钮，如下图所示。

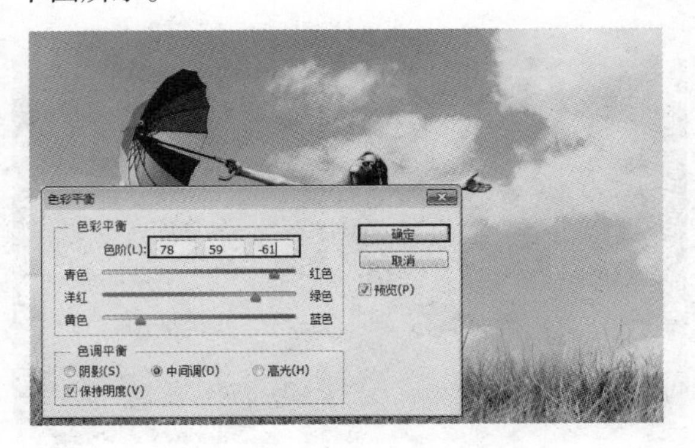

Step02 通过上一步的操作，即可调整图像的色彩平衡，效果如下图所示。

9.4.4 “黑白”命令

“黑白”命令是专门用于制作黑白照片和黑白图像的工具，它可以对各颜色的色调深浅进行控制。执行“图像”→“调整”→“黑白”命令，或按【Alt+Shift+Ctrl+B】组合键，在弹出的“黑白”对话框中进行设置即可。调整前后的效果对比如下图所示。

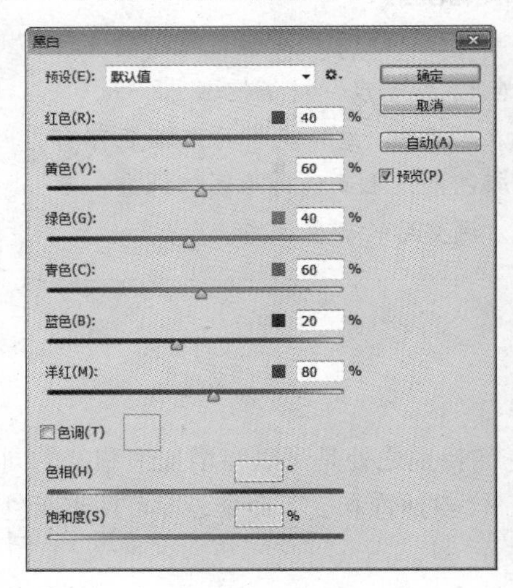

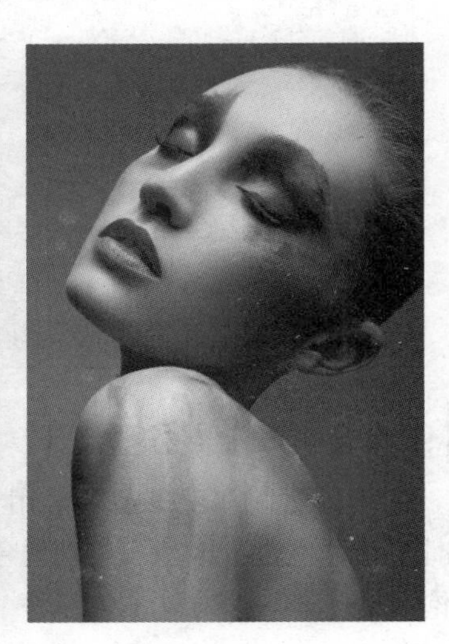

9.4.5 “去色”命令

“去色”命令可快速将彩色照片转换为灰度图像，在转换过程中图像的颜色模式将保持不变。执行“图像”→“调整”→“去色”命令，或按【Shift+Ctrl+U】组合键，可快速将彩色照片转换为黑白效果。

9.4.6 “照片滤镜”命令

“照片滤镜”命令可以模拟彩色滤镜，调整通过镜头传输的光的色彩平衡和色温，为图像表面添加一种颜色过滤效果。其具体操作步骤如下。

光盘同步文件 视频文件：光盘\教学文件\第9章\9-4-6.mp4

Step01 打开光盘中的素材文件9-08.jpg（光盘\素材文件\第9章\），执行“图像”→“调整”→“照片滤镜”命令，弹出“照片滤镜”对话框，❶设置“滤镜”为加温滤镜，“浓度”为50%，❷单击“确定”按钮，如下图所示。

Step02 通过上一步的操作，完成图像的色温调整，效果如下图所示。

9.4.7 “通道混合器”命令

“通道混合器”命令可以将所选的通道与想要调整的颜色通道混合，从而修改该颜色通道中的光线量，影响其颜色含量，从而改变色彩。其具体操作步骤如下。

光盘同步文件 视频文件：光盘\教学文件\第9章\9-4-7.mp4

Step01 打开光盘中的素材文件9-09.jpg（光盘\素材文件\第9章\），如下图所示。

Step02 执行“图像”→“调整”→“通道混合器”命令，弹出“通道混合器”对话框，❶设置其参数，❷单击“确定”按钮，如下图所示。

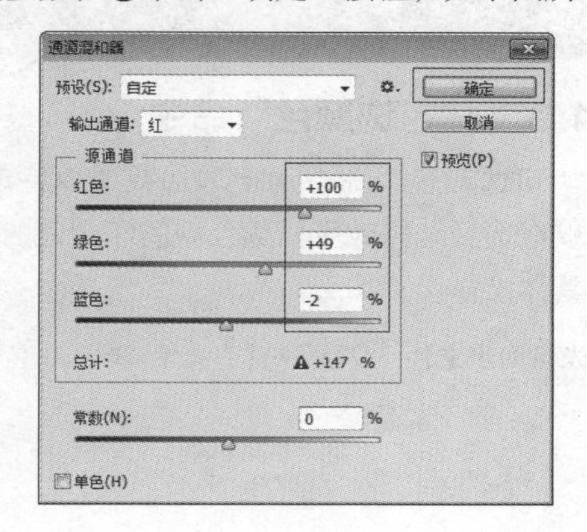

Step03 通过上一步的操作，改变后的图像色彩效果如下图所示。

专家提示

如果合并的通道值高于100%，会在“总计”旁边显示一个警告标志。并且，该值超过100%，有可能会损失阴影和高光细节。

9.4.8 “替换颜色”命令

“替换颜色”命令用于替换图像中某个特定范围的颜色，即在图像中选取特定的颜色区域来调整其色相、饱和度和亮度值。其具体操作步骤如下。

光盘同步文件 视频文件：光盘\教学文件\第9章\9-4-8.mp4

Step01 打开光盘中的素材文件9-10.jpg（光盘\素材文件\第9章\），执行“图像”→“调整”→“替换颜色”命令，弹出“替换颜色”对话框，❶单击图像中的衣服区域，❷设置“颜色容差”为200，如下图所示。

Step02 在下方的“替换”选项组中，设置“色相”为-67，替换衣服颜色，如下图所示。

9.4.9 “可选颜色”命令

“可选颜色”命令用于增加或减少特定的青色、洋红、黄色和黑色油墨的百分比。使用该命令可以有选择地修改主要颜色中的印刷色的含量，但不会影响其他主要颜色。运用“可选颜色”命令的具体操作步骤如下。

光盘同步文件 视频文件：光盘\教学文件\第9章\9-4-9.mp4

Step01 打开光盘中的素材文件9-11.jpg（光盘\素材文件\第9章\），如下图所示。

Step02 执行“图像”→“调整”→“可选颜色”命令，弹出“可选颜色”对话框。❶在“颜色”下拉列表框中选择“黄色”，❷设置其参数，然后单击“确定”按钮，如下图所示。

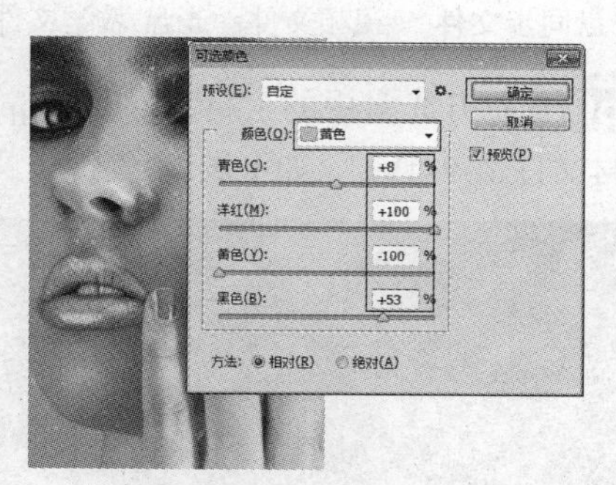

专家提示

“可选颜色”校正是高端扫描仪和分色程序使用的一种技术，用于在图像中的每个主要原色成分中更改印刷色的数量。

9.4.10 “渐变映射”命令

“渐变映射”命令的主要功能是将图像灰度范围映射到指定的渐变填充色。例如，指定双色渐变作为映射渐变，图像中暗调像素将映射到渐变填充的一个端点颜色，高光像素将映射到另一个端点颜色，中间调映射到两个端点之间的过渡颜色。其具体的操作步骤如下。

光盘同步文件 视频文件：光盘\教学文件\第9章\9-4-10.mp4

Step01 打开光盘中的素材文件9-12.jpg（光盘\素材文件\第9章\），执行“图像”→“调整”→“渐变映射”命令，在弹出的“渐变映射”对话框中设置渐变色，然后单击“确定”按钮，如下图所示。

Step02 通过前面的操作，得到图像的渐变映射效果，如下图所示。

9.4.11 “变化”命令

“变化”命令是一项简单、直观的图像调整功能，在调整图像的颜色平衡、对比度以及饱和度的同时，能看到图像调整前和调整后的缩览图，使调整更为简单明了。其具体的操作步骤如下。

光盘同步文件　视频文件：光盘\教学文件\第9章\9-4-11.mp4

Step01 打开光盘中的素材文件9-13.jpg（光盘\素材文件\第9章\），如下图所示。

Step02 执行“图像”→“调整”→“变化”命令，打开“变化”对话框。❶多次单击“加深青色”缩览图，❷单击“确定”按钮，如下图所示。

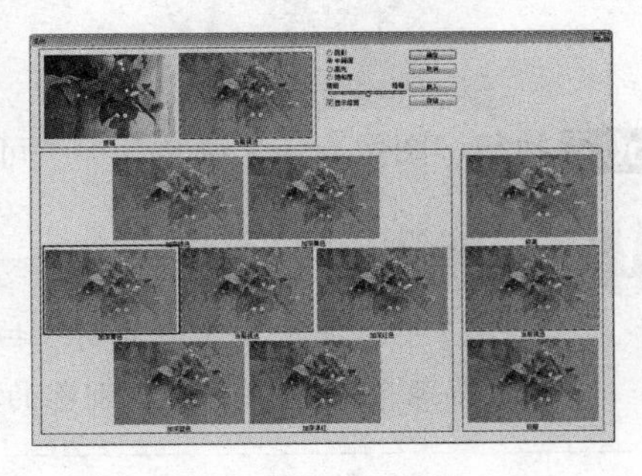

专家提示

“变化”命令是基于色轮来进行颜色调整的，在增加一种颜色的含量时，会自动减少该颜色的补色。

9.4.12 “HDR 色调”命令

“HDR 色调”命令允许使用超出普通范围的颜色值，使图像色彩更加真实和炫丽。其具体操作步骤如下。

光盘同步文件　视频文件：光盘\教学文件\第9章\9-4-12.mp4

Step01 打开光盘中的素材文件9-14.jpg（光盘\素材文件\第9章\），执行“图像”→“调整”→“HDR色调”命令，打开“HDR色调”对话框，❶设置“方法”为局部适应，❷单击“确定”按钮，如下图所示。

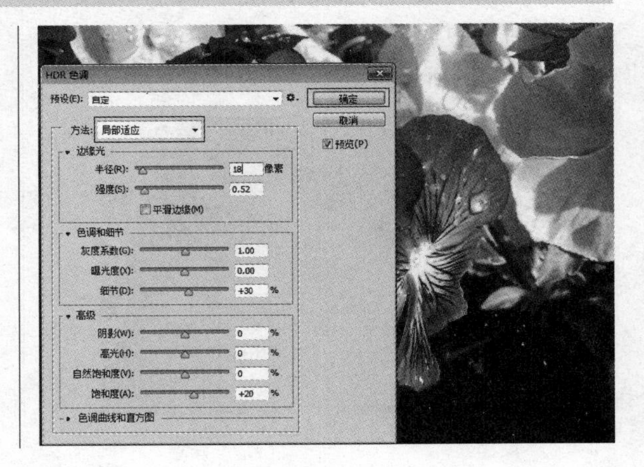

Step02 完成后的效果如下图所示。

9.4.13 “色调分离”命令

“色调分离”命令可以按照指定的色阶数减少图像的颜色（或灰度图像中的色调），从而简化图像内容。该命令适合创建大的单调区域，或者在彩色图像中产生有趣的效果，如下图所示。

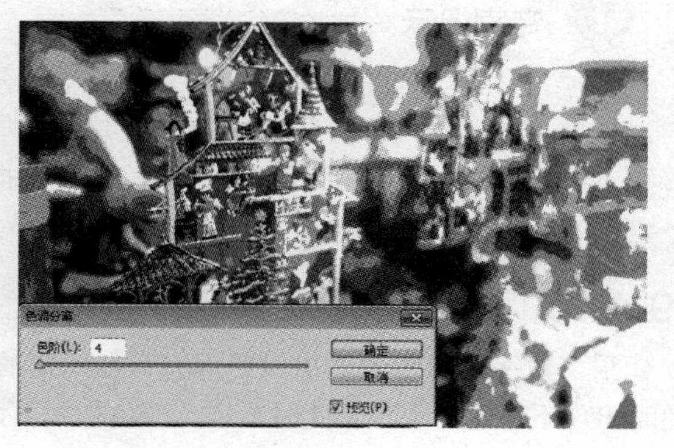

9.4.14 “匹配颜色”命令

“匹配颜色”命令可以匹配不同图像之间、多个图层之间以及多个颜色选区之间的颜色，还可以通过改变亮度和色彩范围来调整图像中的颜色。其具体操作步骤如下。

光盘同步文件　视频文件：光盘\教学文件\第9章\9-4-14.mp4

Step01 打开光盘中的素材文件9-15.psd（光盘\素材文件\第9章\），如下图所示。

Step02 执行“图像”→“调整”→“匹配颜色”命令，打开“匹配颜色”对话框，❶设置“源”为9-15.jpg，“明亮度”为150，“图层”为背景；❷单击“确定”按钮，如下图所示。

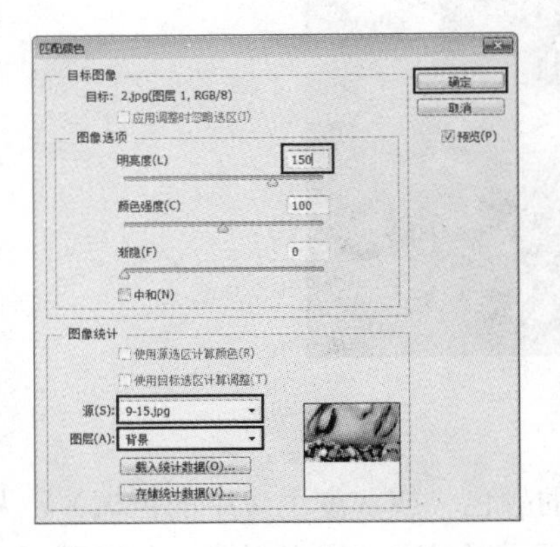

Step03 “图层1”的色彩成分被“背景”影响，效果如下图所示。

专家提示

在“匹配颜色”对话框中，“明亮度”用于调整图像的亮度；“颜色强度”用于调整色彩的饱和度；“渐隐”控制应用于图像的调整量，该值越高，调整强度越弱；选中“中和”复选框，可以消除图像中出现的色偏。

9.4.15 “颜色查找”命令

很多数字图像输入输出设备都有自己特定的颜色的色彩空间，这会导致色彩在这些设备间传递时出现不匹配的现象。此时运用“颜色查找”命令，可以让颜色在不同的设备之间精确地传递和再现。其具体操作步骤如下。

光盘同步文件 视频文件：光盘\教学文件\第9章\9-4-15.mp4

Step01 打开光盘中的素材文件9-16.jpg（光盘\素材文件\第9章\），如下图所示。

Step02 执行“图像”→“调整”→“颜色查找”命令，打开“颜色查找”对话框。❶设置“3DLUT文件”为HorrorBlue.3DL，❷单击“确定”按钮，如下图所示。

9.4.16 “阈值”命令

“阈值”命令可以将灰度或彩色图像转换为高对比度的黑白图像。指定某个色阶作为阈值，所有比阈值色阶亮的像素转换为白色，反之转换为黑色，如下图所示。

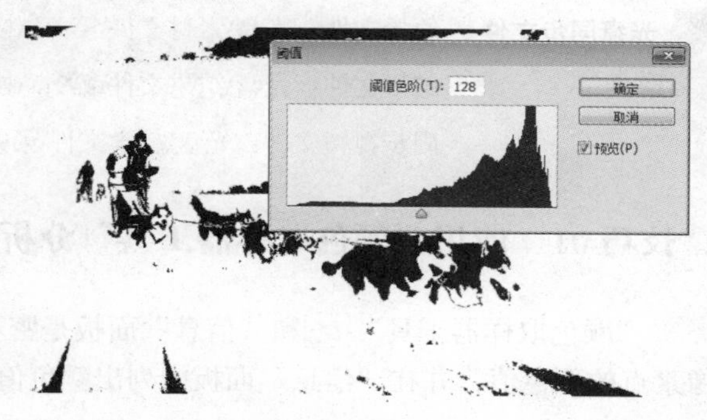

9.4.17 “反相”命令

“反相”命令用于制作类似照片底片的效果，也就是将黑色变成白色，或者从扫描的黑白阴片中得到一个阳片。如果是一幅彩色的图像，它能够把每一种颜色都反转成该颜色的互补色，如下图所示。

9.4.18 “色调均化”命令

“色调均化”命令可以重新分布像素的亮度值，将最亮的值调整为白色，最暗的值调整为黑色，中间的值分布在整个灰度范围中，使它们更均匀地呈现所有范围的亮度级别（0~255）。该命令还可以增加那些颜色相近的像素间的对比度，如下图所示。

技高一筹

下面结合本章内容，给大家介绍一些实用技巧。

光盘同步文件　原始文件：光盘\素材文件\第9章\技高一筹\9–01.jpg，9–02.jpg

结果文件：光盘\结果文件\第9章\技高一筹\9–02.jpg

同步视频文件：光盘\教学文件\第9章\技高一筹\技巧01.mp4~技巧05.mp4

◎技巧 01　使用“颜色取样器工具”分析颜色值

“颜色取样器工具”和“信息”面板是密不可分的。使用“颜色取样器工具”可以吸取像素点的颜色值，并在“信息”面板中列出颜色值。具体操作步骤如下。

Step01 打开光盘中的素材文件9–01.jpg（光盘\素材文件\技高一筹\），选择“颜色取样器工具”，在图像中单击，如下图所示。

Step02 执行“窗口”→“信息”命令，在打开的“信息”面板中列出单击点的颜色值，如下图所示。

◎技巧 02　如何查看“信息”面板

在“信息”面板中单击吸管工具或鼠标坐标上的下拉按钮，可在打开的下拉菜单中更改读数选项或单位，如左下图所示。单击“信息”面板中的扩展按钮，在弹出的扩展菜单中选择“面板选项”命令，打开“信息面板选项”对话框，如右下图所示。

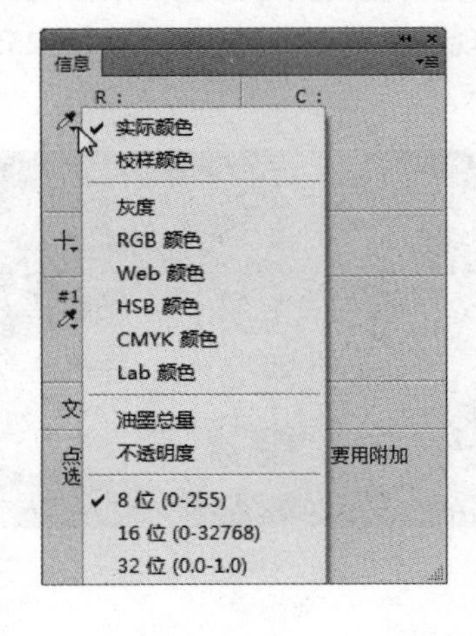

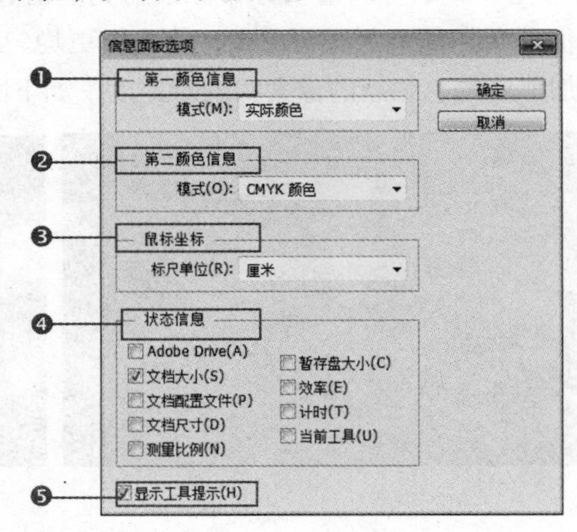

其中主要选项的含义如下表所示。

❶第一颜色信息	设置面板中第一个吸管显示的颜色信息。选择“实际颜色”，可显示图像当前颜色模式下的值；选择“校样颜色”，可显示图像输出颜色空间的值；选择“灰度”“RGB颜色”“CMYK颜色”等颜色模式，可显示相应颜色模式下的颜色值；选择“油墨总量”，可显示鼠标指针当前位置所有CMYK油墨的总百分比；选择“不透明度”，可显示当前图层的不透明度，该选项不适用于背景
❷第二颜色信息	设置面板中第二个吸管显示的颜色信息
❸鼠标坐标	设置鼠标指针位置的测量单位
❹状态信息	设置面板中“状态信息”处的显示内容
❺显示工具提示	选中该复选框，可以在面板底部显示当前使用的工具的各种提示信息

◎技巧 03　如何恢复对话框的默认设置

在调整色彩对话框中，如果对设置的效果不满意，可以按住【Alt】键，单击“取消”按钮，“取消”按钮会暂时切换为“复位”按钮，单击该按钮可以恢复对话框的默认设置，如下图所示。

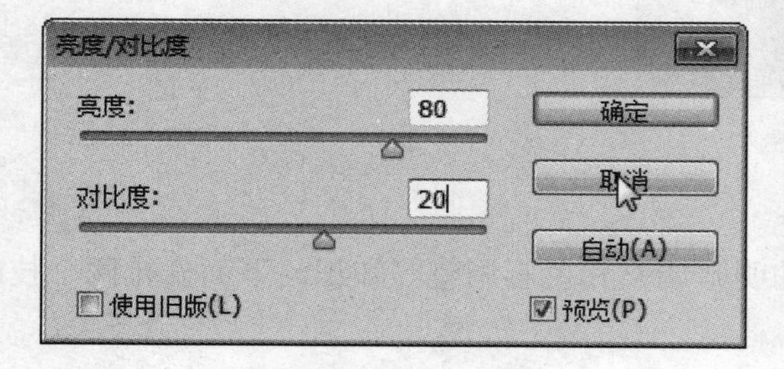

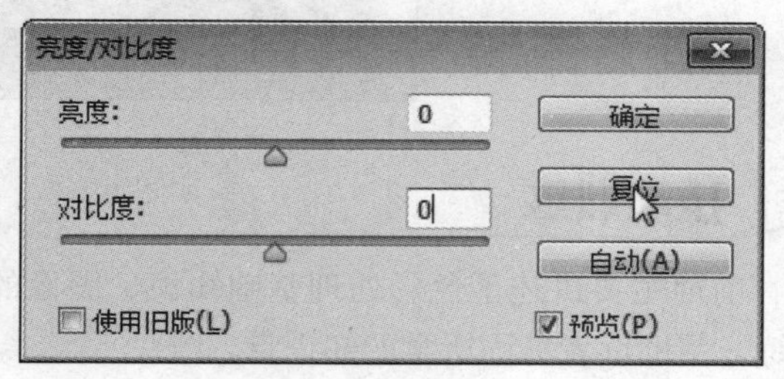

◎技巧 04　如何转换图像的颜色模式

在色彩调整中，根据图像模式的不同用途，可以转换图像的颜色模式，以得到最佳的调整效果。执行“图像”→“模式”命令，在弹出的子菜单中选择相应的颜色模式，即可进行转换。

◎技巧 05　使用“黑白”命令快速调出棕褐色调效果

棕褐色调是黑白照片的一种表现形式，它的特征是具有独特、浓郁的茶色调。调出棕褐色调的具体操作步骤如下。

Step01 打开光盘中的素材文件9-02.jpg（光盘\素材文件\技高一筹\），如下图所示。

Step02 执行“图像”→“调整”→“黑白”命令，在弹出的“黑白”对话框中选中“色调”复选框，单击“确定”按钮，如下图所示。

技能训练

前面主要讲述了色彩处理基础知识、图像的明暗调整和色彩调整等知识，下面安排两个技能训练，帮助读者巩固所学的知识点。

*技能 1　打造浪漫艺术图像效果

训练介绍

平淡的图像无法带给人太多的视觉感受，如果对图像进行一些艺术处理，会得到意想不到的视觉效果，如下图所示。

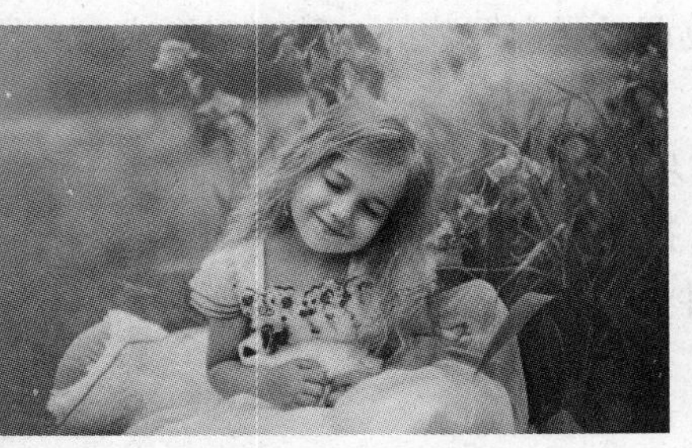

光盘同步文件

素材文件：光盘\素材文件\第9章\技能训练\9-01a.jpg，9-01b.jpg

结果文件：光盘\结果文件\第9章\技能训练\9-01.psd

视频文件：光盘\教学文件\第9章\技能训练\9-01.mp4

◐ 操作提示

制作关键

首先调整图像的整体亮度，接下来制作渐变色，并添加素材文件，最后使用图层蒙版合成整体效果。

技能与知识要点

- “亮度/对比度”命令
- “渐变工具”
- 图层蒙版

◐ 操作步骤

本实例的具体操作步骤如下。

Step01 打开光盘中的素材文件9-01a.jpg（光盘\素材文件\技能训练\），如下图所示。

Step02 执行“图像”→“调整”→“亮度/对比度”命令，弹出“亮度/对比度”对话框，❶设置“亮度”为55，❷单击“确定”按钮，如下图所示。

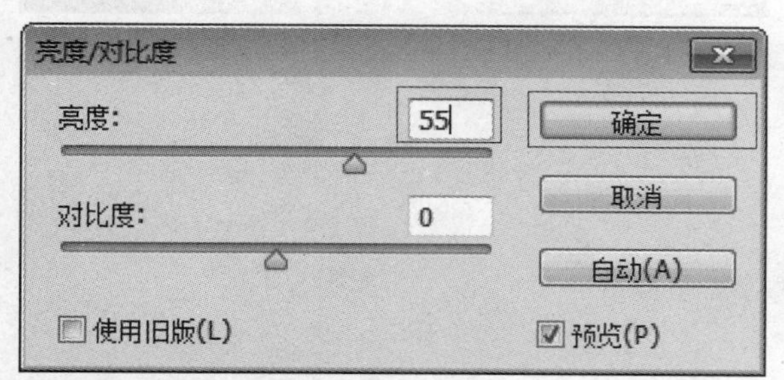

Step03 新建图层，命名为“渐变”。选择“渐变工具”，❶在其选项栏中单击渐变颜色条右侧的下拉按钮，在下拉面板中单击“蓝，红，黄渐变”渐变，❷单击选项栏的“线性渐变”按钮，如下图所示。

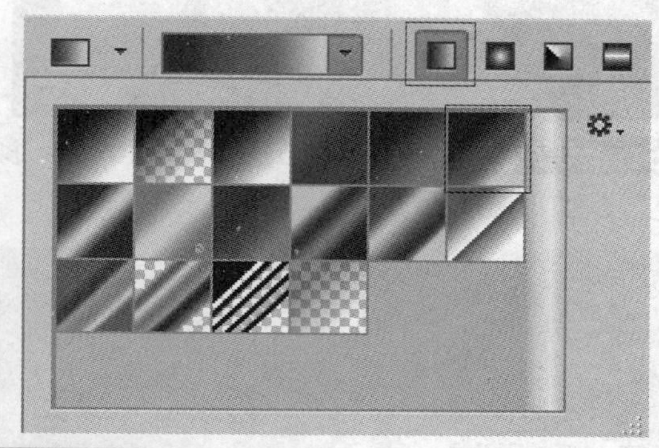

Step04 从右下角向左上角拖动鼠标，填充渐变色，效果如下图所示。

Step05 设置“渐变”图层的混合模式为滤色，“不透明度”为80%，如下图所示。

Step06 打开光盘中的素材文件9-01b.jpg（光盘\素材文件\技能训练\），并拖动至当前图像中，如下图所示。

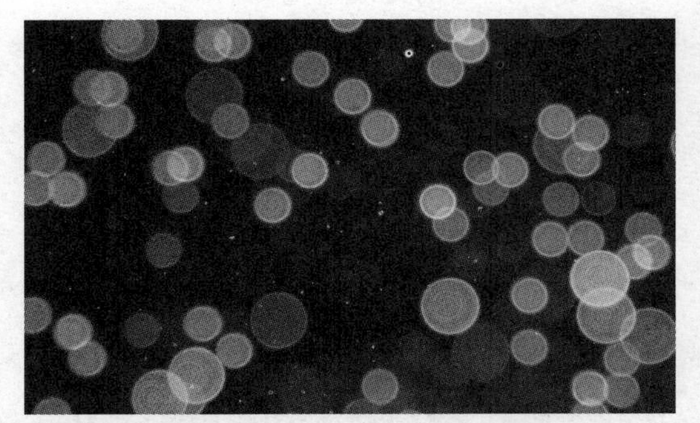

Step07 设置“素材”图层混合模式为“颜色”，如下图所示。

Step08 单击“图层”面板底部的“添加图层蒙版”按钮，如下图所示。

Step09 使用黑色“画笔工具”，将遮盖人物的光斑涂抹掉，如下图所示。

Step10 按住【Alt】键，拖动“素材”图层缩览图到“渐变”图层中，复制图层蒙版，如下图所示。

*技能 2　打造时尚阿宝色效果

训练介绍

阿宝色是影楼对数码照片进行后期处理时常用的流行色调，其整体色调偏青，能改变照片的色彩风格，如下图所示。

光盘同步文件　素材文件：光盘\素材文件\第9章\技能训练\9-02.jpg
结果文件：光盘\结果文件\第9章\技能训练\9-02.psd
视频文件：光盘\教学文件\第9章\技能训练\9-02.mp4

操作提示

制作关键

首先转换图像的颜色模式，然后通过通道合成调整图像色调，最后对色彩进行微调完成效果。

技能与知识要点

- 转换颜色模式
- 通道操作
- “色彩平衡”和“色相/饱和度”命令

操作步骤

本实例的具体操作步骤如下。

Step01 打开光盘中的素材文件9-02.jpg（光盘\素材文件\技能训练\），执行“图像”→“模式”→“Lab颜色”命令，如下图所示。

Step02 在“通道”面板中，选择a通道，按【Ctrl+A】组合键，全选通道；按【Ctrl+C】组合键复制该通道，然后选择b通道，按【Ctrl+V】组合键粘贴，如下图所示。

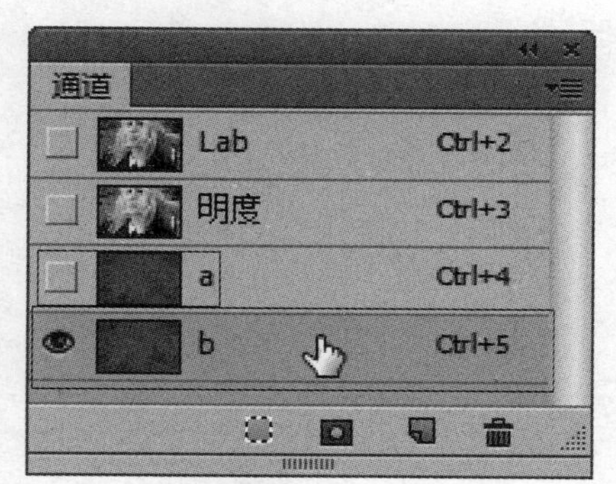

Step03 单击Lab通道，按【Ctrl+D】组合键取消选区，然后执行“图像”→“模式”→“RGB颜色”命令，如下图所示。

Step04 执行“图像”→“调整”→“色彩平衡”命令，弹出“色彩平衡”对话框，❶设置相关参数，❷单击“确定”按钮，如下图所示。

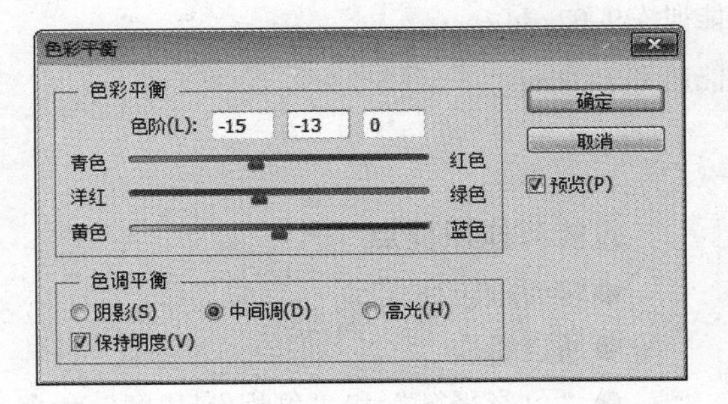

Step05 执行“图像”→“调整”→“色相/饱和度”命令，弹出“色相/饱和度”对话框，❶选择“红色”选项，设置相关参数，❷单击“确定”按钮，如下图所示。

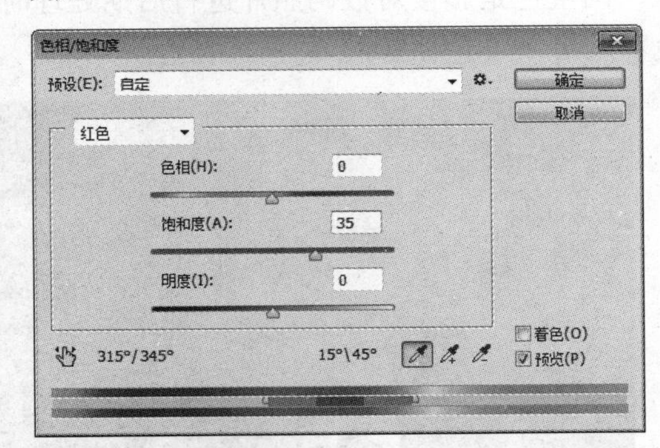

Step06 通过前面的操作，得到阿宝色效果，如下图所示。

本章小结

本章主要讲解了图像色彩调整的相关知识，深入地学习了各种色彩调整命令的具体应用，如“亮度/对比度”“色阶”“曲线”“色相/饱和度”“色彩平衡”等。色彩的应用在Photoshop CC中是非常重要的，希望通过对本章的学习，读者能熟练运用各种色彩调整命令，对图像进行色彩调整与校正处理。

第10章 神奇滤镜的功能和应用

本章导读

滤镜是Photoshop CC的又一强大功能，不仅可以用来清除和修饰照片，还可以对照片添加特殊的艺术效果，从而让用户拥有更加广阔的设计空间。本章先从滤镜库对滤镜操作进行介绍，再分别详细描述多种滤镜的不同效果。

学完本章后应该掌握的技能

* 了解什么是滤镜
* 熟悉掌握滤镜库的应用
* 熟练掌握独立滤镜的使用
* 熟练掌握其他滤镜的使用

本章相关实例效果展示

10.1 滤镜介绍

滤镜功能强大，而且操作非常简单。通过使用各种滤镜，可以将普通的图像打造为非凡的视觉艺术作品。滤镜可以在“滤镜库”对话框中单独使用，还可以分别使用不同滤镜对图像进行处理。

10.1.1 滤镜的类型

滤镜原本是一种摄影器材，摄影师将它安装在照相机前面来改变照片的拍摄方式，可以影响色彩或者产生特殊的拍摄效果。

当选择一种滤镜，并将其应用到图像中时，滤镜就会分析整幅图像或选区中的每个像素的色度值和位置，采用数学方法计算，并用计算结果代替原来的像素，从而使图像产生随机化或预先确定的效果。

10.1.2 滤镜的作用

Photoshop CC的滤镜主要有两种用途，第一种用于创建具体的图像特效，如生成素描、波浪、纹理等各种效果。此类滤镜的数量最多，而且基本上都是通过“滤镜库”来管理和应用的。第二种主要用于编辑图像，如添加锐化、减少杂色、模糊图像等。这些滤镜位于“锐化”“杂色”“模糊”等滤镜组中。此外，“自适应广角”“镜头校正”“液化”“油画”“消失点”等滤镜，也属于此类滤镜。

专家提示

RGB模式的图像可以使用全部滤镜命令，CMYK模式的图像能够使用部分滤镜命令，而索引和位图模式的图像不能使用任何滤镜命令。

10.2 独立滤镜的强大功能

在滤镜库中可以直观地查看添加滤镜后的图像效果，并且能够设置多个滤镜效果的叠加。下面将进行详细的介绍。

10.2.1 滤镜库

滤镜库是一个整合了多种滤镜的对话框，它可以将一种或多种滤镜应用于图像，或者对同一图像多次应用同一滤镜，还可以使用其他滤镜替换原有的滤镜。

执行“滤镜”→“滤镜库”命令，或者使用一部分滤镜组中的滤镜时，都可以打开滤镜库，其中左侧是预览区，中间是6组可供选择的滤镜，右侧是参数设置区，如下图所示。

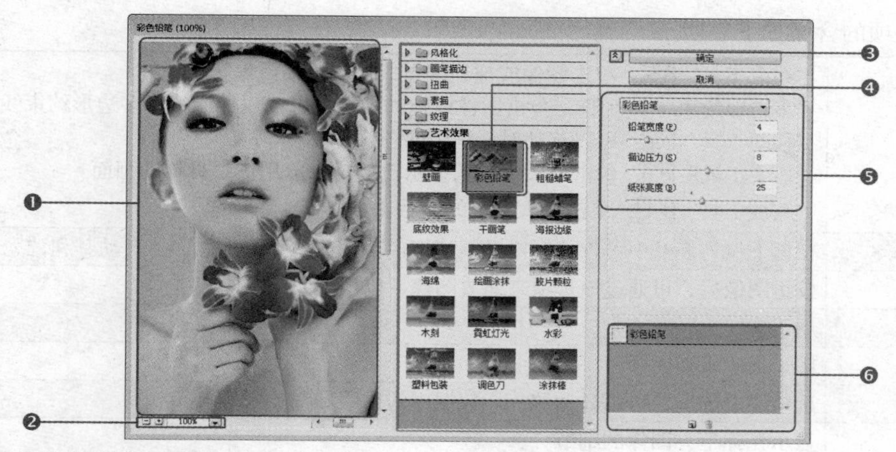

其中各项的含义如下表所示。

❶预览	在该窗口中可看到打开和设置后数码照片的变化效果
❷缩放区	用于设置当前的预览图像大小。单击“缩小”按钮，则将打开的图像进行等比缩小；单击“放大”按钮，则将打开的图像进行等比放大；在“图像缩放比”下拉列表框中可选择需要的图像缩放百分比
❸显示/隐藏滤镜组	单击按钮，可隐藏滤镜组，将窗口空间留给图像预览区；再次单击则显示滤镜组
❹当前使用的滤镜	显示了当前使用的滤镜
❺所选滤镜选项组	用于设置选中滤镜的各项参数
❻显示/隐藏滤镜图层、新建效果图层和删除效果图层	单击“显示/隐藏滤镜图层”按钮，可显示或隐藏设置的滤镜效果；单击“新建效果图层”按钮，则可添加滤镜（主要用于在图像上应用多种滤镜）；单击“删除效果图层”按钮，则将当前选中的效果图层删除

10.2.2 “自适应广角”滤镜

使用“自适应广角”滤镜可以轻松拉直全景图像、使用鱼眼或广角镜头拍摄的照片中的弯曲对象，全新的画布工具会运用个别镜头的物理特性自动校正弯曲。执行“滤镜”→“自适应广角”命令，可以打开“自适应广角”对话框，如下图所示。

其中各项的含义如下表所示。

❶工具按钮	“约束工具”：单击图像或拖动端点，可以添加或编辑约束线 “多边形约束工具”：单击图像或拖动端点，可以添加或编辑多边形约束线 “移动工具”：可以移动对话框中的图像 “抓手工具”：单击放大窗口的显示比例，可以用该工具移动画面 “缩放工具”：单击放大窗口的显示比例
❷校正	在该下拉列表框中可以选择投影模型，包括“鱼眼”“透视”“自动”和“完整球面”
❸缩放	校正图像后，可通过该选项来缩放图像，以填满空缺
❹焦距	用于指定焦距
❺裁剪因子	用于指定裁剪因子
❻原照设置	选中该复选框，可以显示照片元数据中的焦距和裁剪因子
❼细节	显示光标下方图像的细节
❽显示约束	选中该复选框，可以显示约束线
❾显示网格	选中该复选框，可以显示网格

10.2.3 “镜头校正”滤镜

执行“滤镜”→“镜头校正”命令，或按【Shift+Ctrl+R】组合键，可以打开“镜头校正”对话框。用户可以选择“自动校正”或“自定”校正方法，调整图像中经常出现的桶形失真、枕形失真、透视扭曲、色差和晕影等缺陷。

高手点拨——什么是桶形失真与枕形失真

桶形失真是由镜头引起的成像画面呈桶形膨胀状的失真现象，使用广角镜头或变焦镜头的最广角时，容易出现这种情况；枕形失真与之相反，它会导致画面向中间收缩，使用长焦镜头或变焦镜头的长焦端时，容易出现枕形失真。

1. 自动校正照片

执行“滤镜”→“镜头校正”命令，打开“镜头校正”对话框，如下图所示。

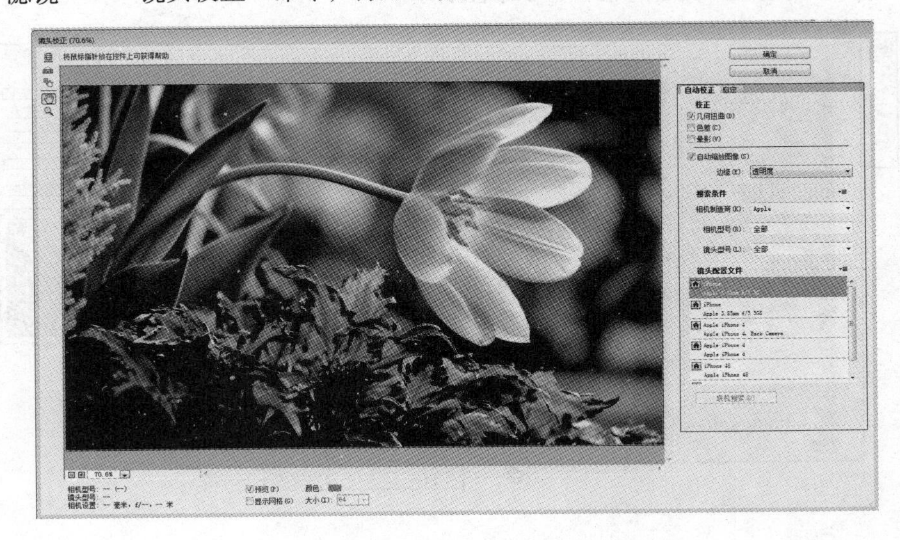

在“自动校正”选项卡中，Photoshop CC提供了可以自动校正照片问题的各种配置文件。首先在“相机制造商”和“相机型号”下拉列表框中指定拍摄该数码照片的相机的制造商以及相机的型号；然后在“镜头型号”下拉列表框中选择一款镜头。这些选项指定后，Photoshop CC就会给出与之匹配的镜头配置文件。如果没有出现配置文件，则可单击“联机搜索”按钮，在线查找。

以上内容设置完成后，在“校正”选项组中选中一个复选框，Photoshop CC就会自动校正照片中出现的几何扭曲、色差或者晕影。

“自动缩放图像”用于指定如何处理由于校正枕形失真、旋转或透视扭曲而产生的空白区域。选择“边缘扩展”，可扩展图像的边缘像素来填充空白区域；选择“透明度”，空白区域保持透明；选择“黑色”或“白色”，则使用黑或白色填充空白区域。

2. 手动校正照片

在“镜头校正”对话框中选择“自定”选项卡，如下图所示。在该选项卡中，用户可以手动调整参数，校正照片，如下图所示。

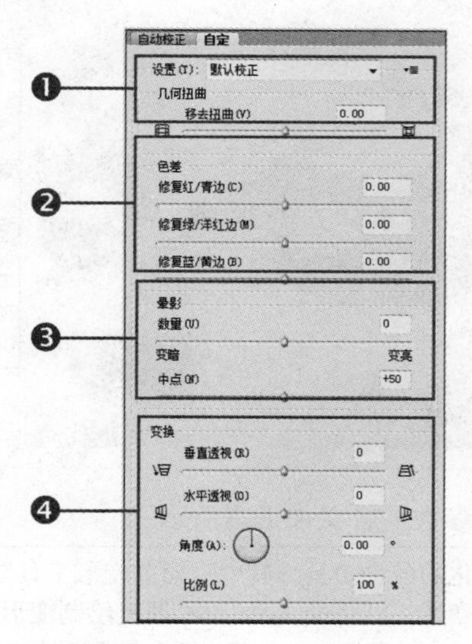

其中各项参数的含义如下表所示。

❶几何扭曲	拖动“移去扭曲”滑块可以拉直从图像中心向外弯曲或朝图像中心弯曲的水平和垂直线条，这种变形功能可以校正镜头桶形失真和枕形失真
❷色差	色差是由于镜头对不同平面中不同颜色的光进行对焦而产生的，具体表现为背景与前景对象相接的边缘会出现红、蓝或绿色的异常杂边。通过拖动各个滑块，可消除各种色差
❸晕影	晕影的特点表现为图像的边缘比图像中心暗。“数量”用于设置运用量的多少。“中点”用于指定受“数量”滑块所影响的区域的宽度，数值高只会影响图像的边缘；数值小，则会影响较多的图像区域
❹变换	用于修复图像倾斜透视现象。“垂直透视”可以使图像中的垂直线平行；“水平透视”可以使水平线平行；“角度”可以旋转图像以针对相机歪斜加以校正；“比例”可以向上或向下调整图像缩放比例，图像的像素尺寸不会改变

专家提示

在“镜头校正”对话框左侧有5个工具按钮，在此重点介绍其中两个。

“移去扭曲工具”：单击并向画面边缘拖动鼠标可以校正桶形失真，向画面中心拖动鼠标可以校正枕形失真。

“拉直工具”：在画面中单击并拖出一条直线，图像会以该直线为基准进行角度校正。

10.2.4 “液化”滤镜

在Photoshop CC中，可以使用“液化”滤镜对图像进行推、拉、旋转、膨胀等变形操作，调整其细节部分的扭曲。执行“滤镜”→“液化”命令，弹出“液化”对话框，如下图所示。

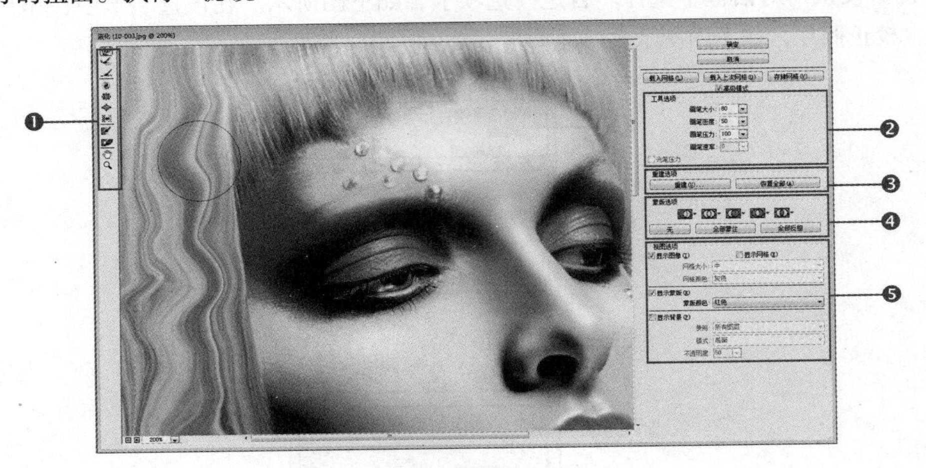

在“液化”对话框中，各项参数的含义如下表所示。

❶工具按钮	包括执行液化的各种工具，其中“向前变形工具”通过在图像上拖动，向前推动图像而产生变形；“重建工具”通过绘制变形区域，能够部分或全部恢复图像的原始状态；“冻结蒙版工具”可将不需要液化的区域创建为冻结的蒙版；“解冻蒙版工具”则用于擦除保护的蒙版区域
❷工具选项	用于设置当前选择的工具的各种属性
❸重建选项	选择重建液化的方式。其中通过“重建”按钮可以将未冻结的区域逐步恢复为初始状态；通过“恢复全部”按钮可以一次性恢复全部未冻结的区域
❹蒙版选项	设置蒙版的创建方式。单击“全部蒙住”按钮，将冻结整个图像；单击“全部反相”按钮，则反向所有的冻结区域
❺视图选项	定义当前图像、蒙版以及背景图像的显示方式

10.2.5 “油画”滤镜

“油画”滤镜使用Mercury图形引擎作为支持，能快速让我们的作品呈现油画的效果，还可以控制画笔的样式以及光线的方向和亮度，以产生出色的效果。执行“滤镜”→“油画”命令，弹出“油画”对话框，如下图所示。

在“油画”对话框中，各项参数的含义如下表所示。

❶画笔	描边样式：用于调整笔触样式 描边清洁度：用于设置纹理的柔化程度 缩放：用于对纹理进行缩放 硬毛刷细节：用于设置画笔细节的丰富程度
❷光照	角方向：用于设置光线的照射角度 闪亮：可以提高纹理的清晰度

10.2.6 “消失点”滤镜

“消失点”滤镜运用透视原理，在透视平面的图像选区内，通过复制、仿制、粘贴等操作，依据透视的角度和比例来适应图像调整。执行“滤镜”→“消失点”命令，弹出“消失点”对话框，如下图所示。

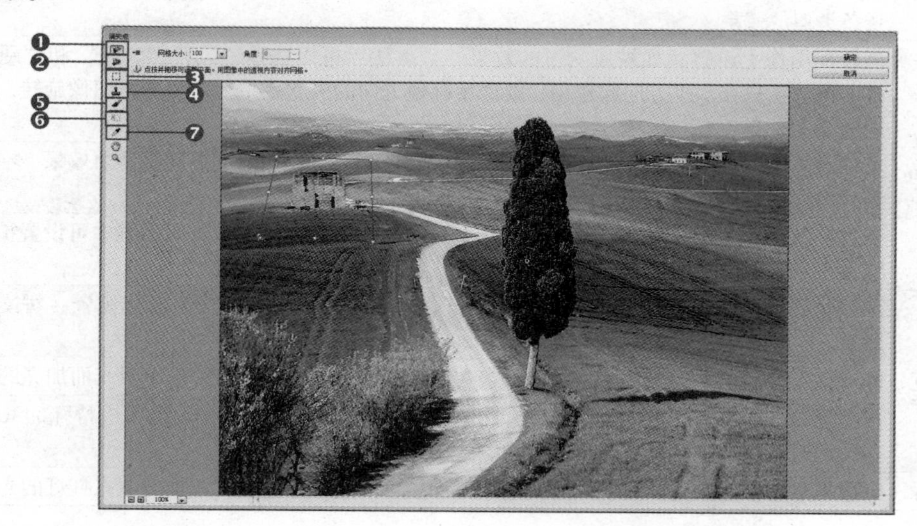

在“消失点”对话框中，左侧各种工具按钮的含义如下表所示。

❶编辑平面工具	用于选择、编辑、移动平面的节点以及调整平面的大小
❷创建平面工具	用于定义透视平面的4个角节点。创建了4个角节点后，可以移动、缩放平面或重新确定其形状；按住【Ctrl】键拖动平面的边节点，可以拉出一个垂直平面。在定义透视平面的节点时，如果节点的位置不正确，可按【Backspace】键将该节点删除
❸选框工具	在平面上单击并拖动鼠标，可以选择平面上的图像。选择图像后，将鼠标指针放在选区内，按住【Alt】键拖动可以复制图像；按住【Ctrl】键拖动选区，则可以用源图像填充该区域
❹图章工具	使用该工具时，按住【Alt】键在图像中单击，可以为仿制设置取样点；在其他区域拖动鼠标，可复制图像；按住【Shift】键单击，可以将描边扩展到上一次单击处
❺画笔工具	可在图像上绘制选定的颜色
❻变换工具	使用该工具时，可以通过移动定界框的控制点来缩放、旋转和移动浮动选区，类似于在矩形选区上使用“自由变换”命令
❼吸管工具	可拾取图像中的颜色作为画笔工具的绘画颜色

10.3 滤镜组的功能详解

在Photoshop CC中，同一类型的滤镜常以组的形式出现，如风格化、模糊、扭曲、素描、像素化、纹理、渲染、艺术效果、杂色等。这些滤镜组中分别包含多种功能相近但又各具特色的不同滤镜，可以给图像添加各种意想不到的效果。

10.3.1 “风格化”滤镜组

“风格化”滤镜组中包含多种滤镜，其主要作用是移动选区内图像的像素，提高像素的对比度，使之产生绘画和印象派风格效果。各种滤镜的功能如下表所示。

❶查找边缘	可以自动搜索图像像素对比度变化剧烈的边界，将高反差区变亮，低反差区变暗，其他区域则介于两者之间，同时硬边变为线条，而柔边变粗，形成一个清晰的轮廓
❷等高线	可以查找主要亮度区域，并为每个颜色通道淡淡地勾勒主要亮度区域，以获得与等高线图中的线条类似的效果
❸风	可以在图像上设置犹如被风吹过的效果，“方法”可以选择“风”“大风”和“飓风”。不过，该滤镜只在水平方向起作用，要产生其他方向的风吹效果，需要先将图像旋转，然后再应用此滤镜
❹浮雕效果	可以通过勾勒图像或选区的轮廓和降低周围颜色值来生成凹陷或凸起的浮雕效果。在其参数设置对话框中可以设置浮雕的角度、高度和数量
❺扩散	通过扩散图像边缘像素，使图像边缘产生抖动的效果。在“扩散”对话框中可设置扩散模式，包括“正常”“变暗优先”“变亮优先”“各向异性”四种模式
❻拼贴	可以将图像分割成有规则的方块，并使其偏离其原来的位置，产生不规则瓷砖拼凑成的图像效果
❼曝光过度	能产生正片和负片的混合图像效果，与在底片冲洗过程中，将照片简单曝光而加亮的效果相似
❽凸出	可将图像分解成一系列大小相同且有机重叠放置的立方体或锥体，以生成特殊的3D效果。在“凸出”对话框中可设置凸出的类型、大小和深度等
❾照亮边缘	可以搜索图像中颜色变化较大的区域，标识颜色的边缘，并向其添加类似霓虹灯的光亮

10.3.2 “模糊”滤镜组

“模糊”滤镜组中的滤镜可以削弱相邻像素的对比度并柔化图像，使之产生模糊效果。在去除图像的杂色，或者创建特殊效果时，会经常用到此类滤镜。该滤镜组包含多种滤镜，其功能如下表所示。

❶场景模糊	可以通过一个或多个图钉对照片场景中的不同区域应用模糊效果
❷光圈模糊	可以在图像上创建一个椭圆形的焦点范围。处于焦点范围内的图像保持清晰，而之外的图像会变得模糊。它能模拟出柔焦镜头拍出的梦幻、朦胧的画面效果
❸移轴模糊	移轴镜摄影是一种利用移轴镜头进行拍摄的技术，照片效果就像是缩微模型一样，非常特别
❹表面模糊	可以在保存图像边缘的同时，对图像表面添加模糊效果，可用于创建特殊效果并消除杂色或颗粒
❺动感模糊	可以使图像按照指定方向和指定强度变得模糊。此滤镜的效果类似于以固定的曝光时间给一个正在移动的对象拍照
❻方框模糊	基于相邻像素的平均颜色值来模糊对象，生成的模糊效果类似于方块模糊。设置的“半径”越大，产生的模糊效果越明显
❼高斯模糊	可以通过控制模糊半径对图像进行模糊处理，使图像产生一种朦胧的效果
❽进一步模糊	可以得到应用“模糊”滤镜3~4次的效果
❾平均	寻找图像或者选区的平均颜色，然后再用该颜色填充图像或选区，使图像变得平滑
❿镜头模糊	能够将图像处理为与相机镜头类似的模糊效果，并且可以设置不同的焦点位置
⓫模糊	用来柔化整体或部分图像
⓬径向模糊	与拍摄过程中移动或旋转相机后所拍摄照片产生的模糊效果相似
⓭特殊模糊	提供了“半径”“阈值”和“品质”等设置选项，可以精确地模糊图像
⓮形状模糊	可通过选择的形状对图像进行模糊处理。选择的形状不同，模糊的效果也不同

10.3.3 “扭曲”滤镜组

“扭曲”滤镜组中的滤镜可以对图像进行移动、扩展或收缩等几何扭曲，使之产生各种形状（如波浪、波纹、玻璃等）的变换效果。该滤镜组中包含多种滤镜，其功能如下表所示。

❶波浪	可以使图像产生强烈起伏的波浪效果
❷波纹	与“波浪”滤镜类似，可以使图像产生水池表面的波纹效果，并可控制波纹的数量和大小
❸玻璃	用于制作一系列细小纹理，产生一种透过不同类型的玻璃观察图片的效果
❹海洋波纹	随机分隔波纹到图像表面。它产生的波纹细小，边缘有较多抖动，图像看起来就如同在水中
❺极坐标	可以使图像中的像素从平面坐标转换到极坐标，或将选区从极坐标转换到平面坐标
❻挤压	可以使图像产生挤压变形效果。当“数量”为负值时，将向外挤压；“数量”为正值时，将向内挤压
❼扩散亮光	在图像中添加白色杂色，并从图像中心向外渐隐亮光，让图像产生光芒漫射的亮度效果
❽切变	可以将图像沿用户所设置的曲线进行变形，产生扭曲的效果
❾球面化	可以将图像进行球面化扭曲。在“球面化”对话框中，可以设置球面化的方式和强度
❿水波	可以使图像扭曲，生成类似于湖水中泛起的涟漪效果
⓫旋转扭曲	使图像产生旋转效果。在“旋转扭曲”对话框中可设置旋转角度

续表

⑫置换	根据另一幅图像的亮度值使现有图像的像素重新排列并产生位移

10.3.4 “素描”滤镜组

“素描”滤镜组中的滤镜可以将纹理添加到图像，常用于模拟素描和速写等艺术效果或手绘外观。其中，大部分滤镜在重绘图像时都要使用前景色和背景色，因此，设置不同的前景色和背景色，可以获得不同的效果。该滤镜组中各种滤镜的功能如下表所示。

❶半调图案	可以在保持连续色调范围的同时，模拟半调网屏效果
❷便条纸	可以将图像简化，制作出有浮雕凹陷和纸张颗粒感纹理的效果
❸粉笔和炭笔	可以重绘高光和中间调，并使用粗糙粉笔绘制中间调的灰色背景。阴影区域用黑色对角炭笔线条替换，炭笔用于前景色绘制，粉笔用于背景色绘制
❹铬黄渐变	可以渲染图像，创建如擦亮的铬黄表面般的金属效果，高光在反射表面上是高点，阴影则是低点
❺绘图笔	使用精细的油墨线条来捕捉图像中的细节，可以模拟铅笔素描的效果
❻基底凸现	可以变换图像，使之呈现浮雕的雕刻状和突出光照下变化各异的表面，图像的暗部区域将呈现为前景色，而浅色区域呈现为背景色
❼石膏效果	可以按3D效果塑造图像，然后使用前景色与背景色为结果图像着色，图像中的暗区凸起，亮区凹陷
❽图章	简化图像，使之呈现出用橡皮或木制图章盖印的效果
❾撕边	可以用粗糙的颜色边缘模拟碎纸片的效果，使用前景色与背景色为图像着色
❿炭笔	可以产生色调分离的涂抹效果。图像的主要边缘以粗线条绘制，而中间色调用对角描边进行素描。另外，炭笔采用前景色，背景采用纸张颜色
⓫炭精笔	可以在图像上模拟浓黑和纯白的炭精笔纹理，暗区使用前景色，亮区使用背景色
⓬水彩画纸	“素描”滤镜组中唯一能够保留图像颜色的滤镜，它可以用有污点的、像画在潮湿的纤维纸上的涂抹，使颜色流动并混合
⓭网状	可以模拟胶片乳胶的可控收缩和扭曲来创建图像，使之在阴影处结块，在高光处呈现轻微的颗粒化
⓮影印	可以模拟影印效果，大的暗区趋向于只复制边缘四周，而中间色调要么纯黑色，要么纯白色

10.3.5 “锐化”滤镜组

“锐化”滤镜组中的滤镜可以通过提高主像素的颜色对比度，使画面更加细腻、对比更鲜明，效果更清晰。该滤镜组中包含多种滤镜，其功能如下表所示。

❶USM锐化	可调整图像边缘的对比度，并在边缘的每侧制作一条更亮或更暗的线条，产生更清晰的图像。在“USM锐化”对话框中可设置锐化数量、半径和阈值，从而控制锐化的效果
❷防抖	几乎在不增加噪点、不影响画质的前提下，使因轻微抖动而造成的模糊瞬间重新清晰起来
❸进一步锐化	可对图像实现进一步的锐化，使之产生强烈的锐化效果
❹锐化	通过增加相邻像素反差来使模糊的图像变得更清晰
❺锐化边缘	通过锐化图像的边缘像素，使图像变得清晰
❻智能锐化	通过控制阴影和高光中的锐化范围来锐化图像。在“智能锐化”对话框中可设置锐化数量和半径，并去除各种模糊效果，让图像看起来更清晰

10.3.6 “视频”滤镜组

“视频”滤镜组中包含两种滤镜，它们属于Photoshop CC的外部接口程序，用来从摄像机中输入图像或将图像输出到录像带上。其功能如下表所示。

❶NTSC颜色	可以将不同色域的图像转换为电视可接受的颜色模式，以防止过度饱和颜色渗到电视扫描行中。NTSC即“国际电视标准委员会”的英文缩写
❷逐行	通过隔行扫描方式显示画面的电视，以及视频设备中捕捉的图像都会出现扫描线，“逐行”滤镜可以移去视频图像中的奇数或偶数隔行线，使在视频上捕捉的运动图像变得平滑

专家提示

按【Ctrl+F】组合键，可以重复执行滤镜命令；按【Ctrl+Alt+F】组合键，可以快速打开上一次执行过的滤镜命令。

10.3.7 “像素化”滤镜组

“像素化”滤镜组中的滤镜通过平均分配色度值使单元格中颜色相近的像素结成块，用来清晰地定义一个选区，从而使图像产生晶格、碎片等效果。各种滤镜的功能如下表所示。

❶彩块化	使纯色或相近色的像素结成相近颜色的像素块，如同手绘效果，也可以使现实主义图像产生类似抽象派的绘画效果
❷彩色半调	可以使图像产生网点状效果。它先将图像的每一个通道划分出矩形区域，再以大小和矩形区域亮度成比例的圆形替代这些矩形。高光部分生成的网点较小，阴影部分生成的网点较大
❸点状化	将图像的颜色分解为随机分布的网点，如同点状化绘画一样，背景色将作为网点之间的画布区域
❹晶格化	可以使图像产生结晶体效果。在“晶格化”对话框中可以设置晶体的大小
❺马赛克	将图像中的像素分组，并将其转换成颜色单一的方块，从而生成马赛克效果
❻碎片	可以将图像中的像素进行4次复制，再将它们平均，并使其相互偏移，使图像产生一种类似于相机没有对准焦距所拍摄出的模糊效果
❼铜版雕刻	可以在图像中随机生成各种不规则的直线、曲线和斑点，使图像产生年代久远的金属板效果

10.3.8 “纹理”滤镜组

“纹理”滤镜组中的滤镜可以模拟具有深度或质感的外观，使图像产生各种纹理材质的效果。各种滤镜的功能如下表所示。

❶龟裂缝	可以将图像绘制在一个高凸现的石膏表面上，以循着图像等高线生成精细的网状裂缝。使用此滤镜可以对包含多种颜色值或灰度值的图像创建浮雕效果
❷颗粒	可以通过模拟不同种类的颗粒来对图像添加纹理
❸马赛克拼贴	可以渲染图像，使图像看起来像是由多种碎片拼贴而成，在拼贴之间有深色的缝隙
❹拼缀图	可以将图像分解为若干个正方形，每个正方形都由该区域的主色进行填充
❺染色玻璃	可将图像重新绘制成用玻璃拼贴起来的效果，生成的玻璃块之间的缝隙使用前景色来填充
❻纹理化	可以将选择或创建的纹理应用于图像

10.3.9 “艺术效果”滤镜组

“艺术效果”滤镜组中的滤镜可以为普通、平淡的图像添加艺术特色，使之产生绘画或不同艺术风格的效果。各种滤镜的功能如下表所示。

滤镜	功能
❶壁画	使用小块的颜色，以短且圆的粗略涂抹的笔触，重新绘制一种粗糙风格的图像
❷彩色铅笔	可以模拟各种颜色的铅笔在图像上的绘制效果，绘制的图像中较明显的边缘将被保留
❸粗糙蜡笔	可以在布满纹理的图像背景上应用蜡笔的绘制效果
❹底纹效果	可以在带有底纹效果的图像上绘制图像，然后将最终图像效果绘制在原图像上
❺调色刀	可以减少图像中的细节，得到描绘得很淡的画布效果
❻干画笔	可以使用干燥的画笔来绘制图像边缘此滤镜通过缩小图像颜色范围来简化图像
❼海报边缘	可以减少图像中的颜色数量，查找图像的边缘并在边缘上绘制黑色线条
❽海绵	使用颜色对比强烈且纹理较重的区域绘制图像
❾绘画涂抹	可以选取各种类型的画笔进行绘画，使图像产生模糊的艺术效果
❿胶片颗粒	可以将平滑的图案应用在图像的阴影和中间调区域，将一种更平滑、更高饱和度的图像应用到图像的高光区域
⓫木刻	可以使图像看上去像是由从彩纸上剪下的边缘粗糙的剪纸片组成，高对比度的图像看起来呈剪影状
⓬霓虹灯光	可将各种各样的灯光效果添加到图像中的对象上，得到类似霓虹灯一样的发光效果
⓭水彩	以水彩绘画风格绘制图像。使用蘸了水和颜料的画笔绘制简化的图像的细节，使图像颜色饱满
⓮塑料包装	可以给图像涂上一层光亮的塑料，使图像表面质感强烈
⓯涂抹棒	使用较短的对角描边涂抹图像中的暗部区域，从而柔化图像，亮部区域会因变亮而丢失细节，使整个图像呈现出涂抹扩散的效果

10.3.10 “渲染”滤镜组

利用“渲染”滤镜组中的滤镜，可以制作云彩形状的图案、设置照明效果，或通过镜头产生光晕效果。在该滤镜组中包括“分层云彩”“光照效果”“镜头光晕”“纤维”和“云彩”5种滤镜，其功能如下表所示。

滤镜	功能
❶分层云彩	可以随机变化图像原有的像素，并且混合前景色和背景色来生成云彩图案
❷光照效果	可以模拟灯光照射在图像上的效果。在“光照效果”对话框中，可以对光源样式、光源类型等进行设置，还可以添加纹理通道来得到浮雕效果
❸镜头光晕	可以模拟亮光照射在镜头上所产生的反射效果。在“镜头光晕”对话框的图像预览框中单击，或者直接拖曳光晕的十字线，即可以指定光晕的位置
❹纤维	可以通过前景色和背景色来创建物体的纤维效果
❺云彩	可以通过前景色和背景色随机产生云彩图案效果

10.3.11 “杂色”滤镜组

“杂色”滤镜组中的滤镜主要用于增加图像上的杂点，使之产生色彩弥散的效果；或用于去除图像中的杂点，如扫描输入图像的斑点和折痕。各种滤镜的功能如下表所示。

❶减少杂色	可以减少图像中的杂色，同时又可保留图像的边缘
❷蒙尘与划痕	通过更改图像的像素来减少图像中的杂色
❸去斑	可以对图像或选区内的图像进行轻微的模糊和柔化处理，从而实现移去杂色的同时保留细节
❹添加杂色	可以在图像中应用随机像素，使图像产生颗粒状效果，常用于修饰图像中的不自然区域
❺中间值	通过混合像素的亮度来减少图像中的杂色

10.3.12 “其他”滤镜组

“其他”滤镜组中包含 5 种滤镜，其中既有允许自定义的滤镜，也有用来修改蒙版、在图像中使选区发生位移和快速调整颜色的滤镜。其功能如下表所示。

❶高反差保留	可调整图像的亮度，降低阴影部分的饱和度
❷位移	可通过输入水平和垂直方向的距离值来移动图像
❸最小值	可用阴影颜色的像素代替图像的边缘部分
❹最大值	可用高光颜色的像素代替图像的边缘部分
❺自定	可通过数学运算使图像颜色发生变化

技高一筹

下面结合本章内容，给大家介绍一些实用技巧。

光盘同步文件 原始文件：光盘\素材文件\第10章\技高一筹\10-01.jpg，10-02.jpg，10-03.jpg

同步视频文件：光盘\教学文件\第10章\技高一筹\技巧02.mp4~技巧04.mp4

◎技巧 01 如何在滤镜库中创建效果图层

在“滤镜库”对话框中选择一种滤镜后，该滤镜就会出现在中间已应用的滤镜列表框中，如左下图所示。单击“新建效果图层”按钮 ，可以添加一个效果图层，如右下图所示。

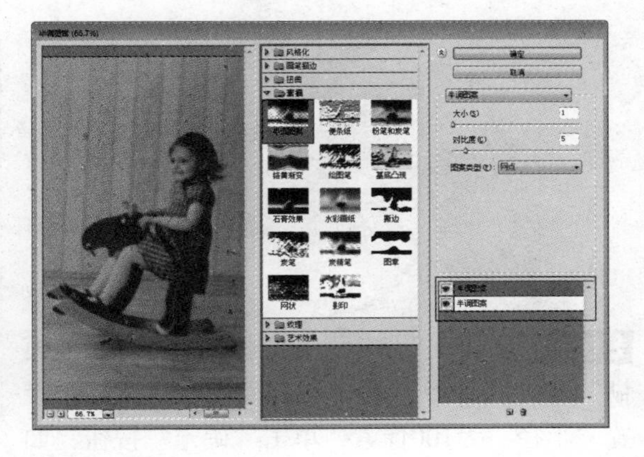

◎技巧 02 如何创建智能滤镜

智能滤镜是一种非破坏性的滤镜，可以达到与普通滤镜完全相同的效果，但它是作为图层效果出现在“图层”面板中的，因而不会真正改变图像中的任何像素，并且可以随时修改参数，或者将其删除。创建智能滤镜的具体操作步骤如下。

Step01 打开光盘中的素材文件10-01.jpg（光盘\素材文件\第10章\技高一筹），执行“滤镜”→“转换为智能滤镜”命令，如下图所示。

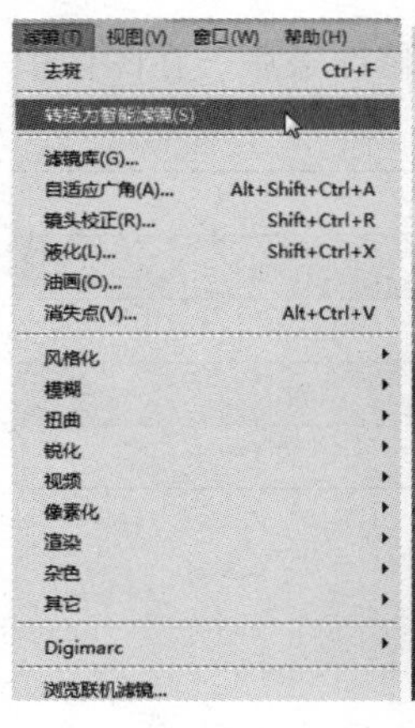

Step02 执行“滤镜”→“风格化”→“查找边缘”命令，在“图层”面板中列出了滤镜命令，如下图所示。

◎技巧 03　如何减淡滤镜效果

为图像应用滤镜后，如果得到的效果不好，可以通过命令减淡或混合滤镜效果。具体操作步骤如下。

Step01 打开光盘中的素材文件10-02.jpg（光盘\素材文件\第10章\技高一筹），如下图所示。

Step02 执行“滤镜”→“模糊”→“高斯模糊”命令，在弹出的“高斯模糊”对话框中设置“半径”为100像素，单击“确定”按钮，如下图所示。

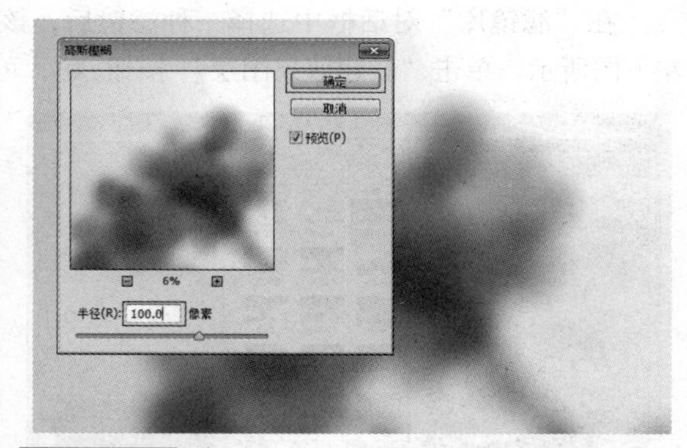

Step03 执行“编辑”→“渐隐高斯模糊”命令，在弹出的“渐隐”对话框中，❶设置“模式”为变暗，❷单击“确定”按钮，如下

图所示。

> **专家提示**
>
> 按【Shift+Ctrl+F】组合键，可以快速打开“渐隐”对话框。

◎技巧 04　如何为图像添加水印信息

为图像添加版权信息（一般通过水印来实现），可以防止其被非法复制和盗用。为图像添加水印信息的具体操作步骤如下。

Step01 打开光盘中的素材文件10-03.jpg（光盘\素材文件\第10章\技高一筹），如下图所示。

Step02 执行“图像”→“滤镜”→“Digimarc”→“嵌入水印”命令，打开“嵌入水印”对话框，A设置“图像信息”和“图像属性”选项，B单击“好”按钮，如下图所示。

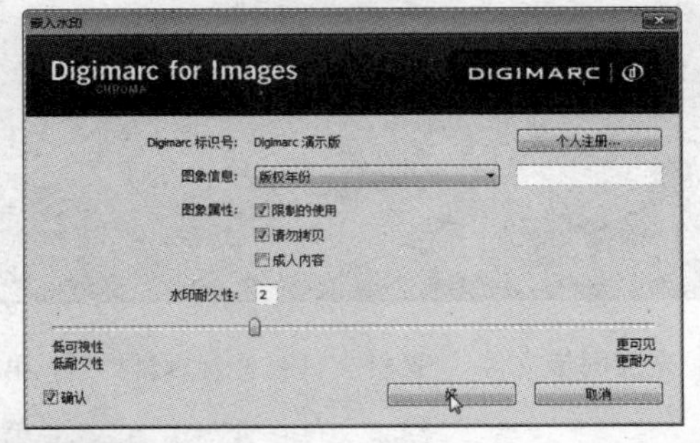

Step03 在打开的“嵌入水印验证”对话框中，单击“好”按钮，如下图所示。

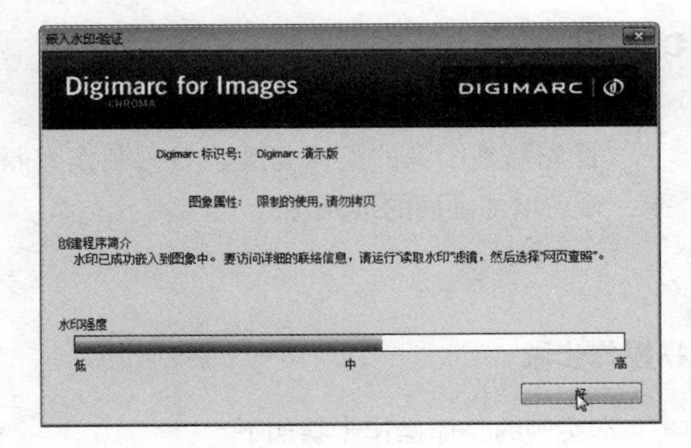

> **专家提示**
>
> 执行“图像”→“滤镜→“Digimarc”→“读取水印”命令，可以取读用户嵌入的水印信息。

技能训练

前面主要讲述了滤镜的类型和作用，以及各种滤镜的具体功能等知识，下面安排两个技能训练，帮助读者巩固所学的知识点。

＊技能 1　制作阳光透射海底特效

训练介绍

在明媚的阳光照耀下，植物随波荡漾，鱼儿徜游其间，深邃、神秘的海底世界带给人强烈的美感，如下图所示。

光盘同步文件

素材文件：光盘\素材文件\第10章\技能训练\10-01.jpg

结果文件：光盘\结果文件\第10章\技能训练\10-01.psd

视频文件：光盘\教学文件\第10章\技能训练\10-01.mp4

操作提示

制作关键

首先调整图像的整体亮度，然后制作光照效果，最后增加画面的透光感。

技能与知识要点

- “色阶”命令
- “光照效果”滤镜
- “扩散亮光”滤镜

操作步骤

本实例的具体操作步骤如下。

Step01 打开光盘中的素材文件10-01.jpg（光盘\素材文件\第10章\技能训练\），如下图所示。

Step02 按【Ctrl+L】组合键，执行“色阶”命令，打开“色阶”对话框。❶设置“输入色阶”为0，1.31，255，❷单击“确定”按钮，如下图所示。

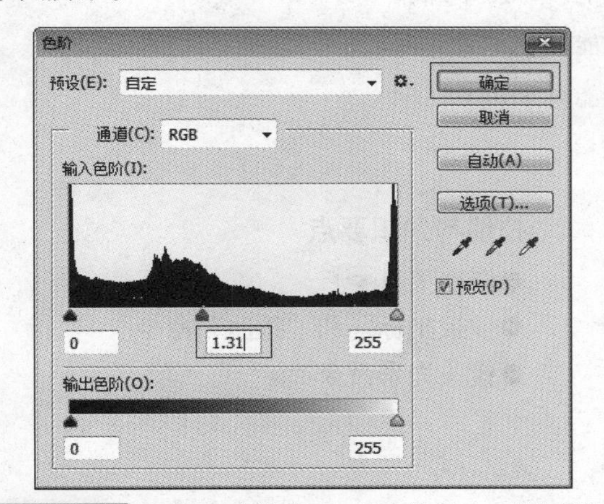

Step03 执行“滤镜”→“渲染”→“光照效果”命令，弹出“光照效果”对话框，❶设置“预设”为自定，拖动灯光到适当位置，❷单击“确定”按钮，如下图所示。

Step04 按【Ctrl+J】组合键，复制图层。执行“滤镜”→“扭曲→“扩散亮光”命令，在弹出的“扩散亮光”对话框中保持默认参数设置，单击“确定”按钮，如下图所示。

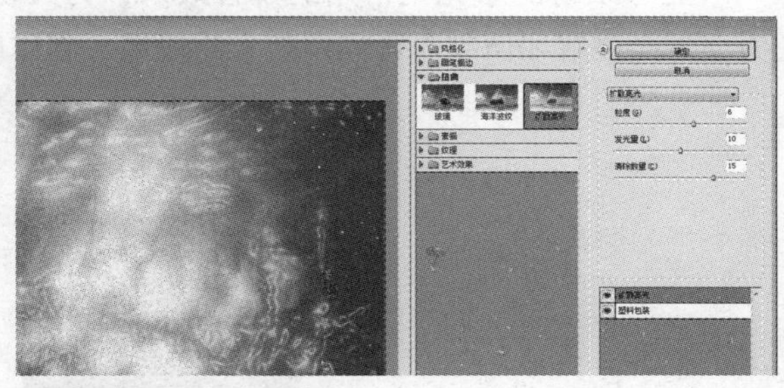

Step05 设置“图层1”图层混合模式为“柔光”，如下图所示。

Step06 选择工具箱中的“海绵工具”，其在选项栏中设置“模式”为加色，在下方涂抹，效果如下图所示。

＊技能 2　制作彩光照射人物特效

训练介绍

五彩缤纷的彩光是常用的舞台效果，为人物添加彩光照射效果，可以使普通的画面更具吸引力，下面讲解如何制作彩光照射人物效果。制作后的前后对比效果如下图所示。

光盘同步文件　素材文件：光盘\素材文件\第10章\技能训练\10-02.jpg

结果文件：光盘\结果文件\第10章\技能训练\10-02.psd

视频文件：光盘\教学文件\第10章\技能训练\10-02.mp4

操作提示

制作关键

首先制作渐变色，通过图像蒙版混合效果，调整色彩的方向，最后对图像添加光晕中心完成效果。

技能与知识要点

- 渐变工具
- “极坐标”和“扭曲”命令
- 镜头光晕命令

操作步骤

本实例的具体操作步骤如下。

Step01 打开光盘中的素材文件“10-02.jpg”（光盘\素材文件\第10章\技能训练\），如下图所示。

Step02 选择工具箱中的“渐变工具”，❶在选项栏中单击渐变颜色条右侧的按钮，❷在打开的下拉列表框中单击“透明彩虹渐变”，❸新建“图层1”，拖动鼠标填充渐变色，如下图所示。

Step03 执行“滤镜”→“扭曲”→“极坐标”命令，❶选中“极坐标到平面坐标”单选按钮，❷单击“确定”按钮，如下图所示。

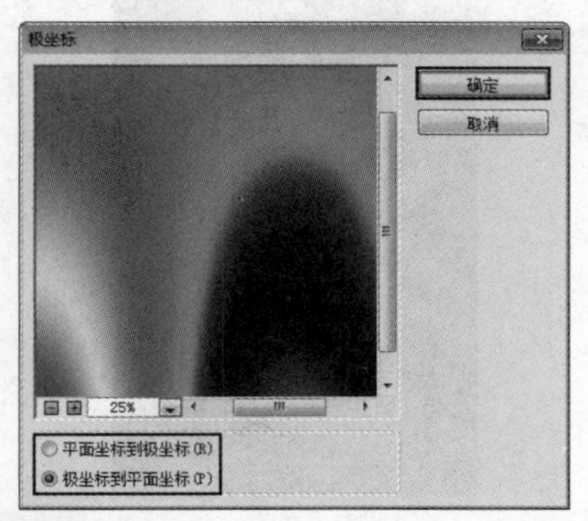

Step04 按【Ctrl+T】组合键，执行自由变换操作，适当旋转对象，如下图所示。

Step05 更改“图层1”混合模式为“颜色”，效果如下图所示。

Step06 为“图层1”添加图层蒙版，使用黑色“画笔工具”涂抹蒙版，如下图所示。

Step07 选择背景图层，执行“滤镜”→“渲染”→“镜头光晕”命令，❶拖动光晕中心到左上角，❷设置“亮度”为150%，“镜头类型”为35毫米聚焦，❸单击“确定”按钮，如下图所示。

Step08 通过前面的操作，得到镜头光晕特效，如下图所示。

Step09 选择图层1，执行“滤镜”→“扭

曲”→“挤压”命令，❶设置“数量”为50%，❷单击“确定”按钮，如下图所示。

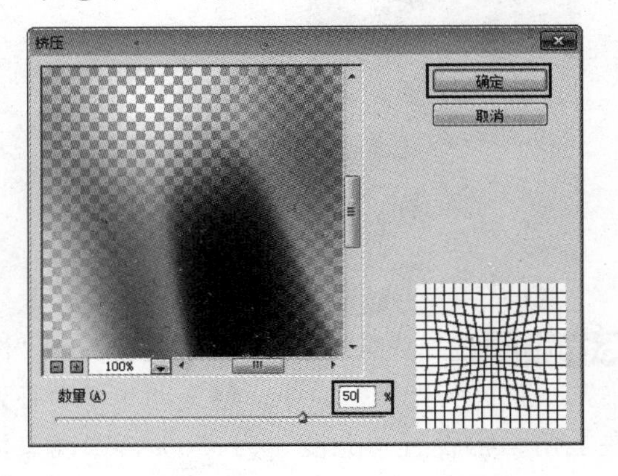

Step10 适当修改蒙版，得到彩光照射人物最终效果，如下图所示。

专家提示

彩光图案比较生硬，应用“挤压”滤镜后，可以使彩光的形状更加自然和流畅，并自然贴合到背景图像中。

本章小结

本章在前面介绍了Photoshop CC滤镜的类型与作用，然后详细讲述了各种滤镜的具体功能，如“滤镜库”“自适应广角”“镜头校正”“液化”“油画”“消失点”等独立的特殊滤镜，以及“风格化”“模糊”“扭曲”“素描”“锐化”“视频”“像素化”“纹理”“艺术效果”“渲染”“杂色”“其他”等滤镜组。在学习本章内容时，读者应多加练习、开阔思路，结合不同的滤镜，制作出炫彩的图像效果。

第11章

文件自动化处理和打印输出

本章导读

为了减少重复操作的次数，可以通过“动作”对图像进行快捷、高效的自动化处理。在打印输出中，要注意对纸张的设置与打印机的选择，以及在打印预览中对图像位置、大小的调整。本章将讲述在Photoshop CC中，文件处理自动化和打印输出相关内容。

学完本章后应该掌握的技能

* 认识“动作”面板
* 熟练掌握创建动作的基本方法
* 熟练掌握编辑动作的技巧
* 熟练掌握批处理、脚本的高效应用
* 熟练掌握文件的打印输出

本章相关实例效果展示

11.1 通过“动作”处理图像

“动作”是用来记录、播放、编辑和删除单个文件或一批文件的一系列命令，大多数命令和工具操作都记录在动作中。通过动作可以减轻重复操作的烦琐，实现文件处理的高效和快捷。动作可以包含停止，这样就可以执行无法记录的任务；动作也可以包含模态控制，从而在播放动作时在对话框中输入数值。

11.1.1 了解“动作”面板

通过“动作”面板，不仅可以记录、播放、编辑和删除动作，还可以存储和载入动作文件。执行“窗口”→“动作”命令，可以打开“动作”面板，如下图所示。

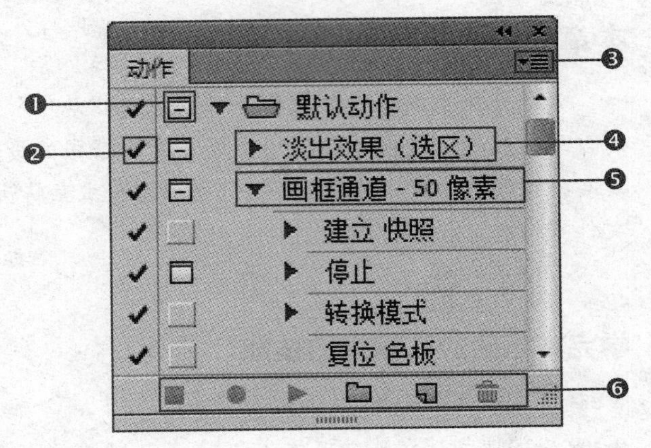

专家提示

单击某一动作组前面的▶按钮，可展开该组中的所有动作；若要折叠某一动作组，则单击其左侧的▼按钮即可。单击命令前面的▶按钮，可展开命令列表，显示其具体参数。

其中主要选项的含义如下表所示。

❶切换对话开/关	设置动作在运行过程中是否显示带有参数对话框的命令。若动作左侧显示▭图标，则表示该动作运行时所用命令具有对话框的命令
❷切换项目开/关	控制动作或动作中的命令是否被跳过。若某一个命令的左侧显示✔图标，则表示此命令允许正常执行；若显示▭图标，则表示此命令被跳过
❸面板扩展按钮	单击该按钮，在弹出的菜单中选择相应的命令，可以切换“动作”面板的显示模式，以及新建、复制、删除、播放、复位、载入、替换、存储动作，还可以快捷查找不同类型的动作选项
❹动作组	动作组是一系列动作的集合
❺动作	动作是一系列操作命令的集合
❻快捷工具按钮	■按钮用来停止播放动作和停止记录动作；单击●按钮，可开始录制动作；单击▶按钮，可以播放选定的动作；单击▭按钮，可创建一个新组；单击▭按钮，可创建一个新的动作；单击🗑按钮，可删除动作组、动作和命令

11.1.2 使用预设动作

在Photoshop CC的“动作”面板中提供了多种预设动作，使用这些动作可以快速地制作文字效果、边框效果、纹理效果等。创建动作后，也可以在图层中根据需要添加或更改预设的动作。其具体操作步骤如下。

光盘同步文件　视频文件：光盘\教学文件\第11章11-1-2.mp4

Step01 打开光盘中的素材文件11-01.jpg（光盘\素材文件\第11章\），如下图所示。

Step02 在“动作”面板中，❶单击扩展按钮，❷在弹出的菜单中选择“图像效果”命令，如下图所示。

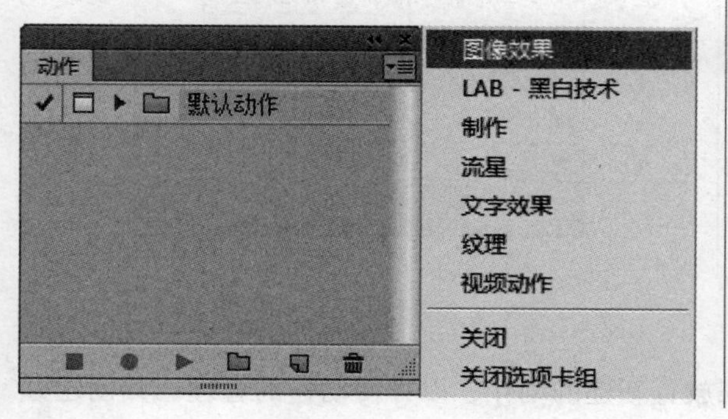

Step03 ❶在“图像效果”动作组下面选择“仿旧照片”动作，❷单击“播放选定的动作”按钮，如下图所示。

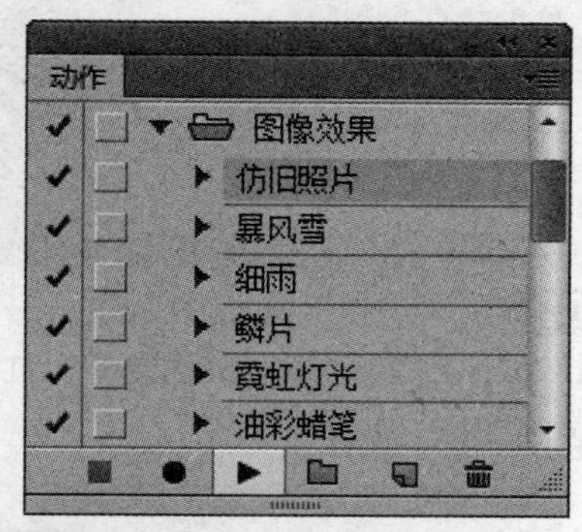

Step04 仿旧照片的图像效果自动应用到素材文件中，效果如下图所示。

专家提示

在应用预设动作后，在“历史记录”面板中可以查看播放的动作进行的操作。

11.1.3 创建和记录动作

Photoshop CC不仅可以应用预设动作制作特殊效果，而且可以根据需要创建新的动作。如要记录动作，首先要在“动作”面板中创建一个动作。其具体操作步骤如下。

Step01 打开素材文件11-02.jpg（光盘\素材文件\第11章\），在“动作”面板中，单击“创建新动作”按钮，弹出“新建动作”对话框，❶设置“名称”“组”“功能键”和“颜色”等参数，❷单击“记录”按钮，如下图所示。

Step02 在“动作”面板中新建了一个动作“动作1”，“开始记录”按钮变为红色，表示正在录制动作，如下图所示。

Step03 执行“图像”→“调整”→“色相/饱和度”命令，弹出“色相/饱和度”对话框，❶设置“色相”为30，❷单击“确定”按钮，如下图所示。

Step04 存储图像，并关闭图像。在“动作”面板中单击“停止播放/记录”按钮，完成动作的记录，如下图所示。

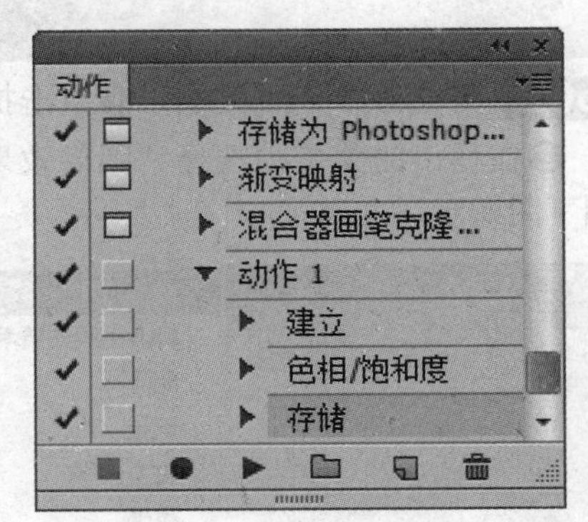

11.1.4 创建动作组

在创建新动作之前，需要创建一个新的组来放置新建的动作，以方便动作的管理。其创建方法与创建新动作类似，在“动作”面板中单击“创建新组”按钮，弹出“新建组”对话框，在“名称”文本框中输入名称，单击“确定”按钮即可。

11.1.5 修改动作名称

如果要修改动作组或动作的名称，可以将它选中，然后选择扩展菜单中的“组选项”或“动作选项”命令，在弹出的“动作选项”对话框中进行设置，如下图所示。

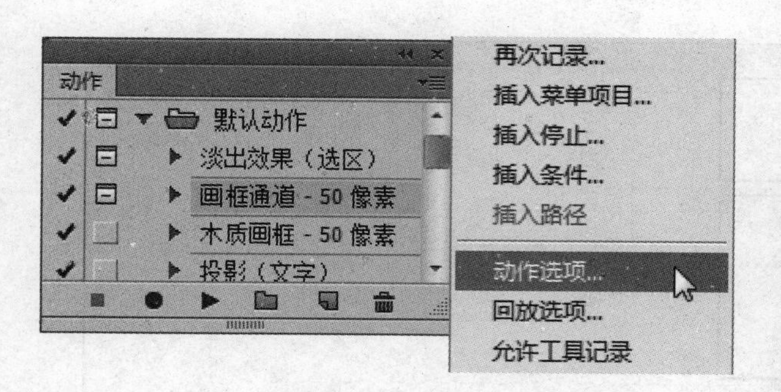

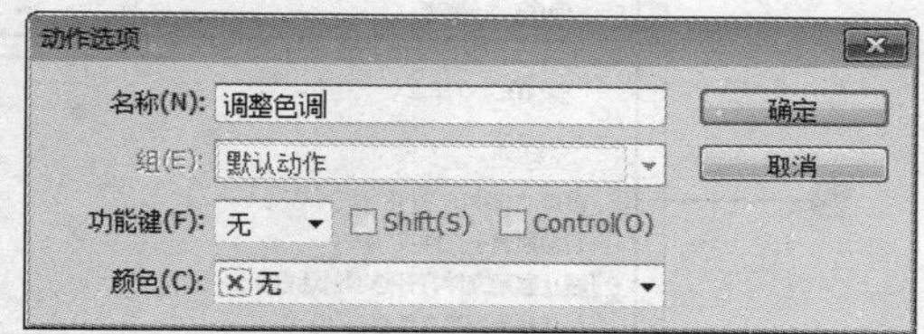

11.1.6 修改动作命令参数

创建动作后，如果对动作命令的参数不满意，可以双击命令，在弹出的对话框中修改参数，如下图所示。

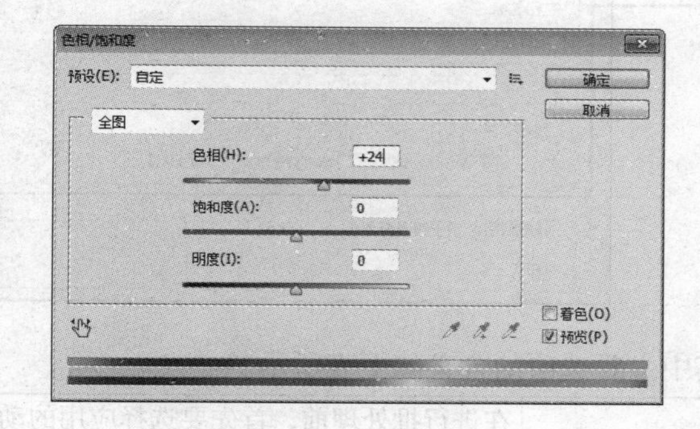

11.1.7 重排、复制与删除动作

在“动作”面板中，将动作或命令拖至同一动作或另一动作中的新位置，即可重新排列动作和命令；将动作和命令拖至“创建新动作”按钮上，可以将其复制；将动作或命令拖至“动作”面板中的“删除”按钮上，可将其删除。选择扩展菜单中的“清除全部动作”命令，可删除所有动作。

11.2 批处理文件与打印输出

“批处理”是指将动作应用于所有的目标文件。可以通过“批处理”来完成大量相同的、重复性的操作，以节省时间，提高工作效率，并实现图像处理的自动化。

11.2.1 “批处理”对话框

使用“批处理”命令可以将文件夹中的文件批量处理。执行“文件”→“自动”→“批处理”命令，打开“批处理”对话框，如下图所示。

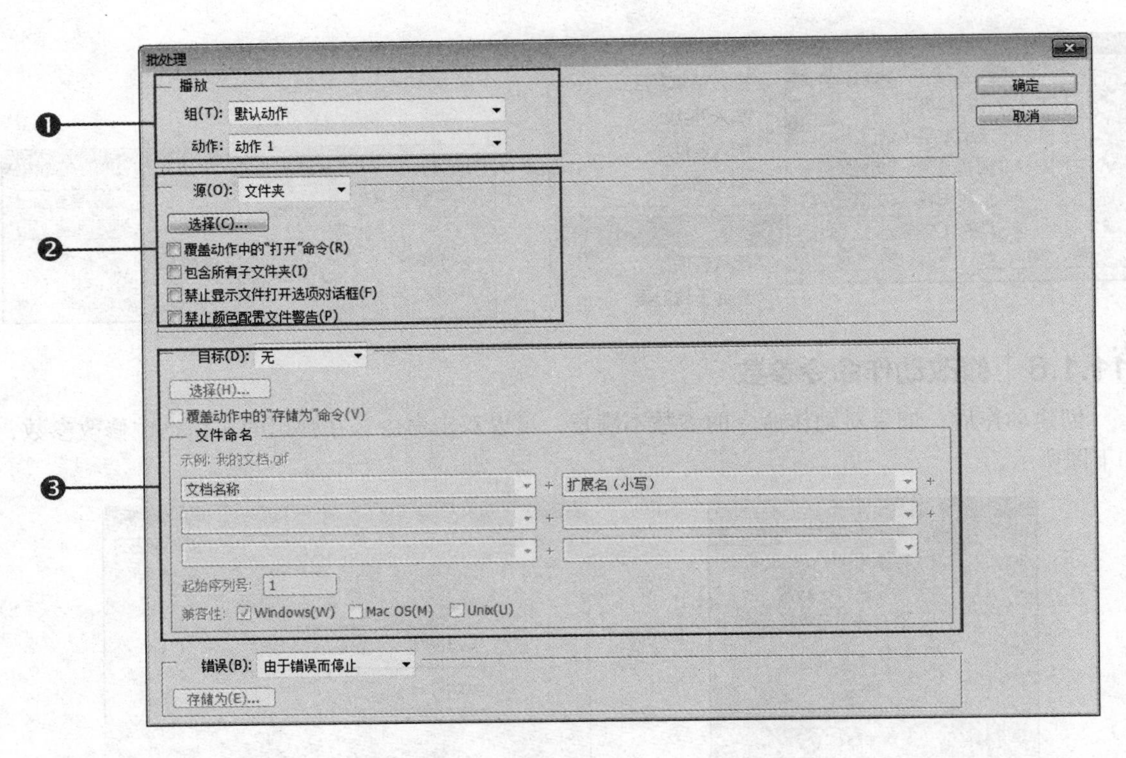

其中主要选项的含义如下表所示。

❶播放的动作	在进行批处理前，首先要选择应用的动作。分别在"组"和"动作"两个下拉列表框中进行选择
❷批处理源文件	在"源"下拉列表框中可以设置文件的来源为"文件夹""导入""打开的文件"或是从Bridge中浏览的图像文件。如果设置的源图像的位置为文件夹，则可以选择批处理的文件所在文件夹位置
❸批处理目标文件	"目标"下拉列表框中包含"无""存储并关闭"和"文件夹"3个选项。选择"无"选项，对处理后的图像文件不做任何操作；选择"存储并关闭"选项，将文件存储在它们当前位置，并覆盖原来的文件；选择"文件夹"选项，将处理过的文件存储到另一位置。在"文件命名"选项组中可以设置存储文件的名称

专家提示

在"批处理"对话框底部，打开"错误"下拉列表框，当批处理出现错误时，可以选择重新处理。

11.2.2 创建快捷批处理

"创建快捷批处理"是一个应用程序，它可以为一个批处理操作创建一个快捷方式。只需将要处理的文件拖曳至快捷批处理图标上即可。创建快捷批处理的具体操作步骤如下。

Step01 执行“文件”→“自动”→“快捷批处理”命令，在弹出的“创建快捷批处理”对话框中设置“组”和“动作”，单击“选择”按钮，如下图所示。

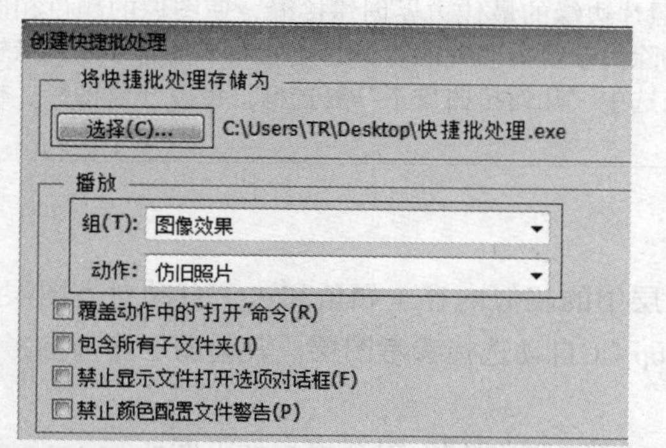

Step02 打开“另存为”对话框，❶选择快捷批处理存储的位置，设置快捷批处理文件名，❷单击“保存”按钮，如下图所示。

Step03 返回“创建快捷批处理”对话框，在“目标”下拉列表框中选择结果文件的处理方式，如下图所示。

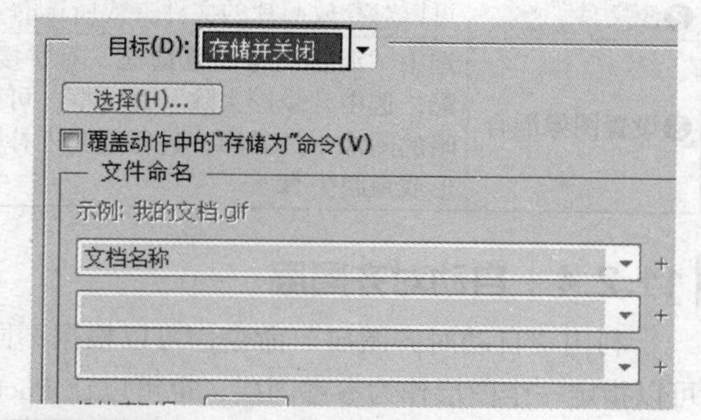

Step04 打开快捷批处理存储的位置，可以看到创建的快捷批处理图标，如下图所示。

11.2.3 Photomerge 图像拼接

Photomerge命令能够将多张照片进行不同形式的拼接，形成具有整体效果的全景照片。执行“文件”→“自动→“Photomerge”命令，弹出Photomerge对话框，如下图所示。

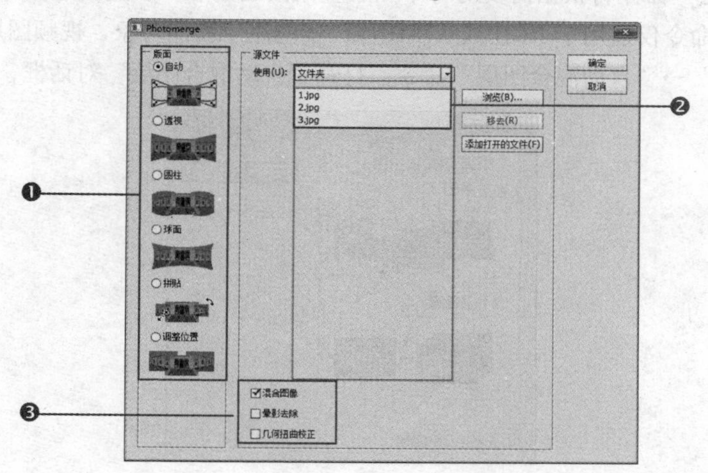

其中主要选项的含义如下表所示。

❶版面	在该选项组中，提供了多种照片拼合后的版面效果，可以对图像进行“自动”“透视”“圆柱”“球面”“拼贴”“调整位置”等版面设置
❷源文件	可以对存放照片的文件夹或所选的多张照片进行拼接
❸设置图像混合	选中“混合图像”复选框，对拼接的照片边缘的最佳边界创建接缝，使图像的颜色相匹配；选中“晕影去除”复选框，可以去除由于镜头瑕疵或镜头遮光处理不当而导致边缘较暗的图像中的晕影，进行曝光度补偿；选中“几何扭曲校正”复选框，可以补偿桶形、枕形或鱼眼失真

11.2.4 自动对齐图层

利用“自动对齐图层”命令，可以根据不同图层中的相似内容（如角和边）自动对齐图层。可以指定一个图层作为参考图层，也可以让 Photoshop CC自动选择参考图层。其他图层将与参考图层对齐，以便匹配的内容能够自行叠加。

执行“编辑→自动对齐图层”命令，将会打开“自动对齐图层”对话框，如下图所示。

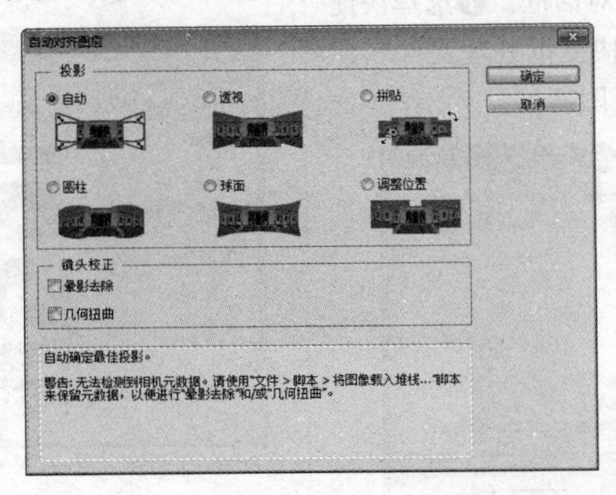

11.2.5 自动混合图层

利用“自动混合图层”命令，可以缝合或组合图像，从而在最终复合图像中获得平滑的过渡效果。

“自动混合图层”命令将根据需要对每个图层应用图层蒙版，以遮盖过度曝光或曝光不足的区域或内容差异。该命令仅适用于 RGB 或灰度图像，不能用于智能对象、视频图层、3D 图层或背景图层。执行“编辑”→“自动混合图层”命令，打开“自动混合图层”对话框，如下图所示。

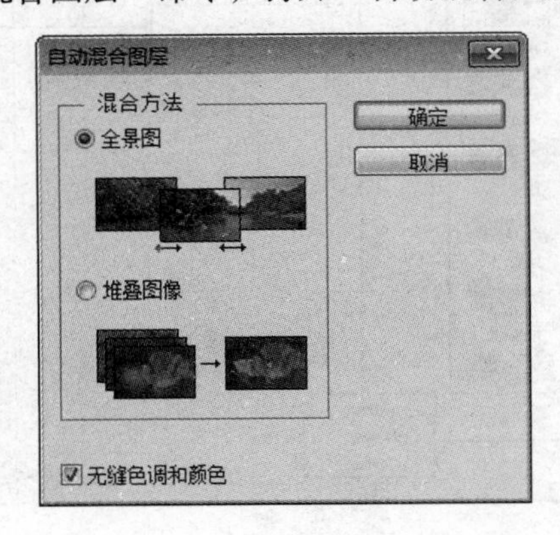

11.3 脚本自动化

利用“脚本”命令可以控制多个应用程序，实现另一种图像自动化处理。可以不用自己编写的脚本，直接使用Photoshop CC提供的脚本即可进行操作。

11.3.1 图像处理器

利用“图像处理器”命令，可以将一组文件中的不同文件以特定的格式、大小或执行同样操作后保存。执行“文件”→“脚本”→“图像处理器”命令，打开“图像处理器”对话框，如下图所示。

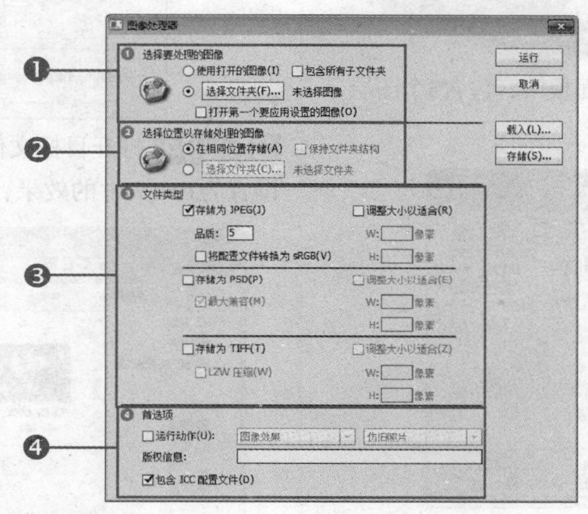

其中主要选项的含义如下表所示。

选项	含义
❶选择要处理的图像	在该选项组中，可以通过选择打开需要处理的图像或是图像所在的文件夹
❷选择位置以存储处理的图像	在该选项组中，可选择将处理后的图像存放在相同位置或是存在其他文件夹中
❸文件类型	在该选项组中可以将处理的图像分别以JPEG、PSD和TIFF格式进行保存，还可以根据需要对图像大小进行限制
❹首选项	可以对图像应用动作，应用的动作在下拉列表框中进行选择

专家提示

“图像处理器”命令与“批处理”命令不同，不必先创建动作，就可以使用图像处理器来处理文件。

11.3.2 将图层导出到文件

利用“将图层导出到文件”命令，可以将PSD文件中的图层分别导出，并对每一个图层的图像重新创建一个文件，文件存储格式包括PSD、BMP、JPEG、PDF等。具体操作步骤如下。

光盘同步文件　视频文件：光盘\教学文件\第11章\11-3-2.mp4

Step01 打开光盘中的素材文件11–03.psd（光盘\素材文件\第11章\），如下图所示。

Step02 在其“图层”面板中，包含3个图层，如下图所示。

Step03 执行“文件”→“脚本”→“将图层导出到文件”命令，弹出“将图层导出到文件”对话框，❶设置存储位置和文件类型，❷单击“运行”按钮，如下图所示。

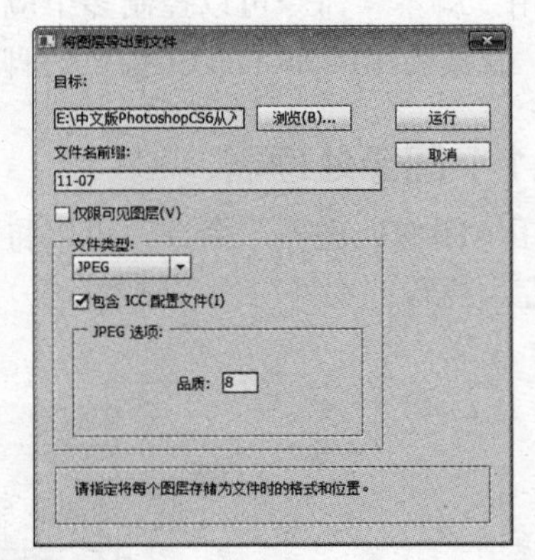

Step04 打开目标文件夹，可以查看每个图层设置为JPG文件的效果，如下图所示。

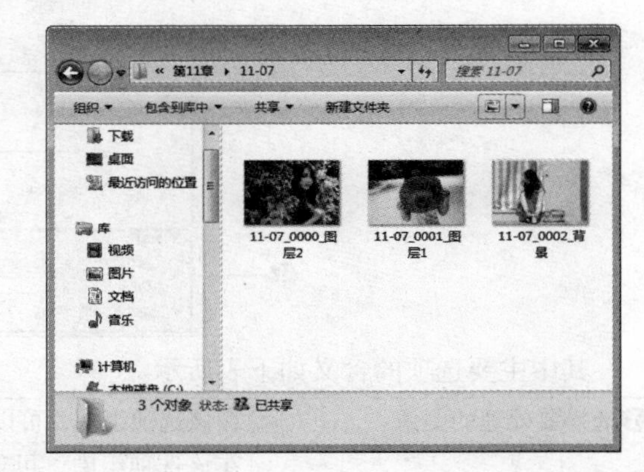

11.4 打印输出

当使用Photoshop CC创作好艺术作品后，往往需要将作品利用打印机打印在纸张上，以便传阅或使用。下面介绍文件的打印输出操作。

11.4.1 熟悉“Photoshop 打印设置”对话框

在“Photoshop打印设置”对话框中，可以预览打印效果，并设置打印机、份数、色彩管理、位置和大小、打印标记及函数等。执行“文件”→“打印”命令，或按【Ctrl+P】组合键，打开“Photoshop打印设置”对话框，如下图所示。

在“Photoshop打印设置”对话框中，各选项的含义如下表所示。

❶打印机	在下拉列表框中可以选择打印机
❷份数	可以设置打印份数
❸打印设置	单击该按钮，在弹出的对话框中可以设置纸张的方向、页面的打印顺序和打印页数
❹色彩管理	设置文件的打印色彩管理，包括颜色处理和打印机配置文件等
❺位置	选中“居中”复选框，可以将图像定位于可打印区域的中心；取消选中该复选框，则可在“顶”和“左”文本框中输入数值定位图像，从而只打印部分图像
❻缩放后的打印尺寸	如果选中“缩放以适合介质”复选框，可自动缩放图像至适合纸张的可打印区域；取消选中该复选框，则可在“缩放”文本框中输入图像的缩放比例，或者在“高度”和“宽度”文本框中设置图像的尺寸
❼打印选定区域	选中该复选框后，打印预览框四周会出现黑色箭头符号，拖动该符号，可自定义文件的打印区域
❽打印标记	控制是否输出打印标记，包括角裁剪标志、说明、中心裁剪标志和标签等
❾函数	控制打印图像外观的其他选项，包括药膜朝下、负片等印前处理设置。单击“函数”选项组中的“背景”“边界”“出血”等按钮，即可打开相应的参数设置对话框。其中“背景”用于选择要在页面上的图像区域外打印的背景色；“边界”用于在图像周围打印一个黑色边框；“出血”用于在图像内而不是在图像外打印裁切标记

11.4.2 “打印一份”命令

如果要使用当前的打印设置打印一份文件，可执行“文件”→“打印一份”命令，或按【Alt+Shift+Ctrl+P】组合键即可。需要注意的是，该命令无对话框。

11.4.3 “陷印”命令

在叠印套色版时，如果套印不准、相邻的纯色之间没有对齐，便会出现小的缝隙。出现这种情况时，通常采用一种陷印技术来纠正。

执行“图像”→“陷印”命令，打开“陷印”对话框。其中，“宽度”代表了印刷时颜色向外扩张的距离。该命令仅用于CMYK模式的图像。图像是否需要陷印，一般由印刷商确定，如果需要陷印，印刷商会告知用户要在“陷印”对话框中输入的数值。

技高一筹

下面结合本章内容，给大家介绍一些实用技巧。

光盘同步文件　原始文件：光盘\素材文件\第11章\技高一筹\11-01.jpg
同步视频文件：光盘\教学文件\第11章\技高一筹\技巧01.mp4~技巧04.mp4

◎技巧 01　如何手动插入动作

在记录动作的过程中，无法对使用绘画工具、调色工具以及“视图”和“窗口”菜单下的命令进行记录。此时，可以通过“动作”面板扩展菜单中的“插入菜单项目”命令，将这些不能记录的操作插入到动作中。具体操作步骤如下。

Step01 在动作执行过程中，❶单击“动作”面板右上角的扩展按钮，❷在打开的菜单中，选择“插入菜单项目”命令，如下图所示。

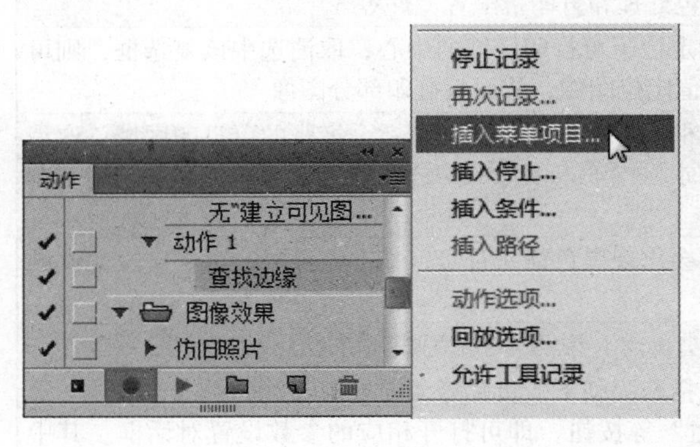

Step02 在打开的“插入菜单项目”对话框中，❶单击“确定”按钮，❷选择工具箱中的“铅笔工具”，该操作会记录到动作中，如下图所示。

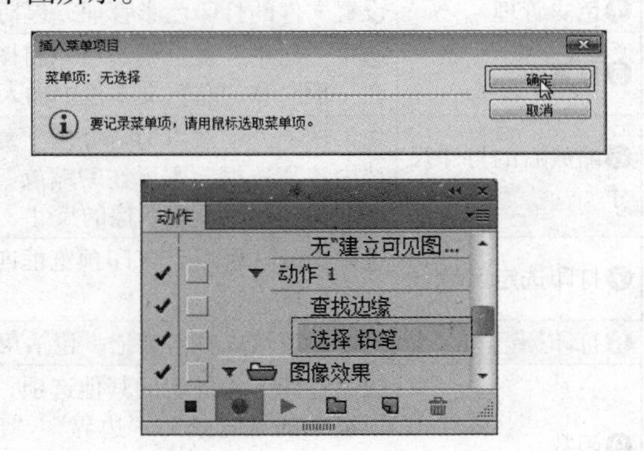

◎技巧 02　如何添加动作提示

在录制动作时，有时需要提醒用户需要注意的事项。在这样的情况下，可以为动作添加提示信息。具体操作步骤如下。

Step01 在动作执行过程中，❶单击“动作”面板右上角的扩展按钮，❷在打开的菜单中，选择“插入停止”命令，如下图所示。

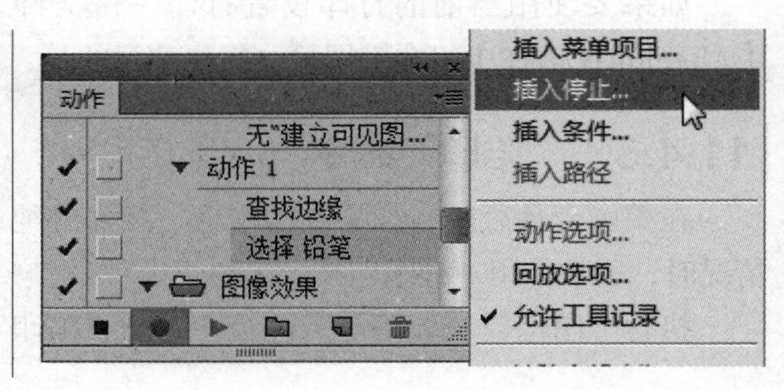

Step02 在打开的“记录停止”对话框中，❶输入信息文字，选中“允许继续”复选框，❷单击“确定”按钮，如下图所示。

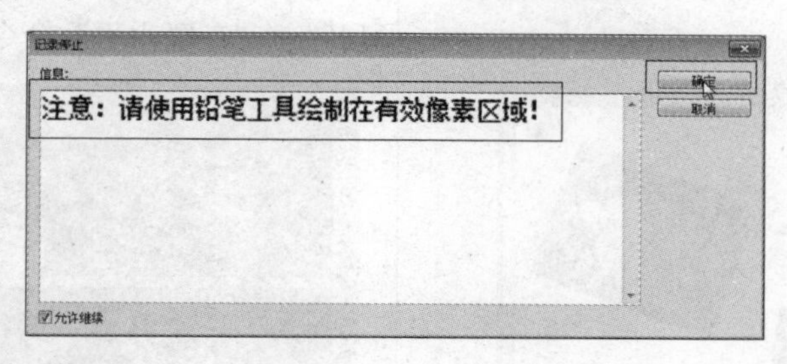

专家提示

在播放动作过程中，播放到“停止”命令时，将会弹出提示对话框，提示用户需要进行的操作（例如，使用铅笔绘画）。用户完成操作后，单击“播放选定的动作”▶按钮，将会继续动作操作。

◎技巧 03　如何存储动作

创建动作后，可以存储自定义的动作，以方便将该动作运用到其他图像文件中。存储动作的具体操作步骤如下。

Step01 ❶在“动作”面板中选择需要存储的动作组，❷在面板扩展菜单中选择“存储动作”命令，如下图所示。

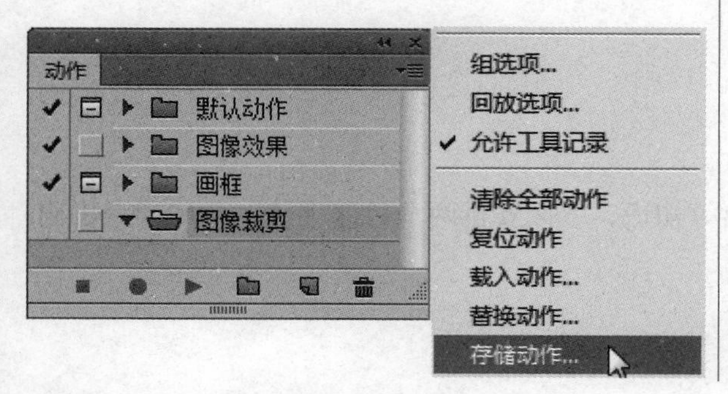

Step02 弹出“另存为”对话框，❶选择保存路径，❷单击“保存”按钮，即可将需要存储的动作组进行保存，如下图所示。

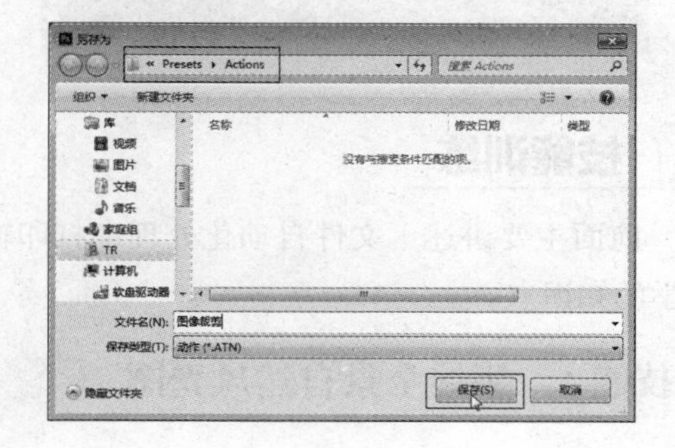

◎技巧 04　如何裁剪并修齐图像

“裁剪并修齐照片”命令是一项自动化功能，可以通过多图像扫描创建单独的图像文件。具体操作步骤如下。

Step01 打开素材文件11-01.jpg（光盘\素材文件\第11章\技高一筹），该文件是多图像扫描文件。

Step02 执行“文件”→“自动”→“裁剪并修齐照片”命令，文件自动进行操作，如下图所示。

Step03 通过前面操作，将每个图像文件单独裁切到文件中。执行“窗口”→“排列”→“三联水平”命令，效果如下图所示。

专家提示

如果对单幅图像创建选区边界，同时在选取该命令时按住【Alt】键，系统将只把该幅图像从背景中分离出来。

技能训练

前面主要讲述了文件自动化处理和打印输出等知识，下面安排两个技能训练，帮助读者巩固所学的知识点。

*技能 1　拼接全景自然风光图

训练介绍

在拍摄照片时，由于相机的问题，通常无法拍摄出范围太广的照片。此时用户可以将拍摄的多幅图像进行拼接，如下图所示。

光盘同步文件

素材文件：光盘\素材文件\第11章\技能训练\11-01a.jpg~11-01c.jpg

结果文件：光盘\结果文件\第11章\技能训练\11-01.psd

视频文件：光盘\教学文件\第11章\技能训练\11-01.mp4

操作提示

制作关键

本实例首先打开需要拼接的图像，接下来复制和粘贴图层，最后使用“自动对齐图层”命令拼接图像。

技能与知识要点

- 打开文件
- 复制图层
- “自动对齐图层”命令

操作步骤

本实例的具体操作步骤如下。

Step01 打开光盘中的素材文件11-01a.jpg和11-01b.jpg（光盘\素材文件\第11章\技能训练），按【Ctrl+A】组合键全选11-01b图像，按【Ctrl+C】组合键复制图像，如下图所示。

Step02 切换到11-01a.jpg文件中，按【Ctrl+V】组合键粘贴图像，如下图所示。

Step03 打开光盘中的素材文件11-01c.jpg（光盘\素材文件\第11章\技能训练），按照相同

的方法将其复制粘贴到11-01a.jpg中，得到“图层2”，如下图所示。

Step04 在“图层”面板中，按住【Ctrl】键分别单击“图层2”“图层1”和“背景”图层，同时选中3个需要拼合的图层，如下图所示。

Step05 执行“编辑”→“自动对齐图层”命令，弹出“自动对齐图层”对话框，保持默认参数设置，单击“确定”按钮，如下图所示。

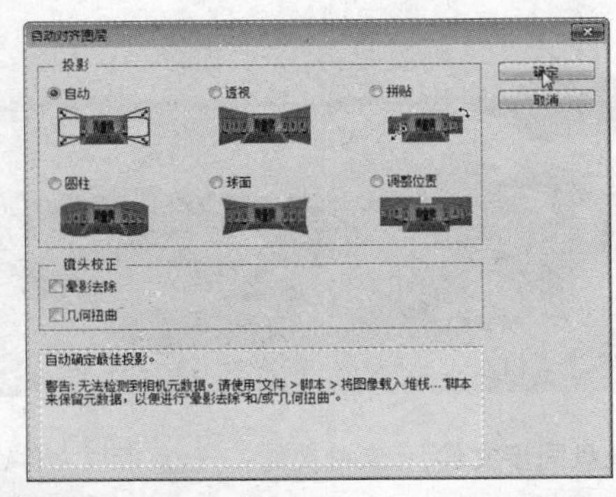

Step06 通过前面的操作，画布自动增大，并对齐图层，使3幅图像实现无缝拼接，效果如下图所示。

★技能 2　批量处理多个文件

➲ 训练介绍

如果多个文件需要进行相同的操作，使用“批处理”命令可以提高工作效率，效果如下图所示。

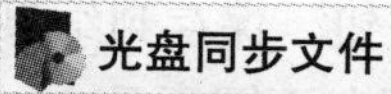

光盘同步文件

素材文件：光盘\素材文件\第11章\技能训练\11-02文件夹

结果文件：光盘\结果文件\第11章\技能训练\11-02文件夹

视频文件：光盘\教学文件\第11章\技能训练\11-02.mp4

操作提示

制作关键

首先选择需要批处理的文件，接下来设置“批处理”的“源”和“目标”文件夹，最后完成批处理操作。

技能与知识要点

- “动作”面板
- “批处理”命令
- 存储文件

操作步骤

本实例的具体操作步骤如下。

Step01 执行“窗口”→“动作”命令，打开“动作”面板，❶单击“动作”面板右上角的扩展按钮，❷在弹出的菜单中选择“图像效果”命令，载入图像效果动作组，如下图所示。

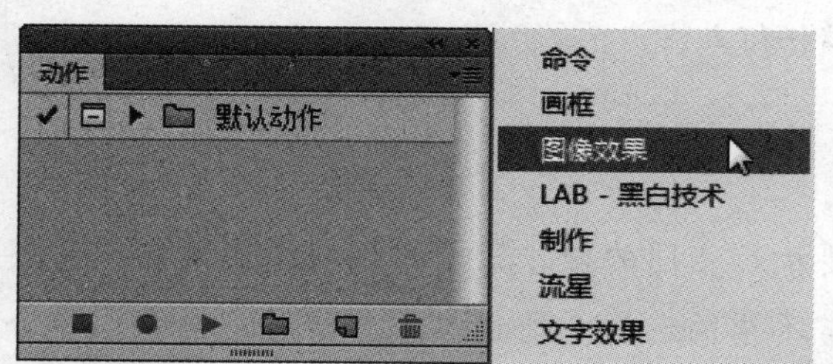

Step02 执行“文件”→“自动”→“批处理”命令，打开“批处理”对话框。在“组”下拉列表框中选择“图像效果”命令，在“动作”下拉列表框中选择“渐变映射”命令，如下图所示。

Step03 在“源”下拉列表框中选择“文件夹”选项，❶单击“选择”按钮，打开“浏览文件夹”对话框。选择光盘\素材文件\第11章\11-02文件夹，❷单击“确定”按钮，如下图所示。

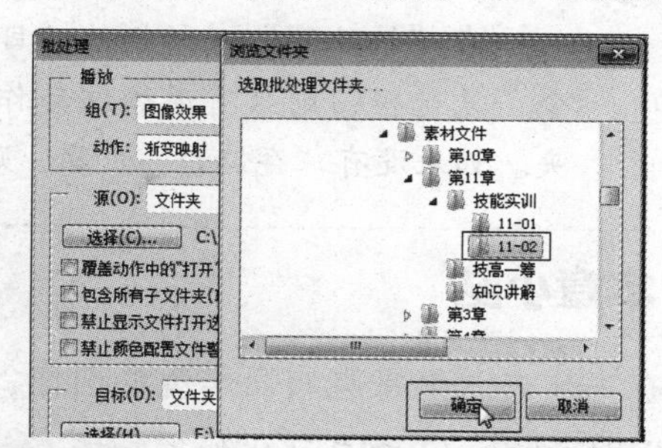

Step04 在“目标”下拉列表框中选择“文件夹”选项，❶单击“选择”按钮，打开“浏览文件夹”对话框。选择光盘\结果文件\第11章\11-02文件夹，❷单击“确定”按钮，如下图所示。

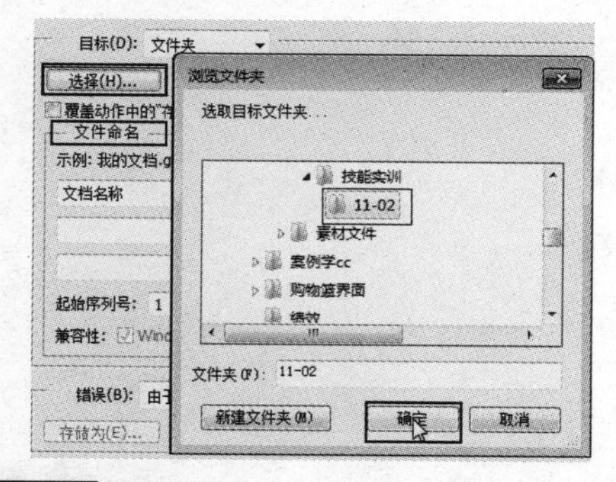

Step05 处理完1.jpg文件后，弹出“另存为”对话框。❶用户可以重新选择存储位置，并为

结果文件重命名，❷单击“保存”按钮，如下图所示。

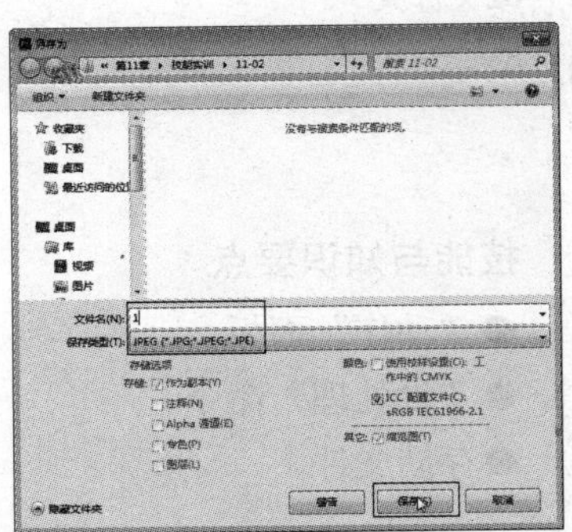

Step06 Photoshop CC将继续使用选择的动作处理11-02文件夹中的所有文件。每完成一个文件的处理，系统都会弹出“另存为”对话框。

完成设置后，单击“保存”按钮，保存到结果文件\11-02文件夹中。最终效果如下图所示。

专家提示

在“批处理”对话框的“目标”栏中，如果选中“覆盖动作中的‘存储为’命令”复选框，则只有通过该动作中的“存储为”步骤，才能将文件存储到目标文件夹。如果没有“存储为”步骤，则不存储任何文件。

本章小结

在工作中，如果有相同类型的图像，只需要执行相同的操作，就可以快速达到相同的效果。Photoshop CC的自动化处理功能是一种非常不错的选择。通过本章的学习，当我们结合“动作”与“批处理”命令进行图像处理时，可以避免重复操作，大大提高工作效率。此外，还需要掌握文件的打印输出功能，熟练输出打印文档。

第12章 Web图像和视频、动画

本章导读

在 Photoshop CC 中，用户可以根据需要将处理完成的图像存储为 Web 环境所需要的图像，也就是网络需要的图像。运用切片工具，掌握 Web 图像的优化设置，并学习视频和动画的创建与编辑，是本章的要点。希望通过本章的讲解，用户能掌握本章的学习内容，可对以后的工作学习提供更大的帮助。

学完本章后应该掌握的技能

* 认识 Web 图像
* 切片的创建与编辑
* 掌握 Web 图像优化设置
* 掌握视频的创建与编辑
* 掌握动画的制作

本章相关实例效果展示

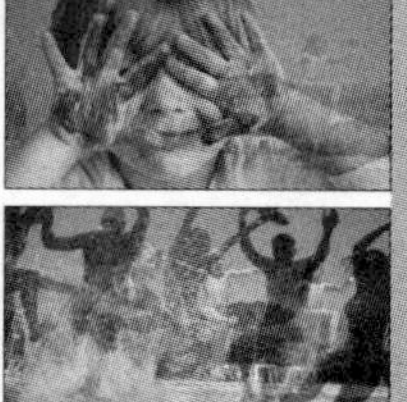

12.1 关于 Web 图像

Web图像的重要特点是体积小、色彩丰富。常见的Web图像格式有GIF、JPEG、PNG等。对图像进行编辑后，可将图像直接进行切片、优化，然后存储为Web中图像所需的格式，以便在网络中传输或直接在网页上使用。

12.1.1 了解 Web 图像

对于普通用户来说，Web仅是一种环境（互联网的使用环境、氛围、内容等）；而对于网站设计者和制作者来说，它是一系列技术的复合总称（包括网站的前台布局、后台程序、美工和数据库领域等技术）。Web非常流行的一个很重要的原因，就在于它可以在一页上同时显示色彩丰富的图像和文本性能。

12.1.2 关于 Web 颜色

颜色是网页设计的重要内容，计算机屏幕上看到的颜色不一定都能在其他系统的Web浏览器中以同样的效果显示。为了使Web图像的颜色能够在所有的显示器上看起来一模一样，在制作网页时，就需要使用Web安全颜色。

在“颜色”面板或“拾色器”对话框中调整颜色时，如果出现警告图标，可单击该图标，将当前颜色替换为与其最为接近的Web安全颜色，如下图所示。

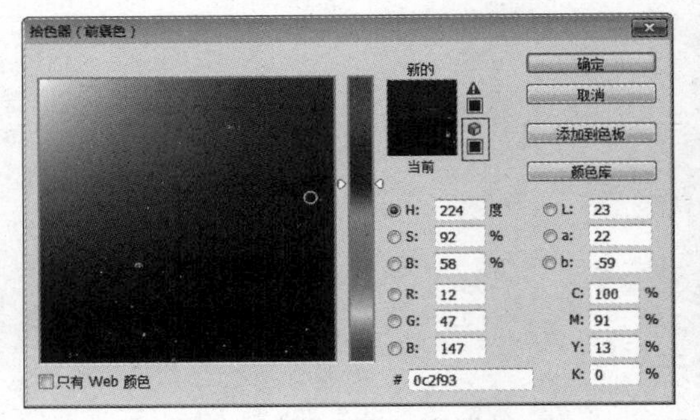

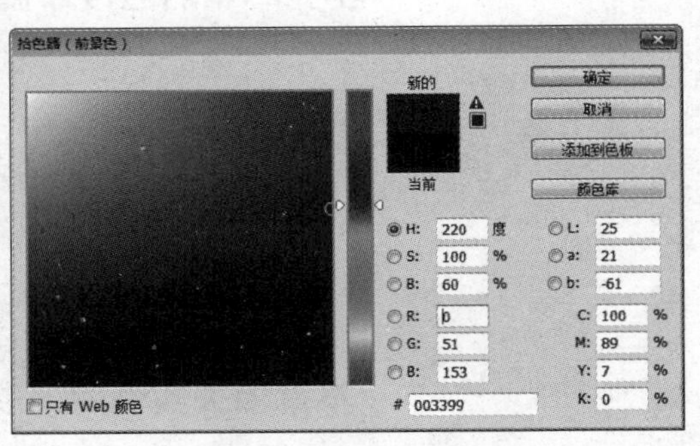

在设置颜色时，可单击“颜色”面板右上角的扩展按钮，在弹出的菜单中选择“Web颜色滑块”命令，在“拾色器”选项中，始终在Web安全颜色模式下工作，如下图所示。

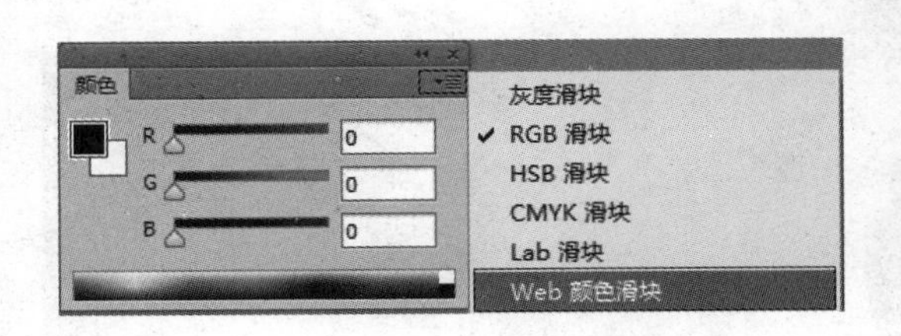

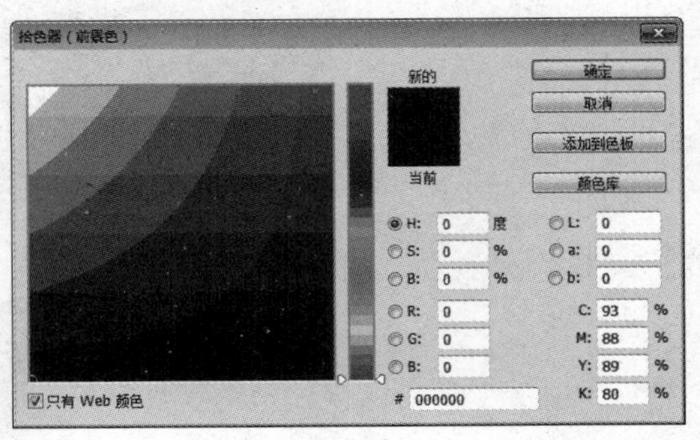

12.2 切片的创建与编辑

在编辑图像时，可以根据需要将图像存储为Web环境所需要的图像。下面介绍Web图像和用于创建Web图像的工具。

12.2.1 切片的创建

“切片工具”主要用于在图像中分割、裁切要链接的部分或者样式不同的部分。选择工具箱中的“切片工具”后，其选项栏如下图所示。

光盘同步文件 视频文件：光盘\教学文件\第12章\12-2-1.mp4

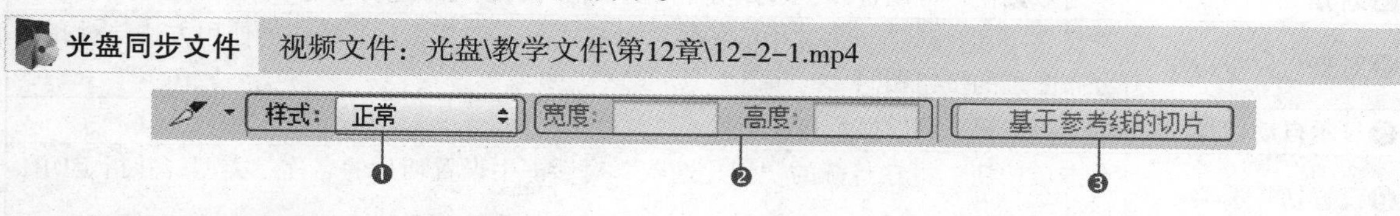

其中常见参数的作用如下表所示。

❶样式	用于选择切片的类型。选择“正常”，通过拖动鼠标确定切片的大小；选择“固定长宽比”，输入切片的高宽比，可创建具有图钉长宽比的切片；选择“固定大小”，输入切片的高度和宽度，然后在画面单击，即可创建指定大小的切片
❷宽度/高度	设置裁切区域的宽度和高度
❸基于参考线的切片	可以先设置好参考线，然后单击该按钮，让软件自动按参考线分切图像

使用“切片工具”切分图像的具体操作步骤如下。

Step01 打开光盘中的素材文件12-01.jpg（光盘\素材文件\第12章\），选择工具箱中的“切片工具”，在要创建切片的区域上单击并拖出一个矩形框，如下图所示。

Step02 释放鼠标，即可创建一个用户切片，已创建切片以外的部分也将生成自动切片，如下图所示。

12.2.2 选择、移动与调整切片

使用工具箱中的“切片选择工具”，可以对图像的切片进行选择、移动和调整大小等。其选项栏如下图所示。

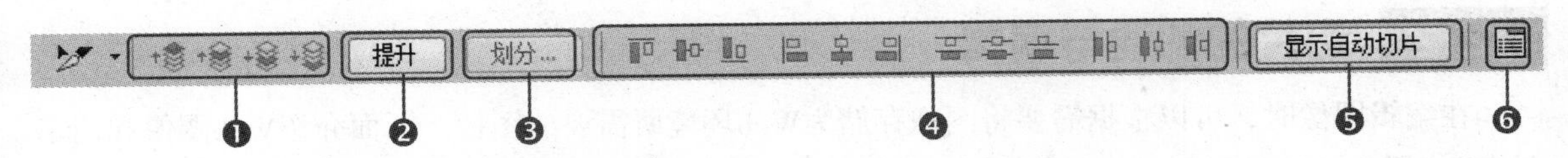

其中常见参数的作用如下表所示。

❶调整切片堆叠顺序	在创建切片时，最后创建的切片是堆叠顺序中的顶层切片。当切片重叠时，可单击其中的按钮，改变切片的堆叠顺序，以便能够选择到底层的切片
❷提升	单击该按钮，可以将所选的自动切片或图层切片转换为用户切片
❸划分	单击该按钮，可以打开“划分切片”对话框对所选切片进行划分
❹对齐与分布切片	选择多个切片后，单击其中的按钮可对齐或分布切片。这些按钮的使用方法与对齐和分布图层的按钮相同
❺显示自动切片	单击该按钮，可以显示自动切片
❻设置切片选项	单击该按钮，可在打开的“切片选项”对话框中设置切片的名称、类型，并指定URL地址等

使用“切片选择工具”单击一个切片可将它选中，如左下图所示。按住【Shift】键单击其他切片，可同时选中其他切片，选中的切片边框为黄色，如右下图所示。

选择切片后，拖动切片定界框上的控制点可以调整切片大小，如左下图所示。选择切片后，拖动切片可以移动切片，如右下图所示。

12.2.3 划分切片

使用“切片选择工具”选择切片，单击其选项栏中的“划分”按钮，打开“划分切片”对话框。在该对话框中，可沿水平、垂直方向或同时沿这两个方向重新划分切片，如下图所示。

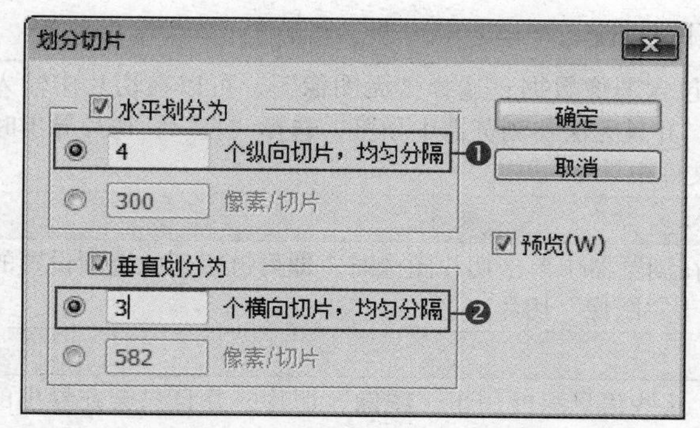

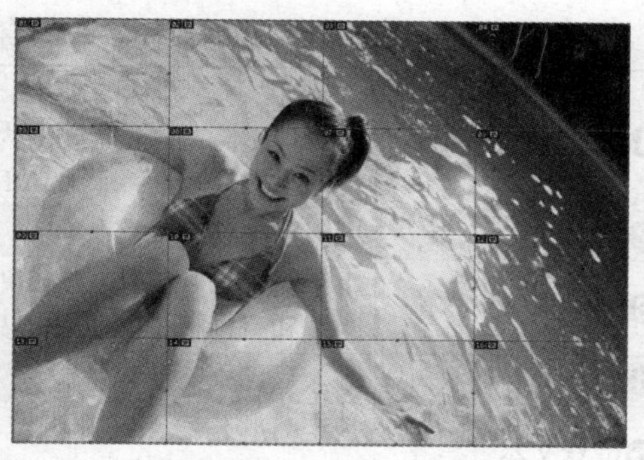

在“划分切片”对话框中，各参数的含义如下表所示。

❶水平划分为	选中该复选框后，可在长度方向上划分切片。选中“( )个纵向切片，均匀分隔”单选按钮，可输入切片的划分数量；选中“像素/切片”单选按钮，可输入一个数值，基于指定数量的像素创建切片，如果按该像素数量无法平均地划分切片，则会将剩余部分划分为另一个切片
❷垂直划分为	选中该复选框后，可在宽度方向上划分切片

12.2.4　组合与删除切片

使用“切片选择工具”选择两个或更多的切片，右击，在弹出的快捷菜单中选择“组合切片”命令，可以将所选切片组合为一个切片，如下图所示。

使用“切片选择工具”选择一个或者多个切片，右击，在弹出的快捷菜单中选择“删除切片”命令，即可将所选切片删除。如果要删除所有切片，可执行“视图”→“清除切片”命令。

12.2.5　设置切片选项

使用“切片选择工具”双击切片，或者选择切片，然后单击工具选项栏中的按钮，可以打开“切片选项”对话框，如下图所示。

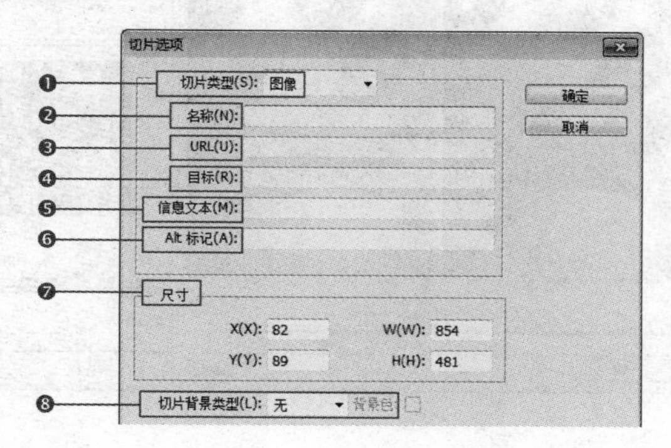

在“划分选项”对话框中，各参数的含义如下表所示。

❶切片类型	“图像”为默认的类型，切片包含图像数据；选择“无图像”，可以在切片中输入HTML文本，但不能导出为图像，并且无法在浏览器中预览；选择“表”，切片导出时将作为嵌套表写入到HTML文本文件中
❷名称	用于输入切片的名称
❸URL	用于输入切片链接的Web地址，在浏览器中单击切片图像时，即可链接到此选项设置的网址和目标框架。该选项只能用于“图像”切片
❹目标	输入目标框架的名称
❺信息文本	指定哪些信息出现在浏览器中。这些信息只能用于“图像”切片，并且只会在导出的HTML文件中出现
❻Alt标记	指定选定切片的Alt标记。Alt文本将在图像下载过程中取代图像，并在一些浏览器中作为工具提示出现
❼尺寸	X和Y选项用于设置切片的位置，W和H选项用于设置切片的大小
❽切片背景类型	可以选择一种背景色来填充透明区域或整个区域

新手注意

创建切片后，为防止误操作，可执行“视图”→“锁定切片”命令，锁定所有切片。再次执行该命令可取消锁定。

12.3 Web 图像优化选项

创建切片后需要对图像进行优化，以减小文件的容量。在Web上发布图像时，较小的文件可以使Web服务器更加高效地存储和传输图像，用户则能够更快地下载图像。

12.3.1 优化图像

执行“文件”→“存储为Web所用格式”命令，打开“存储为Web所用格式”对话框，如下图所示。利用该对话框中提供的优化功能，可以对图像进行优化和输出。

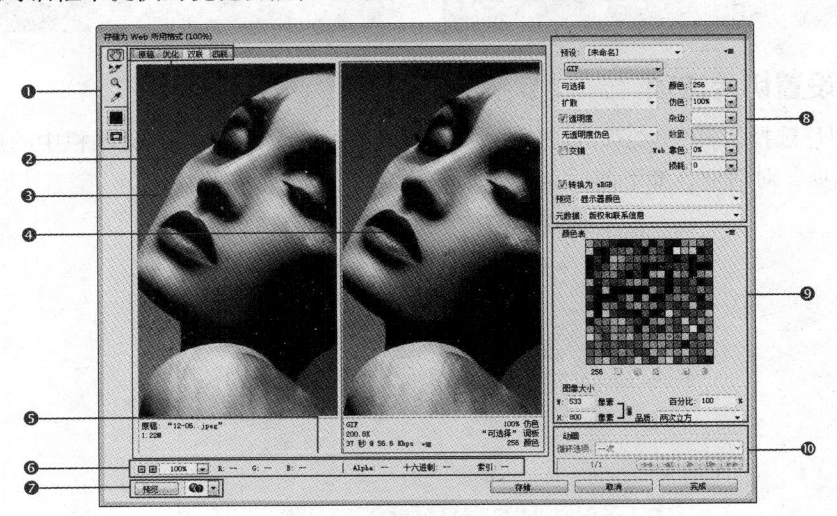

在“存储为Web所用格式”对话框中，各参数的含义如下表所示。

❶工具栏	“抓手工具”可以移动查看图像；“切片选择工具”可选择窗口中的切片，以便对其进行优化；“缩放工具”可以放大或缩小图像的比例；“吸管工具”可吸取图像中的颜色，并显示在“吸管颜色”图标■中；“切换切片可见性”可以显示或隐藏切片的定界框
❷显示模式	单击“原稿”标签，窗口中只显示没有优化的图像；单击“优化”标签，窗口中只显示应用了当前优化设置的图像；单击“双联”标签，并排显示优化前和优化后的图像；单击“四联”标签，可对原稿外的其他3个图像进行不同的优化，每个图像下面都提供了优化信息，通过对比，可以选择最佳优化方案
❸原稿图像	显示没有优化的图像
❹优化的图像	显示应用了当前优化设置的图像
❺状态栏	显示光标所在位置的图像的颜色值等信息
❻图像大小	将图像大小调整为指定的像素尺寸或原稿大小的百分比
❼预览	可以在Adobe Device Central或浏览器中预览图像
❽预设	设置优化图像的格式及相应的优化选项
❾颜色表	将图像优化为GIF、PNG-8和WBMP格式时，可在“颜色表”选项组中对图像颜色进行优化设置
❿动画	用于设置动画的“循环选项”，并提供了多个动画控制按钮

12.3.2 优化为 GIF 和 PNG-8 格式

GIF是用于压缩具有单调颜色和清晰细节的图像的标准格式，它是一种无损的压缩格式。PNG-8格式与GIF格式一样，也可以有效地压缩纯色区域，同时保留清晰的细节。这两种格式都支持8位颜色，因此它们可以显示多达256种颜色。

在“存储为Web所用格式”对话框中，打开“优化的文件格式”下拉列表框，从中选择GIF或PNG-8，即可显示其相应的优化选项，如下图所示。

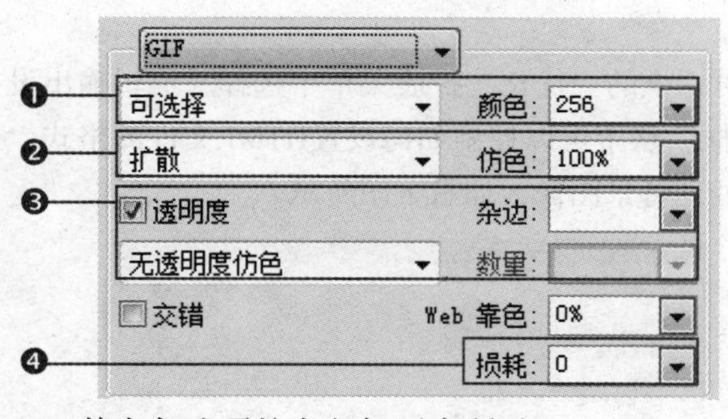

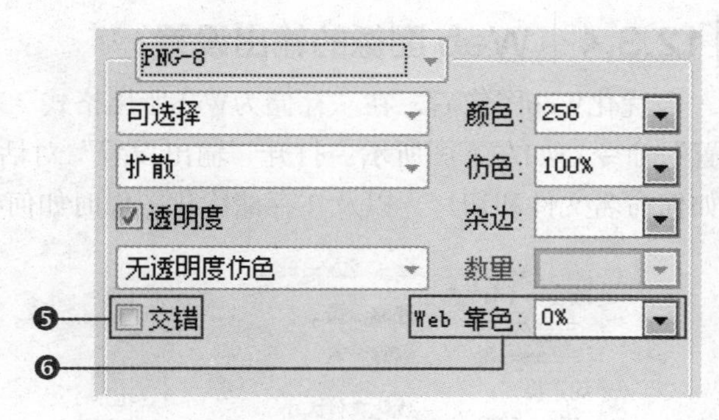

其中各选项的含义如下表所示。

❶减低颜色深度算法/颜色	指定用于生成颜色查找表的方法，以及想要在颜色查找表中使用的颜色数量
❷指定仿色算法/仿色	“仿色”是指通过模拟计算机的颜色来显示系统中未提供的颜色。较高的仿色百分比会使图像中出现更多的颜色和细节，但也会增大文件的容量
❸透明度/杂边	确定如何优化图像中的透明像素
❹损耗	通过有选择地扔掉数据来减小文件容量，可以将文件减小5%～40%
❺交错	选中该复选框，当图像文件正在下载时，在浏览器中显示图像的低分辨率版本，使用户感觉下载时间更短；但会增加文件的容量。

续表

❻Web靠色	指定将颜色转换为最接近Web面板等效颜色的容差级别，并防止颜色在浏览器中进行仿色。该值越高，转换的颜色越多

12.3.3 优化为 JPEG 格式

JPEG是用于压缩连续色调图像的标准格式。将图像优化为JPEG格式时采用的是有损压缩，它会有选择性地扔掉数据以减小文件容量。在“存储为Web所用格式”对话框中，打开“优化的文件格式”下拉列表框，从中选择JPEG，即可显示其相应的优化选项，如下图所示。

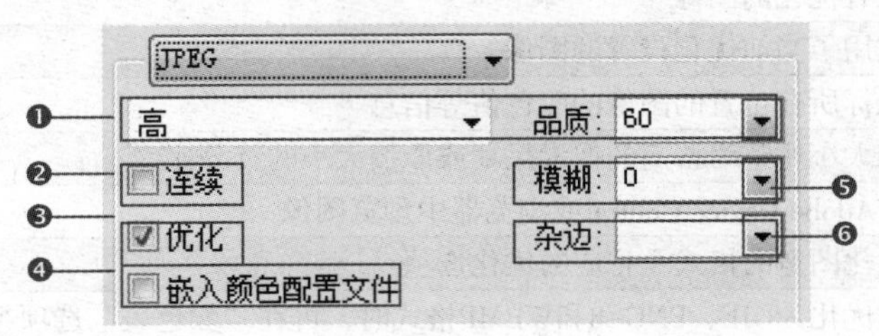

其中各选项的含义如下表所示。

❶压缩程度/品质	压缩程度下拉列表框用来设置压缩程度。“品质”设置得越高，图像的细节越多，但生成的文件也越大
❷连续	在Web浏览器中以渐进方式显示图像
❸优化	创建文件稍小的增强JPEG。如果要最大限度地压缩文件，建议使用优化的JPEG格式
❹嵌入颜色配置文件	在优化文件中保存颜色配置文件。某些浏览器会使用颜色配置文件进行颜色的校正
❺模糊	指定应用于图像的模糊量。可创建与“高斯模糊”滤镜相同的效果，并允许进一步压缩文件以获得更小的文件
❻杂边	为原始图像中透明的像素指定一种填充颜色

12.3.4 Web 图像的输出设置

优化Web图像后，在“存储为Web所用格式”对话框的“优化”扩展菜单中选择“编辑输出设置”命令，如左下图所示。打开“输出设置”对话框，从中可以控制如何设置HTML文件的格式、如何命名文件和切片，以及在存储优化图像时如何处理背景图像，如右下图所示。

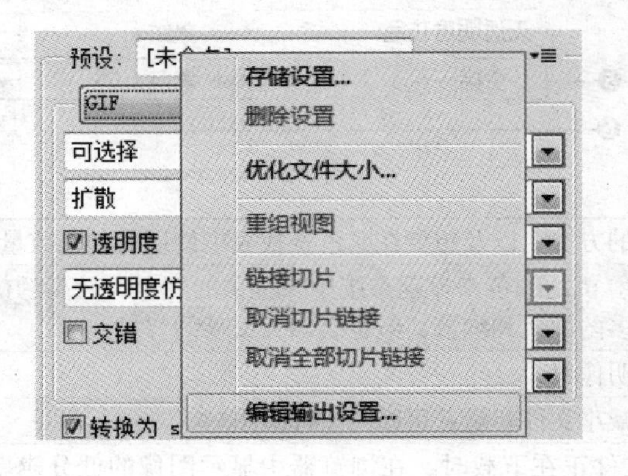

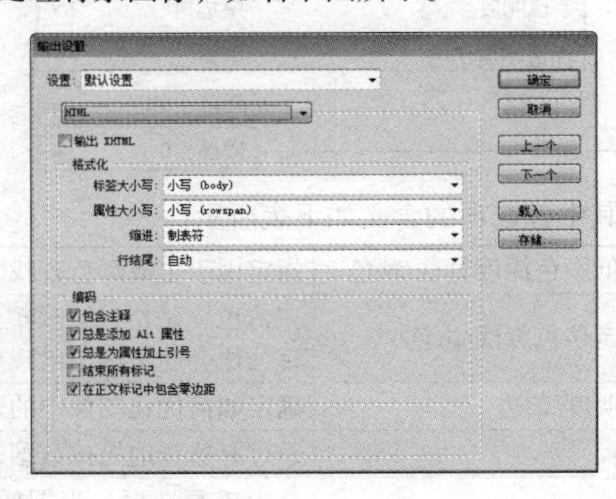

12.4 视频的创建与编辑

在Photoshop CC中打开视频文件时，会自动创建一个视频组，组中包含视频图层（视频图层带有状图标），可以使用“画笔工具”和“图章工具”在视频文件的各个帧上进行绘制和仿制，也可以创建选区或应用蒙版以限定对帧的特定区域进行编辑。此外，还能像编辑常规图层一样调整视频帧的混合模式、不透明度、图层样式等。

12.4.1 创建、打开与导入视频文件

在Photoshop CC中不仅可以打开和编辑视频，还可以创建具有各种长宽比的图像，以便它们能够在不同的设备上正确显示。下面将介绍创建、打开与导入视频文件的常用方法。

1. 创建空白视频文件

执行“文件”→“新建”命令，打开“新建”对话框，在“预设”下拉列表框中选择“胶片和视频”，然后在“大小”下拉列表框中选择一个文件大小选项，如左下图所示；单击“确定”按钮，即可创建一个空白的视频文件，如右下图所示。

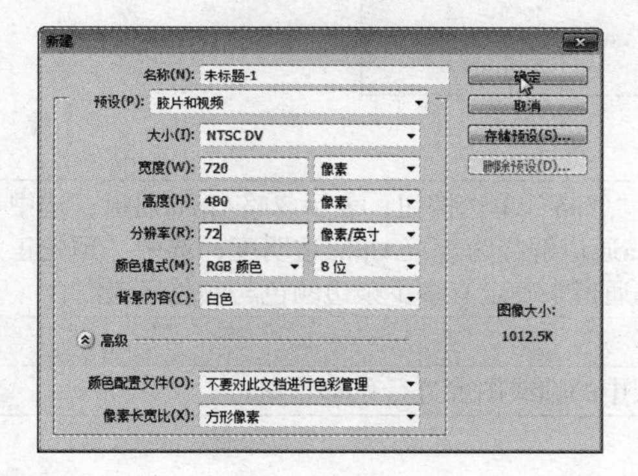

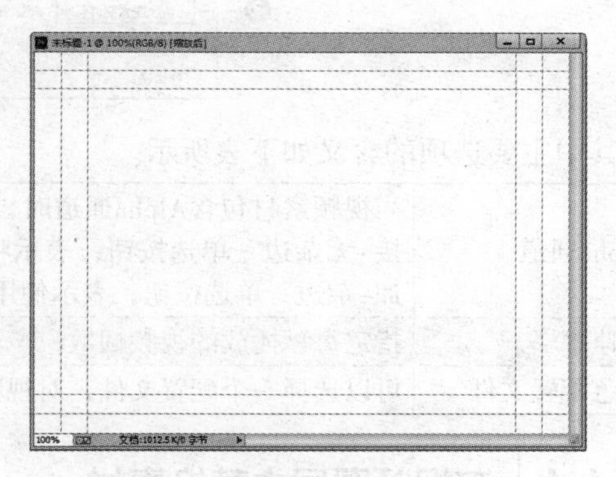

专家提示

在空白视频文件四周显示了两组参考线，它们分别表示动作安全区域、标题安全区域。大多数电视剧都使用一个称作“过扫描”的过程切掉图像的外部边缘，因此，图像中重要的细节应包含在外侧参考线之内。此外，有些电视屏幕的边缘图像会发生变形，为了确保文字清晰可读，应将文字放置在内侧参考线之内。

2. 打开与导入视频文件

执行“文件”→“打开”命令，在打开的对话框中选择一个视频文件，单击“打开”按钮，即可在Photoshop CC中将其打开。

在Photoshop CC中创建或打开一个视频文件后，执行“图层”→“视频图层”→“从文件新建视频图层”命令，可将该视频文件导入当前文档中。

12.4.2 像素长宽比校正

计算机显示器上的图像是由方形像素组成的，而视频编码设备采用的是非方形像素，这就导

致在两者之间交换图像时，会由于像素的不一致而造成图像扭曲。执行“视图”→“像素长宽比校正”命令校正图像，这样就可以在显示器的屏幕上准确地查看视频文件。

12.4.3 解释视频素材

如果使用了包含Alpha通道的视频，就需要指定Photoshop CC如何解释Alpha通道，以便获得所需结果。在“动画”面板或“图层”面板中选择视频图层，执行“图层”→“视频图层”→“解释素材”命令，打开“解释素材”对话框，如下图所示。

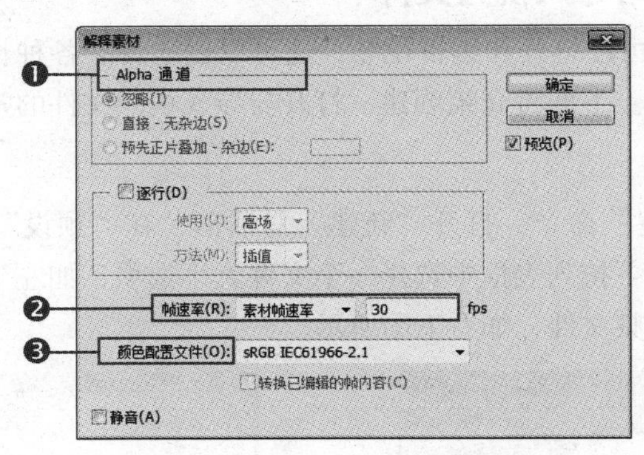

其中主要选项的含义如下表所示。

❶Alpha通道	当视频素材包含Alpha通道时，选中“忽略”单选按钮，表示忽略Alpha通道；选中“直接-无杂边”单选按钮，表示将Alpha通道解释为直接Alpha透明度；选中“预先正片叠加-杂边”单选按钮，表示使用Alpha通道来确定有多少杂边颜色与颜色通道混合
❷帧速率	指定每秒播放的视频帧数
❸颜色配置文件	可以选择一个配置文件，对视频图层中的帧或图像进行色彩管理

12.4.4 在视频图层中替换素材

在操作过程中，由于某种原因导致视频图层和源文件之间的链接断开的，“动画”或“图层”面板中的视频图层上就会显示一个警告图标。如果出现这种情况，可在“动画”或“图层”面板中选择要重新链接到源文件或替换内容的视频图层，执行“图层”→“视频图层”→“替换素材”命令，在打开的“替换素材”对话框中选择视频或图像序列文件，单击“打开”按钮，即可重新建立链接。

12.4.5 在视频图层中恢复帧

如果要对视频图层和空白视频图层中的帧做修改，可在“动画”面板中选择视频图层，然后将当前时间指示器移至特定的视频帧上，再执行“图层”→“视频图层”→“恢复帧”命令，即可恢复特定的帧。如果要恢复视频图层或空白视频图层中的所有帧，则可以执行“图层”→“视频图层”→“恢复所有帧”命令。

12.4.6 渲染和保存视频文件

对视频文件进行编辑后，可以执行“文件”→“导出”→“渲染视频”命令，将视频存储为

QuickTime影片。如果还没有对视频进行渲染更新，则最好使用“文件”→“存储”命令，将文件存储为PSD格式，因为该格式可以保留我们所做的编辑。并且，该文件可以在其他类似于Premiere Pro和After Effects这样的Adobe应用程序中播放，或在其他应用程序中作为静态文件。

12.4.7 导出视频预览

如果将显示设备通过Fire Wire链接到计算机上，就可以在该设备上预览视频文件。如果要在预览之前设置输出选项，可执行“文件”→“导出”→“视频预览”命令。如果要在视频设备上查看文档，但不想设置输出选项，可执行“文件”→“导出”→“将视频预览发送到设备”命令。

12.5 动画的制作

动画是在一段时间内显示的一系列图像或帧，当每一帧较前一帧都有轻微的变化时，连续、快速地显示这些帧就会产生运动或其他变化的视觉效果。

12.5.1 了解帧动画

执行“窗口”→“时间轴”命令，打开“时间轴”面板，在右侧的创建模式下拉列表框中选择“创建帧动画”选项，切换为帧模式。此时，面板中会显示动画中的每个帧的缩览图，如下图所示。

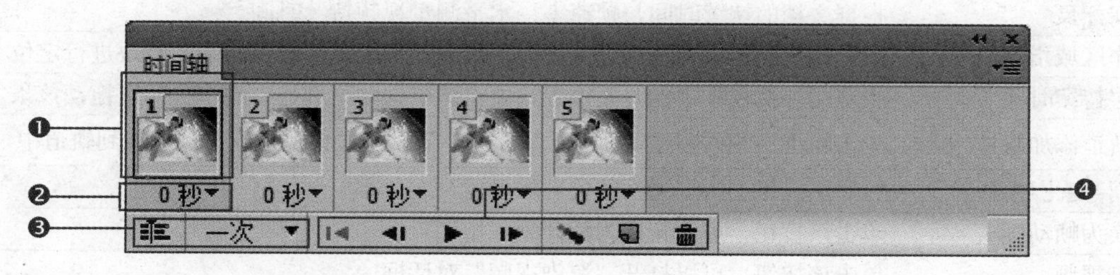

其中各项的含义如下表所示。

❶当前帧	显示了当前选择的帧
❷帧延迟时间	设置帧在回放过程中的持续时间
❸循环选项	设置动画在作为动画GIF文件导出时的播放次数
❹面板底部工具	单击 按钮，可自动选择序列中的第一帧作为当前帧；单击 按钮，可选择当前帧的前一帧；单击 按钮，可播放动画，再次单击停止播放；单击 按钮，可选择当前帧的下一帧；单击 按钮，打开“过渡”对话框，可以在两个现有帧之间添加一系列帧，并让新帧之间的图层属性均匀变化；单击 按钮，可向面板中添加帧；单击 按钮，可删除选择的帧

12.5.2 了解时间轴动画

执行“窗口”→“时间轴”命令，打开“时间轴”面板，在右侧的创建模式下拉列表框中选择“创建视频时间轴”选项，切换为时间轴模式。此时，面板中显示了文档图层的帧持续时间和动画属性，如下图所示。

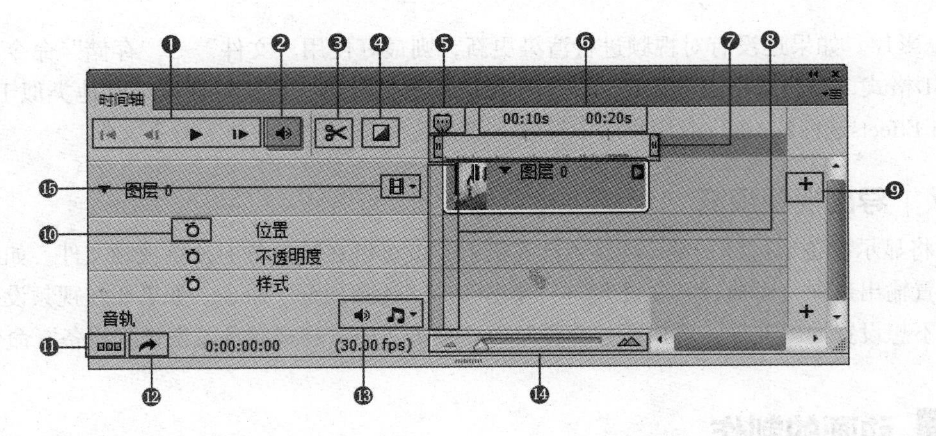

其中各项的含义如下表所示。

❶播放控件	提供了用于控制视频播放的按钮，包括“转到第一帧按钮”、“转到上一帧按钮”、“播放按钮”和“转到下一帧按钮”
❷音频控制按钮	单击该按钮，可以关闭或启用音频播放
❸在播放头处拆分	单击该按钮，可在当前时间指示器所在位置拆分视频或音频
❹过渡效果	单击该按钮，在弹出的下拉面板中进行相应的设置，即可为视频添加过渡效果，从而创建专业的淡化和交叉淡化效果
❺当前时间指示器	拖动当前时间指示器可导航或更改当前时间或帧
❻时间标尺	根据文档的持续时间与帧速率，水平测量视频持续时间
❼工作区域指示器	如果需要预览或是导出部分视频，可拖动位于顶部轨道两端的滑块进行定位
❽图层持续时间条	指定图层在视频中的时间位置，要将图层移动至其他时间位置，可拖动该条
❾向轨道添加媒体/音频	单击轨道右侧的 + 按钮，可以打开一个对话框将视频或音频添加到轨道中
❿时间-变化秒表	可启用或停用图层属性的关键帧设置
⓫转换为帧动画	单击该按钮，可以转换为帧动画
⓬渲染视频	单击该按钮，可以打开“渲染视频”对话框
⓭音轨	可以编辑和调整音频。单击按钮，可以让音轨静音或取消静音。在音轨上右击，在弹出的快捷菜单中选择相应的命令可调节音量或对音频进行淡入淡出设置。单击音符按钮，在弹出的下拉菜单中可以选择“新建音轨”或“删除音频剪辑”等命令
⓮控制时间轴显示比例	单击按钮可以缩小时间轴；单击按钮可以放大时间轴；拖动滑块可以进行自由调整
⓯视频组	可以编辑和调整视频。单击按钮，在弹出的下拉菜单中可以选择“添加媒体”“新建视频组”等命令

技高一筹

下面结合本章内容，给大家介绍一些实用技巧。

光盘同步文件 原始文件：光盘\素材文件\第12章\技高一筹\12-01.psd 、12-02.psd

同步视频文件：光盘\教学文件\第12章\技高一筹\技巧01.mp4~技巧04.mp4

◎技巧01 如何通过图层创建切片

基于图层创建切片，必须要有两个或两个以上的图层。其具体操作步骤如下。

Step01 打开光盘中的素材文件12-01.psd（光盘\素材文件\第12章\技高一筹\），在其“图层”面板中选择“图层1”，如下图所示。

Step02 执行“图层”→“新建基于图层的切片”命令，创建切片，其中包含该图层所有像素，如下图所示。

专家提示

当创建基于图层的切片后，移动和编辑图层内容时，切片区域也会随之自动调整。

◎技巧02 如何提升切片为用户切片

基于图层的切片编辑范围有限，在对切片进行移动、组合、划分、调整大小和对齐等操作时，唯一的方法就是编辑相应的图层。只有将其转换为用户切片，才能使用“切片工具”对其进行编辑。此外，在图像中，所有自动切片都链接在一起并共享相同的优化设置。如果要为自动切片定义不同的优化设置，也必须将其提升为用户切片。

使用“切片选择工具”选择要转换的切片，在选项栏中单击“提升”按钮，即可将其转换为用户切片。

◎技巧03 如何将帧动画转换为视频时间轴动画

帧动画和视频时间轴动画是可以相互转换的。在“时间轴”面板中，单击右上角的扩展按钮，在弹出的菜单中选择“转换为视频时间轴”命令，即可将帧动画转换为视频时间轴动画，如左下图所示，转换后的视频时间轴效果如右下图所示。

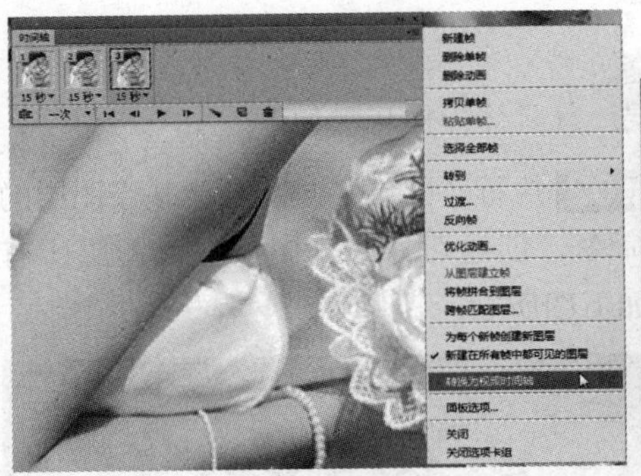

◎技巧 04　如何输出 GIF 动画

在Photoshop CC中，通过相应的命令可以预览并输出GIF动画，常用于制作闪动或跳跃的小动画。输出GIF动画的具体操作步骤如下。

Step01 打开素材文件12-02.psd（光盘\素材文件\第12章\技高一筹），执行“文件”→“存储为Web所用格式”命令，❶在弹出的“存储为Web所用格式”对话框中，设置“循环选项”为永远，❷单击“存储”按钮，如下图所示。

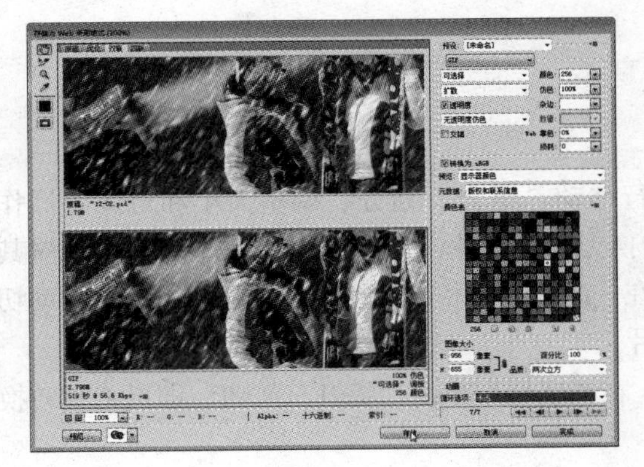

Step02 在打开的“将优化结果存储为”对话框中，❶选择动画文件保存路径，❷单击“保存”按钮，如下图所示。

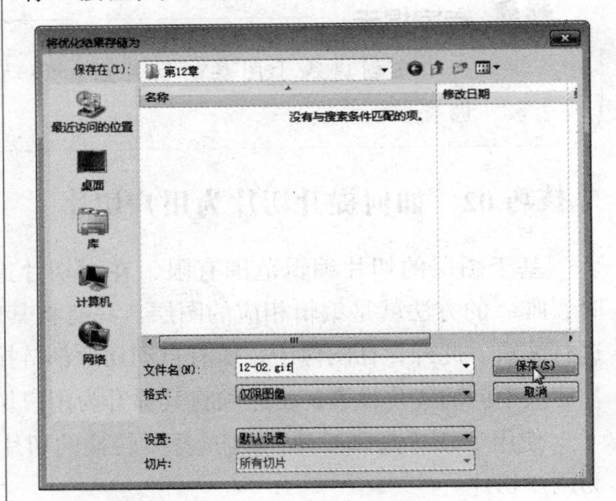

技能训练

前面主要讲述了Web图像和视频、动画等知识，下面安排两个技能训练，帮助读者巩固所学的知识点。

＊技能 1　制作蝶舞翩翩小动画

➲ 训练介绍

冬去春回，盛开的鲜花和飞舞的蝴蝶带给大地无限的生机。在Photoshop CC中可以快速打造蝴蝶的飞舞效果，如下图所示。

光盘同步文件

素材文件：光盘\素材文件\第12章\技能训练\12-01a.jpg，12-01b.tif, 12-01c.tif

结果文件：光盘\结果文件\第12章\技能训练\12-01.psd

视频文件：光盘\教学文件\第12章\技能训练\12-01.mp4

操作提示

制作关键

本实例首先需要选择蝴蝶飞舞的不同素材图片，接下来分别置入图层，通过图层的显示与隐藏来创建动画效果。

技能与知识要点

- 置入命令
- 显示和隐藏图层
- 帧动画

操作步骤

本实例的具体操作步骤如下。

Step01 打开光盘中的素材文件12-01a.jpg（光盘\素材文件\第12章\技能训练\），如下图所示。

Step02 置入光盘中的素材文件12-01b.tif（光盘\素材文件\第12章\技能训练\），移动到适当位置，如下图所示。

Step03 在“时间轴”面板中，打开“创建模式”下拉列表框，从中选择“创建帧动画”选项，如下图所示。

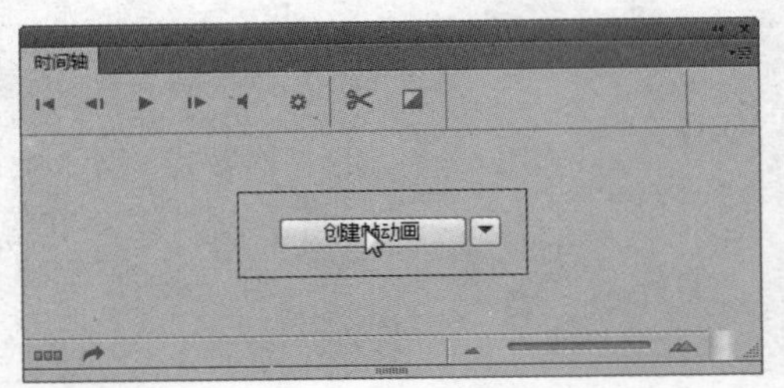

Step04 ❶在帧延迟时间下拉列表框中选择0.2秒，❷将循环次数设置为“永远”，如下图所示。

Step05 在“图层”面板中，隐藏“12-01b”图层，如下图所示。

Step06 在“时间轴”面板中，单击“复制所选帧”按钮，如下图所示。

Step07 置入光盘中的素材文件12-01c.tif（光盘\素材文件\第12章\技能训练\），移动到适当位置，如下图所示。

Step08 在“图层”面板中，隐藏“12-01c”图层，显示“12-01b”图层，如下图所示。

Step09 在“时间轴”面板中，单击“播放动画”按钮▶，如下图所示。

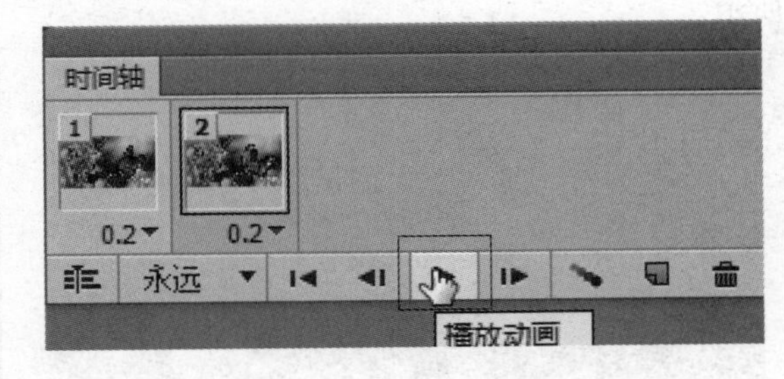

Step10 通过前面的操作，得到蝴蝶挥动翅膀的小动画效果，如下图所示。

＊技能 2　制作图片的渐隐过滤效果

训练介绍

在展示多幅图片时，渐隐是一种常用的过滤效果，可以使图片之间的衔接更加自然，如下图所示。

光盘同步文件

素材文件：光盘\素材文件\第12章\技能训练\12-02.psd

结果文件：光盘\结果文件\第12章\技能训练\12-02.psd

视频文件：光盘\教学文件\第12章\技能训练\12-02.mp4

操作提示

制作关键

本实例主要是先设置视频的时间，然后将不同的图层拖动至视频组后方，并设置“交叉渐隐”，使画面具有层次的效果，最后播放视频，即可完成制作。

技能与知识要点

- 设置工作区域指示器
- 过渡效果
- 播放视频

➲ 操作步骤

本实例的具体操作步骤如下。

Step01 打开光盘中的素材文件12-02.psd（光盘\素材文件\第12章\技能训练\），该文件有3个图层，如下图所示。

Step02 在“时间轴”对话框中，单击“创建视频时间轴”按钮，如下图所示。

Step03 在“时间轴”面板中，拖动位于顶部的“工作区域指示器”至02:50秒的位置，如下图所示。

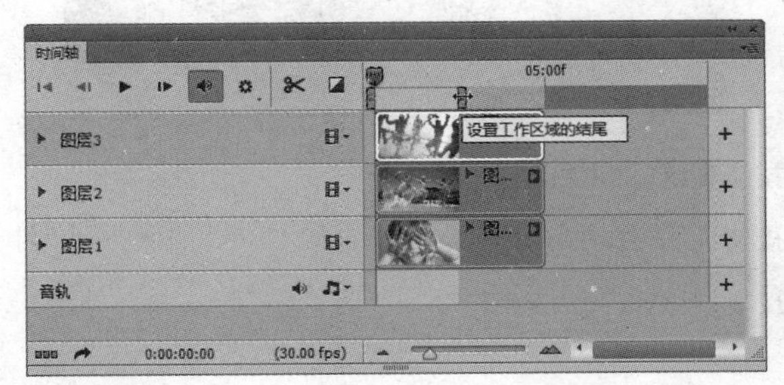

Step04 分别单击图层右侧，当显示图标后，拖动至02:50秒处，如下图所示。

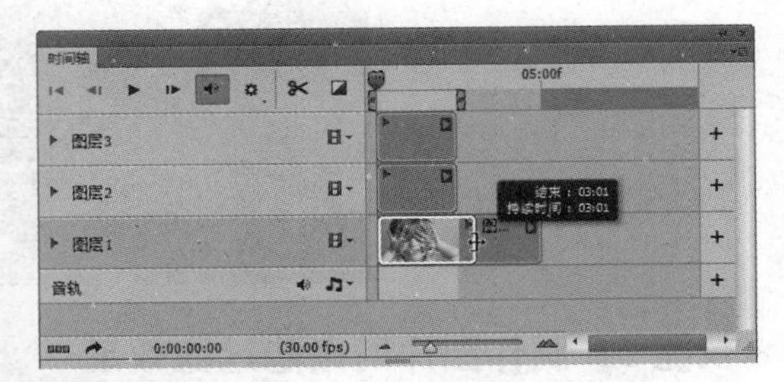

Step05 将“图层1”拖动至“图层3”前方，如下图所示。

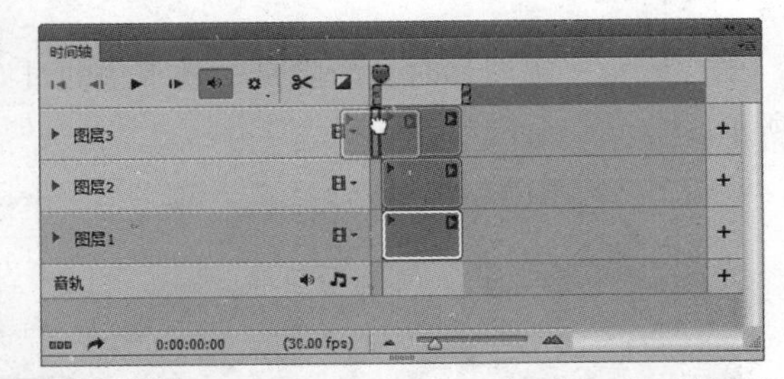

Step06 通过前面的操作，自动生成“视频组1”，继续将“图层2”拖动到中间位置，如下图所示。

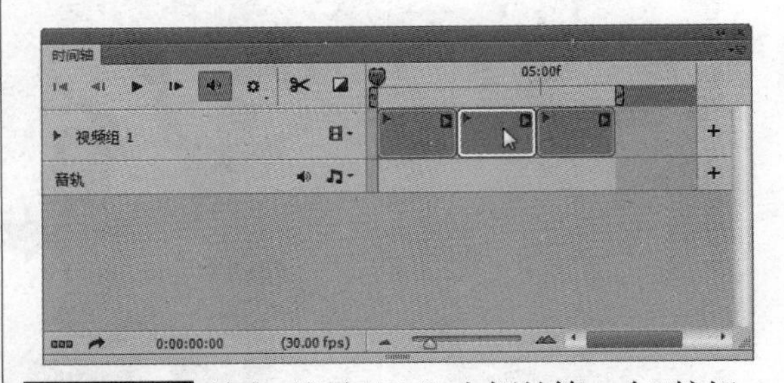

Step07 单击“视频组1”右侧的第一个按钮，在打开的对话框中，设置“动感”为缩放，如下图所示。

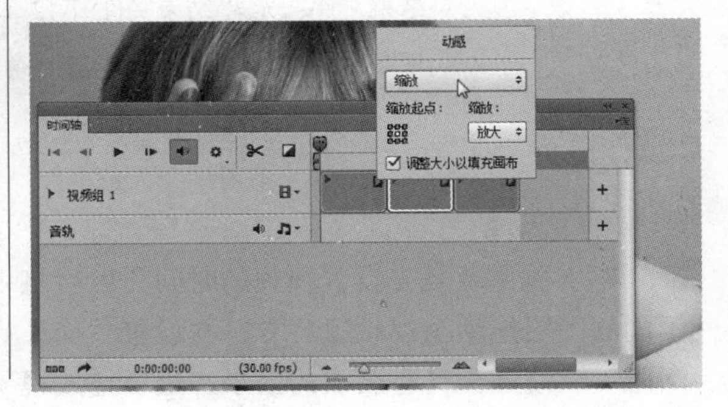

Step08 单击“视频组1”右侧的第二个▶按钮，在打开的对话框中，设置“动感”为旋转，如下图所示。

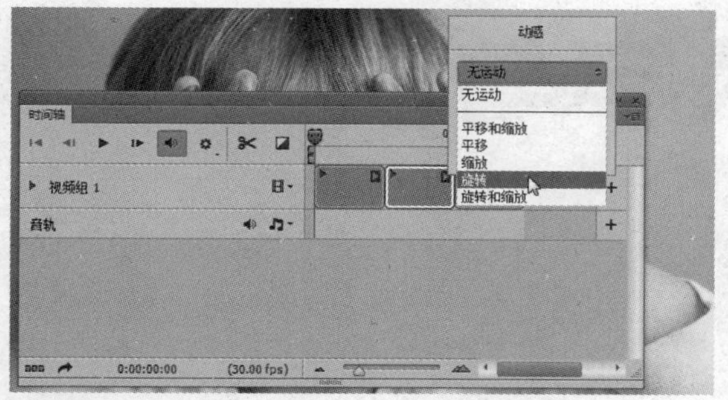

Step09 ❶单击“过渡效果”按钮◪，在打开的下拉面板中设置“持续时间”为2秒，❷选择“交叉渐隐”，拖动至“图层1”与“图层2”衔接处，如下图所示。

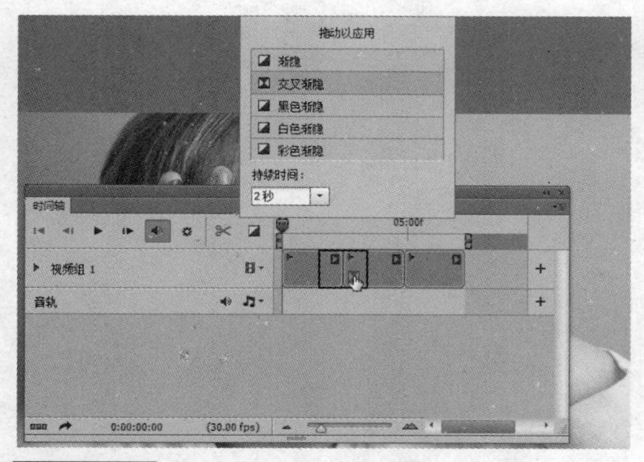

Step10 ❶单击“过渡效果”按钮◪，在打开的下拉面板中设置“持续时间”为2秒，❷选择“交叉渐隐”，拖动至“图层2”与“图层3”衔接处，如下图所示。

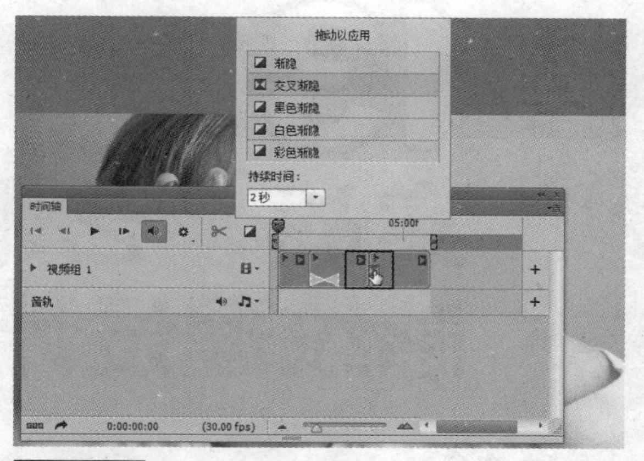

Step11 在“时间轴”面板中，单击“播放”按钮▶，如下图所示。

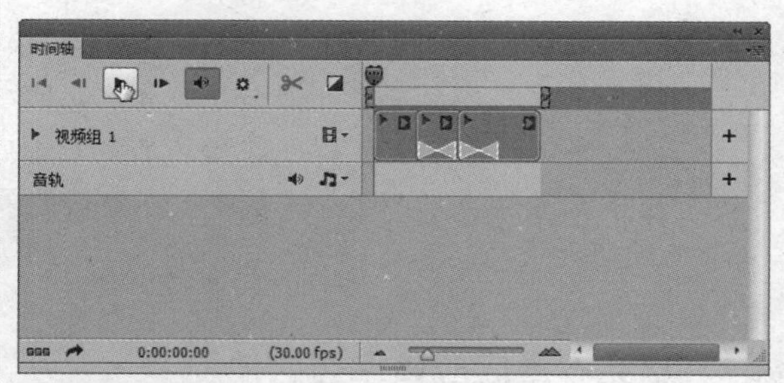

Step12 通过前面的操作，得到图片的渐隐过滤效果，如下图所示。

本章小结

本章介绍了视频图层和时间轴“动画”面板，学习了视频图层的创建与编辑、帧“动画”面板的使用和动画的制作等。通过本章的学习，读者对视频和动画有一个深入的认识，并可以利用“动画”面板制作出自己喜欢的动画效果。

第13章

实战：艺术字与质感纹理设计

本章导读

艺术字在广告、包装等平面设计中，应用十分广泛；而质感纹理同样是平面设计的重要组成部分，在 Photoshop CC 中可以使用滤镜并结合相关操作命令制作出木质、皮毛等逼真的质感纹理特效。希望通过本章相关实例的讲解，使读者理解并掌握艺术字与质感纹理的构思与制作技巧，创建出丰富多彩的艺术字与逼真的质感纹理效果。

学完本章后应该掌握的技能

* 了解什么是艺术字设计
* 掌握艺术字的应用领域
* 了解什么是质感纹理设计
* 熟练掌握艺术字的设计、制作思路
* 熟练掌握质感纹理的设计、制作思路

本章相关实例效果展示

13.1 艺术字与质感纹理设计行业知识

艺术字可以增加设计的艺术性，使画面更具有观赏性；质感纹理可以突出物品的特性，这两个领域都是平面设计的重要组成部分。

13.1.1 什么是艺术字设计

艺术字是指经过专业的字体设计师艺术加工后的汉字变形字体，字体特点符合文字含义，具有美观有趣、易认易识、醒目张扬等特性，是一种有图案意味或装饰意味的字体变形。艺术字设计能够从汉字的义、形和结构特征出发，对汉字的笔画和结构进行合理的变形装饰，书写出美观、形象的变体字。

13.1.2 艺术字的应用领域

艺术字被广泛地应用在视觉识别系统中，具有美观大方、便于阅读和识别等优点。它是在基本字形的基础上进行装饰、变化加工而成的，其特征是在一定程度上摆脱了印刷字体的字形和笔画的约束，可以根据品牌或企业经营性质等进行设计，以达到加强文字的精神含义和富于感染力的目的，如下图所示。

艺术字设计表达的含义丰富多彩，常用于表现产品属性和企业经营性质。它运用夸张、明暗、增减笔画形象、装饰等手法，以丰富的想象力，重新构成字形，既突出文字的特征，又丰富了标准字体的内涵。同时，在设计过程中，不仅要求单个字形美观，还要使整体风格和谐统一，有理念内涵和易读性，以便于信息的传播。经过变体设计后的艺术字，千姿百态、变化万千，是一种字体艺术的创新。

艺术字广泛应用于宣传单、商标、标语、黑板报、企业名称、会场布置、展览会、商品包装和装潢，以及各类广告、报刊杂志和书籍的装帧等，越来越受到大众的喜爱。艺术字是现有传统字体的有效补充，如下图所示。

汉字和英文有着本质的区别。汉字拥有庞大的字体体系，仅一套字体的出现也需要巨大的工作量，从而导致中国几千年来字体始终比较单一，而不像英文字体有几万种。丰富中国字体艺术，满足现在字体使用者追求个性创新的需求，任重而道远，需要我们付出更多的努力。

13.1.3 什么是质感纹理

在造型艺术中，不同物体用不同技巧所表现的真实感称为质感纹理，如下图所示。不同物体表面的自然特质称为天然质感，如空气、水、岩石、竹、木等；而经过人工处理表现出来的效果则称为人工质感，如砖、陶瓷、玻璃、布匹、塑胶等。

不同的质感纹理给人以软硬、虚实、滑涩、韧脆、透明与浑浊等多种感觉。中国画中的笔墨技巧，如人物画的十八描法、山水画的各种皴法，是表现物象质感非常有效的手法；油画则因其画种的不同，表现质感的方法亦很相异，以或薄或厚的笔触、画刀刮磨等具体技巧表现光影、色泽、肌理、质地等质感因素，追求逼真的效果；而雕塑则重视材料的自然特性，如硬度、色泽、构造，并通过凿、刻、塑、磨等手段处理加工，从而在材料纯粹的自然质感和人工质感的审美美感之间建立一个媒介。

13.2 制作精美艺术字

文字的形式和效果在设计中占据了非常重要的地位，甚至可以决定整体效果的好坏。因此，艺术字特效在广告、包装等平面设计中，应用十分广泛。下面将介绍一些常见的艺术字制作方法。

13.2.1 制作中国风艺术“福”字

➲ 效果展示

本例最终效果如下图所示。

光盘同步文件

素材文件：光盘\素材文件\第13章\13-01a.jpg，13-01b.tif

结果文件：光盘\结果文件\第13章\ 13-01.psd

视频文件：光盘\教学文件\第13章\ 13-01.mp4

操作提示

制作关键

本实例制作中国风艺术“福”字。首先使用图层样式制作文字的立体效果，接下来为文字叠加图案，最后添加装饰图案合成整体效果。

技能与知识要点

- 图层样式
- 图层混合模式
- “渐变工具”

操作步骤

本实例的具体操作步骤如下。

Step01 按【Ctrl+N】组合键，在弹出的“新建”对话框中，❶设置“宽度”为1052像素，“高度”为800像素，“分辨率”为72像素/英寸；❷单击“确定”按钮，如下图所示。

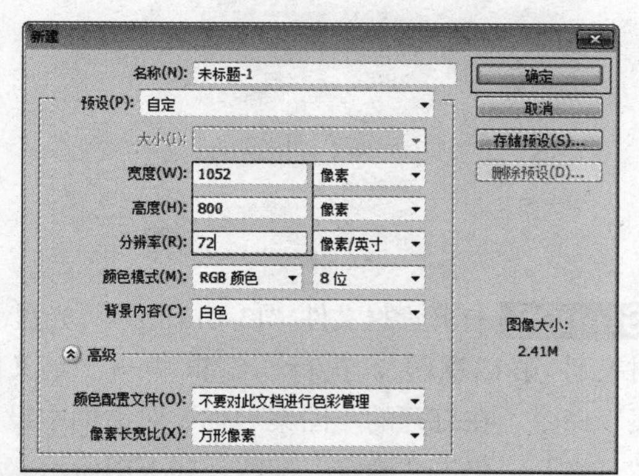

Step02 设置前景色为黄色#fff589，背景色为橙色#fa8105。选择“渐变工具”，在其选项栏中单击“径向渐变”按钮，拖动鼠标填充渐变色，如下图所示。

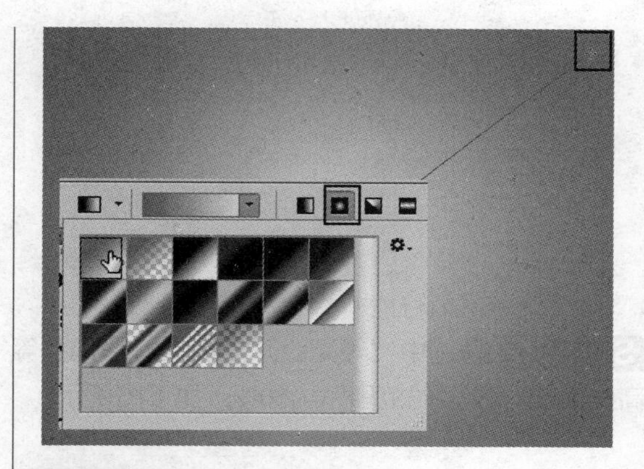

Step03 选择“横排文字工具”T，在其选项栏中设置“字体”为华文行楷，“字体大小”为800点，输入文字“福”，文字颜色为黄色，如下图所示。

Step04 双击文字图层，在打开的“图层样式”对话框中，❶选中“斜面和浮雕”复选框，❷ 设置“样式”为内斜面，“方法”为平滑，“深度”为730%，“方向”为上，“大小”为18像素，“软化”为6像素，“角度”为120度，“高度”为30度，“高光模式”为滤色，“不透明度”为75%，颜色为橙色#f98901，“阴影模式”为正片叠底，“不透明度”为75%，颜色为深红色# 650a05，如下图所示。

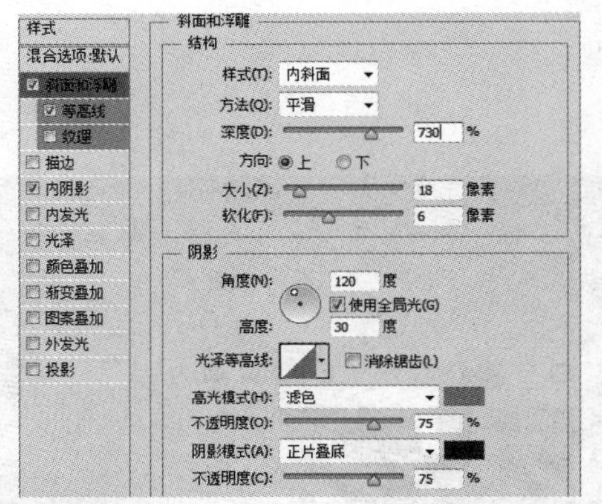

Step05 ❶选中“等高线”复选框，❷调整等高线曲线，设置“范围”为50%，如下图所示。

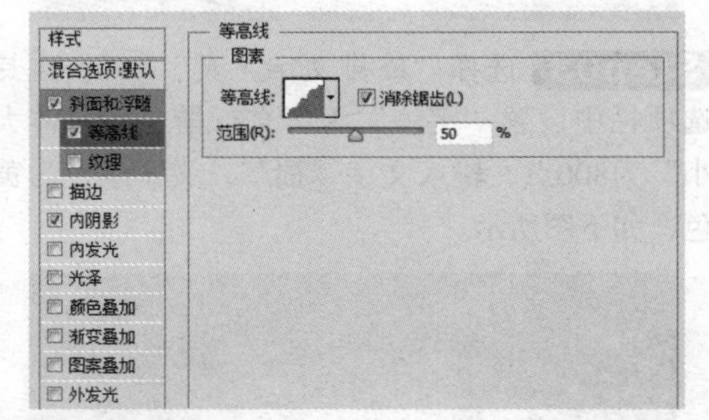

Step06 按【Ctrl+J】组合键复制“福”图层，得到“福 拷贝”图层。栅格化复制的文字图层，锁定透明像素后，拖动“渐变工具” 填充橙黄渐变色#f4a719、#fff4b2，如下图所示。

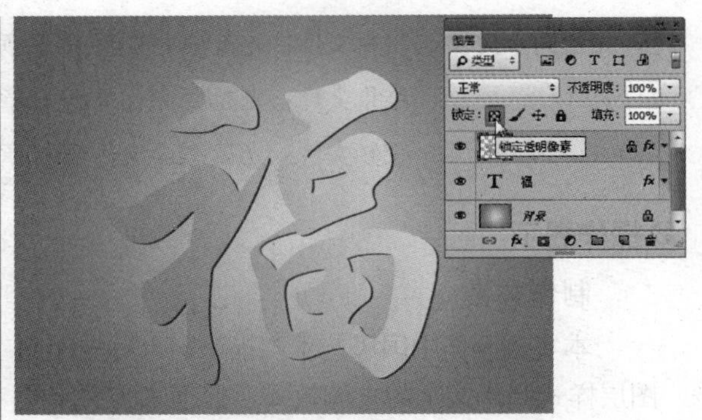

Step07 双击当前图层，打开“图层样式”对话框，修改“斜面和浮雕”的“深度”为1000%，“软化”为2像素，“高光”不透明度为71%，颜色为黄色# fbf78c，“阴影”不透明度为45%，如下图所示。

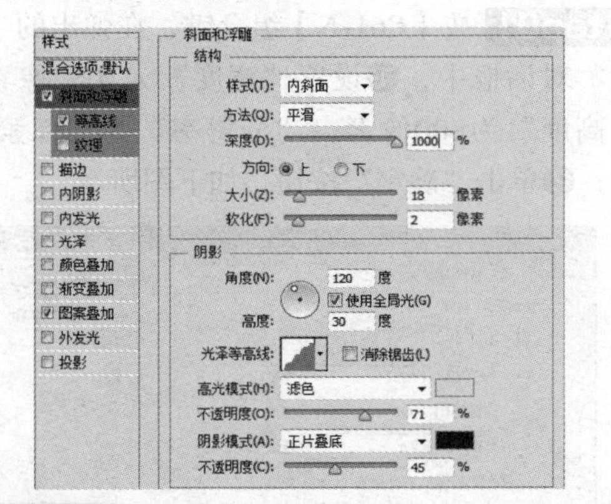

Step08 打开素材文件“13–01a.jpg”（光盘\素材文件\第13章\），执行“编辑”→“定义图案”命令，在打开的“图案名称”对话框中设置“名称”，单击“确定”按钮，如下图所示。

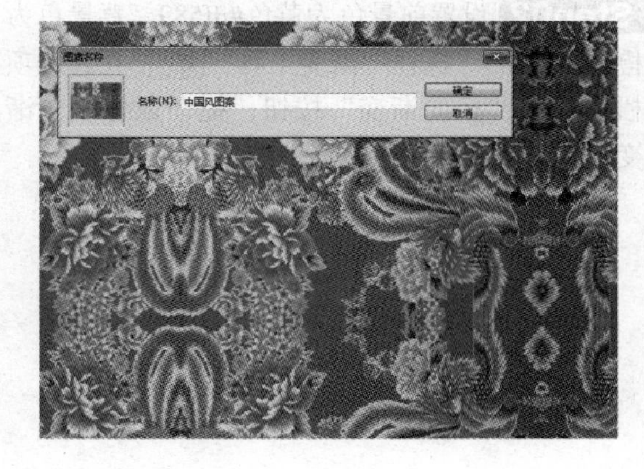

Step09 切换回目标文件中，双击“福 拷贝”图层，打开“图层样式”对话框，选中“图案叠加”复选框，设置“混合模式”为强光，“图案”为中国风图案，“缩放”为50%，如下图所示。

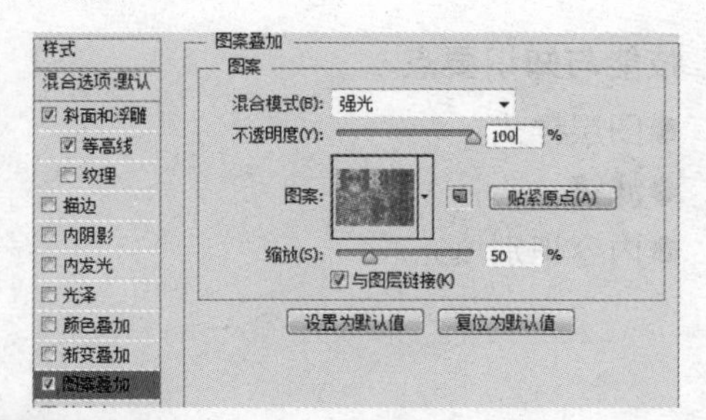

Step10 调整“福”和“福 拷贝”图层的顺序，更改“福”图层混合模式为正片叠底，如下图所示。

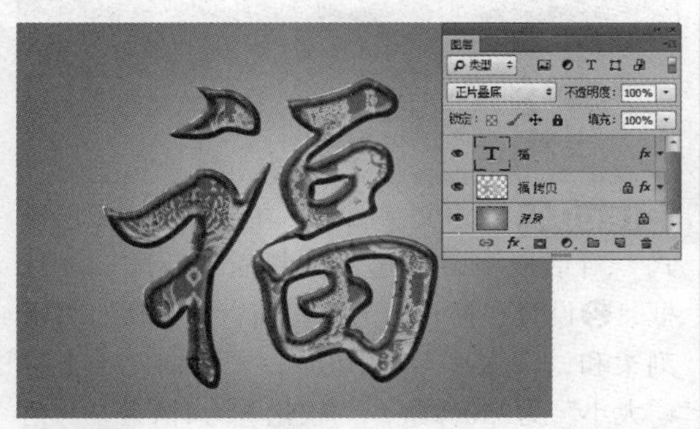

Step11 打开光盘中的素材文件“13-01b.tif”（光盘\素材文件\第13章\），拖动到当前文件中，命名为“左侧孔雀”，移动到左侧适当位置，更改图层混合模式为“亮光”，如下图所示。

Step12 复制图层，命名为“右侧孔雀”。执行“编辑”→“变换”→“水平翻转”命令，水平翻转对象，并移动到右侧适当位置，如下图所示。

13.2.2 制作清新的积雪字

➲ 效果展示

本例最终效果如下图所示。

光盘同步文件

素材文件：光盘\素材文件\第13章\13-02a.jpg，13-02b.jpg

结果文件：光盘\结果文件\第13章\ 13-02.psd

视频文件：光盘\教学文件\第13章\ 13-02.mp4

➲ 操作提示

制作关键

首先制作文字的立体和发光效果，接下来制作积雪效果，最后添加装饰图案合成整体效果。

技能与知识要点

- ●图层样式
- ●滤镜
- ●内容识别填充

➲ 操作步骤

本实例的具体操作步骤如下。

Step01 执行"新建"命令，打开"新建"对话框，❶设置"宽度"为800像素，"高度"为300像素，分辨率为72像素/英寸，❷单击"确定"按钮，如下图所示。

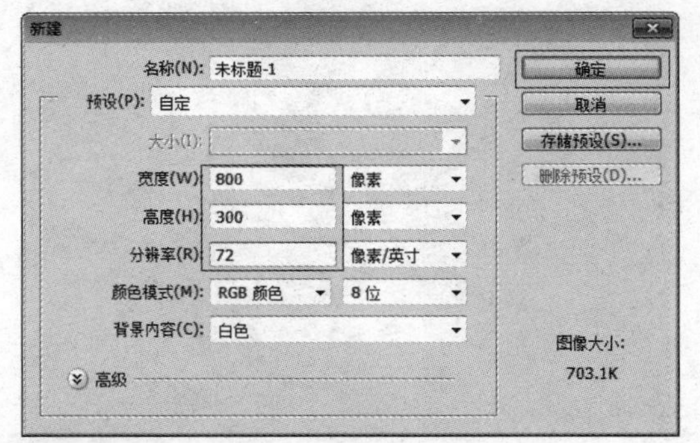

Step02 设置前景色为蓝色#9bcee8，按【Alt+Delete】组合键填充前景色，如下图所示。

Step03 设置前景色为红色#e60012，选择工具箱中的"横排文字工具" T，在其选项栏中，设置"字体"为汉仪水滴体简，"字体大小"为200点，输入文字"积雪"，如下图所示。

Step04 双击文字图层，在打开的"图层样式"对话框中，❶选中"斜面和浮雕"复选框，❷设置"样式"为内斜面，"方法"为雕刻柔和，"深度"为100%，"方向"为上，"大小"为250像素，"软化"为4像素，"角度"为120度，"高度"为30度，"高光模式"为正常，"不透明度"为50%，"阴影模式"为叠加，"不透明度"为100%，如下图所示。

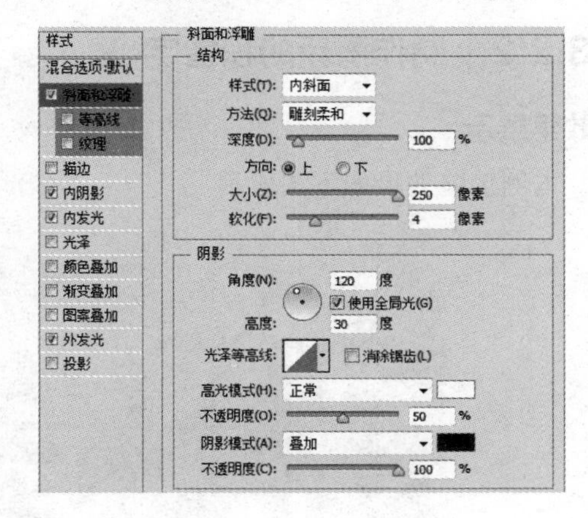

Step05 在“图层样式”对话框中，❶选中“内阴影”复选框，❷设置“混合模式”为颜色加深，阴影颜色为深黑色，“不透明度”为45%“角度”为120度，“距离”为5像素，“阻塞”为10%，“大小”为10像素，如下图所示。

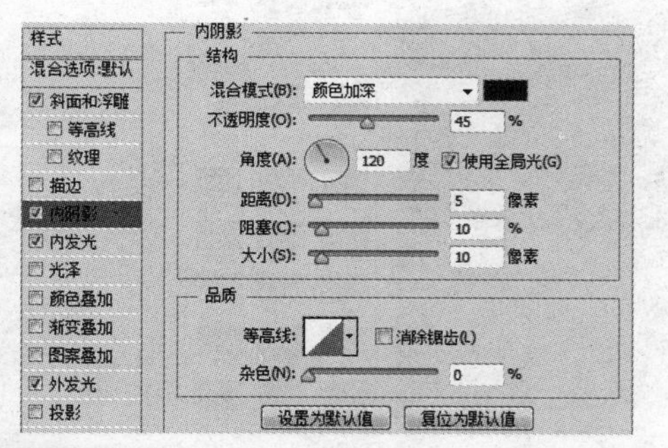

Step06 ❶选中“内发光”复选框，❷设置“混合模式”为滤色，“不透明度”为75%，发光颜色为浅黄色，“源”为边缘，“阻塞”为0%，“大小”为24像素，“范围”为50%，“抖动”为0，如下图所示。

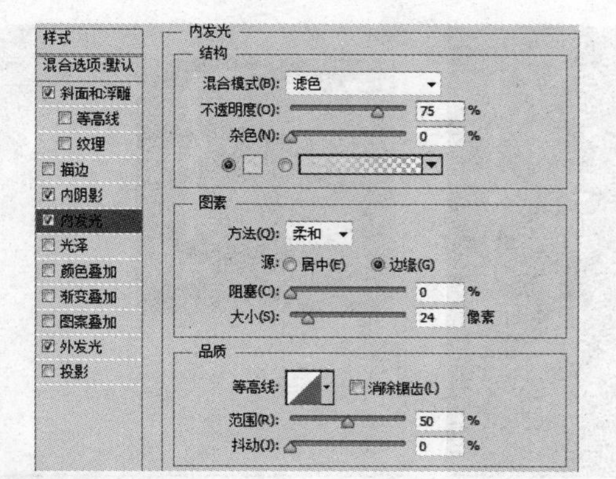

Step07 ❶选中“外发光”复选框，❷设置“混合模式”为滤色，“不透明度”为75%，“扩展”为0%，“大小”为8像素，如下图所示。

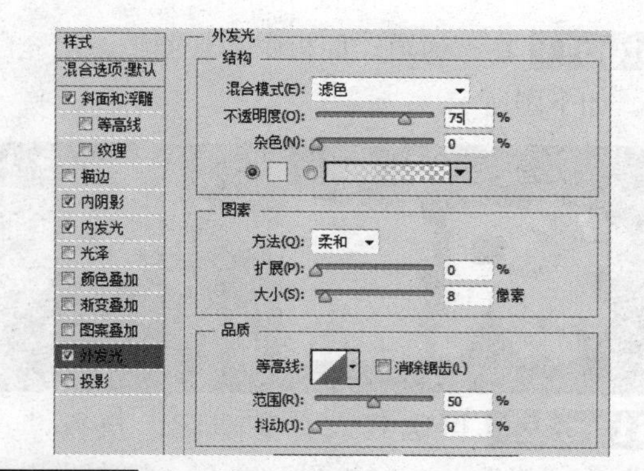

Step08 通过前面的操作，得到文字的特殊效果，如下图所示。

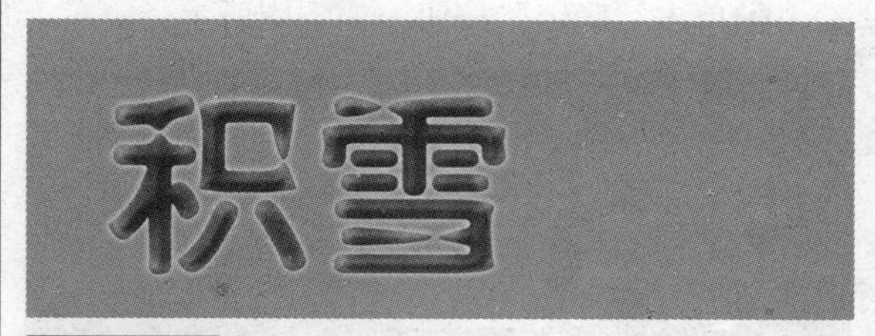

Step09 按住【Ctrl】键单击文字缩览图，载入选区，如下图所示。

Step10 执行“选择”→“修改”→“扩展”命令，在弹出的“扩展选区”对话框中设置“扩展量”为7像素，单击“确定”按钮，如下图所示。

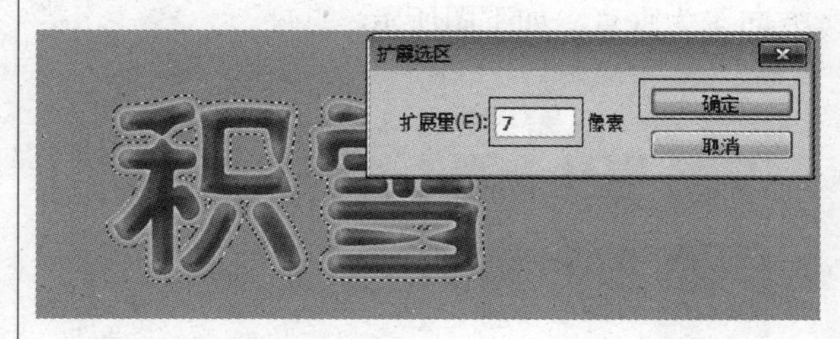

Step11 在“通道”面板中新建通道，填充白色，如下图所示。

Step12 再次载入文字选区，执行“选择”→“修改”→“扩展”命令，❶在弹出的“扩展选区”对话框中设置“扩展量”为8像素，❷单击“确定”按钮，如下图所示。

Step13 按键盘上的【→】键10次，按【↓】键15次，填充黑色，如下图所示。

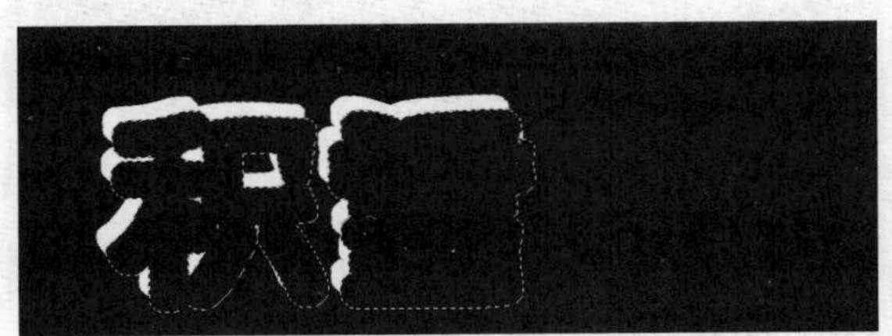

Step14 执行“滤镜”→“滤镜库”→“画笔描边”组，从中单击“喷色描边”图标，设置“描边长度”为12，“喷色半径”为7，“描边方向”为垂直，如下图所示。

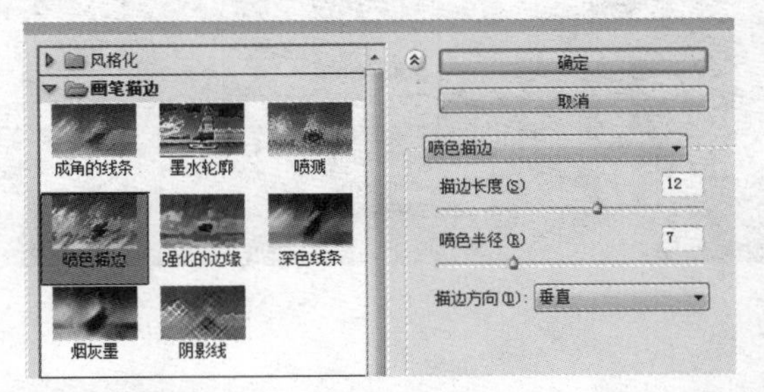

Step15 ❶单击“新建效果图层”按钮，❷单击“素描”滤镜组中的“图章”图标，❸设置“明/暗平衡”为2，“平滑度”为2，❹单击“确定”按钮，如下图所示。

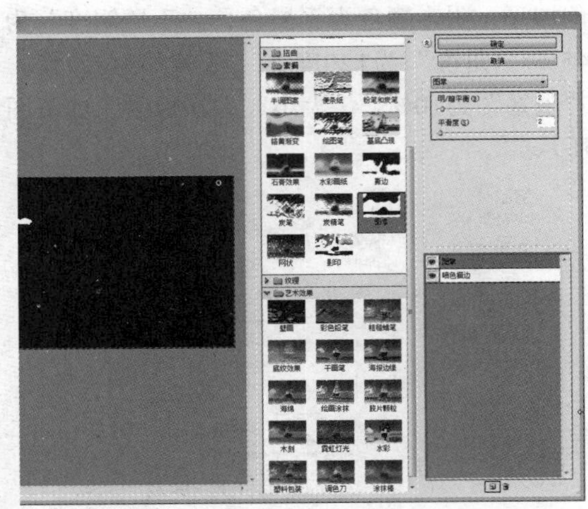

Step16 执行“图像”→“图像旋转”→“90度（顺时针）”命令，旋转图像。执行“滤镜”→“风格化”→“风”命令，打开“风”对话框，❶设置“方法”为风，“方向”为从右，❷单击“确定”按钮，如下图所示。

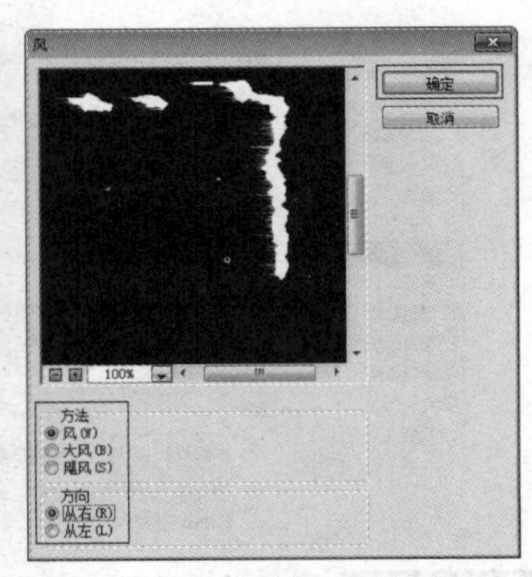

Step17 按【Ctrl+F】组合键加强效果；执行“图像”→“图像旋转”→“90度（逆时针）”，旋转图像，效果如下图所示。

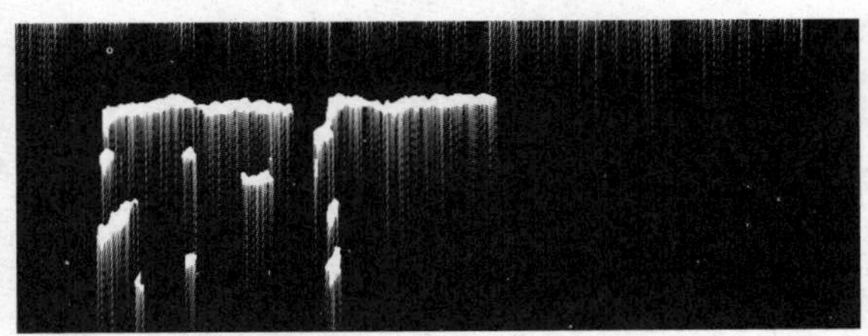

Step18 执行“滤镜”→“模糊”→“特殊模糊”命令，打开“特殊模糊”对话框，❶设置“半径”为15，“阈值”为100，❷单击“确定”按钮，如下图所示。

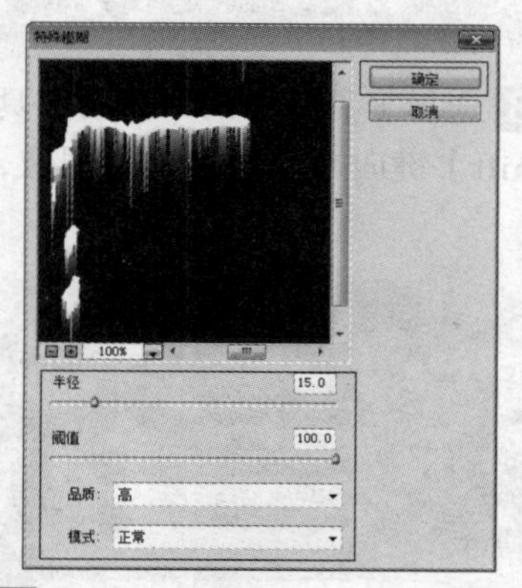

Step19 执行“滤镜”→“滤镜库”命令，❶在弹出的“滤镜库”对话框中，单击“素描”滤镜组中的“撕边”图标，设置“图像平衡”为25，“平滑度”为14，“对比度”为10，❷单击“确定”按钮，如下图所示。

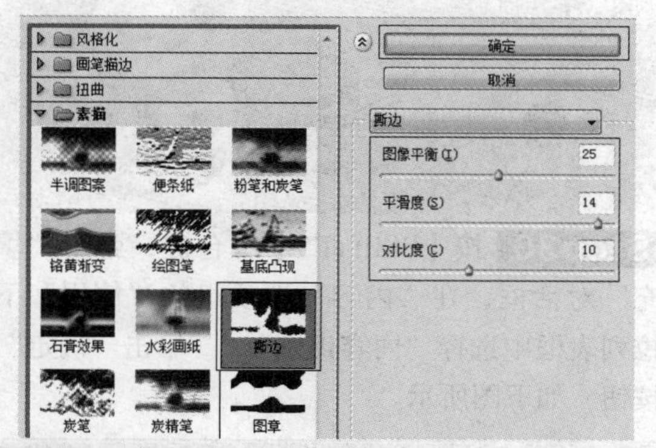

Step20 载入通道选区，新建图层，命名为“白雪”并填充白色，如下图所示。

Step21 双击“积雪”图层，在弹出的“图层样式”对话框中，❶选中“斜面和浮雕”复选框，❷设置“样式”为内斜面，“方法”为雕刻清晰，“深度”为100%，“方向”为上，“大小”为13像素，“软化”为2像素，“角度”为120度，“高度”为30度，“高光模式”为正常，“不透明度”为100%，“阴影模式”为正片叠底，“不透明度”为35%，如下图所示。

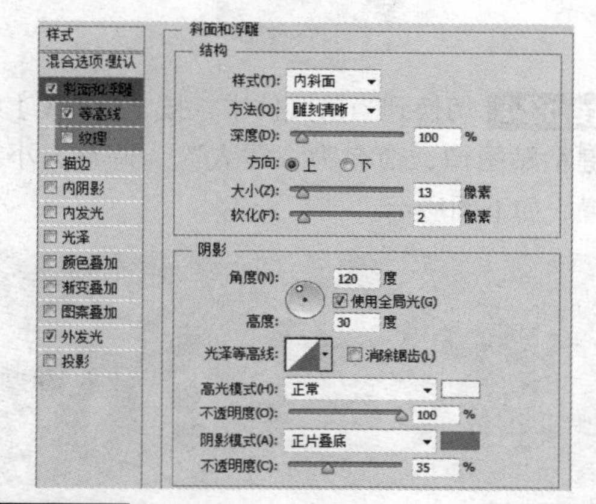

Step22 在“图层样式”对话框中，❶选中“外发光”复选框，❷设置“混合模式”为溶解，“不透明度”为14%，“杂色”为0，发光颜色为白色，“扩展”为20%，“大小”为4像素，“范围”为3%，“抖动”为100%，如下图所示。

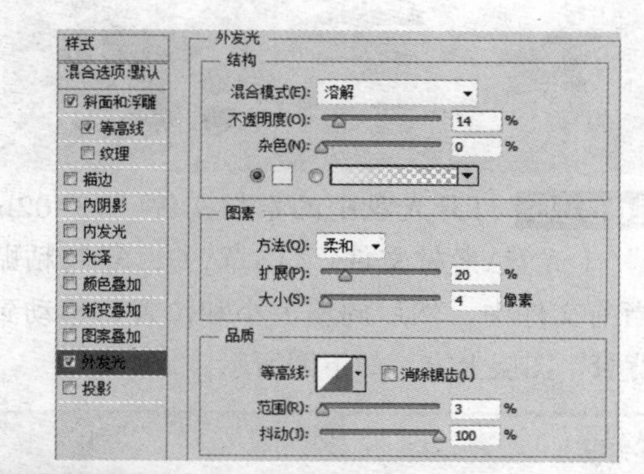

Step23 打开光盘中的素材文件“13-02a.jpg”（光盘\素材文件\第13章\），选择工具箱中的“魔棒工具”，在其选项栏中设置“容差”为10，在背景处单击创建选区，按【Shift+Ctrl+I】组合键反向选区，按【Ctrl+C】

组合键复制选区，如下图所示。

Step24 切换到当前文件中，按【Ctrl+V】组合键粘贴图像，命名为“雪人”。调整大小和位置，如下图所示。

Step25 右击“积雪”文字图层，在弹出的快捷菜单中选择“拷贝图层样式”命令；右击“雪人”图层，在弹出的快捷菜单中选择“粘贴图层样式”命令，效果如下图所示。

Step26 打开光盘中的素材文件“13-02b.jpg”（光盘\素材文件\第13章\），复制粘贴到当前文件中，然后调整大小和位置，移动到“背景”图层上方，如下图所示。

Step27 选择工具箱中的“矩形选框工具”[⬚]，拖动鼠标创建矩形选区，如下图所示。

Step28 选择工具箱中的“移动工具”[▶+]，按住【Shift】键向右侧水平移动图像，如下图所示。

Step29 选择工具箱中的“矩形选框工具”[⬚]，拖动鼠标创建矩形选区，如下图所示。

Step30 按【Shift+F5】组合键，弹出“填充”对话框，在“内容”选项组的“使用”下拉列表框中选择“内容识别”，单击“确定”按钮，如下图所示。

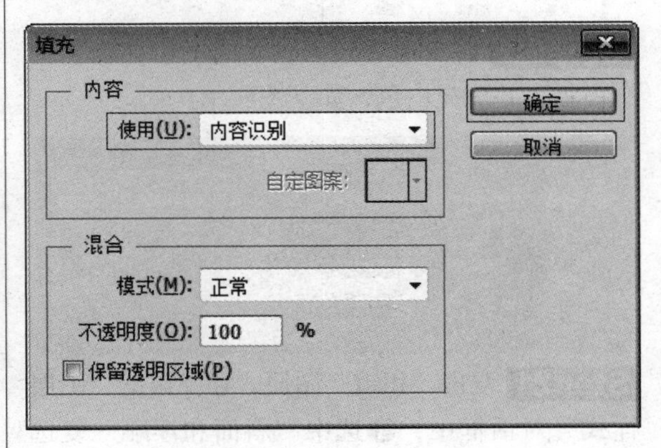

Step31 通过前面的操作，得到自然的填充效果，如下图所示。

Step32 重复创建选区并进行内容识别填充，使图像衔接处结合起来，如下图所示。

13.2.3 制作立体放射字

效果展示

本例最终效果如下图所示。

光盘同步文件

素材文件：光盘\素材文件\第13章\13-03.jpg

结果文件：光盘\结果文件\第13章\ 13-03.psd

视频文件：光盘\教学文件\第13章\ 13-03.mp4

操作提示

制作关键

首先制作文字的放射效果，接下来通过描边突出立体效果，最后添加装饰图案合成整体效果。

技能与知识要点

- “填充”命令
- “高斯模糊”“风”和“极坐标”滤镜
- “色阶”命令和“渐变映射”调整图层

操作步骤

本实例的具体操作步骤如下。

Step01 执行“新建”命令，在弹出的“新建”对话框中，❶设置“宽度”为640像素，“高度”为480像素，分辨率为72像素/英寸，❷单击“确定”按钮，如下图所示。

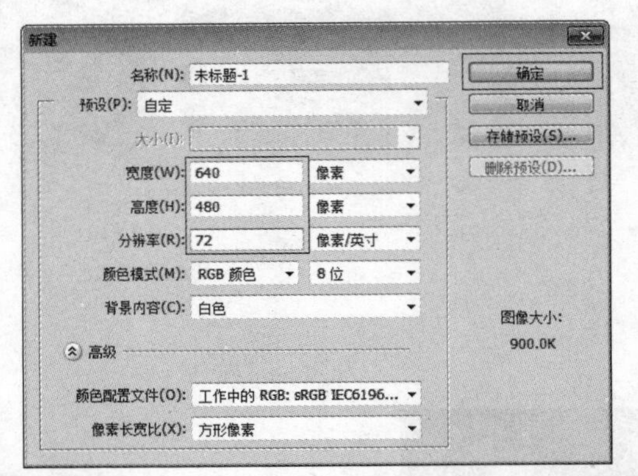

Step02 设置前景色为黑色。选择“横排文字工具” T，在其选项栏中单击“居中对齐文本”按钮，设置“字体”为Impact，“字体”大小为140点，在图像中输入文字“LIGHT BURST”，按【Ctrl+Enter】组合键确认输入，如下图所示。

LIGHT
BURST

Step03 单击工具选项栏中的“切换字符和段落面板”按钮，在打开的“字符”面板中，设置行距为130点，如下图所示。

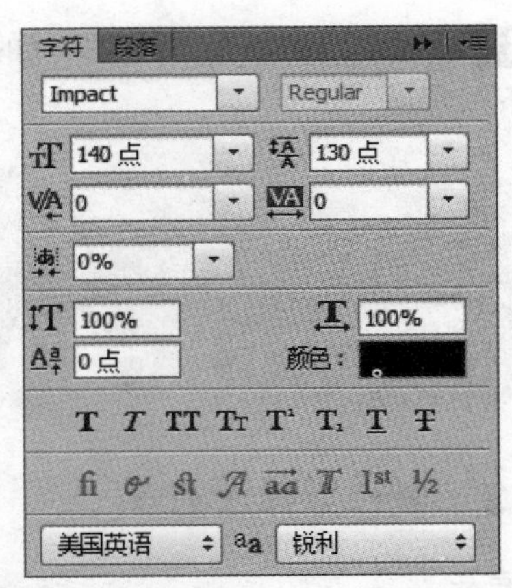

Step04 执行“图层”→“栅格化”→“文字”命令，将文字栅格化；按住【Ctrl】键单击文字图层的缩略图，载入图层选区，如下图所示。

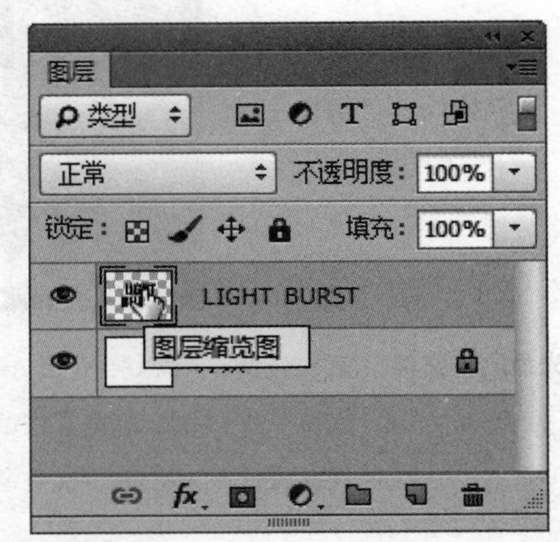

Step05 在“通道”面板中，单击“将选区存储为通道”按钮，存储选区，如下图所示。

Step06 按【Ctrl+D】组合键取消选区。执行“编辑”→“填充”命令，弹出“填充”对话框，❶设置“使用”为白色，“模式”为“正片叠底”，❷单击“确定”按钮，如下图所示。

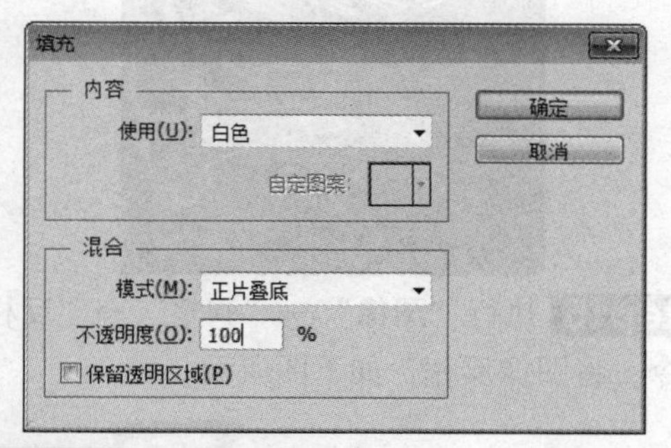

Step07 执行“填充”命令后，“图层”面板对比效果如下图所示。

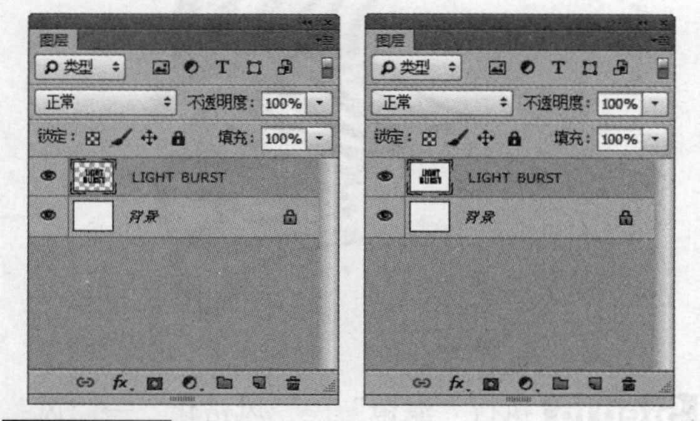

Step08 执行“滤镜”→“模糊”→“高斯模糊”命令，弹出“高斯模糊”对话框，设置“半径”为4.0像素，单击“确定”按钮，如下图所示。

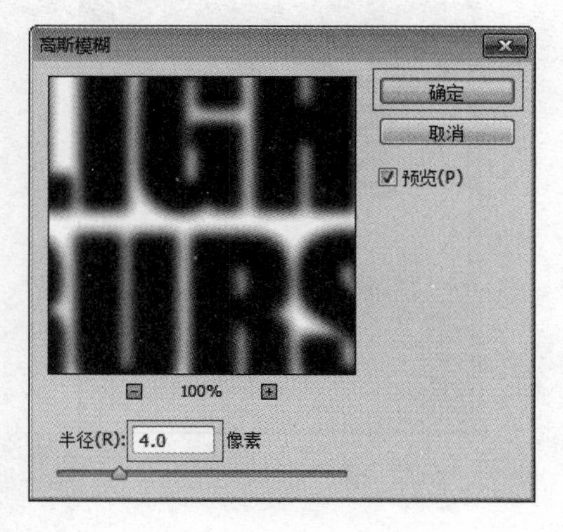

Step09 执行“滤镜”→“风格化”→“曝光过度”命令，文字效果如下图所示。

Step10 执行“图像”→“调整”→“色阶”命令，在弹出的“色阶”对话框中，设置“输入色阶”值（0，1，128），单击“确定”按钮，如下图所示。

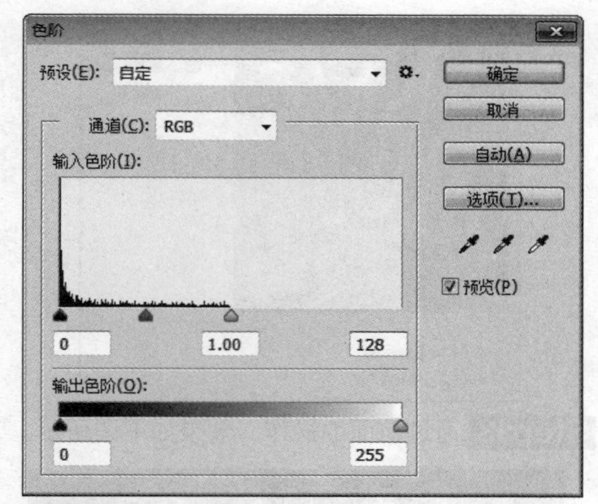

Step11 按【Ctrl+J】组合键复制图层，生成“LIGHT BURST 拷贝”图层，如下图所示。

Step12 执行“滤镜”→“扭曲”→“极坐标”命令，在弹出的“极坐标”对话框中，选中“极坐标到平面坐标”单选按钮，单击“确定”按钮，如下图所示。

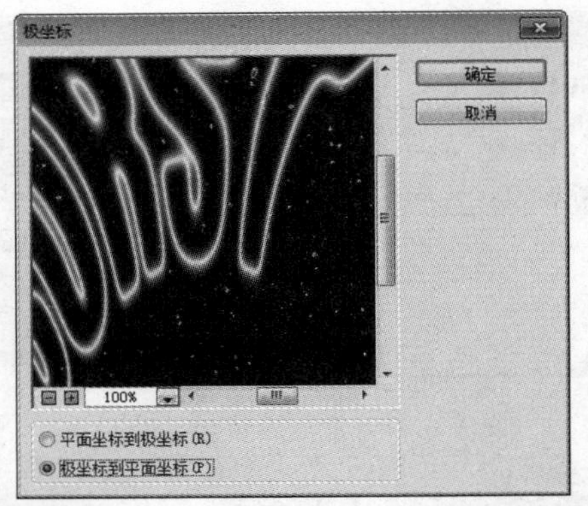

Step13 通过前面的操作，效果如下图所示。

Step14 执行“图像”→“旋转画布”→“90度（顺时针）”命令，将图像旋转，如下图所示。

Step15 执行“图像”→“调整”→“反相”命令，将图像反相，如下图所示。

Step16 执行“滤镜”→“风格化”→“风”命令，在弹出的“风”对话框中，设置“方法”为风，“方向”为从右，单击“确定”按钮，如下图所示。

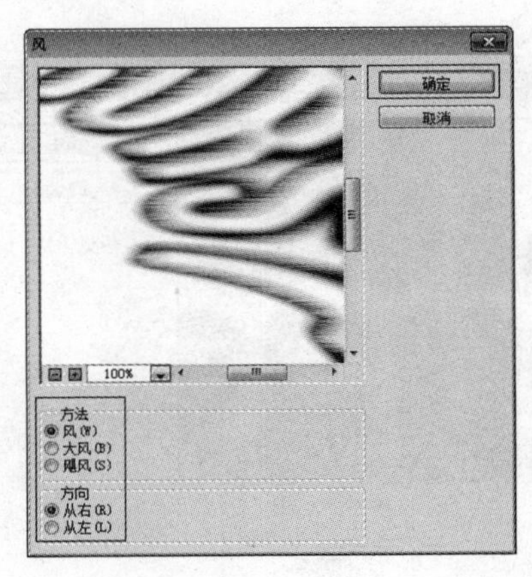

Step17 按【Ctrl+F】组合键两次，再次执行"风"命令两次，效果如下图所示。

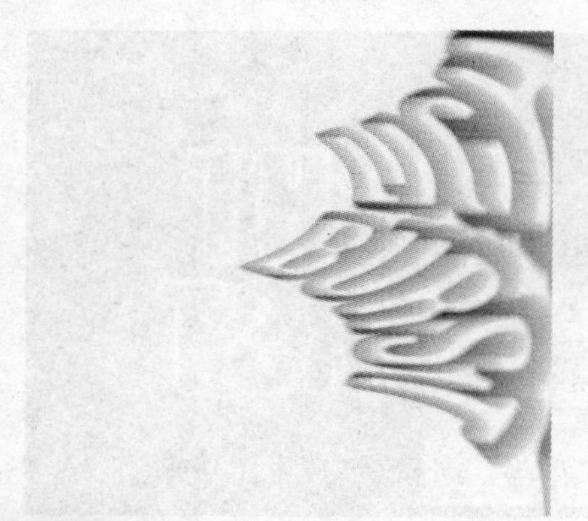

Step18 执行"图像"→"调整"→"反相"命令，将图像反相，如下图所示。

Step19 按【Ctrl+F】组合键3次，再次执行"风"命令3次，效果如下图所示。

Step20 执行"图像"→"旋转画布"→"90度（逆时针）"命令，将图像旋转，如下图所示。

Step21 执行"滤镜"→"扭曲"→"极坐标"命令，在弹出的"极坐标"对话框中设置参数如下图所示。

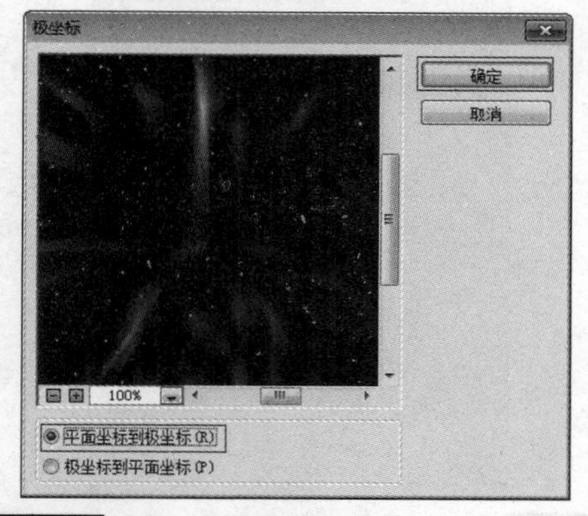

Step22 通过前面的操作，得到如下图所示效果。

Step23 设置文字副本图层的混合模式为“滤色”，如下图所示。

Step24 添加“渐变映射”调整图层，在打开的“属性”面板中，单击渐变颜色条，如下图所示。

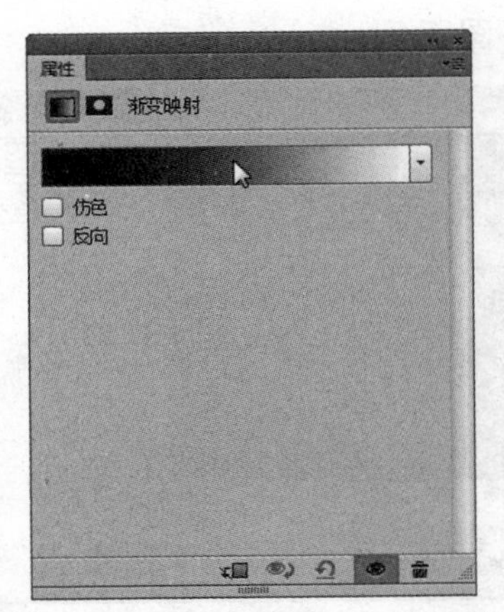

Step25 在打开的“渐变编辑器”对话框中，设置渐变色标为红#ff3600橙 #ffae00渐变，如下图所示。

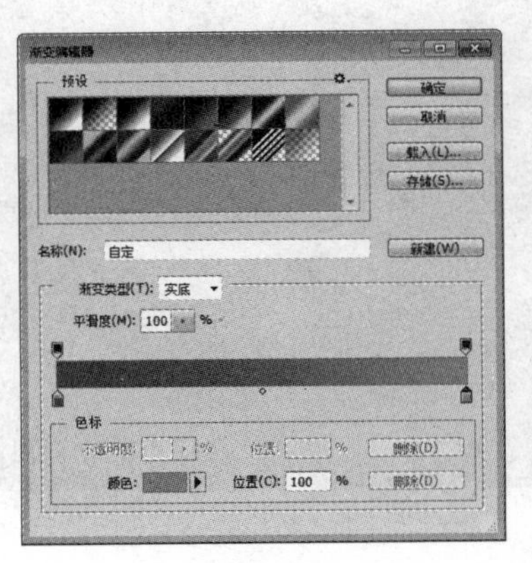

Step26 设置“渐变映射”图层混合模式为“颜色”，如下图所示。

Step27 选择“LIGHT BURST”图层，执行“滤镜”→“模糊”→“径向模糊”命令，弹出“径向模糊”对话框，设置其参数如下图所示。

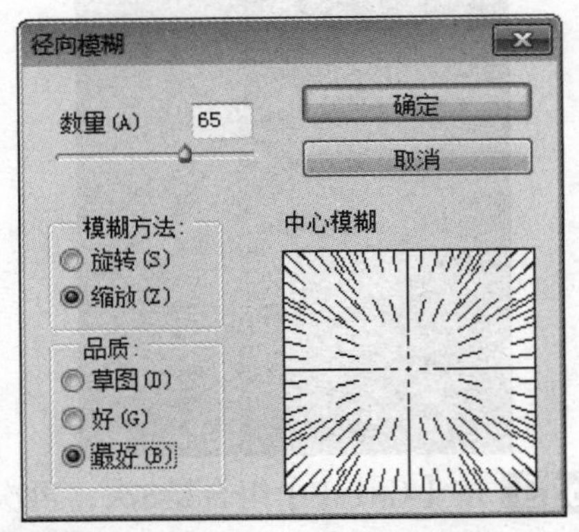

Step28 通过前面的操作，得到如下图所示效果。

Step29 在“通道”面板中，按住【Ctrl】键，单击Alpha 1缩览图，载入通道选区，如下

图所示。

Step30 设置前景色为黑色，选择“LIGHT BURST”图层，按【Alt+Delete】组合键填充选区，如下图所示。

Step31 新建图层，命名为“描边”。执行“编辑”→“描边”命令，在弹出的“描边”对话框中设置“宽度”为2像素，“颜色”为黄色#ffe1a8，单击“确定”按钮，如下图所示。

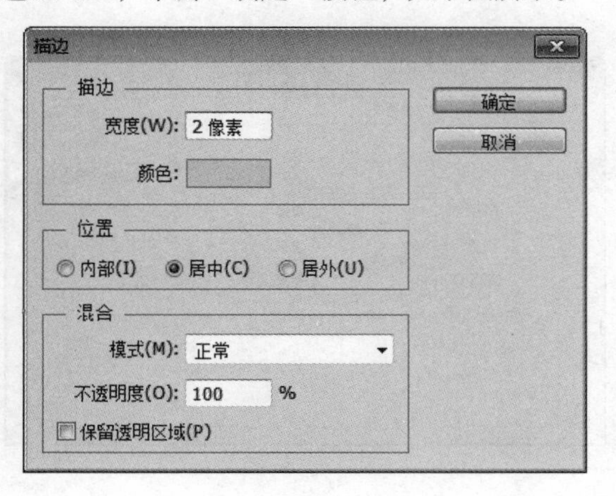

Step32 通过前面的操作，得到文字的描边效果，如下图所示。

Step33 打开光盘中的素材文件“13-03.jpg”（光盘\素材文件\第13章\），复制粘贴到当前文件中，命名为“图案”。移动“图案”图层到“描边”图层下方，更改该图层混合模式为“差值”，如下图所示。

Step34 通过前面的操作，混合图像，最终效果如下图所示。

13.3 制作逼真纹理质感

运用Photoshop制作后期效果图时，常常需要使用纹理质感进行贴图以达到逼真的效果。下面将介绍在Photoshop CC中，如何通过添加图层样式、滤镜等操作，制作出逼真的纹理质感效果。

13.3.1 制作布料纹理效果

效果展示

本例最终效果如下图所示。

光盘同步文件　结果文件：光盘\结果文件\第13章\ 13-04.psd

视频文件：光盘\教学文件\第13章\ 13-04.mp4

操作指示

制作关键

本实例制作布料纹理效果。首先使用滤镜创建布料纹理效果，接下来使用图案叠加创建布料质感，最后使用调整图层统一整体布料颜色。

技能与知识要点

- “渐变工具”
- 滤镜
- 调整图层

操作步骤

本实例的具体操作步骤如下。

Step01 按【Ctrl+N】组合键，在弹出的“新建”对话框中，❶设置“宽度”为400像素，“高度”为400像素，“分辨率”为72像素/英寸；❷单击“确定”按钮，如下图所示。

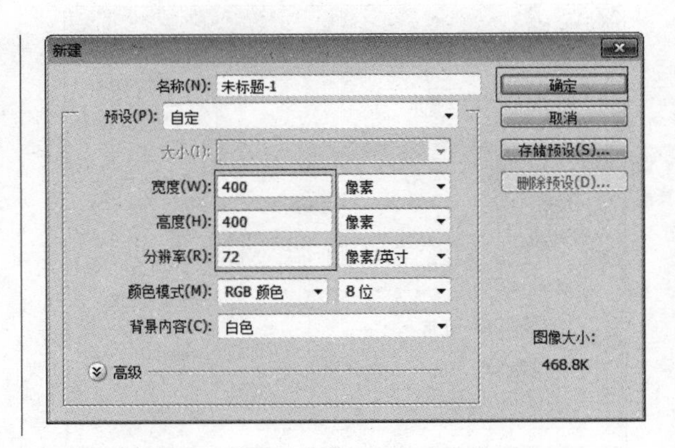

Step02 新建图层，命名为“底图1”。设置前景色为洋红色#d921e1，背景色为绿色#0ae40a。选择“渐变工具”，在其选项栏中单击“线性渐变”按钮，拖动鼠标填充渐变色，如下图所示。

Step03 执行“滤镜”→“扭曲”→“波浪”命令，打开“波浪”对话框，设置“生成器数”为411，“波长”最小值为120，“波长”最大值为121，“波幅”最小值为34，“波幅”最大值为35，“比例”水平和垂直均为100%，“类型”为方形，“未定义区域”为重复边缘像素，单击“确定”按钮，如下图所示。

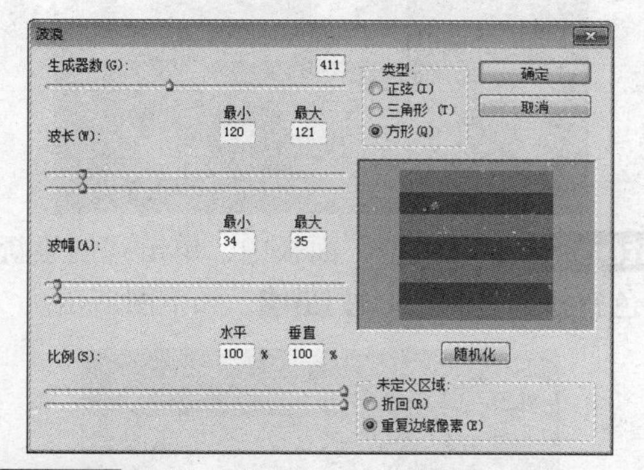

Step04 执行“滤镜”→“滤镜库”命令，在弹出的“滤镜库”对话框中单击“艺术效果”滤镜组中的“绘画涂抹”图标，设置“画笔大小”为8，“锐化程度”为7，“画笔类型”为简单，单击“确定”按钮，如下图所示。

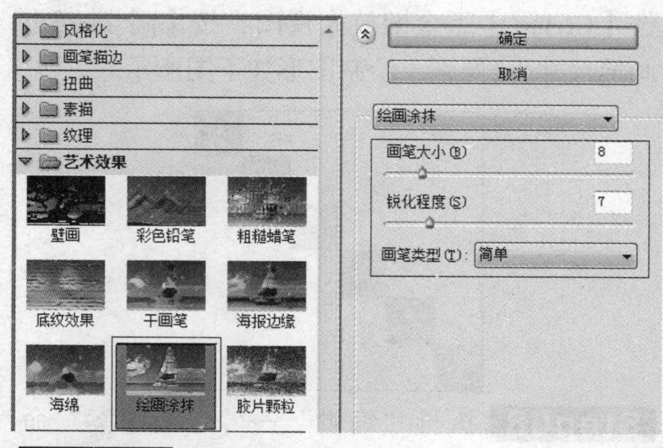

Step05 执行“滤镜”→“像素化”→“碎片”命令，效果如下图所示。

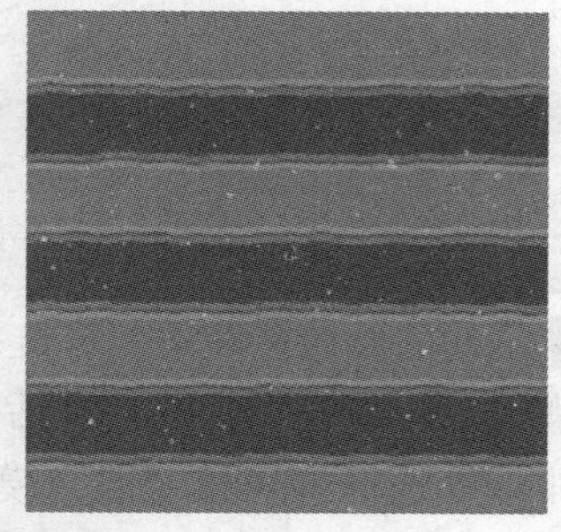

Step06 按【Ctrl+N】组合键，在弹出的“新建”对话框中，❶设置“宽度”为6像素，“高度”为6像素，“分辨率”为72像素/英寸；❷单击“确定”按钮，如下图所示。

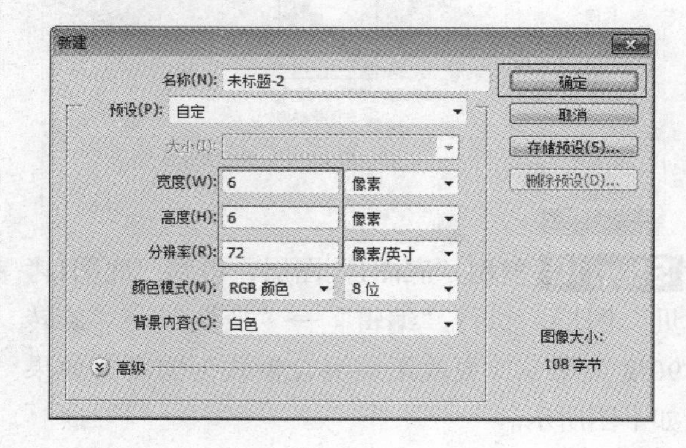

Step07 选择工具箱中的“铅笔工具”，按【Ctrl++】组合键放大视图，按【[】键缩小画笔尺寸为1像素，绘制图形如下图所示。

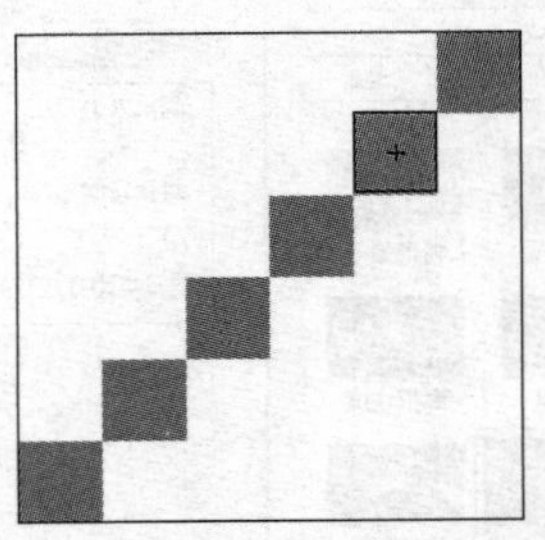

Step08 执行“编辑”→“定义图案”命令，在弹出的“图案名称”对话框中设置“名称”为绿色图案，单击“确定”按钮，如下图所示。

Step09 返回前面的文件中，双击“底图1”图层，在弹出的“图层样式”对话框中选中“图案叠加”复选框，设置“混合模式”为柔光，“图案”为绿色图案，如下图所示。

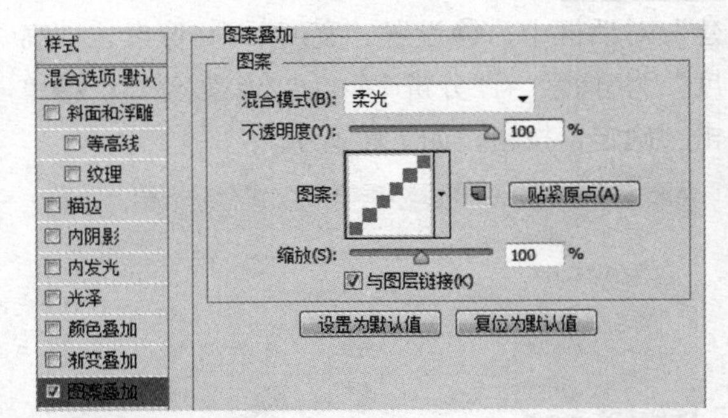

Step10 复制“底图1”图层，得到“底图1拷贝”图层。执行“编辑”→“变换”→“旋转90度”命令，更改图层混合模式为明度，效果如下图所示。

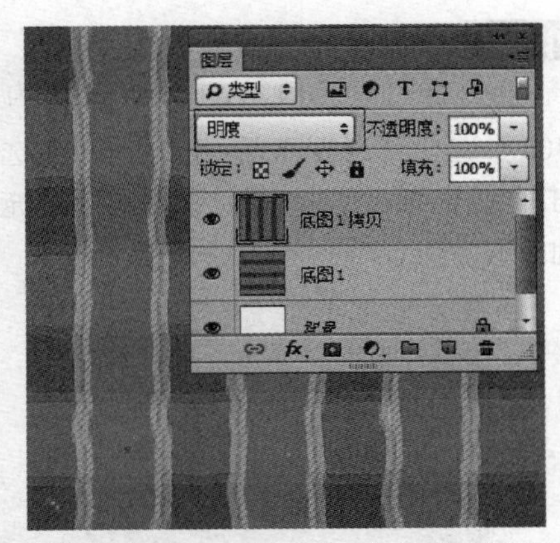

Step11 按【Ctrl+E】组合键合并图层，按【Ctrl+J】组合键复制图层，命名为“底图2”，更改图层混合模式为“线性加深”，如下图所示。

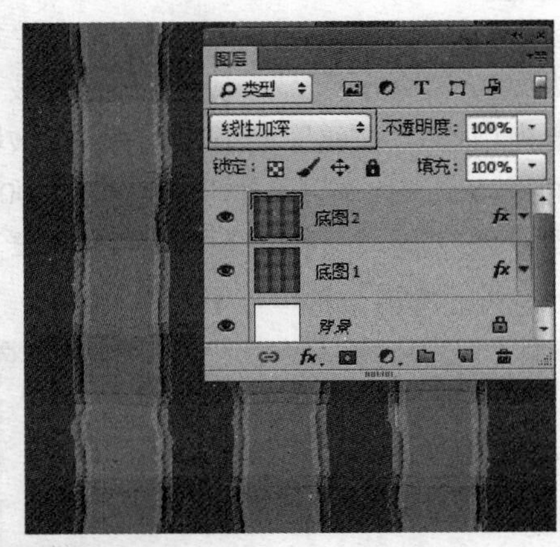

Step12 在“调整”面板中，单击“创建新的颜色查找调整图层”按钮，如下图所示。

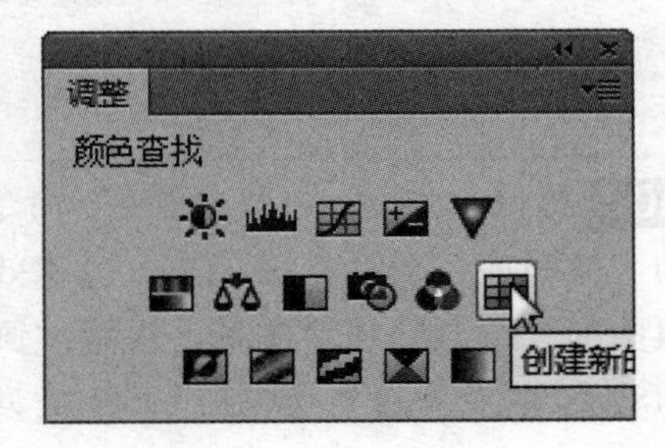

Step13 在“属性”面板中，设置“3DLUT文件”为Candlelight.CUBE，如下图所示。

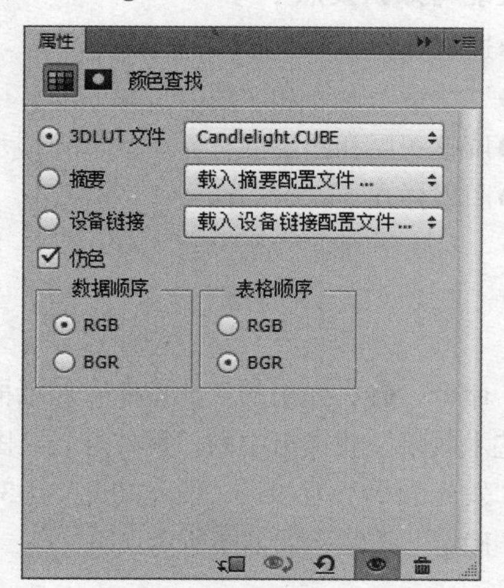

Step14 通过前面的操作，得到色调统一的布料纹理效果，如下图所示。

专家提示

在为布料纹理添加颜色时，可以参考市面上的流行色进行调整，也可以根据自己的喜好进行调整。设置不同的参数，可以得到不同的视觉效果。

13.3.2 制作水珠质感纹理背景

效果展示

本例最终效果如下图所示。

光盘同步文件

素材文件：光盘\素材文件\第13章\13-04.jpg

结果文件：光盘\结果文件\第13章\ 13-05.psd

视频文件：光盘\教学文件\第13章\ 13-05.mp4

操作提示

制作关键

首先使用滤镜创建水珠纹理效果，接下来调整色阶创建水珠的亮/暗调，然后使用调整图层统一纹理颜色，最后添加装饰图案。

技能与知识要点

- 通道操作
- “滤镜”命令和“色阶”命令
- 调整图层和图层混合
- 图层样式

操作步骤

本实例的具体操作步骤如下。

Step01 按【Ctrl+N】组合键，在弹出的“新建”对话框中，❶设置“宽度”为800像素，“高度”为800像素，“分辨率”为72像素/英寸；❷单击“确定”按钮，如下图所示。

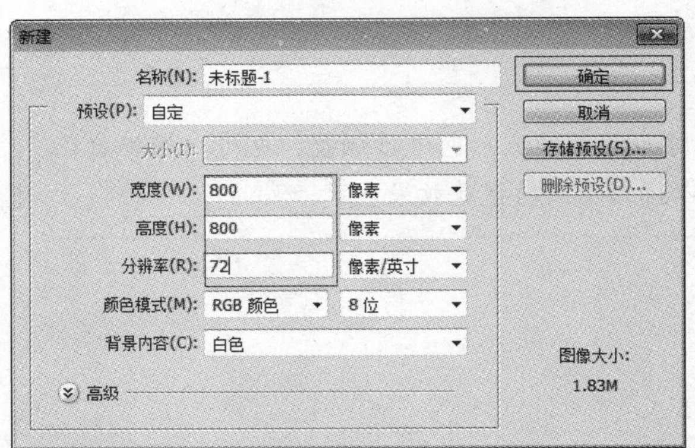

Step02 在“通道”面板中，新建通道，命名为“边线”。执行“滤镜”→“滤镜库”命令，❶在弹出的“滤镜库”对话框中单击“纹理”滤镜组中的“染色玻璃”图标，设置“单元格大小”为25，“边框粗细”为3，“光照强度”为0，❷单击“确定”按钮，如下图所示。

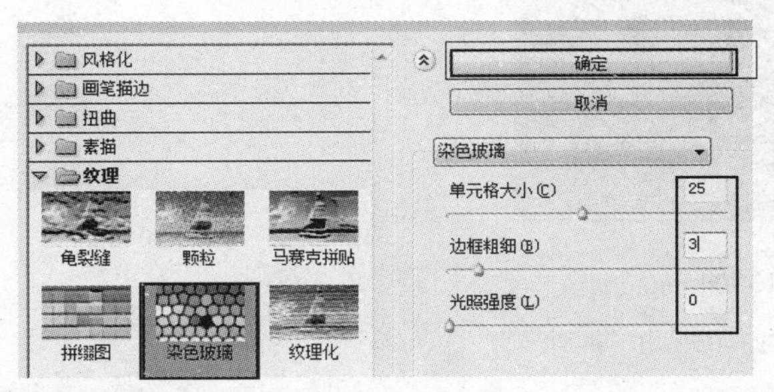

Step03 复制当前通道，命名为“灰度渐变”。设置前景色为白色，执行“滤镜”→“滤镜库”命令，❶在弹出的“滤镜库”对话框中单击“艺术效果”滤镜组中的“霓虹灯光”图标，设置“发光大小”为-9，“发光高度”为39，❷单击“确定”按钮，如下图所示。

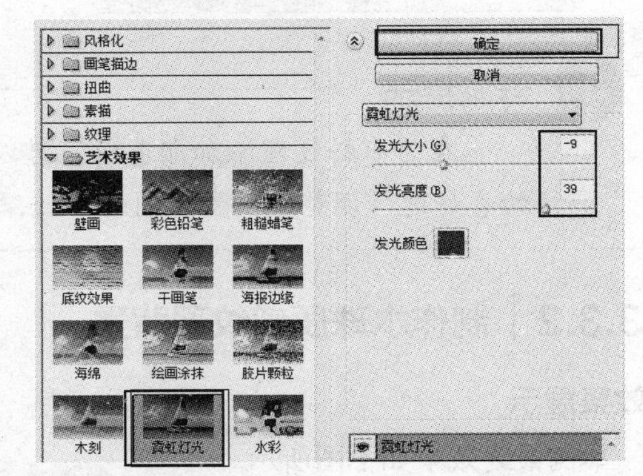

Step04 复制当前通道，命名为“浮雕暗”。执行“滤镜”→“风格化”→“浮雕效果”命令，❶在弹出的“浮雕效果”对话框中设置“角度”为135度，“高度”为5像素，“数量”为255%，❷单击“确定”按钮，如下图所示。

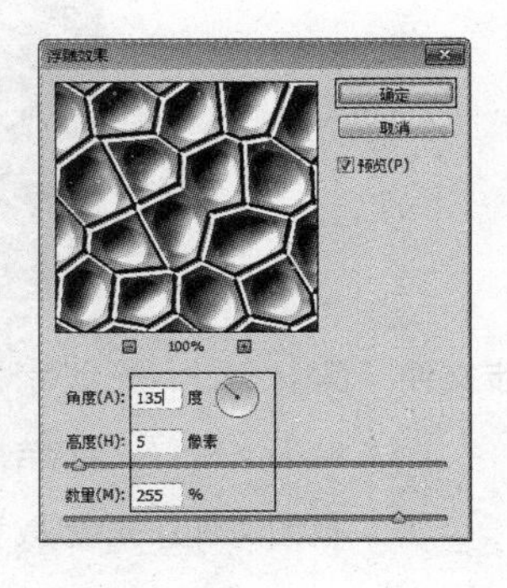

Step05 复制当前通道，命名为“浮雕亮”。按【Ctrl+I】组合键，执行“反相”命令，如下图所示。

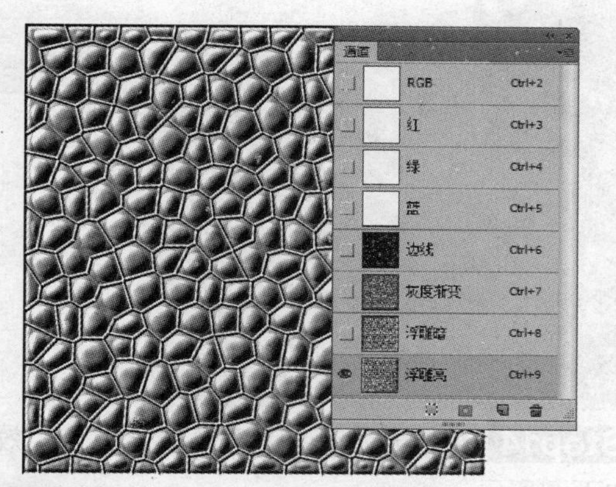

Step06 按【Ctrl+L】组合键，执行“色阶”命令，打开“色阶”对话框，❶设置输入色阶值（0，0.14，255），❷单击“确定”按钮，如下图所示。

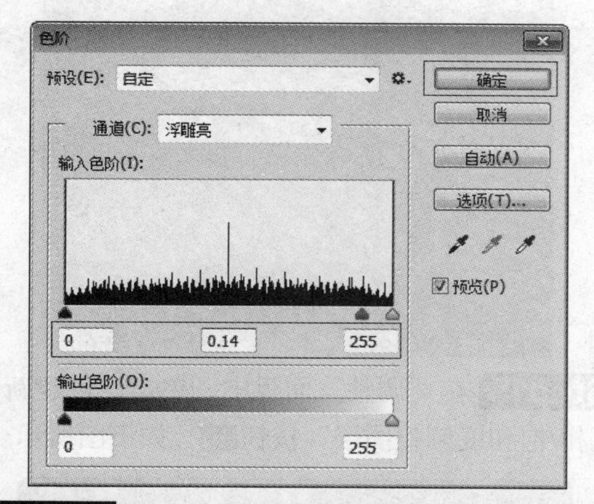

Step07 通过前面的操作，得到亮部表面高光效果，如下图所示。

Step08 选择“浮雕暗”通道，按【Ctrl+L】组合键，执行“色阶”命令，打开“色阶”对话框，❶设置输入色阶值（0，0.74，255），❷单击“确定”按钮，如下图所示。

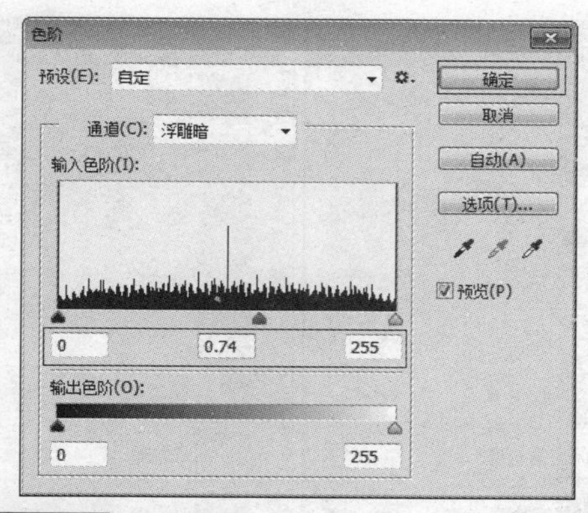

Step09 通过前面的操作，得到暗部过滤效果，如下图所示。

Step10 单击RGB复合通道，为“背景”图层填充深灰色#595757，如下图所示。

Step11 ❶按住【Ctrl】键，单击“浮雕暗”通道缩览图载入选区；❷按住【Ctrl+Alt】组合键，单击“边线”图层缩览图减去选区，如下图所示。

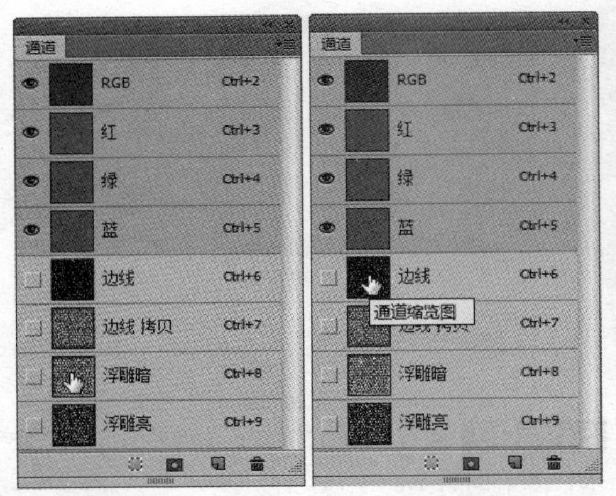

Step12 载入选区后，填充浅灰色#c9caca，如下图所示。

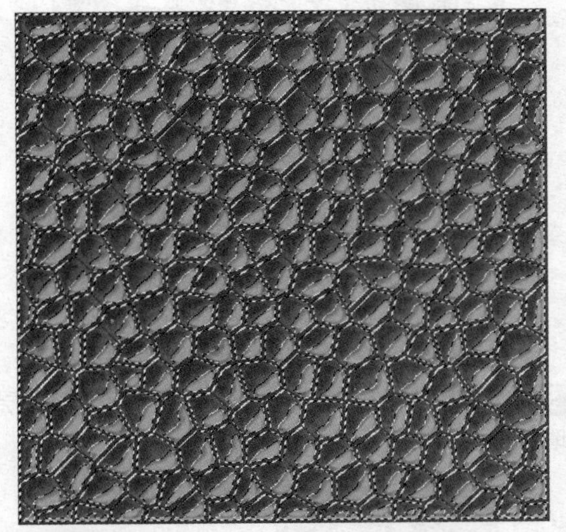

Step13 按住【Ctrl】键，单击“浮雕亮”通道缩览图载入选区。执行“选择”→“修改”→“收缩”命令，在弹出的“收缩选区”对话框中，❶设置“收缩量”为2像素，❷单击“确定”按钮，如下图所示。

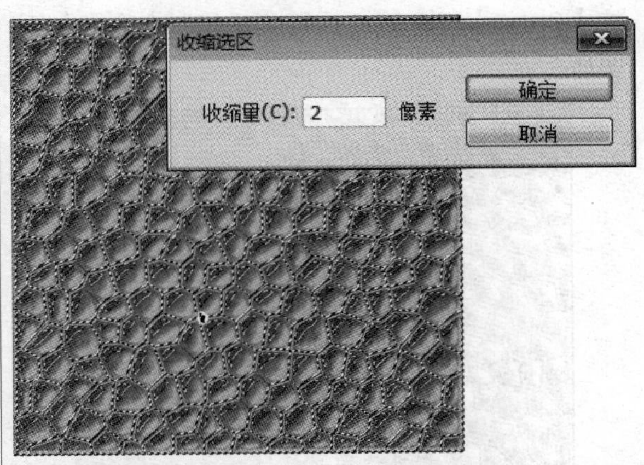

Step14 创建选区后，为选区填充白色，效果如下图所示。

Step15 在“调整”面板中，单击“创建新的色相/饱和度调整图层”按钮，如下图所示。

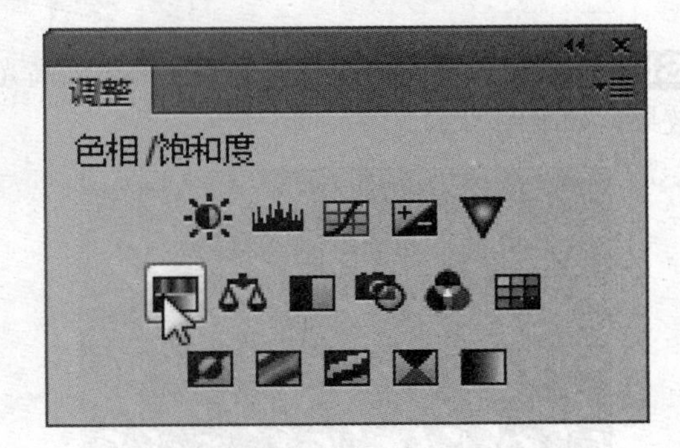

Step16 在弹出的“属性”面板中，❶选中“着色”复选框，❷设置“色相”为192，“饱和度”为57，“明度”为0，如下图所示。

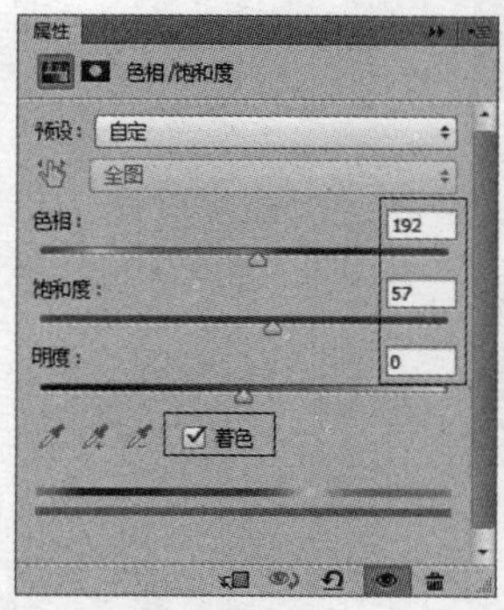

Step17 通过前面的操作，为图像添加色彩效果，如下图所示。

Step18 打开光盘中的素材文件“13-04.jpg”（光盘\素材文件\第13章\），选中主体对象后复制粘贴到当前文件中，命名为“水果”，如下图所示。

Step19 使用“魔棒工具”选中下方的果实对象，按【Ctrl+Shift+J】组合键剪切到新图层，命名为“果实”，如下图所示。

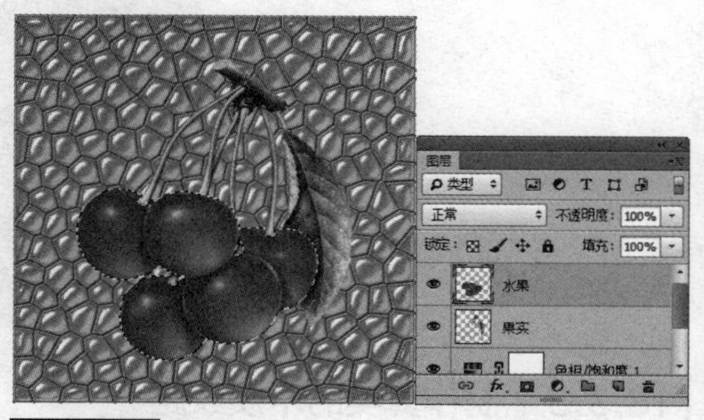

Step20 更改“果实”图层混合模式为亮光，如下图所示。

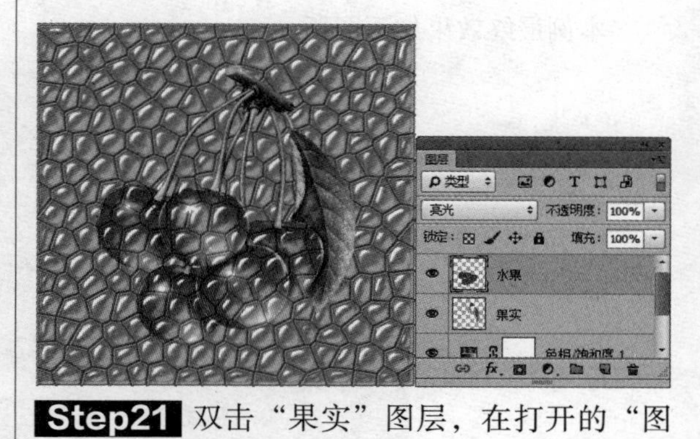

Step21 双击“果实”图层，在打开的“图层样式”对话框中，❶选中“投影”复选框，❷设置阴影颜色为蓝绿色#19b4a4，“不透明度”为75%，“角度”为128度，“距离”为9像素，“扩展”为32%，“大小”为18像素，如下图所示。

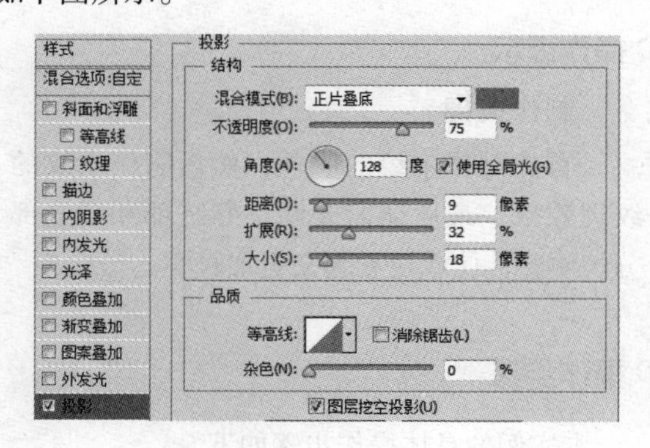

Step22 通过前面的操作，为图像添加投影效果，营造出水果的立体感，如下图所示。

13.3.3 制作真实的木质纹路

效果展示

本例最终效果如下图所示。

光盘同步文件

结果文件：光盘\结果文件\第13章\ 13-06.psd

视频文件：光盘\教学文件\第13章\ 13-06.mp4

操作提示

制作关键

首先制作木纹的肌理，然后制作木纹的纹理效果，最后还需要调整好暗部和高光部分的质感，使木纹看起来更加真实。

技能与知识要点

- “云彩”和“添加杂色”命令
- “动感模糊”命令和“旋转扭曲”命令
- “加深工具”
- “曲线”命令

操作步骤

本实例的具体操作步骤如下。

Step01 按【Ctrl+N】组合键，在弹出的“新建”对话框中，❶设置“宽度”为500像素，“高度”为300像素，“分辨率”为72像素/英寸；❷单击“确定”按钮，如下图所示。

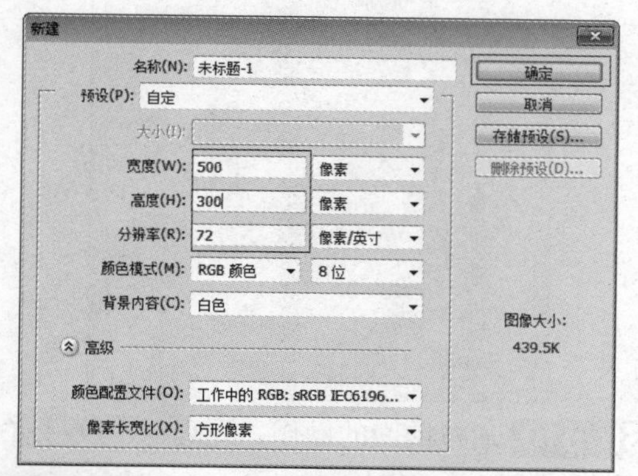

Step02 设置前景色为浅黄色#d9bb58、背景色为深黄色#915f0f，执行“滤镜”→“渲染”→“云彩”命令，效果如下图所示。

Step03 执行“滤镜”→“杂色”→“添加杂色”命令，在弹出的“添加杂色”对话框中，❶设置“数量”为20%，“分布”为高斯分布，选中“单色”复选框，❷单击“确定”按钮，如下图所示。

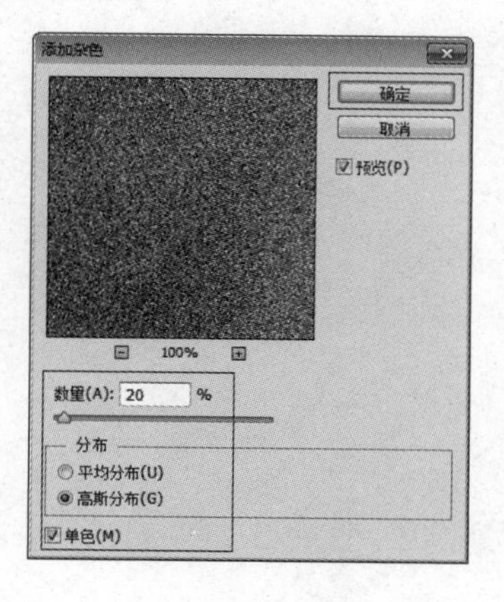

Step04 执行“滤镜”→“模糊”→“动感模糊”命令，在弹出的“动感模糊”对话框中，❶设置“角度”为0度，“距离”为999像素，❷单击“确定”按钮，如下图所示。

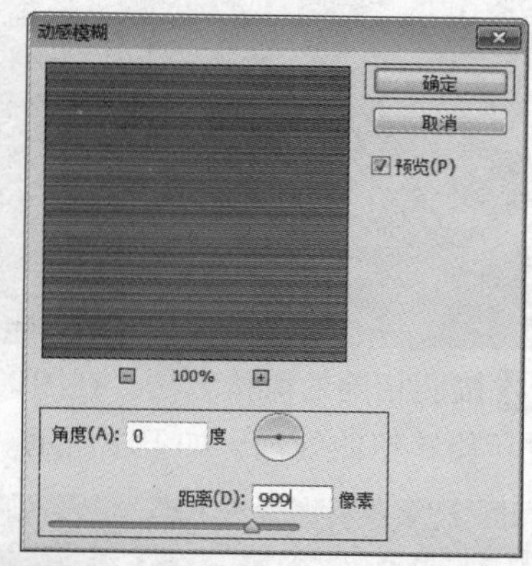

Step05 选择工具箱中的“矩形选框工具”，在图像左上方单击并拖动鼠标创建选区，效果如下图所示。

Step06 执行“滤镜”→“扭曲”→“旋转扭曲”命令，在弹出的“旋转扭曲”对话框中，❶设置“角度”为206度，❷单击“确定”按钮，如下图所示。

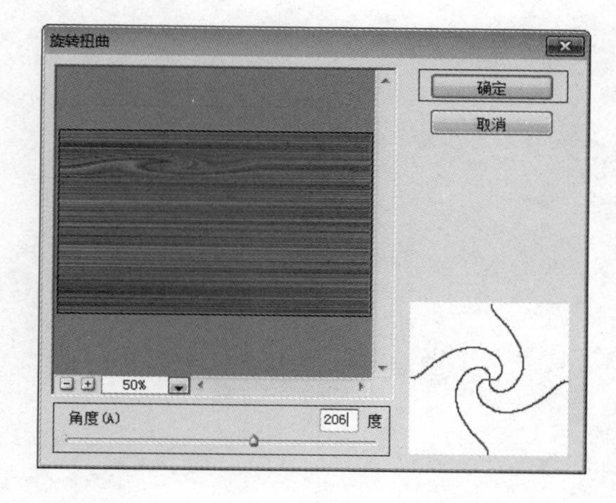

Step07 按【Ctrl+D】组合键取消选区。继续使用“矩形选框工具”，在图像右下方单击并拖动鼠标创建选区，如下图所示。

Step08 按照相同的操作方法，在图像中创建选区并进行旋转扭曲处理，如下图所示。

Step09 选择工具箱中的“加深工具”，对前面所制作的木纹漩涡进行加深处理；按【Ctrl+M】组合键，执行“曲线”命令，在弹出的“曲线”对话框中，单击并调整曲线形状，如下图所示。

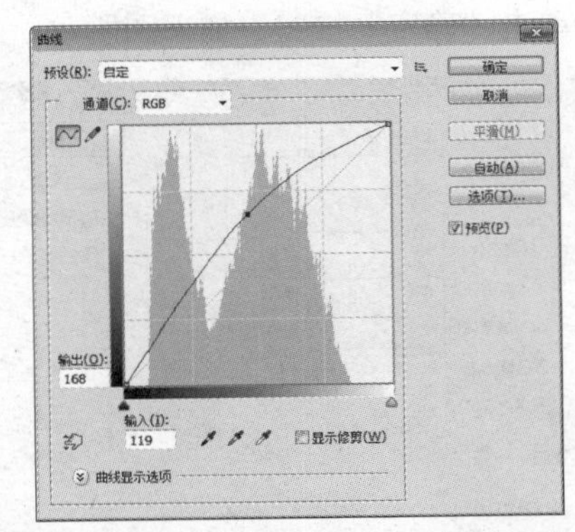

Step10 通过前面的操作，逼真的木纹材质就制作完成了，如下图所示。

第14章 实战：创意合成与特效设计

本章导读

许多绚丽的图像效果都是通过多个图像的合成而制作出来的。将生活中收集的多幅图像放置在一起，经过适当的处理和加工，就能够合成神奇、酷炫的图像效果。而特效设计，是指可以用计算机软件制作出的现实中一般不会出现的特殊效果。通过本章的学习，读者可以快速掌握创意合成与特效设计的方法与技巧。

学完本章后应该掌握的技能

* 了解什么是创意合成
* 了解什么是特效设计

本章相关实例效果展示

14.1 创意合成、特效设计基础知识

图像合成是非常神奇的技能，它可以将众多不同类型的照片素材进行整合，合成一幅令人叹为观止的合成照片，表现设计者的无限创意。经过特效设计制作出来的特殊效果，亦有超强的视觉冲击力。

14.1.1 什么是创意合成

创意合成是指将原本风马牛不相及的内容，运用Photoshop强大的功能合成在一起，给人以趣味、震撼、惊奇等不同的感受。也可称之为图片蒙太奇。

14.1.2 创意合成的常用方法

创意合成作品多建立在一个相对真实的环境中。通常环境越真实，再配合令人拍案的想法，就越能凸显该作品的过人之处。下面介绍一些创意合成的常用方法。

1. 替换

这种构成方法实际上就是利用图形视觉元素的替代关系。在进行创作时，用于进行替代的视觉元素，要在形状和轮廓上相互照应，从而在画面中表现出两者在某种层面上的内在联系及形态上的相似性，使人们能够产生关联感，体会创作者的意图。例如，下图就是此类创意手法的示例。

2. 模拟

此方法是指在人物、动物或其他事物之间进行相互的模拟。其中拟人是最为常见的一种手法，即把一些非人类的物像当成具有人类思想情感、语言能力、行为特征的生命体，在画面上进行展示。

例如，下图就是在不同对象之间进行相互模拟的作品。

3. 夸张

夸张是在文学及图形设计领域中常用的手法，在创意合成领域中是指当图形构成中含有两个以上的视觉元素时，通过夸张其中之一，使之超出原有的比例概念，而与画面中的另一对象在数与量方面形成巨大的差异，以改变人们在通常状态下的视觉印象，从而达到突出某一对象的目的。

4. 分身

分身是指在同一幅图中出现两个或两个以上相同个体的图像。这种作品的题材比较多，只要是平时两个或多个人一起从事的工作，都可以引入创意合成作品中。例如，可以使多个个体在一起从事跳舞、游泳等活动。

5. 超现实

超现实主义为创意指出了一条极好的道路，尤其在现实的商业社会中，创意活动的价值往往要通过商业来体现，因此进行超现实创意必须要有表现的主题与表达目的。

当然，从锻炼创意思维、启迪创意思路、发掘创意灵感的角度来看，每一个创意目标明确的作品并不一定都是商业性的，也并不需要商业元素。

6. 形变

形态变异（简称形变）是指通过改变物体的形态而使画面产生奇异变化的一种创意手法，具体的表现形式包括燃烧、结绕、透明、溶化、碎裂、爆炸、发芽及变形等，如下图所示。

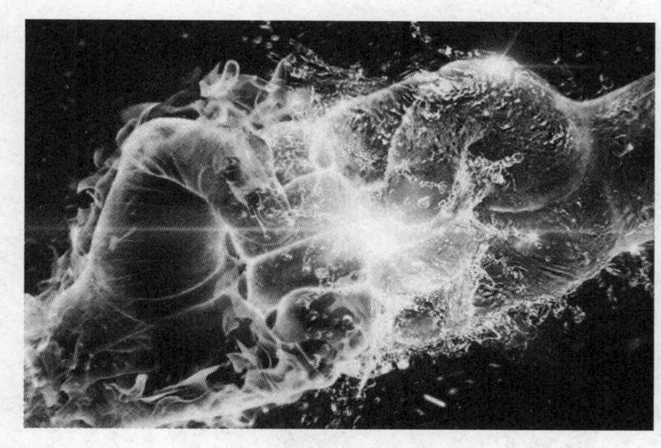

7. 质变

世间万物都有其固定的质感，有些是天然的，而有些则是人为创造出来的，而当这些被人们思维固定下来的质感发生特殊的变化时，就会给人以强烈的视觉冲击。

8. 科幻

科学幻想是想象的一种，是一类通过想象构建出现实世界中根本不可能存在的场景或景象的创造性思维活动。

科学幻想不同于科幻构思。科幻构思必须符合一个条件，即现在绝不可能，但未来是有可能的，因为若是现在已有可能，则见不到幻想的成分；如果未来也无可能，那就代表该构思已违背了既有的科学。而科学幻想则可以毫无拘束地进行想象、创意。

融入了科幻成分的图像，合成作品后会令人有耳目一新的感觉，如下图所示。

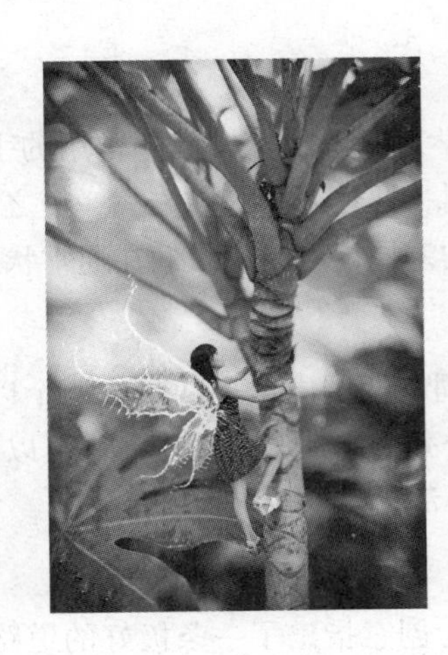

9. 奇异空间

奇异空间是指将在构造上各自代表一定内容的不同的空间，在逻辑关系上以相互矛盾的形式进行合成，最终得到的看似合理但实际上不可能存在的一类空间。

表现奇异空间的作品，其魅力就在于它的反逻辑性和违反事物自身的变化规律。由于其空间特性不同于我们本来熟悉的空间特征，因此能够带给人一种新奇感。这类作品往往让人在玩味很长之后，才惊奇地发现作品中的不合理性。

14.1.3 什么是特效设计

顾名思义，特效就是特殊的效果，通常是用计算机软件制作出的现实中一般不会出现的特殊效果。例如，设计强调具有视觉冲击力的特殊效果叫作视觉特效设计，如下图所示。

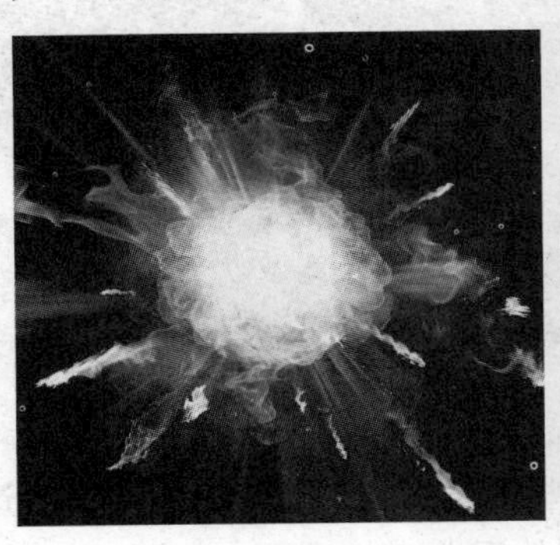
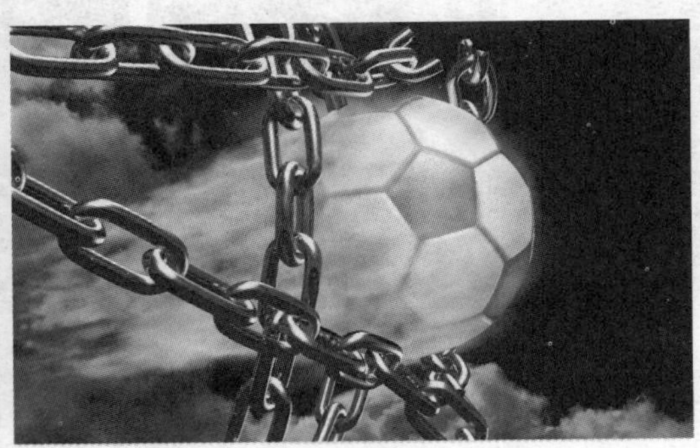

14.2 图像创意合成技术

图像创意合成是非常神奇的，它能够带给人不一样的视觉和心理感受。要完成创意合成作品，首先要有天马行空的构思。

14.2.1 合成真实彩笔绘画效果

➲ 效果展示

本例处理前后的效果对比如下图所示。

光盘同步文件　素材文件：光盘\素材文件\第14章\14-01a.jpg，14-01b.jpg，14-01c.jpg
结果文件：光盘\结果文件\第14章\ 14-01.psd
视频文件：光盘\教学文件\第14章\ 14-01.mp4

操作提示

制作关键

本实例将合成真实彩笔绘画效果。首先拼合素材，接下来制作彩笔作品，然后整合素材元素，最后调整色彩平衡，统一色调。

技能与知识要点

- “魔棒工具”
- 去色和色彩平衡
- 图层混合模式

操作步骤

本实例的具体操作步骤如下。

Step01 打开光盘中的素材文件14-01a.jpg（光盘\素材文件\第14章\），如下图所示。

Step02 打开光盘中的素材文件14-01b.jpg（光盘\素材文件\第14章\），选择工具箱中的“魔棒工具”，单击白色背景区域；按【Delete】键删除选区内容，并移动至当前图像中，如下图所示。

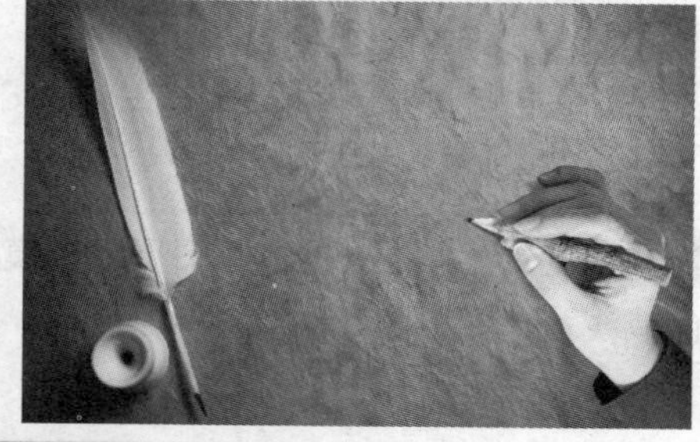

Step03 打开光盘中的素材文件14-01c.jpg（光盘\素材文件\第14章\），如下图所示。

Step04 按【Ctrl+J】组合键复制“背景”图层，得到“图层1”。按【Shift+Ctrl+U】组合键，将图像进行去色，如下图所示。

Step05 按【Ctrl+J】组合键复制“图层1”，得到“图层1副本”。执行“滤镜”→“其他→“最小值”命令，在弹出的“最小值”对话框中，❶设置相关参数，❷单击“确定”按钮，如下图所示。

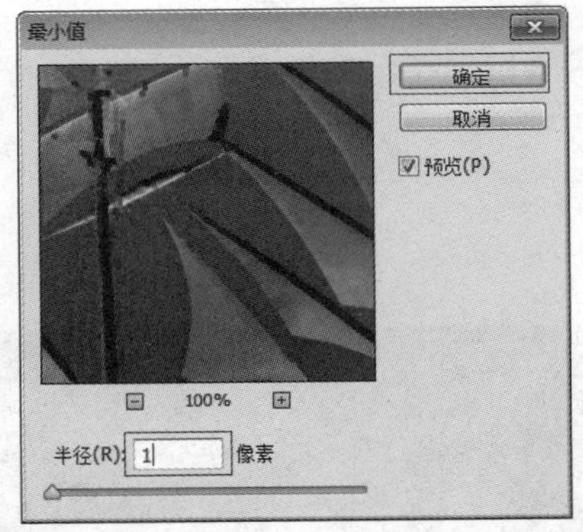

Step06 设置“图层1 副本”图层混合模式为“颜色减淡”，如下图所示。

Step07 双击“背景”图层，将其解锁，并移动至“图层1 副本”上方；设置图层混合模式为“线性光”，如下图所示。

Step08 按【Ctrl+Shift+Alt+E】组合键，盖印可见图层，得到“图层1”；拖动至效果图文件中，如下图所示。

Step09 将“图层1”移动至“背景”图层上方，并设置图层混合模式为“正片叠底”，如下图所示。

Step10 ❶单击“图层”面板底部的“添加图层蒙版”按钮，❷选择工具箱中的“画笔工具”，在图像的边缘区域进行涂抹，如下图所示。

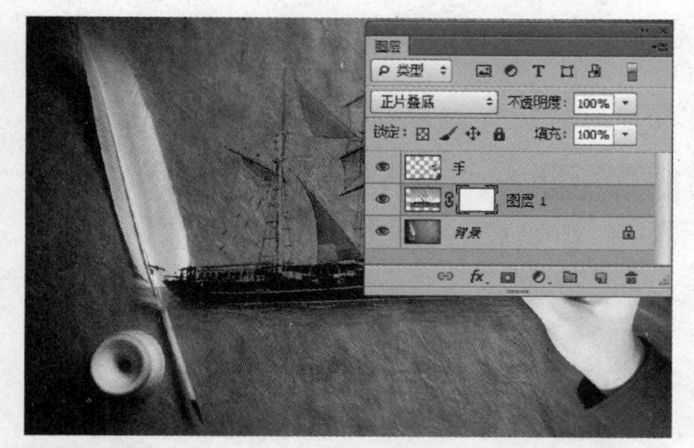

Step11 选择“手”图层，按【Ctrl+B】组合键，在弹出的“色彩平衡”对话框中，❶设置相关参数，❷单击“确定”按钮，如下图所示。

Step12 通过前面的操作，完成最终效果，如下图所示。

14.2.2 触摸孔雀云的舞者

效果展示

本例最终效果如下图所示。

光盘同步文件

素材文件：光盘\素材文件\第14章\14-02a.jpg，14-02b.jpg，14-02c.jpg，14-02d.jpg，14-02e.jpg

结果文件：光盘\结果文件\第14章\ 14-02.psd

视频文件：光盘\教学文件\第14章\ 14-02.mp4

效果展示

制作关键

首先通过拼接制作背景效果，接下来制作光晕效果，最后通过色彩调整命令统一整体效果。

技能与知识要点

- 图层混合模式和图层蒙版
- “颜色查找”和“曲线”调整图层
- “径向模糊”滤镜

本实例的具体操作步骤如下。

Step01 打开光盘中的素材文件14-02a.jpg（光盘\素材文件\第14章\），如下图所示。

Step02 导入光盘中的素材文件14-02b.jpg（光盘\素材文件\第14章\），调整大小，命名为“花海”，如下图所示。

Step03 更改“花海”图层混合模式为颜色减淡，如下图所示。

Step04 为“花海”图层添加图层蒙版，使用黑色“画笔工具”修改蒙版，如下图所示。

Step05 打开光盘中的素材文件14-02c.jpg（光盘\素材文件\第14章\），使用“快速选择工具”选中人物主体，按【Ctrl+C】组合键复制对象，如下图所示。

Step06 切换到效果图文件中，按【Ctrl+V】组合键粘贴对象，命名为“人物”。执行“编

辑”→“变换”→“水平翻转”命令，水平翻转对象，如下图所示。

Step07 导入光盘中的素材文件14-02d.jpg（光盘\素材文件\第14章\），调整大小和角度，命名为“孔雀”，如下图所示。

Step08 更改“孔雀”图层混合模式为柔光，如下图所示。

Step09 为“孔雀”图层添加图层蒙版，使用黑色“画笔工具”修改蒙版，如下图所示。

Step10 按【Ctrl+J】组合键复制“孔雀”图层，命名为“径向模糊”，并向下移动一层，如下图所示。

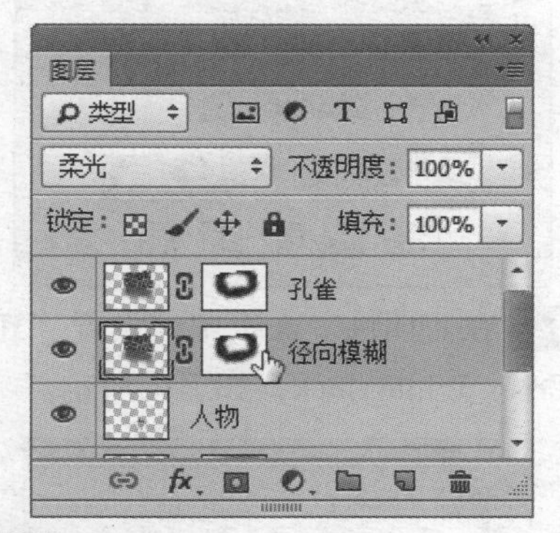

Step11 执行“滤镜”→“模糊”→“径向模糊”命令，在弹出的“径向模糊”对话框中，❶设置“数量”为100，“模糊方法”为缩放，“品质”为好，单击“确定”按钮，如下图所示。

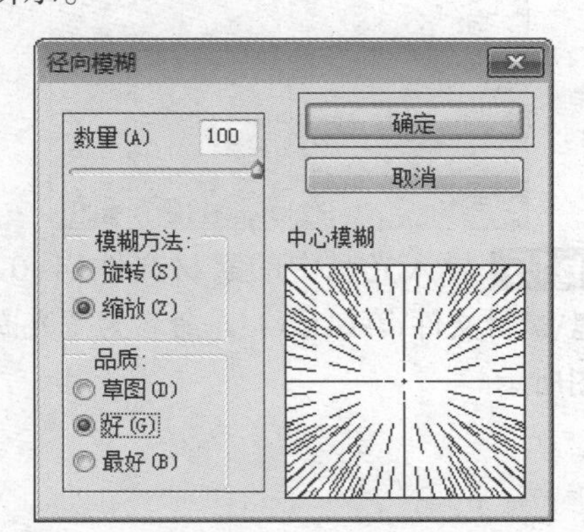

Step12 通过前面的操作，得到图像的径向模糊效果，如下图所示。

Step13 在“调整”面板中，单击“创建新的颜色查找调整图层”按钮，如下图所示。

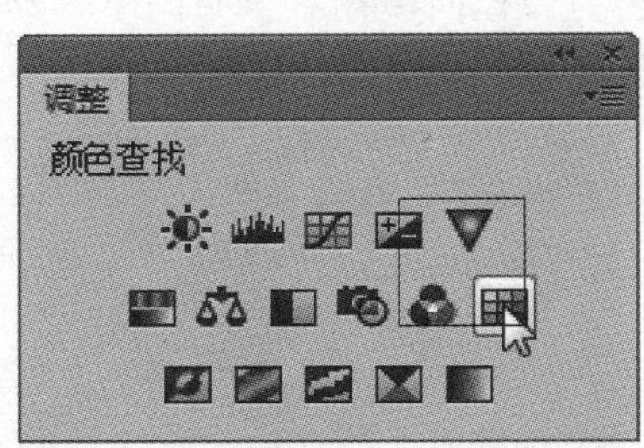

Step14 在“属性”面板中，设置“3DLUT文件”为Crisp_Winter.lock，如下图所示。

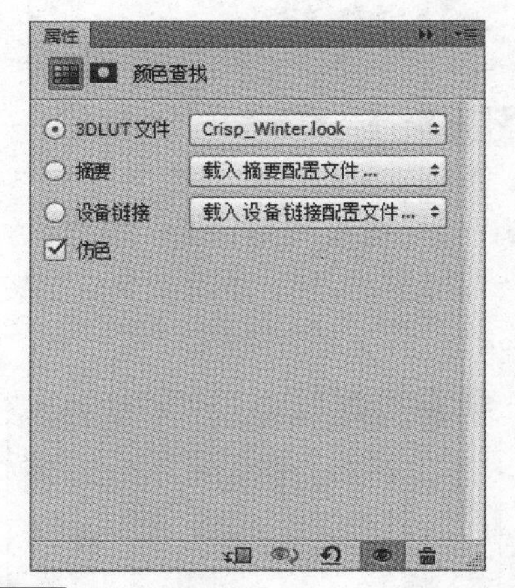

Step15 导入光盘中的素材文件14-02e.jpg（光盘\素材文件\第14章\），命名为“光圈”，如下图所示。

Step16 更改“光圈”图层混合模式为变亮，如下图所示。

Step17 按【Ctrl+J】组合键复制“光圈”图层，命名为“云朵”。适当缩小对象，移动到“花海”图层上方，如下图所示。

Step18 在“调整”面板中，单击“创建新的曲线调整图层”按钮，如下图所示。

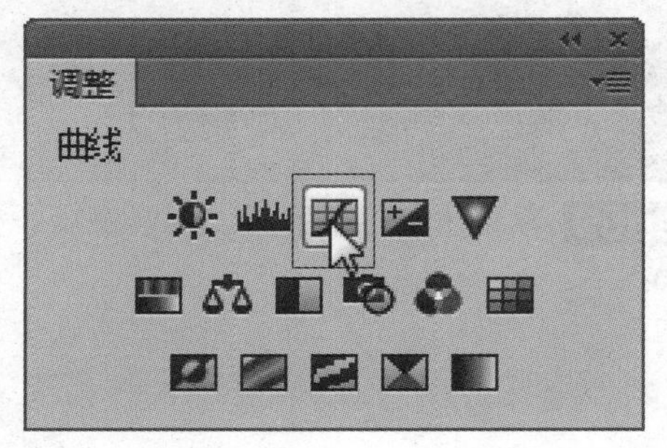

Step19 在“属性”面板中，❶设置“通道”为蓝，❷向下方拖动，调整曲线形状，如下图所示。

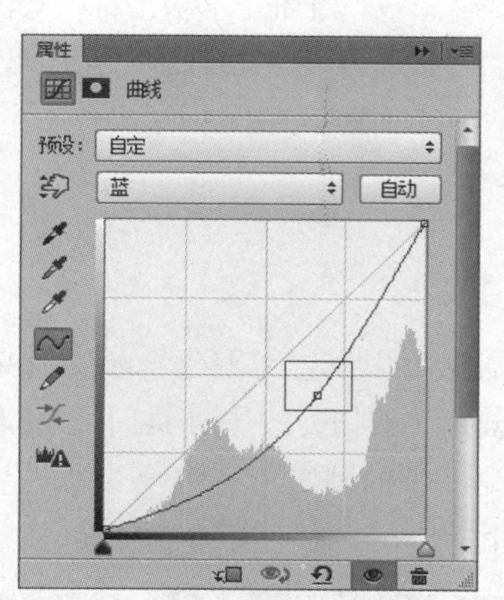

Step20 通过前面的操作，得到层次感更加丰富的色彩效果，如下图所示。

14.3 超炫视觉特效技术

制作图像特效是Photoshop CC的一大特色功能，适当地运用滤镜、图层样式、图层混合模式等，能够赋予图像独特的光影效果和色泽，使平面化的图像呈现超炫的特殊效果。

14.3.1 制作炫舞蝴蝶特效

效果展示

本例最终效果如下图所示。

光盘同步文件

素材文件：光盘\素材文件\第14章\14-03a.jpg，14-03b.jpg

结果文件：光盘\结果文件\第14章\ 14-03.psd

视频文件：光盘\教学文件\第14章\ 14-03.mp4

➲ 操作提示

制作关键

首先制作舞台特效，然后添加装饰花纹素材，最后调整画面的整体色调。

技能与知识要点

- “云彩”“纤维”“极坐标”等滤镜
- “色彩平衡”“亮度/对比度”调整图层
- “渐变工具”、图层操作

➲ 操作步骤

本实例的具体操作步骤如下。

Step01 按【Ctrl+N】组合键，在弹出的“新建”对话框中，❶设置“宽度”为15厘米，“高度”为10厘米，“分辨率”为300像素/英寸；❷单击“确定”按钮，如下图所示。

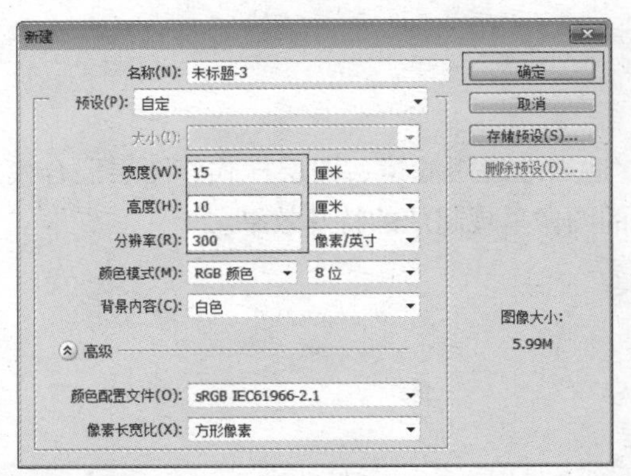

Step02 新建图层，命名为“底图”。设置前景色为紫色# #D48FF5，背景色为深蓝色# D48FF5。执行“滤镜”→“渲染”→“云彩”命令，效果如下图所示。

Step03 使用“椭圆选框工具”创建椭圆选区；按【Shift+F6】组合键，在弹出的“羽化选区”对话框中设置“羽化半径”为30像素，单击“确定”按钮；按【Ctrl+J】组合键复制图层，命令名“椭圆底”；隐藏“底图”图层，效果如下图所示。

Step04 执行“滤镜”→“模糊”→“动感模糊”命令，在弹出的“动感模糊”对话框中设置“角度”为0度，距离为200像素，单击“确定”按钮，如下图所示。

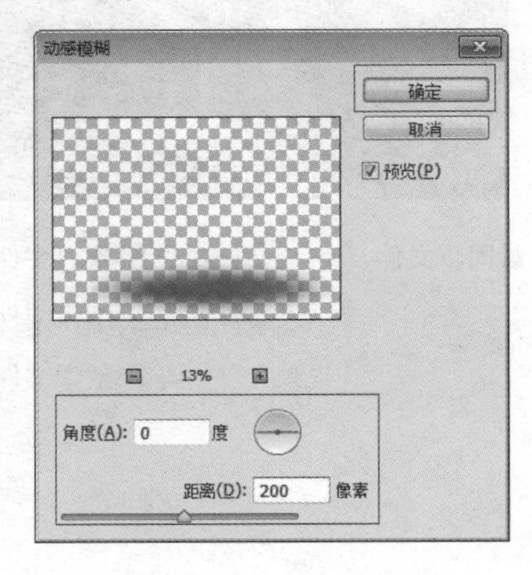

Step05 按【Ctrl+J】组合键复制图层，命名为“椭圆底加深”。适当缩小对象，更改图层混合模式为“颜色减淡”，不透明度为30%，效果如下图所示。

Step06 新建图层，命名为“纤维”。设置前景色为淡紫色#f0e0f6，背景色为紫色#6A4C8D。为图层填充前景色后，执行“滤镜”→“渲染”→“纤维”命令，打开“纤维”对话框，设置其参数，如下图所示。

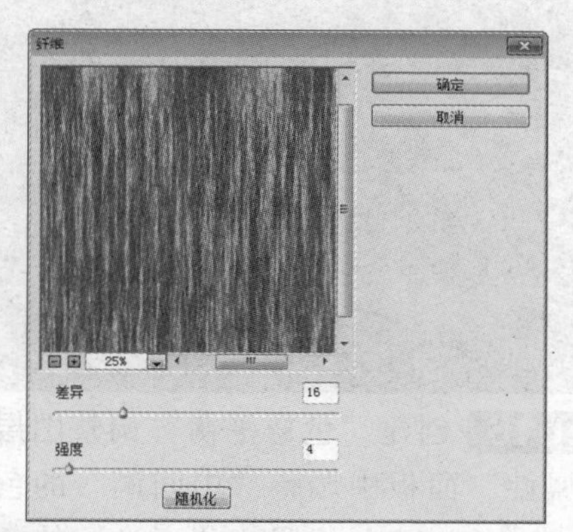

Step07 选择工具箱中的“矩形选框工具”，按住【Shift】键拖动鼠标创建正方形选区，按【Ctrl+C】组合键复制对象，如下图所示。

Step08 按【Ctrl+N】组合键，在弹出的“新建”对话框中保持默认参数设置，单击“确定”按钮；按【Ctrl+V】组合键粘贴对象，如下图所示。

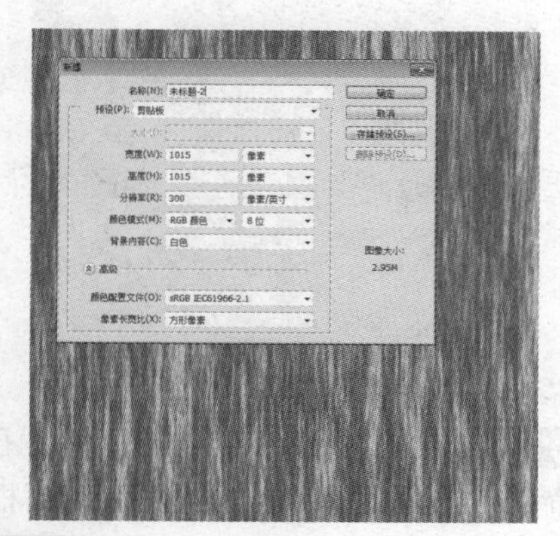

Step09 执行“图像”→“图像旋转”→“90度（顺时针）”命令，效果如下图所示。

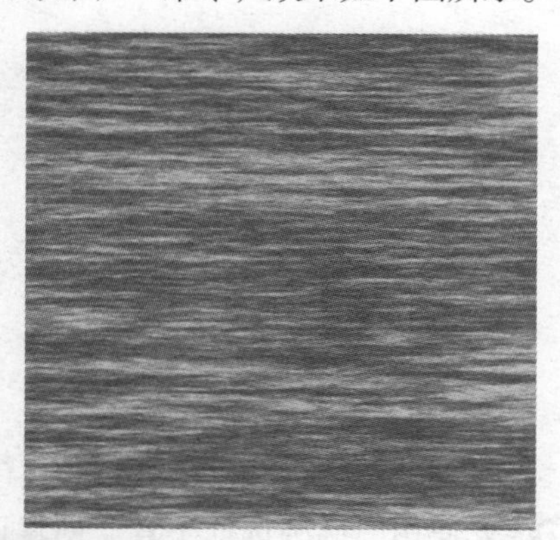

Step10 执行“滤镜”→“扭曲”→“极坐标”命令，在弹出的“极坐标”对话框中选中“平面坐标到极坐标”单选按钮，如下图所示。

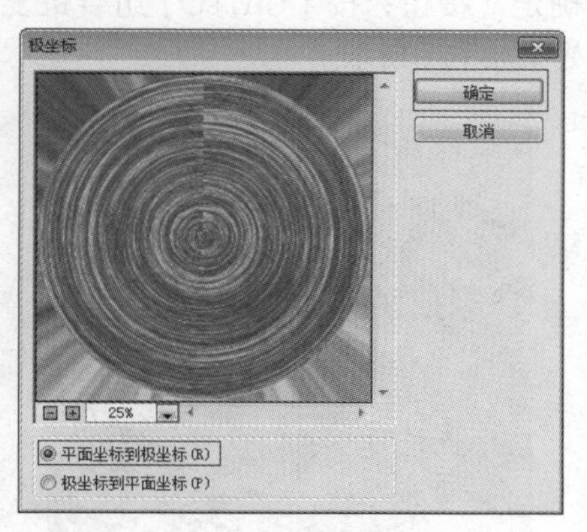

Step11 使用“仿制图章工具”修复接口处的明显印记，如下图所示。

Step12 执行“滤镜”→“模糊”→“径向模糊”命令，在弹出的“径向模糊”对话框中设置“数量”为10，“模糊方法”为旋转，“品质”为好，如下图所示。

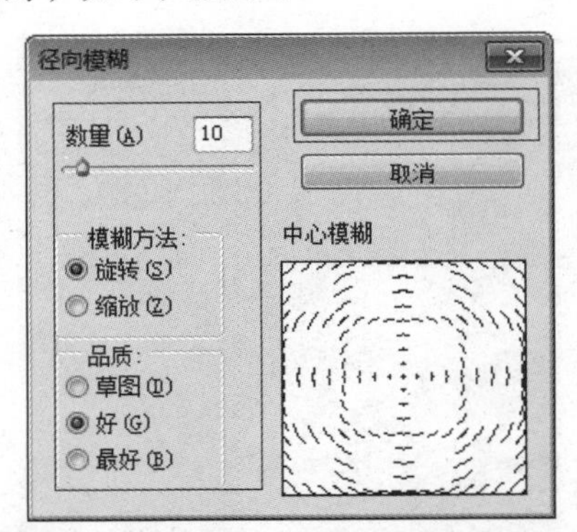

Step13 使用“椭圆选框工具”创建正圆选区；按【Shift+F6】组合键，在弹出的“羽化选区”对话框中设置“羽化半径”为50像素，单击“确定”按钮；按【Ctrl+C】组合键复制对象，效果如下图所示。

Step14 返回效果图文件中，按【Ctrl+V】组合键粘贴对象，命名为“椭圆不透明度30%”，效果如下图所示。

Step15 按【Ctrl+J】组合键复制图层，命名为“椭圆不透明度100%”。将该图层“不透明度”更改为100%，然后添加图层蒙版，用黑色“画笔工具”把边缘不需要的部分擦掉，如下图所示。

Step16 创建“色彩平衡”调整图层，在其“属性”面板中调整“中间调”的色彩值（-5，-11，15），调整“高光”的色彩值（0，-5，16），如下图所示。

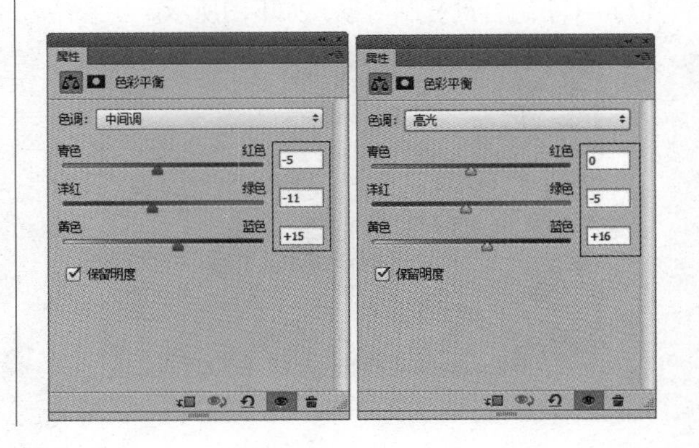

Step17 创建“亮度/对比度”调整图层，在其“属性”面板中设置“对比度”为37，如下图所示。

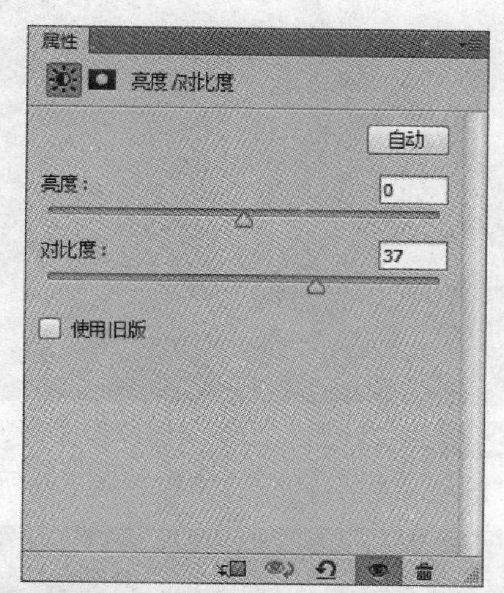

Step18 在步骤13创建的纹理文件中，复制圆环对象，命名为“圆环”，如下图所示。

Step19 按【Ctrl+T】组合键执行自由变换操作，适当压扁对象，并更改图层混合模式为“强光”，如下图所示。

Step20 按【Ctrl+J】组合键复制图层，命名为“圆环高光”。锁定图层透明度后，使用白色柔边“画笔工具”绘制高光，如下图所示。

Step21 新建图层，命名为“白底”。使用白色柔边“画笔工具”绘制白底，如下图所示。

Step22 执行“滤镜”→“模糊”→“高斯模糊”命令，在弹出的“高斯模糊”对话框中设置“半径”为10像素，单击“确定”按钮，如下图所示。

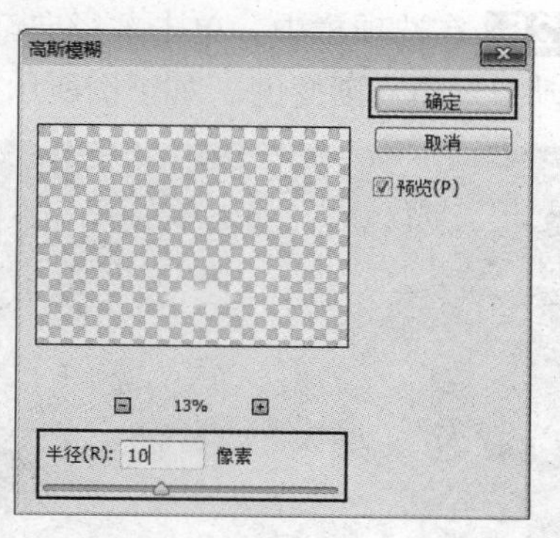

Step23 新建图层，命名为“圆形”。按住【Shift】键，拖动“椭圆选框工具”创建正圆选区；按【Shift+F6】组合键，在弹出的“羽化选区”对话框中设置“羽化半径”为20像素，单击“确定”按钮，效果如下图所示。

Step24 选择“渐变工具”，单击其选项栏中的渐变颜色条，在打开的“渐变编辑器”对话框中，设置色标位置分别为0、33%、66%、100%，色标颜色值分别为#fdfdfd、#f1c9fb、#dca0ff、#814caa，如下图所示。

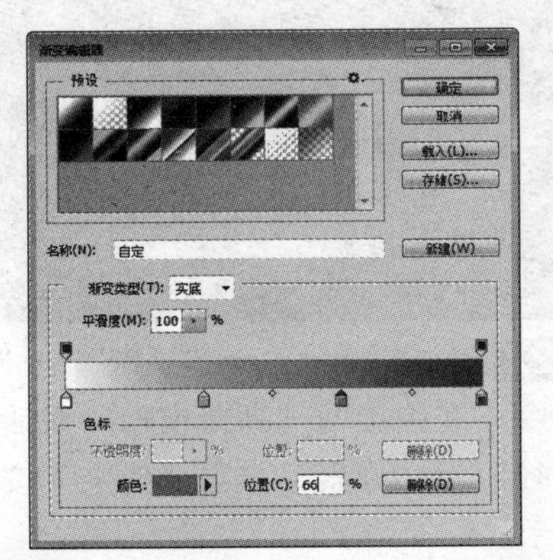

Step25 在选项栏中，单击“径向渐变”按钮，拖动鼠标填充渐变色，如下图所示。

Step26 按【Ctrl+T】组合键，执行自由变换操作，压扁对象，如下图所示。

Step27 为“圆形”图层添加图层蒙版，使用黑色“画笔工具”修改蒙版，如下图所示。

Step28 锁定图层透明度后，选择工具箱中的白色“画笔工具”；多次调整不透明度后，涂抹对象下端，效果如下图所示。

Step29 新建组；使用“钢笔工具”创建选区，羽化5像素，为组添加蒙版，如下图所示。

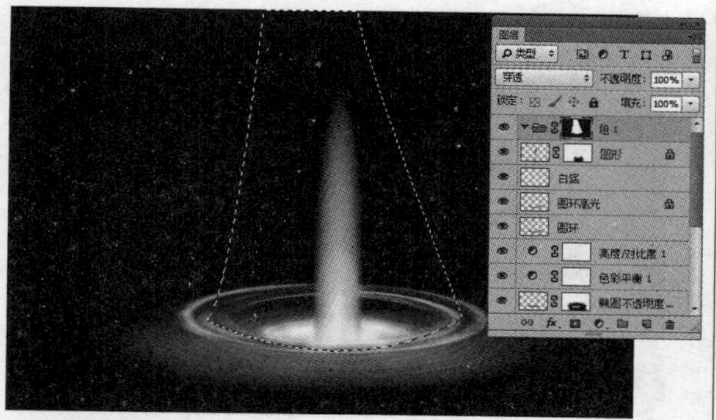

Step30 在“组1”中新建图层，命名为“浅紫背景”。填充浅紫色#C99CF4，更改不透明度为50%，如下图所示。

Step31 在“组1”中新建图层，命名为“左高光”。使用“钢笔工具”创建选区，羽化50像素后，填充浅紫色#C99CF4，如下图所示。

Step32 移动“圆形”图层到最上方，调整大小和位置，如下图所示。

Step33 导入光盘中的素材文件14-03a.jpg（光盘\素材文件\第14章\），命名为“花纹素材”，然后将该图层移动到“椭圆底”图层下方，效果如下图所示。

Step34 移动“白底”图层到最上方，更改图层混合模式为“叠加”，如下图所示。

Step35 选择“圆形”图层，执行“滤镜”→“扭曲”→“水波”命令，在弹出的“水波”对话框中设置“数量”为10，“起伏”为5，单击“确定”按钮，如下图所示。

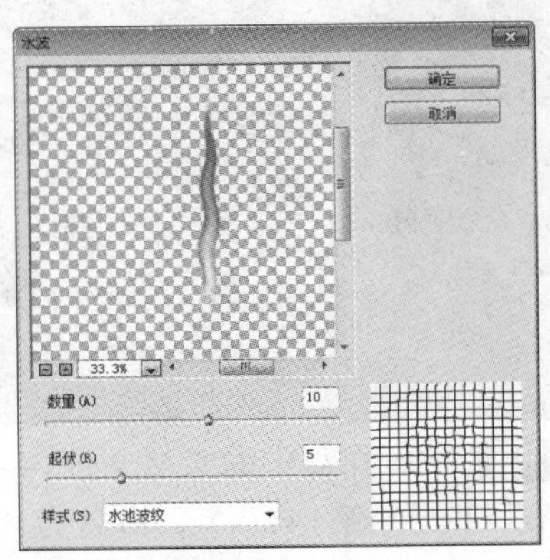

Step36 适当调整“圆形”的蒙版、位置和大小，效果如下图所示。

Step37 选择“花纹素材”图层，选中该图层中的蝴蝶对象后进行复制，然后将复制的蝴蝶对象移动到最上方，效果如下图所示。

Step38 导入素材文件14-03b.jpg（光盘\素材文件\第14章\），移动到适当位置，如下图所示。

Step39 新建图层，命名为“彩虹渐变”。选择工具箱中的“渐变工具”，在其选项栏中选择“透明彩虹渐变”选项，拖动鼠标填充渐变色，如下图所示。

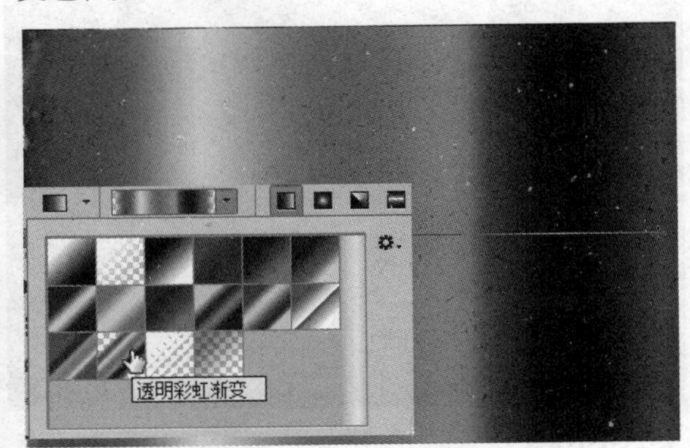

Step40 更改“彩虹渐变”图层混合模式为叠加，如下图所示。

Step41 按【Ctrl+T】组合键，执行自由变换操作。右击，在打开的快捷菜单中选择“旋转

90度（顺时针）”命令，如下图所示。

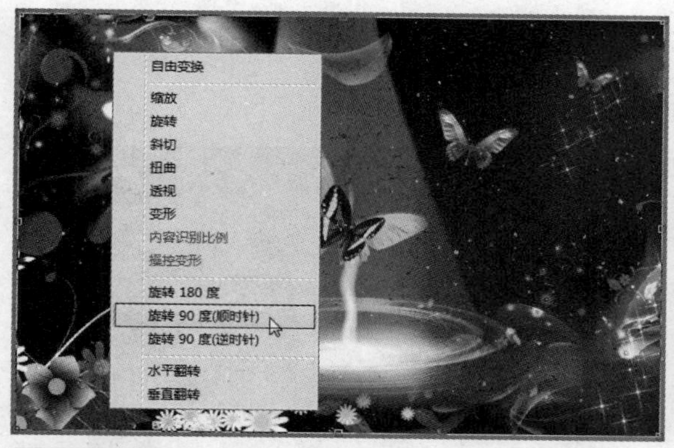

Step42 按【Ctrl+Enter】组合键确认变换。通过前面的操作，为图像添加了色彩效果，如下图所示。

14.3.2 制作五彩光影炫舞特效

➲ 效果展示

本例最终效果如下图所示。

光盘同步文件

素材文件：光盘\素材文件\第14章\14-04.jpg
结果文件：光盘\结果文件\第14章\ 14-04.psd
视频文件：光盘\教学文件\第14章\ 14-04.mp4

➲ 操作提示

制作关键

本实例制作五彩光影炫舞特效。首先制作图像的背景效果，接下来制作围绕人物的光线，最后制作装饰图案。

技能与知识要点

- 图层样式
- “画笔工具”
- “椭圆工具”
- 路径操作

➲ 操作步骤

本实例的具体操作步骤如下。

Step01 按【Ctrl+N】组合键，在弹出的“新建”对话框中，❶设置“宽度”为24厘米，“高度”为32厘米，“分辨率”为72像素/英寸；❷单击“确定”按钮，如下图所示。

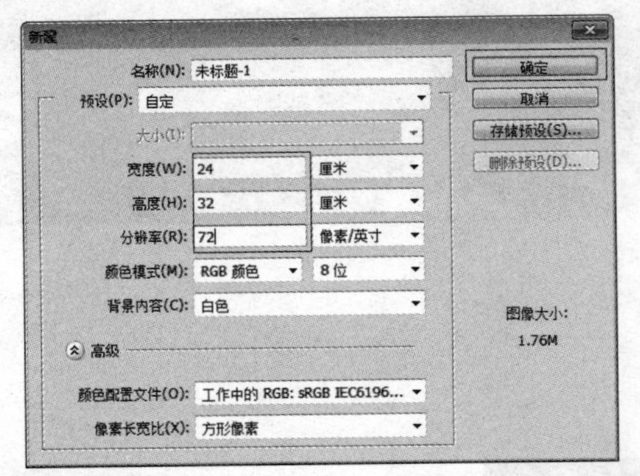

Step02 新建“图层1”，命名为“渐变底色”，填充为白色。双击该图层，在弹出的“图层样式”对话框中，❶选中“渐变叠加”复选框，❷设置渐变颜色为橙黄橙，“角度”为61度，“缩放”为100%，如下图所示。

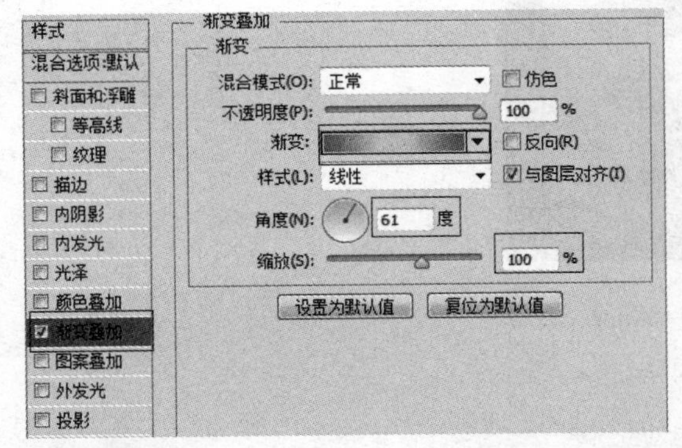

Step03 单击“图层”面板底部的“添加图层蒙版”按钮，选择工具箱中的“渐变工具”，设置前景色为黑色、背景色为白色，在选项栏中单击“径向渐变”按钮，在图像的中心位置向左下角拖动鼠标，修改蒙版效果如下图所示。

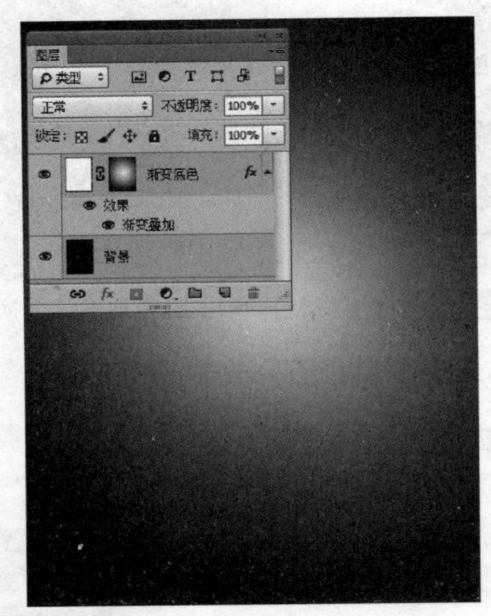

Step04 导入光盘中的素材文件14-04.jpg（光盘\素材文件\第14章\），命名为“人物”，并将该图层混合模式更改为“强光”，效果如下图所示。

Step05 按【Ctrl+J】组合键复制“人物”图层，命名为“人物动感”。执行“滤镜”→“模糊”→“径向模糊”命令，❶在弹出的“径向模糊”对话框中按照下图所示设置相关参数，❷单击“确定”按钮。

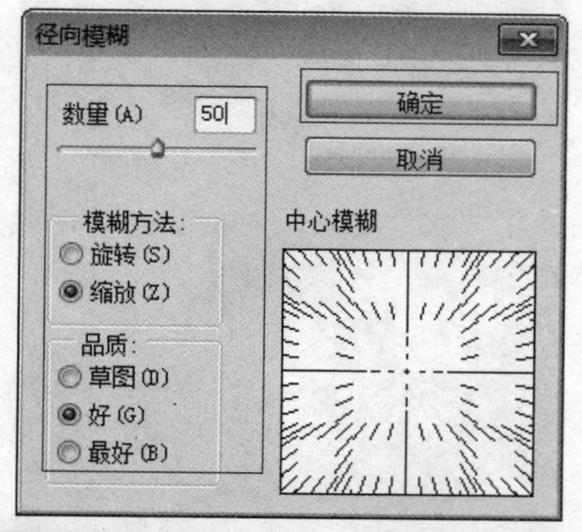

Step06 选择工具箱中的“椭圆工具”，在其选项栏的工具模式下拉列表框中选择“路径”选项，在图像中拖动鼠标绘制椭圆路径，如下图所示。选择工具箱中的“画笔工具”，在其选项栏中设置“画笔大小”为10像素。

Step07 创建“组1”；在“组1”下新建图层，命名为“光线1”；打开“路径”面板，单击底部的“用画笔描边路径”按钮，如下图所示。

Step08 按【Ctrl+J】组合键两次，重复复制图层，分别调整对象的旋转角度，并命名为“光线2”和“光线3”，如下图所示。

Step09 双击“光线1”图层，在弹出的“图层样式”对话框中，❶选中“外发光”复选框，❷设置外发光颜色为蓝色#22769d，“扩展”为17%，“大小”为18像素，如下图所示。

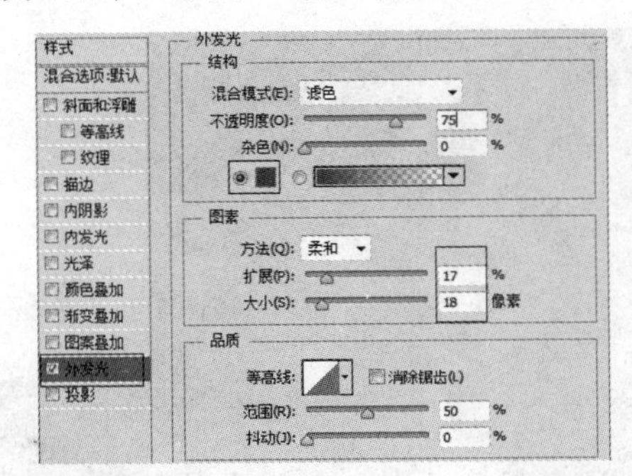

Step10 双击“光线2”图层，在弹出的“图层样式”对话框中，❶选中“外发光”复选框，❷设置外发光颜色为绿色#7ad647，“扩展”为10%，“大小”为13像素，如下图所示。

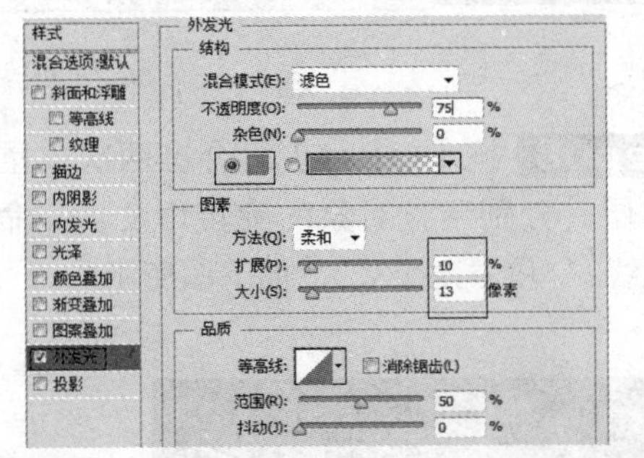

Step11 双击“光线3”图层，在弹出的“图层样式”对话框中，❶选中“外发光”复选框，❷设置外发光颜色为洋红色#ff71de，“扩展”为8%，“大小”为16像素，如下图所示。

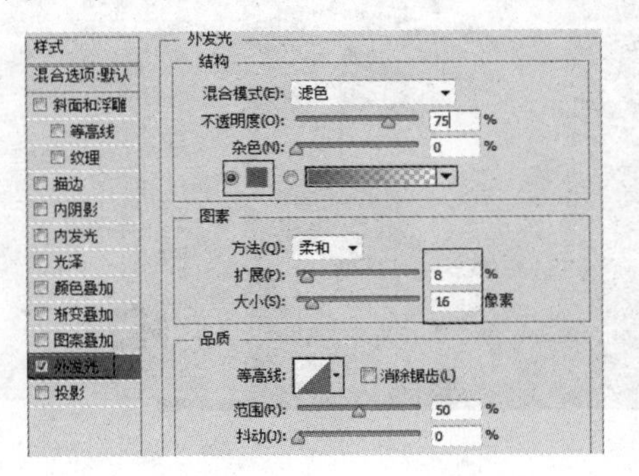

Step12 分别为“光线1”“光线2”“光线3”图层添加图层蒙版，然后使用黑色“画笔工具”修改蒙版，效果如下图所示。

Step13 新建图层，命名为“星光”。选择工具箱中的“画笔工具”，设置前景色为白色，在其选项栏中单击“切换画笔面板”按钮；在打开的“画笔”面板中，❶单击画笔样式，❷设置画笔的“大小”和“间距”等参数，如下图所示。

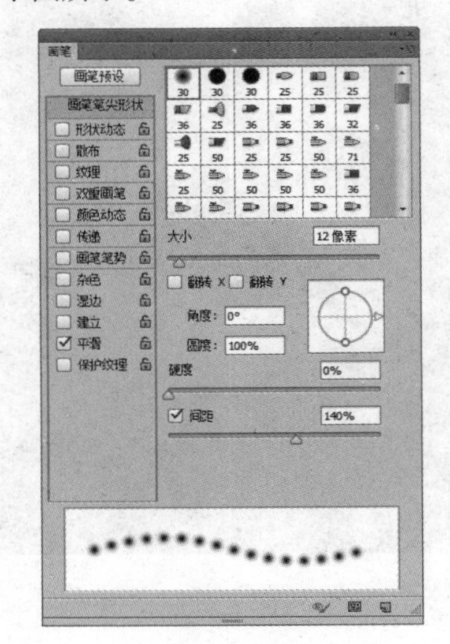

Step14 ❶选中“画笔”面板左侧的“形状动态”复选框，❷在右侧设置相关参数，调整画笔的形状动态，如下图所示。

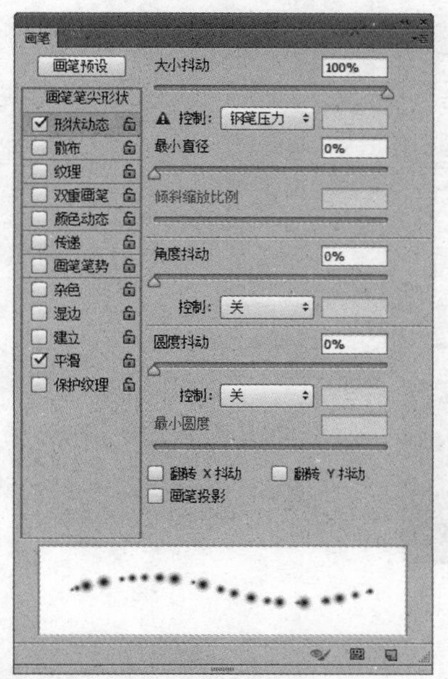

Step15 ❶选中“画笔”面板左侧的“散布”复选框，❷在右侧设置相关参数，调整画笔的散布动态，如下图所示。

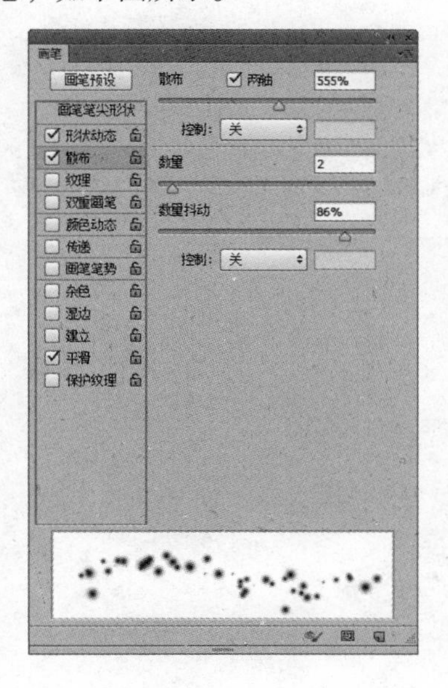

Step16 在图像中单击并拖动鼠标，绘制出散落的星光效果，如下图所示。

Step17 新建图层，命名为“圆点”。选择工具箱中的“椭圆工具”，❶在其选项栏的工具模式下拉列表框中选择“像素”选项，❷并设置不同的颜色，在图像中绘制出椭圆图形，如下图所示。

Step18 更改“圆点”图层混合模式为点光，如下图所示。

第15章 实战：数码照片后期处理

本章导读

在拍摄过程中，可能由于取景、构图、对天气的拿捏或摄影师本身的专业水平的问题，使拍摄出来的照片不太理想。这时就可以利用Photoshop CC来挽救这些照片，从而制作出令人满意的作品。通过本章的学习，读者可以快速掌握数码照片后期处理的方法与技巧。

学完本章后应该掌握的技能

* 了解数码照片后期处理行业知识
* 掌握数码照片人像精修技术
* 掌握数码照片风景处理技术

本章相关实例效果展示

15.1 数码后期处理行业知识

随着数码相机、智能手机等数码产品的日益普及，越来越多的人喜欢上了拍照。不过，由于各种主客观因素的影响，有时拍摄出来的照片可能会让人觉得不是特别满意。此时不要灰心，可以通过后期处理来达到想要的效果。在学习后期处理的相关技能之前，我们先来了解一下数码后期处理的相关行业知识。

15.1.1 什么是数码照片处理

数码照片是另一种数字产物。有了数码相机，拍照就变得一点都不麻烦了。拍下来的数码照片可以直接在计算机上进行后期处理。比较常用的一些数码照片处理软件有Photoshop、Fireworks、PhotoImpact、“我形我速”等。其他数码照片处理软件还有ACDSee、Cool 360、PhotoFamily、CamediaMaster等 。其实这些软件对数码照片的处理功能都很强大，都能对照片进行切割、旋转、打印等处理，只不过相对于Photoshop等常用软件来说要逊色一些。使用Photoshop可以调整色相、去污等，也能在照片上加点我们喜欢的字，再修饰一下。

15.1.2 影楼数码照片处理分类

影楼也就是以前所说的照相馆。以前照相馆使用的都是一些简易的机械相机，没有复杂的后期处理，照片效果比较单一；而现在的影楼却可以通过后期处理将平淡的照片变得神奇。

1. 数码照片的修饰

数码照片的修饰主要体现在细节部分的调整上。Photoshop的强大功能能够轻松地使各位爱美人士摇身一变，成为让人羡慕的网络红人，让人从此爱上拍照。

例如，为照片添加时尚彩妆，效果对比如下图所示。

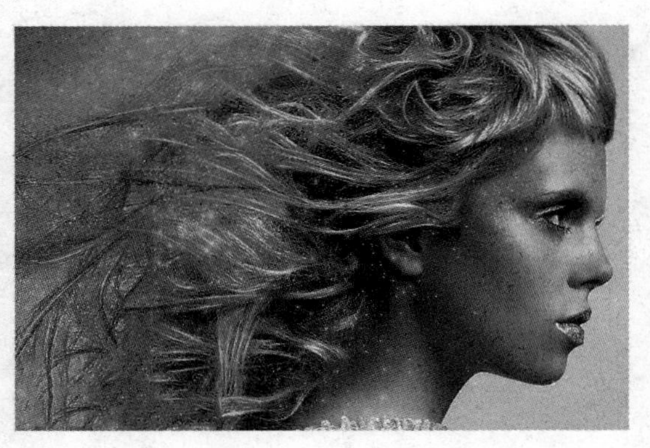

2. 风景照片的调色

Photoshop是当今数字暗房后期处理的主要工具。对于风景照片，用得最多的就是调色。它是最常用的，但也是最复杂和多样的，准确的色调能让照片得到更好的展现。准确色调的范畴包括色调（色温）、反差、亮暗部层次、饱和度、色彩平衡等。如果能掌握Photoshop调色手段，也就相当于拥有了一个强大的彩色照片后期数字暗房。对于Photoshop调色，其实只要掌握一些基本的方法，稍微下一些功夫，融会贯通、灵活运用，就可以得到许多精彩的效果。例如，风景照片的调色对比效果如下图所示。

15.2 数码照片人像精修技术

人像摄影是最常见的摄影主题之一，但是由于摄影师的拍摄技术或被拍摄者自身条件等多方面的限制，拍摄出来的照片难免会出现一些小的瑕疵。下面就将针对这一系列问题对人像照片进行修饰、美化处理，希望读者能快速掌握人像照片的后期处理方法和技巧。

15.2.1 打造时尚潮流彩妆

效果展示

本例处理前后的效果对比如下图所示。

光盘同步文件

素材文件：光盘\素材文件\第15章\15-01.jpg

结果文件：光盘\结果文件\第15章\ 15-01.psd

视频文件：光盘\教学文件\第15章\ 15-01.mp4

操作提示

制作关键

首先制作眼影效果，然后制作珠光唇彩，最后制作腮红，完成最终效果。

技能与知识要点

- “画笔工具”和“套索工具”
- “画布大小”命令和“添加杂色”命令
- 图层混合模式

操作步骤

本实例的具体操作步骤如下。

Step01 打开光盘中的素材文件15-01.jpg（光盘\素材文件\第15章\），单击“图层”面板底部的“创建新图层”按钮，得到“图层1”，如下图所示。

Step02 选择“画笔工具”，在其选项栏中设置画笔“硬度”为0，“大小”自定。设置前景色为红色#e60012，在人物的眼皮位置绘制红色眼影，如下图所示。

Step03 新建“图层2”；将前景色设置为黄色#fff100，在红色眼影上方绘制黄色眼影，如下图所示。

Step04 结合使用“涂抹工具”和“橡皮擦工具”，制作出拖动的渐隐的效果，如下图所示。

Step05 ❶按【Ctrl+E】组合键向下合并图层，得到“图层1”，命名为“上眼皮彩妆”；❷将该图层混合模式改为“叠加”，如下图所示。

Step06 再次使用“涂抹工具”和“橡皮擦工具”调整眼影的细节，使其融合更加自然，直到满意，如下图所示。

Step07 新建图层；将前景色设置为红色#e60012，在下眼皮位置绘制红色眼影，如下图所示。

Step08 将前景色设置为蓝色#1d2088，在下眼皮位置绘制蓝色眼影，如下图所示。

Step09 将前景色设置为青色# 00a0e9，在下眼皮位置绘制青色眼影，如下图所示。

Step10 将前景色设置为绿色# 00a0e9，在下眼皮位置绘制绿色眼影，如下图所示。

Step11 更改图层名称为“下眼皮彩妆”，将该图层混合模式改为“颜色”，如下图所示。

Step12 使用“套索工具”在眼睛处创建选区，如下图所示。

Step13 ❶按【Shift+F6】组合键，弹出“羽化选区”对话框，设置“羽化半径”为20像素；❷单击“确定”按钮，关闭该对话框，如下图所示。

Step14 新建图层，命名为“珠光”。将选区填充为黑色，如下图所示。

Step15 执行“滤镜”→“杂色”→“添加杂色”命令，❶在弹出的“添加杂色”对话框中设置“数量”为50%，选中“高斯分布”单选按钮和“单色”复选框；❷单击“确定”按钮，如下图所示。

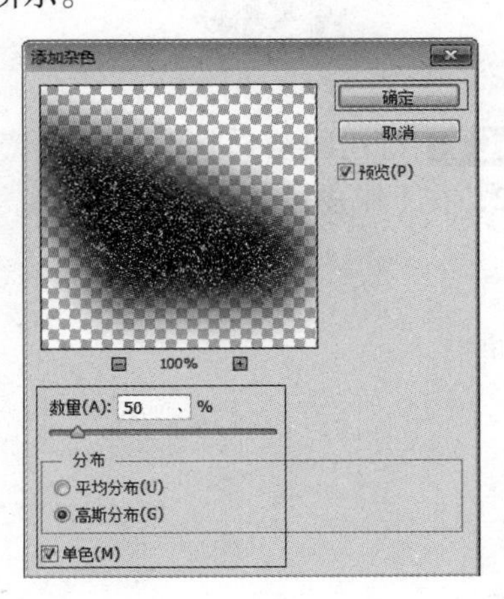

Step16 按【Ctrl+D】组合键取消选区，将"珠光"图层混合模式改为"颜色减淡"，如下图所示。

Step17 为"珠光"图层添加蒙版；设置前景色为黑色，使用"画笔工具"在人物眼睛处拖动鼠标将其显示出来，如下图所示。

Step18 选择"下眼皮彩妆"图层，使用"涂抹工具"和"橡皮擦工具"调整眼影的细节，使其融合更加自然，直到满意，如下图所示。

Step19 使用相同的方法为人物的嘴唇添加闪光效果，如下图所示。

Step20 复制"背景"图层，得到"背景 拷贝"图层。将该图层混合模式改为"柔光"，提亮肤色，如下图所示。

Step21 新建图层，命名为“腮红”。设置前景色为红色#e60012，使用柔边“画笔工具”涂抹脸部，如下图所示。

Step22 更改“腮红”图层混合模式为“色相”，更改“背景 拷贝”图层的不透明度为50%，效果如下图所示。

15.2.2 打造时尚小脸效果

效果展示

本例处理前后的效果对比如下图所示。

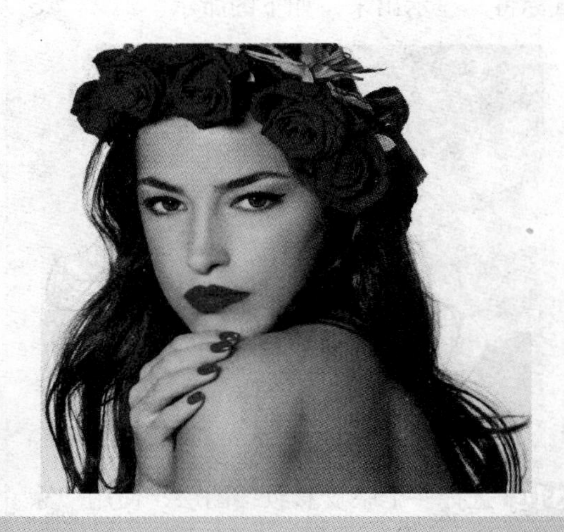

光盘同步文件

素材文件：光盘\素材文件\第15章\15-02.jpg

结果文件：光盘\结果文件\第15章\ 15-02.psd

视频文件：光盘\教学文件\第15章\ 15-02.mp4

操作提示

制作关键

首先使用“液化”命令变形脸部曲线，然后调整色调，最后对嘴唇位置进行校正，并提亮图像。

技能与知识要点

- “液化”命令
- “阴影/高光”命令
- 图层混合模式

➲ 操作步骤

本实例的具体操作步骤如下。

Step01 打开光盘中的素材文件15-02.jpg（光盘\素材文件\第15章\），如下图所示。

Step02 执行“滤镜”→“液化”命令，在弹出的“液化”对话框中选择左上角的“向前变形工具”，如下图所示。

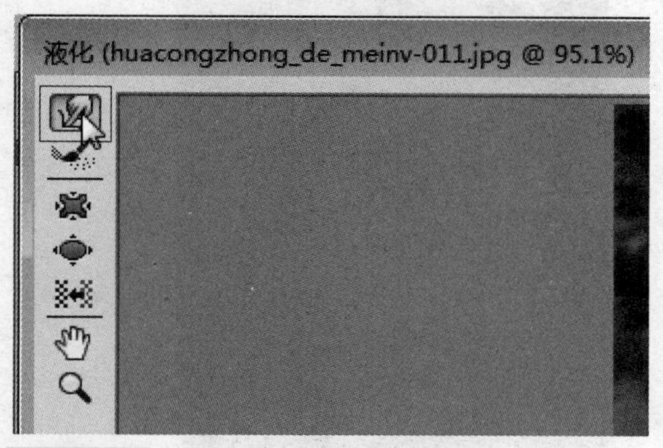

Step03 在右侧的“工具选项”选项组中设置“画笔大小”为80，如下图所示。

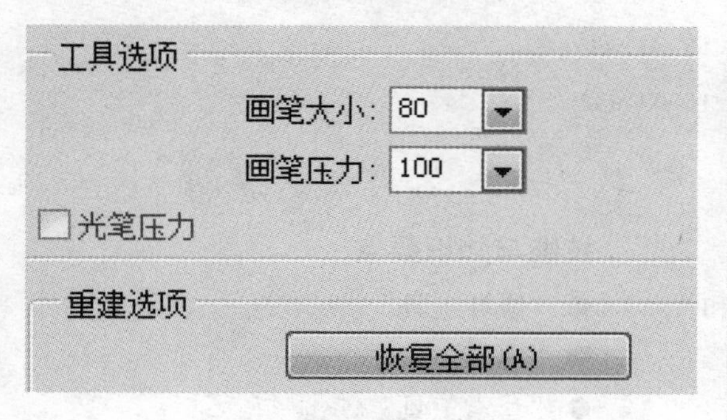

Step04 在人物左侧脸部拖动鼠标进行变形操作，如下图所示。

Step05 在人物右侧脸部拖动鼠标进行变形操作，如下图所示。

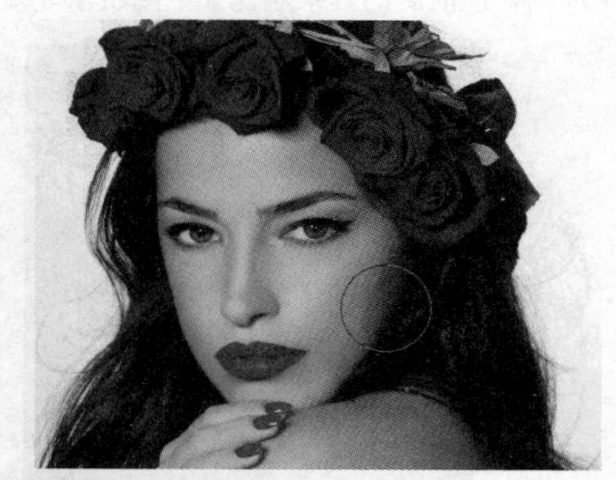

Step06 执行“图像”→“调整”→“阴影/高光”命令，在弹出的“阴影/高光”对话框中设置阴影“数量”为35%，如下图所示。

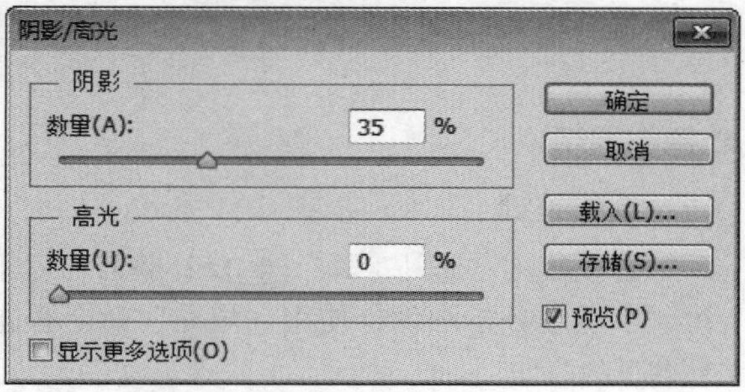

阴影/高光

阴影
数量(A): 35 %

高光
数量(U): 0 %

确定
取消
载入(L)...
存储(S)...
预览(P)
显示更多选项(O)

Step07 执行“滤镜”→“液化”命令，在弹出的“液化”对话框中选择“向前变形工具”，拖动嘴唇对象，如下图所示。

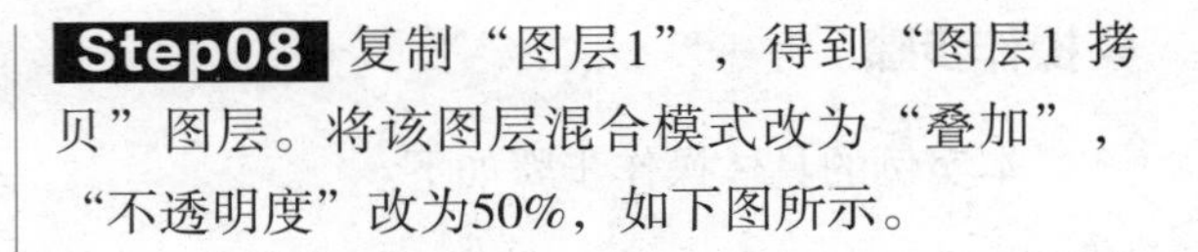

Step08 复制“图层1”，得到“图层1 拷贝”图层。将该图层混合模式改为“叠加”，“不透明度”改为50%，如下图所示。

15.2.3 去除脸部的痘痘

效果展示

本例处理前后的效果对比如下图所示。

光盘同步文件

素材文件：光盘\素材文件\第15章\15-03.jpg

结果文件：光盘\结果文件\第15章\ 15-03.psd

视频文件：光盘\教学文件\第15章\ 15-03.mp4

操作提示

制作关键

首先使用“修补工具”修补脸部的痘印和污点，然后分析图像，使用“填充”命令智能修补剩下的痘印。

技能与知识要点

- “修补工具”
- “填充”命令
- “套索工具”

➲ 操作步骤

本实例的具体操作步骤如下。

Step01 打开光盘中的素材“15-03.jpg”文件（光盘\素材文件\第15章\），按【Ctrl+J】组合键复制“背景”图层，得到“图层1”，如下图所示。

Step02 选择工具箱中的“修补工具”，拖动鼠标在有痘痘的区域创建选区，如下图所示。

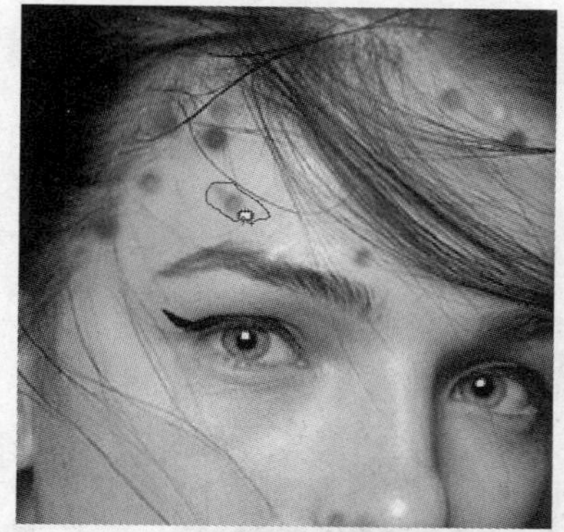

Step03 拖动鼠标，将选区移动到脸部光滑皮肤的区域，如下图所示。

Step04 按【Ctrl+D】组合键取消选区后，选区内的痘痘被修复，如下图所示。

Step05 继续使用“修补工具”对脸部其他区域的痘痘进行修复，也可将脸上一些污点一同去掉，效果如下图所示。

Step06 使用“套索工具”在人物头发根部的痘痘处创建选区，如下图所示。

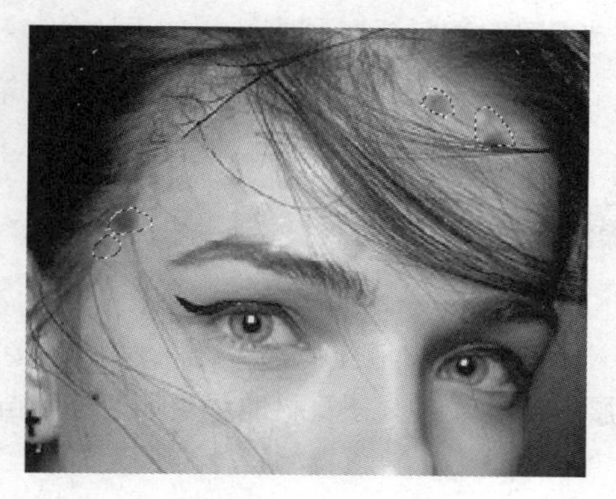

Step07 执行“编辑”→“填充”命令，或按【Shift+F5】组合键，在弹出的“填充”对话框中设置相应的选项，然后单击“确定”按钮，如下图所示。

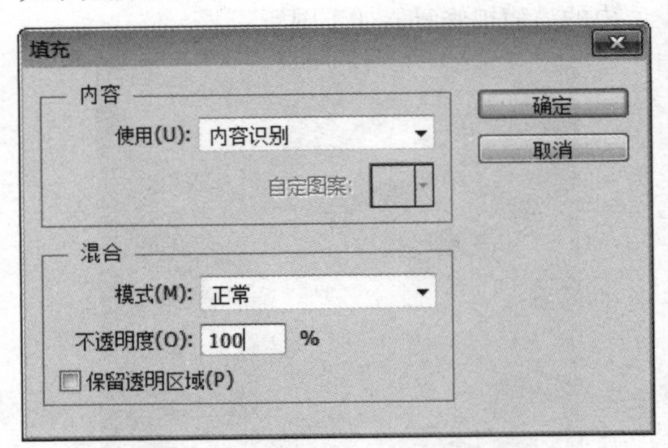

Step08 通过前面的操作，脸上的痘痘全部消失了。按【Ctrl+D】组合键取消选区，效果如下图所示。

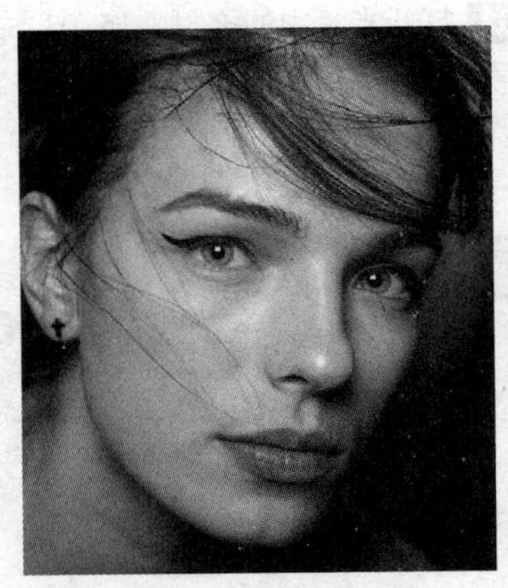

15.2.4 打造火辣苗条身段

效果展示

本例处理前后的效果对比如下图所示。

光盘同步文件

素材文件：光盘\素材文件\第15章\15-04.jpg

结果文件：光盘\结果文件\第15章\ 15-04.psd

视频文件：光盘\教学文件\第15章\ 15-04.mp4

操作提示

制作关键

首先使用“液化”命令增大胸部，接下来调整腰臀部的线条，使身材曲线更加流畅和苗条。

技能与知识要点

- 复制图层
- “液化”命令
- 膨胀和向前变形操作

◐ 操作步骤

本实例的具体操作步骤如下。

Step01 打开光盘中的素材文件15-04.jpg（光盘\素材文件\第15章\），按【Ctrl+J】组合键复制“背景”图层，得到“图层1”，如下图所示。

Step02 执行“滤镜”→“液化”命令，在弹出的“液化”对话框中选择“膨胀工具”，并设置相应的“工具选项”，如下图所示。

Step03 将鼠标指针指向人物右侧胸部，单击鼠标进行膨胀，如下图所示。

Step04 继续在右侧胸部周围单击鼠标，将胸部进行膨胀，效果如下图所示。

Step05 继续使用“膨胀工具”将人物右侧的胸部进行膨胀，效果如下图所示。

Step06 在“液化”对话框中选择“向前变形工具”，设置相应的“工具选项”，如下图所示。

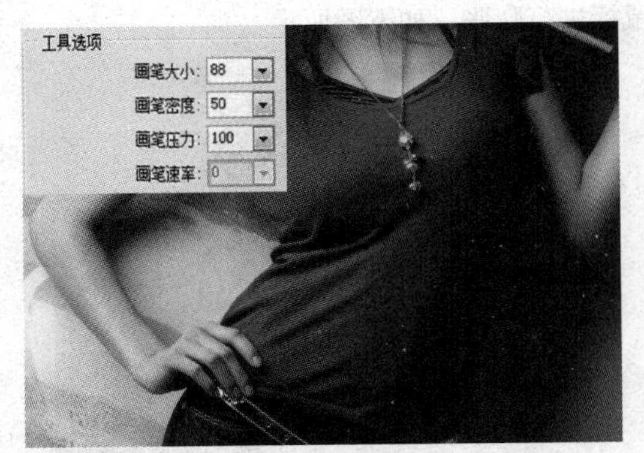

Step07 将鼠标指针指向人物腰部，使用“向前变形工具”将腰部向中间推动，达到瘦腰的效果，如下图所示。

Step08 将人物右侧的腰部向中间推动，使腰部变细，效果如下图所示。

Step09 使用“向前变形工具”，将人物臂部向外拖动，使臂部更加圆润，如下图所示。

Step10 在“液化”对话框中单击“确定”按钮，完成人物变形，效果如下图所示。

15.3 数码照片风景处理技术

由于天气条件的影响或者拍摄者的技术限制，拍摄的风景照片往往存在一些缺陷。下面将针对风景照片进行后期再造。希望通过以下实例的讲解，读者能够快速掌握风景照片后期处理的精髓，使普通的风景照片大放光彩。

15.3.1 打造傍晚日暮效果

◐ 效果展示

本例处理前后的效果对比如下图所示。

光盘同步文件

素材文件：光盘\素材文件\第15章\15-05a.jpg，15-05b.jpg

结果文件：光盘\结果文件\第15章\ 15-05.psd

视频文件：光盘\教学文件\第15章\ 15-05.mp4

◐ 操作提示

制作关键

首先调整云彩的色彩，然后对整体色调进行调整，最后添加夕阳光照，完成效果制作。

技能与知识要点

- "色相/饱和度" "曲线" "可选颜色"调整图层
- "渐变工具"
- "羽化"命令、图层混合模式

◐ 操作步骤

本实例的具体操作步骤如下。

Step01 打开光盘中的素材文件15-05a.jpg（光盘\素材文件\第15章\），按【Ctrl+J】组合键复制图层，如下图所示。

Step02 导入光盘中的素材文件15-05b.jpg（光盘\素材文件\第15章\），命名为"天空"，如下图所示。

Step03 为“天空”图层添加图层蒙版，使用黑白“渐变工具”修改蒙版，如下图所示。

Step04 创建“色相/饱和度”调整图层，在“属性”面板中，❶设置“红色”色相为30，❷“蓝色”饱和度为-41，如下图所示。

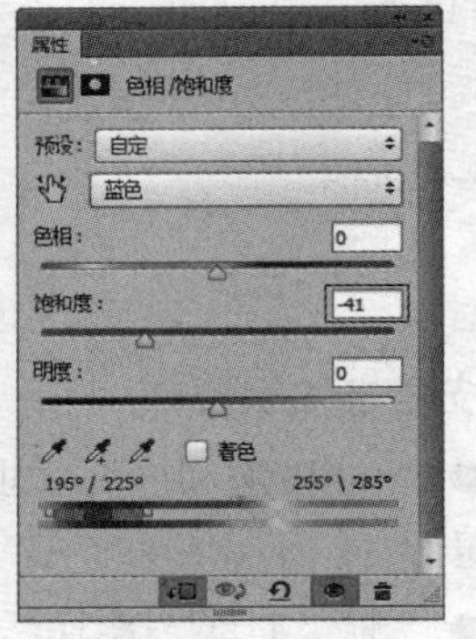

Step05 在“属性”面板中，❶设置“洋红”饱和度为-29，❷单击“将调整剪切到此图层”按钮，如下图所示。

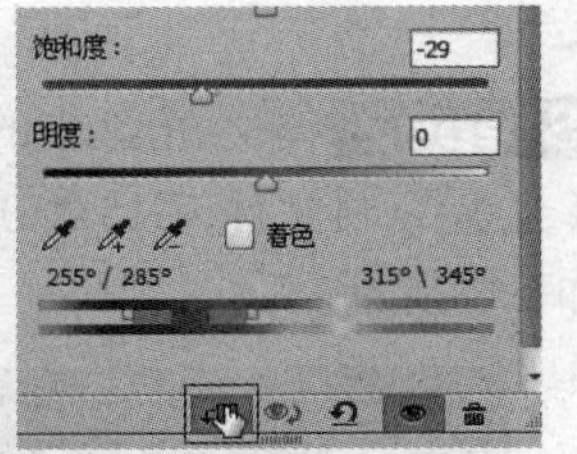

Step06 创建“曲线”调整图层，分别调整“绿”“蓝”通道，剪切到图层，曲线形状如下图所示。

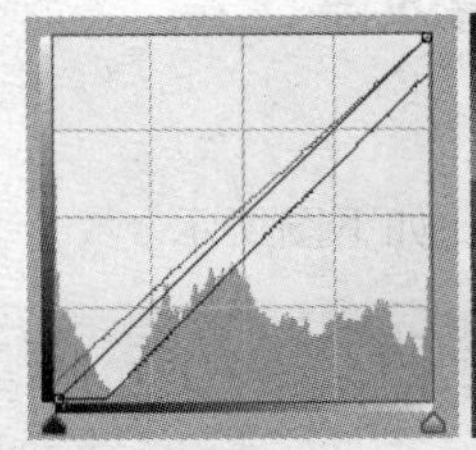

Step07 创建“色相/饱和度”调整图层，在“属性”面板中，❶调整“黄色”色相为-12，饱和度为-5；❷“绿色”色相为-84，饱和度为-8，如下图所示。

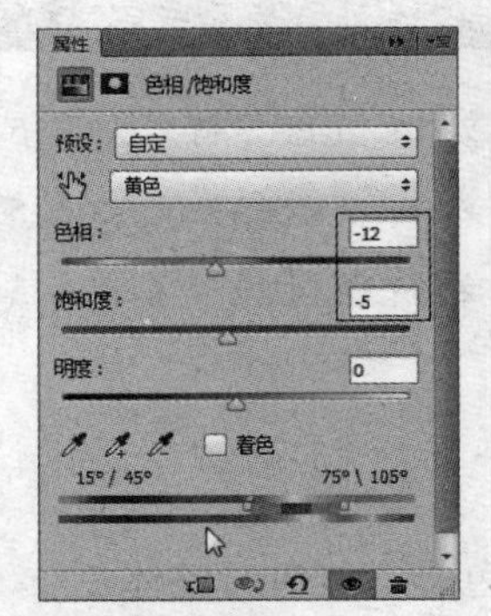

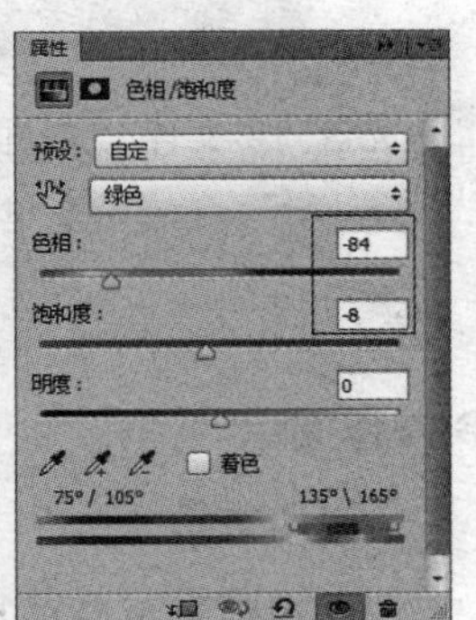

Step08 在“属性”面板中，❶调整“青色”色相为28，饱和度为-82，❷“蓝色”饱和度为-26，如下图所示。

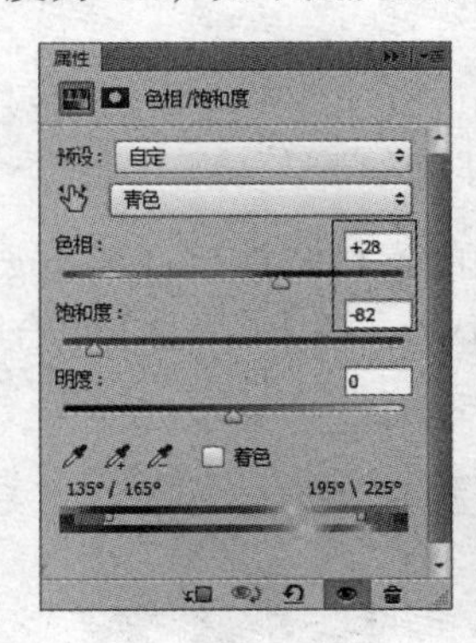

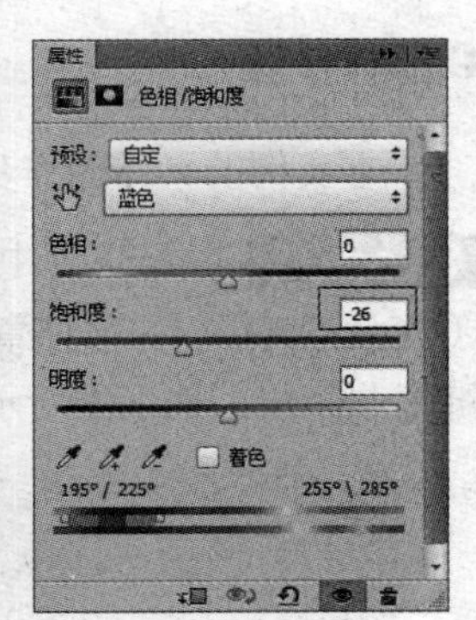

Step09 创建“曲线”调整图层，分别调整“红”“绿”“蓝”通道，曲线形状如下图所示。

Step10 创建“可选颜色”调整图层，在“属性”面板中，❶调整“洋红”色彩成分（青色21%），❷“白色”色彩成分（洋红4%、黄色45%、黑色10%），如下图所示。

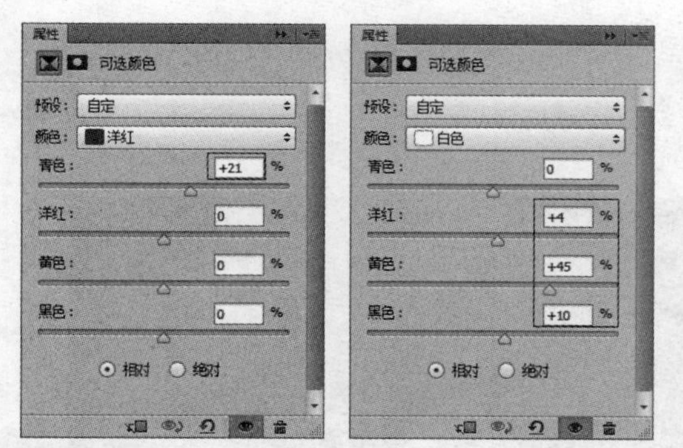

Step11 创建“曲线”调整图层，调整RGB通道，曲线形状如下图所示。

Step12 新建图层，命名为“阳光”。使用“椭圆选框工具”创建选区，按【Shift+F6】组合键，在弹出的“羽化选区”对话框中，❶设置“羽化半径”为80像素，❷单击“确定”按钮，如下图所示。

Step13 设置前景色为淡黄色#F3D471，按【Alt+Delete】组合键为选区填充淡黄色，如下图所示。

Step14 更改“阳光”图层混合模式为“叠加”，如下图所示。

Step15 新建图层，命名为“阳光2”。使用“椭圆选框工具” 创建选区，按【Shift+F6】组合键，在弹出的“羽化选区”对话框中，❶设置“羽化半径”为25像素，❷单击“确定”按钮，如下图所示。

Step16 填充淡黄色#F3D471，更改“阳光2”图层混合模式为“叠加”。最终效果如下图所示。

15.3.2 调出浪漫紫色调

➲ 效果展示

本例处理前后的效果对比如下图所示。

光盘同步文件

素材文件：光盘\素材文件\第15章\15-06.jpg

结果文件：光盘\结果文件\第15章\ 15-06.psd

视频文件：光盘\教学文件\第15章\ 15-06.mp4

➲ 操作提示

制作关键

首先调整图片的色调，然后制作朦胧效果，最后使用图层混合模式合成效果。

技能与知识要点

● “曲线”“色彩平衡”调整图层

● 盖印图层

● “高斯模糊”命令

● 图层混合模式

操作步骤

本实例的具体操作步骤如下。

Step01 打开光盘中的素材文件15-06.jpg（光盘\素材文件\第15章\），如下图所示。

Step02 创建“曲线1”调整图层，分别调整“红”“绿”“蓝”通道，曲线形状如下图所示。

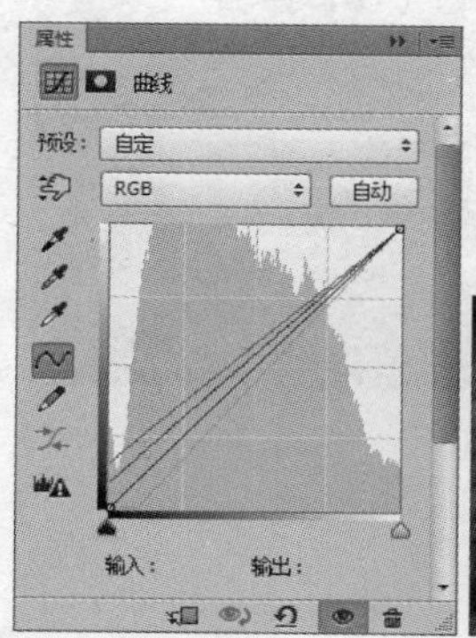

Step03 继续创建“曲线2”调整图层，分别调整“红”“绿”“蓝”通道，曲线形状如下图所示。

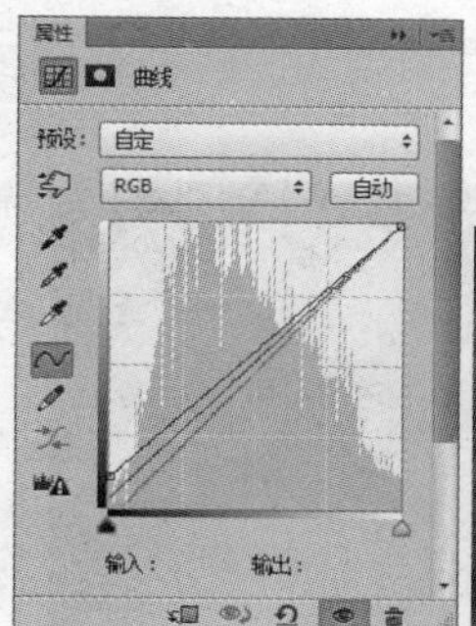

Step04 创建“色彩平衡”调整图层，在其“属性”面板中，设置“阴影”部分的颜色值（–2，–3，5），“中间调”的颜色值（–3，0，3），如下图所示。

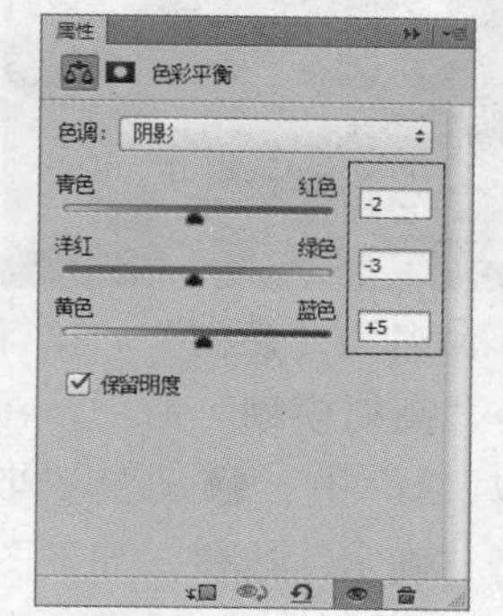

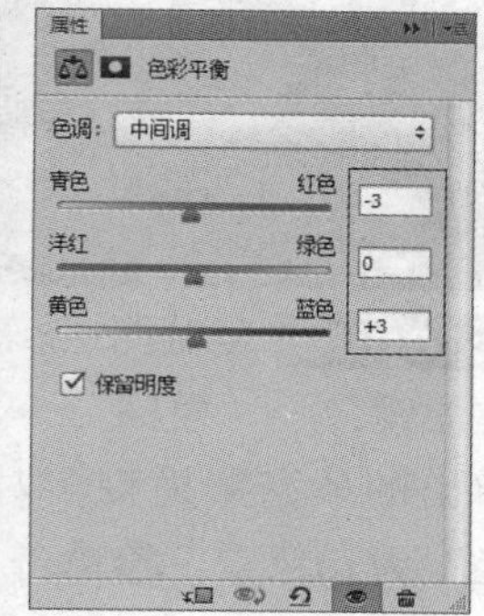

Step05 设置“高光”部分的颜色值（–3，–2，0），如下图所示。

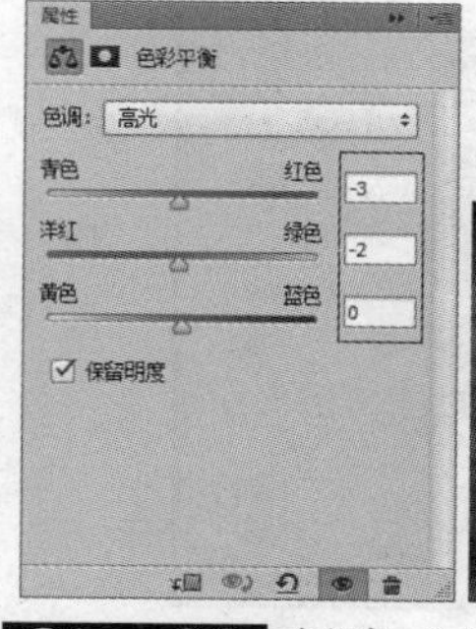

Step06 创建“曲线”调整图层，分别调整“红”“绿”蓝通道，曲线形状如下图所示。

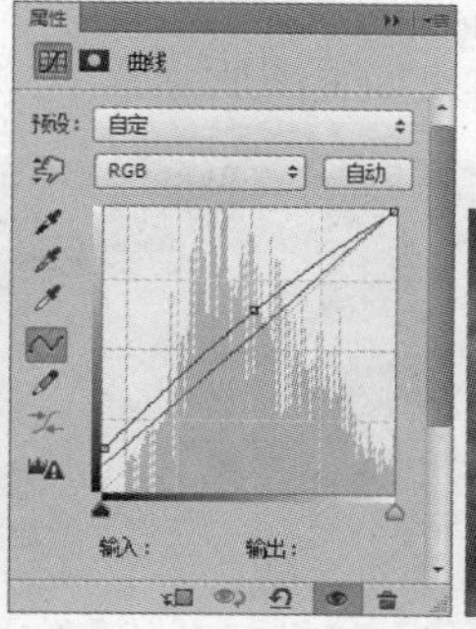

Step07 按【Shift+Alt+Ctrl+E】组合键盖印图层，命名为“效果”，如下图所示。

Step08 复制图层，命名为“模糊”。执行“滤镜”→“模糊”→“高斯模糊”命令，在弹出的“高斯模糊”对话框中，❶设置“半径”为10像素，❷单击“确定”按钮，如下图所示。

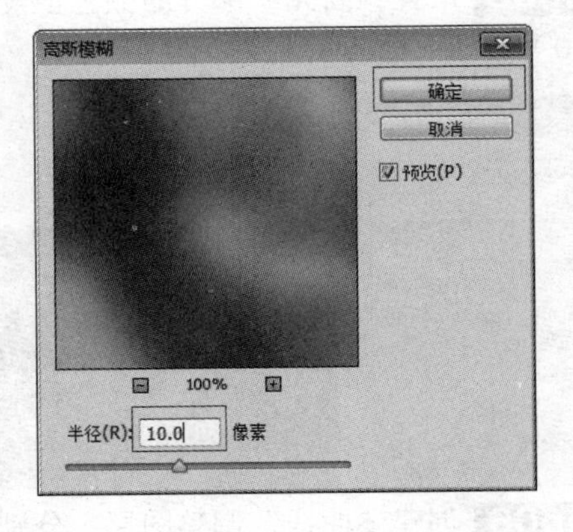

Step09 更改“模糊”图层混合模式为叠加，“不透明度”为60%，如下图所示。

Step10 创建“曲线”调整图层，适当加大对比度，如下图所示。

15.3.3 打造风景暗角效果

➲ 效果展示

本例处理前后的效果对比如下图所示。

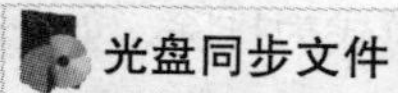

素材文件：光盘\素材文件\第15章\15-07.jpg
结果文件：光盘\结果文件\第15章\ 15-07.psd
视频文件：光盘\教学文件\第15章\ 15-07.mp4

操作提示

制作关键

首先调整图片的饱和度，接下来调整色彩和暗角效果，最后使用图层混合模式合成效果。

技能与知识要点

- “自然饱和度”填充图层
- “纯色”填充图层
- “色相/饱和度”填充图层
- 图层混合模式

操作步骤

本实例的具体操作步骤如下。

Step01 打开光盘中的素材文件15-07.jpg（光盘\素材文件\第15章\），如下图所示。

Step02 创建“自然饱和度”调整图层，在其“属性”面板中设置“自然饱和度”为100，“饱和度”为10，如下图所示。

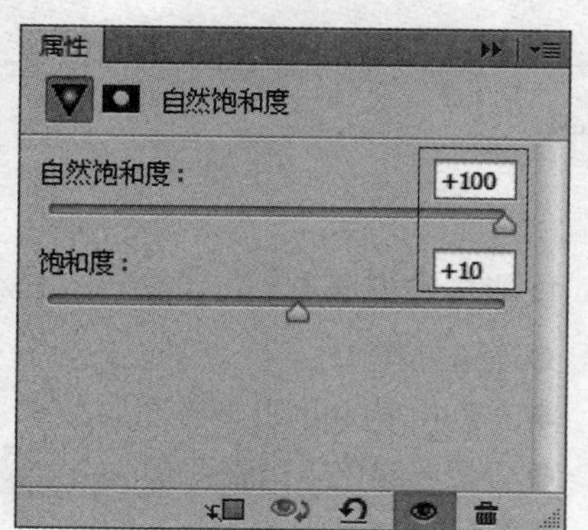

Step03 创建“组1”。执行“图层”→“新建填充图层”→“纯色”命令，在打开的“新建图层”对话框中单击“确定”按钮，如下图所示。

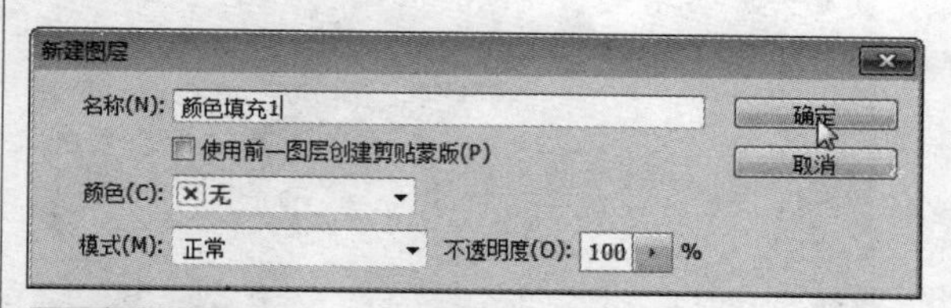

Step04 在打开的“拾色器（纯色）”对话框中，❶设置填充色为红色，❷单击“确定”按钮，如下图所示。

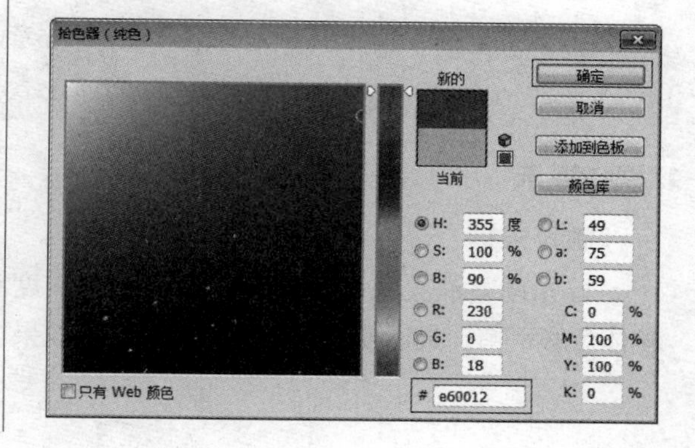

Step05 新建"色相/饱和度"调整图层，在其"属性"面板中设置"色相"为-121，"明度"为-63，如下图所示。

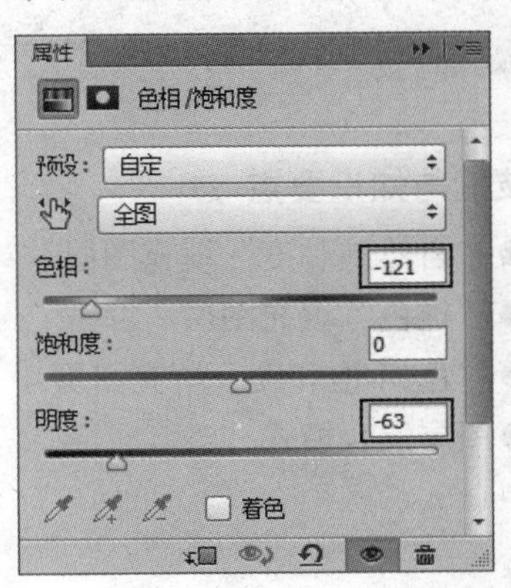

Step06 更改"组1"混合模式为排除，如下图所示。

15.3.4 打造唯美蓝紫色花海

效果展示

本例处理前后的效果对比如下图所示。

光盘同步文件

素材文件：光盘\素材文件\第15章\15-08.jpg

结果文件：光盘\结果文件\第15章\ 15-08.psd

视频文件：光盘\教学文件\第15章\ 15-08.mp4

操作提示

制作关键

首先调整油菜花的色彩，然后调整饱和度和整体色彩平衡，最后使用图层混合模式合成效果。

技能与知识要点

- 通道操作
- "色相/饱和度"调整图层
- "可选颜色"调整图层
- 图层混合模式

操作步骤

本实例的具体操作步骤如下。

Step01 打开光盘中的素材文件15-08.jpg（光盘\素材文件\第15章\），按【Ctrl+J】组合键复制图层，如下图所示。

Step02 在“通道”面板中，单击“红”通道，按【Ctrl+C】组合键复制通道；单击“蓝”通道，按【Ctrl+V】组合键粘贴通道，效果如下图所示。

Step03 为“图层1”添加图层蒙版，使用黑色“画笔工具”在人物的皮肤位置涂抹，如下图所示。

Step04 创建“色相/饱和度”调整图层，在其“属性”面板中设置“饱和度”为40，如下图所示。

Step05 按住【Alt】键，拖动“图层1”的图层蒙版到“色相/饱和度1”调整图层上，复制该蒙版，如下图所示。

Step06 创建“可选颜色”调整图层，在其“属性”面板中调整“黄色”颜色成分（-26%，-60%，-44%），如下图所示。

Step07 调整“洋红”颜色成分（-35%，98%，59%），如下图所示。

Step08 调整“白色”颜色成分（67%，26%，-49%），如下图所示。

Step09 调整“中性色”颜色成分（黄色：-59%），如下图所示。

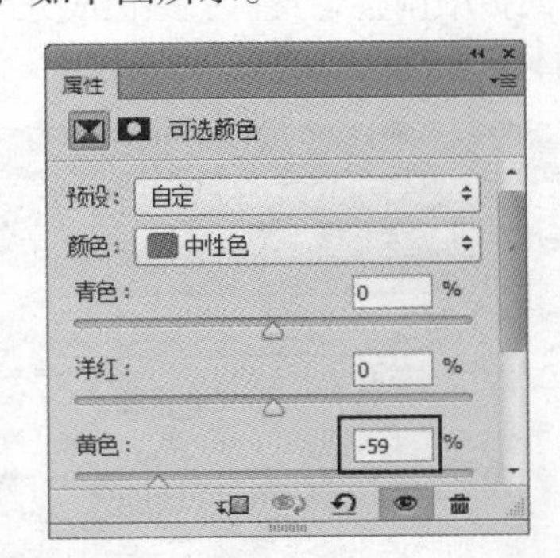

Step10 按【Shift+Alt+Ctrl+E】组合键盖印图层，按【Ctrl+J】组合键复制图层，得到“图层2 拷贝”。执行“滤镜”→“模糊”→“高斯模糊”命令，在弹出的“高斯模糊”对话框中设置“半径”为10像素，单击“确定”按钮，如下图所示。

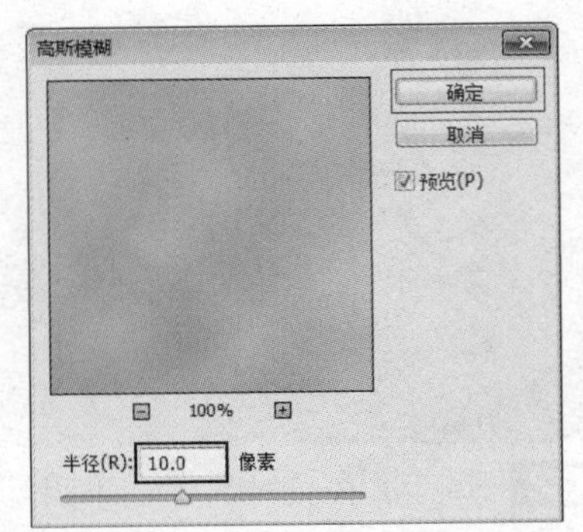

Step11 更改“图层2 拷贝”图层混合模式为强光，“不透明度”为50%，如下图所示。

Step12 通过前面的操作，混合图层，最终效果如下图所示。

15.3.5 为风景照片添加透射光

效果展示

本例处理前后的效果对比如下图所示。

光盘同步文件

素材文件：光盘\素材文件\第15章\15-09.jpg

结果文件：光盘\结果文件\第15章\ 15-09.psd

视频文件：光盘\教学文件\第15章\ 15-09.mp4

操作提示

制作关键

首先选中光线，然后调整光线的动感模糊效果，最后调整图像的整体色调完成效果。

技能与知识要点

- “色彩范围”命令、“径向模糊”滤镜
- “曲线”“色相/饱和度”调整图层
- 盖印图层
- “镜头光晕”滤镜

操作步骤

本实例的具体操作步骤如下。

Step01 打开光盘中的素材文件15-09.jpg（光盘\素材文件\第15章\），按【Ctrl+J】组合键复制图层，如下图所示。

Step02 执行“选择”→“色彩范围”命令，弹出“色彩范围”对话框，❶使用“吸管工具”，在图像高光位置单击，设置“颜色容差”为200，❷单击“确定”按钮，如下图所示。

Step03 执行“滤镜”→“模糊”→“径向模糊”命令，在弹出的“径向模糊”对话框中，❶设置“数量”为40，“模糊方法”为缩放，❷单击“确定”按钮，如下图所示。

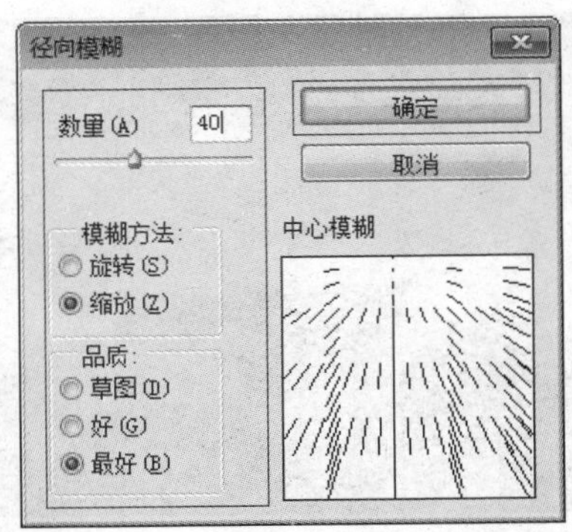

Step04 执行“滤镜”→“模糊”→“高斯模糊”命令，在弹出的“高斯模糊”对话框中，❶设置“半径”为2像素，❷单击“确定”按钮，如下图所示。

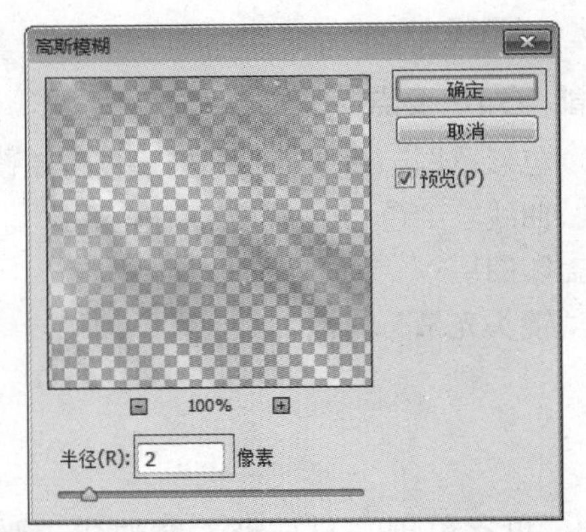

Step05 按住【Ctrl】键，单击“透射光”图层缩览图，载入图层选区，如下图所示。

Step06 在“图层”面板中，❶单击“创建新的填充或调整图层”按钮，❷在弹出的菜单中选择“曲线”命令，如下图所示。

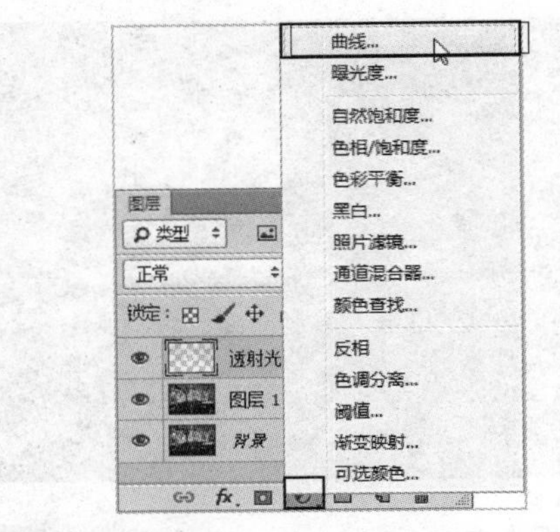

Step07 在“属性”面板中，向上拖动曲线调整图像，调亮高光区域，如下图所示。

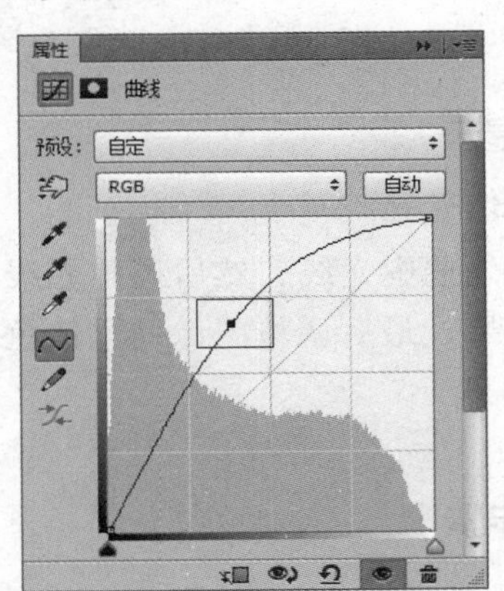

Step08 按【Alt+Shift+Ctrl+E】组合键，盖印图层，命名为“滤色”，并将该图层“不透明度”改为20%，如下图所示。

Step09 通过前面的操作，得到图层混合效果，如下图所示。

Step10 添加“色相/饱和度”调整图层，在其“属性”面板中调整“红色”饱和度为20，如下图所示。

Step11 执行“滤镜”→“渲染”→“镜头光晕”命令，弹出“镜头光晕”对话框。拖动光晕中心到左上方适当位置，设置“亮度”为100%，“镜头类型”为50~300毫米变焦，单击“确定”按钮，如下图所示。

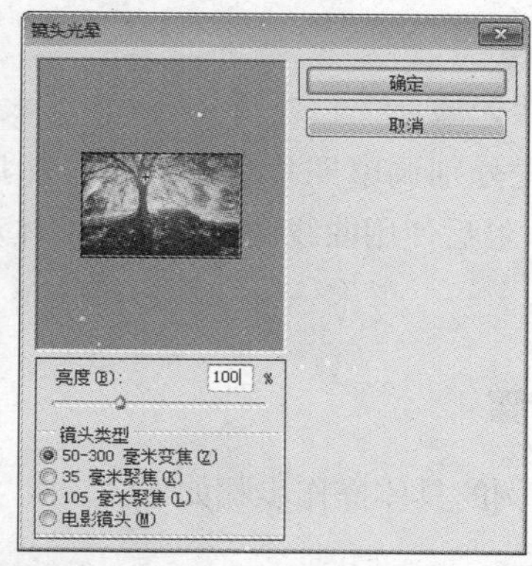

Step12 通过前面的操作，为图像添加光晕，最终效果如下图所示。

15.3.6 调出翠绿的风景效果

效果展示

本例处理前后的效果对比如下图所示。

光盘同步文件

素材文件：光盘\素材文件\第15章\15-10.jpg

结果文件：光盘\结果文件\第15章\ 15-10.psd

视频文件：光盘\教学文件\第15章\ 15-10.mp4

操作提示

制作关键

首先分别调整照片色彩成分，然后制作云雾效果，最后使用曲线调整图像的整体对比度。

技能与知识要点

- “曲线”调整图层
- “可选颜色”调整图层
- “通道混合器”调整图层
- “色相/饱和度”调整图层

操作步骤

本实例的具体操作步骤如下。

Step01 打开光盘中的素材文件15-10.jpg（光盘\素材文件\第15章\），按【Ctrl+J】组合键复制图层，如下图所示。

Step02 创建“可选颜色”调整图层，❶在其“属性”面板中调整“黄色”色彩成分为洋红-14%，黄色100%；❷调整“绿色”色彩成分为黑色100%，如下图所示。

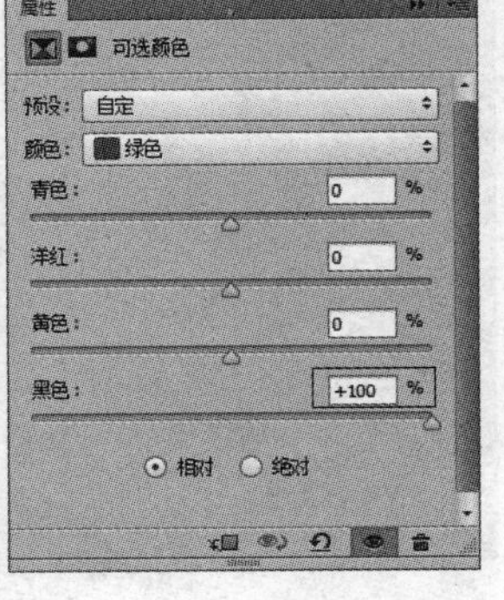

Step03 创建“可选颜色”调整图层后，图像效果如下图所示。

Step04 创建“曲线”调整图层，在其“属性”面板中分别调整RGB复合通道曲线和“红”通道曲线形状，如下图所示。

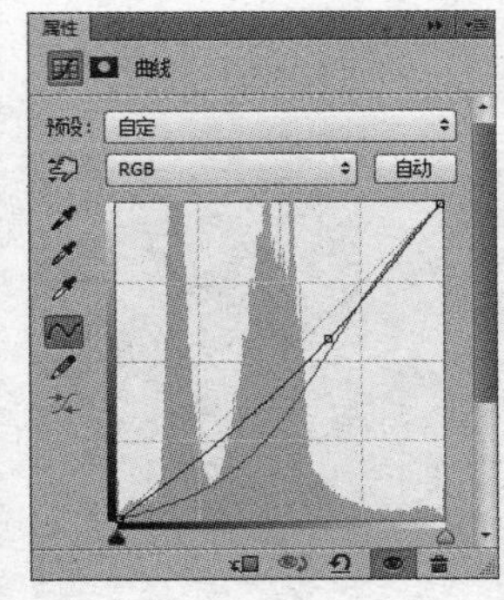

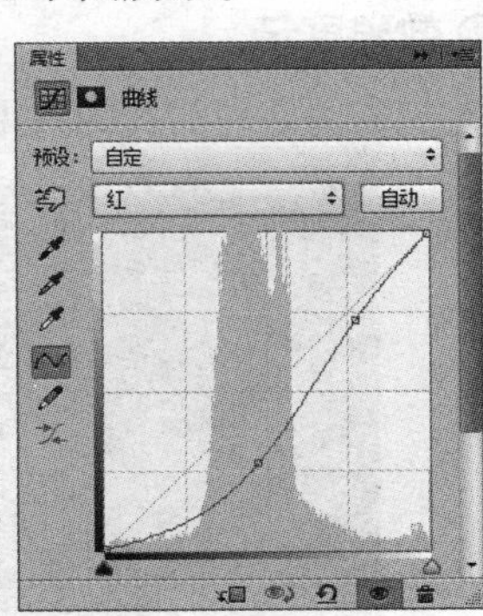

Step05 创建“曲线”调整图层后，图像效果如下图所示。

Step06 使用黑色“画笔工具” 涂掉上面图像，只保留水面部分，效果如下图所示。

Step07 创建“通道混合器”调整图层，❶在其“属性”面板中调整“红”输出通道为（100%，74%，0%），❷调整“蓝”输出通道为（-42%，0%，100%），如下图所示。

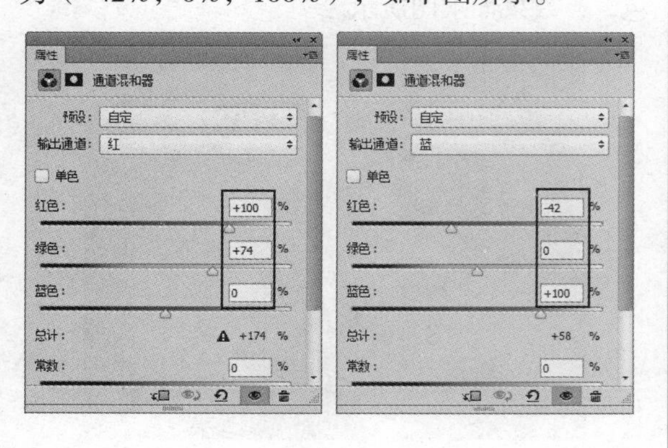

Step08 创建“通道混合器”调整图层后，图像效果如下图所示。

Step09 使用黑色“画笔工具” 涂掉图像，只保留房子部分，如下图所示。

Step10 新建图层，命名为“叠加”。填充颜色#375203，效果如下图所示。

Step11 将“叠加”图层混合模式改为“叠加”，不透明度改为80%，如下图所示。

Step12 创建“色相/饱和度”调整图层，在其“属性”面板中，设置“饱和度”为50，如下图所示。

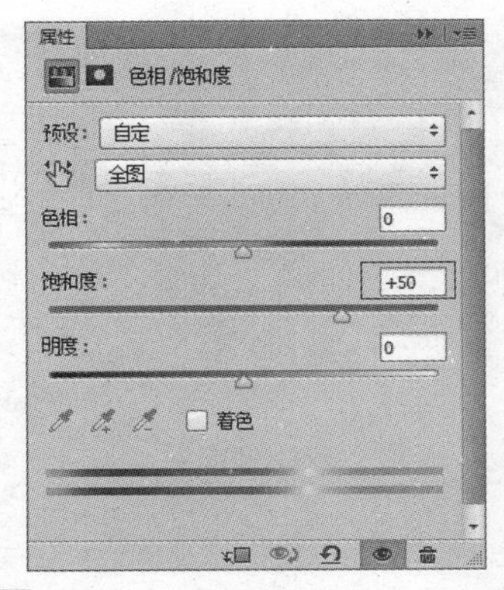

Step13 创建“色相/饱和度”调整图层后，图像效果如下图所示。

Step14 新建图层，命名为“云彩”。按【D】键恢复默认前（背）景色，执行“滤镜”→“渲染”→“云彩”命令，效果如下图所示。

Step15 按【Ctrl+Alt+F】组合键加强云彩效果，如下图所示。

Step16 将“云彩”图层混合模式改为“滤色”，效果如下图所示。

Step17 为“云彩”图层添加图层蒙版，用黑色“画笔工具”擦掉多余的部分，如下图所示。

Step18 创建“可选颜色”调整图层，在其“属性”面板中调整“红色”色彩成分为（-35%，0%，0%，0%），调整“绿色”色彩成分为（0%，-100%，100%，0%），如下图所示。

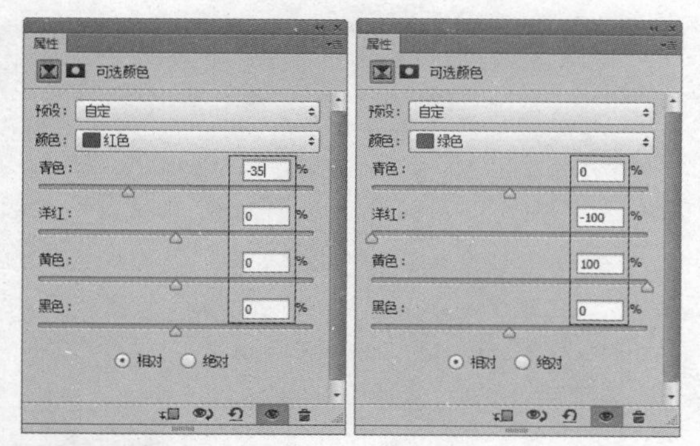

Step19 按【Ctrl+Alt+Shift+E】组合键盖印图层，命名为“柔光”。按【Ctrl+Shift+U】组合键，去掉颜色，如下图所示。

Step20 将“柔光”图层混合模式改为“柔光”，不透明度改为40%，如下图所示。

Step21 添加“曲线”调整图层，在其“属性”面板中调整曲线形状，如下图所示。

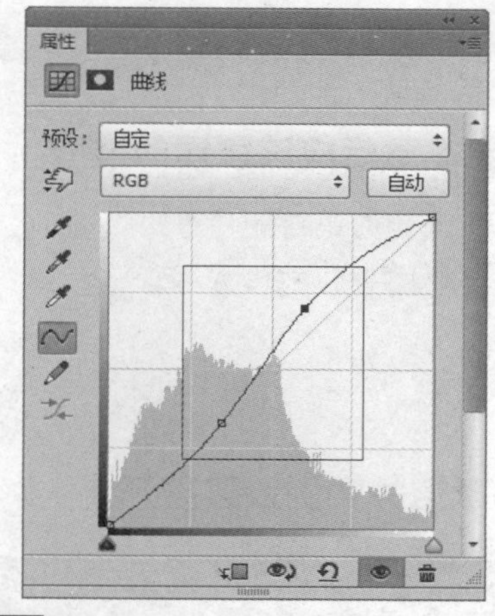

Step22 通过前面的操作，调整了图像的整体对比度，最终效果如下图所示。

第16章 实战：商业广告设计

本章导读

除了进行创意合成与特效设计、数码照片后期处理以外，Photoshop CC 还被广泛应用于商业设计中，如平面广告设计、商品包装设计、网页设计等。通过本章的学习，读者可以进一步掌握软件知识与操作技巧，并使用 Photoshop CC 进行商业广告设计。

学完本章后应该掌握的技能

* 了解什么是商业广告
* 商业广告的制作方法

本章相关实例效果展示

16.1 商业广告设计行业知识

商业广告设计是通过视觉元素来传播设计人员的设想和创意的，以文字和图形等形式把信息传递给受众，最终达到宣传的目的。

16.1.1 什么是商业广告

关于广告的定义，其中最简短的一种表述就是“广而告之”。现在，广告已经渐渐摆脱了人们心中“甜言蜜语”的单纯推销形象，商业社会对广告的要求也越来越高。当代广告已经逐渐摄入了更丰富的功能与特征，要设计、制作出优秀的广告必然要顺应这样的发展趋势。

商业广告首先应该明确要达到什么样的商业目的。为了广告而广告、漫无目的的广告、不切实际的广告都不能达到商业效果，因此，广告目标贵在具体、集中、实际。精彩的商业广告范例如下图所示。

16.1.2 商业广告的作用

商业广告一方面具有促进销售、指导消费的商业功能；另一方面也应服务于社会，传播适合社会需求、符合人民群众利益的思想、道德、文化观念，即具有社会功能。

1. 树立品牌

品牌是现代企业的生存支柱，广告是树立品牌的直接手段。好的广告能让品牌创立与扩展的时间大为缩短，迅速超越空间、地域、国界的界限。例如，可口可乐等品牌就是借助大量好的广告，成功占据世界饮料领域的翘楚地位。

2. 拓展知名度以刺激销量

广告的另一个功能是建立社会对企业的好感与信赖，树立有利于竞争与推销的良好形象和信誉。配合适当的人力一起推销，能使销量迅速增加，创造更多的利润。

3. 推销新产品

广告能帮助潜在顾客迅速认识并了解新产品，帮助顾客完成与老产品的比较，作出购买判断，以促进新产品最短时间内在市场上站稳脚跟。

4. 传递宣传信息

商业广告是为各种有益于社会公众的慈善、救灾、自然保护、社会安全等宣传造势必不可少的手段之一。

16.2 商业广告设计实战

商业广告设计涵盖的范围是非常广泛的，包括卡片设计、包装设计、海报设计等。相信通过本章的学习，读者会对商业广告设计有一个全新的认识，并根据自己的创意制作出优秀的商业广告。

16.2.1 紫遇鲜花宣传名片

效果展示

本例最终效果如下图所示。

光盘同步文件

素材文件：光盘\素材文件\第16章\16-01a.jpg，16-01b.tif，16-01c.tif

结果文件：光盘\结果文件\第16章\ 16-01.psd

视频文件：光盘\教学文件\第16章\ 16-01.mp4

操作提示

制作关键

首先制作名片的背景效果，然后添加花朵和文字，最后统一名片整体色调。

技能与知识要点

- “横排文字工具” T
- “画笔工具” 和“渐变工具”
- 图层混合模式、图层蒙版和图层样式

操作步骤

本实例的具体操作步骤如下。

Step01 按【Ctrl+N】组合键，在弹出的“新建”对话框中，❶设置“宽度”为16厘米，“高度”为10厘米，“分辨率”为72像素/英寸，❷单击“确定”按钮，如下图所示。

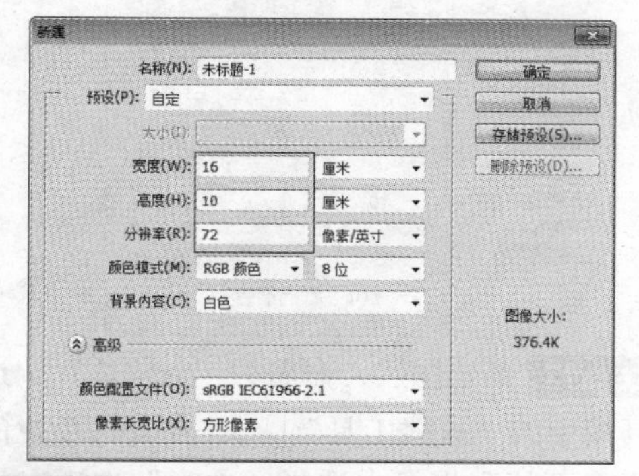

Step02 新建图层，命名为“底图”。选择工具箱中的“渐变工具”，在其选项栏中单击渐变颜色条，在打开的“渐变编辑器”对话框中设置渐变色标（白，浅紫#c489c5，深紫#5f006a），如下图所示。

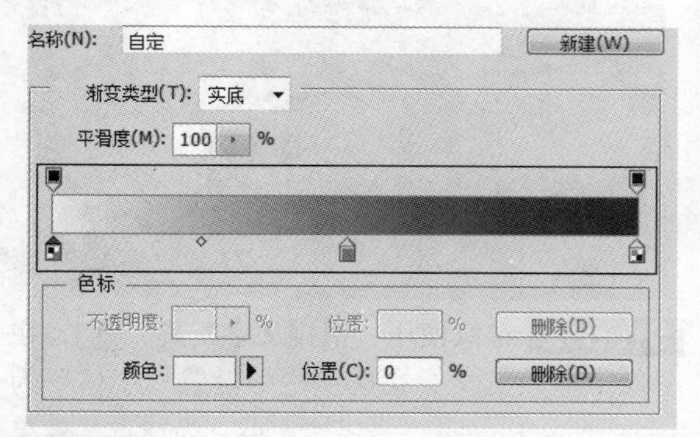

Step03 在选项栏中，单击“径向渐变”按钮，拖动“渐变工具”填充渐变色，如下图所示。

Step04 导入光盘中的素材文件“16-01a.jpg”（光盘\素材文件\第16章\），执行“图层”→“创建剪贴蒙版”命令，如下图所示。

Step05 更改图层名称为“底装饰”，将该图层混合模式改为“线性减淡（添加）”，不透明度改为50%，如下图所示。

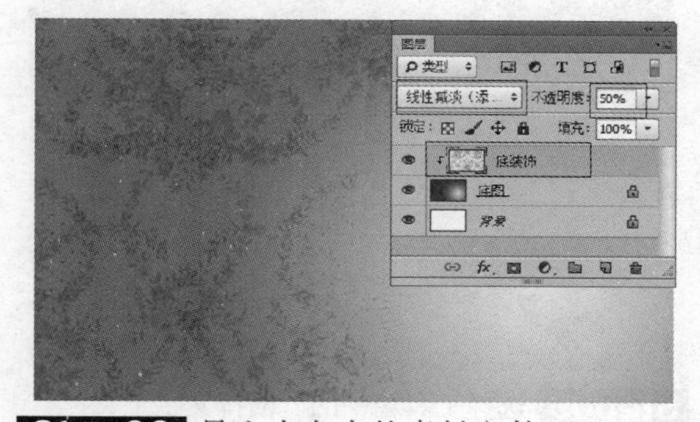

Step06 导入光盘中的素材文件“16-01b.tif”（光盘\素材文件\第16章\），移动到右下方适当位置，命名为“装饰”，如下图所示。

Step07 将“装饰”图层混合模式改为“颜色减淡”，创建剪贴蒙版，如下图所示。

Step08 导入光盘中的素材文件“16-01c.tif”（光盘\素材文件\第16章\），移动到右下方适当位置，命名为“花朵”，如下图所示。

Step09 选择工具箱中的“横排文字工具”[T]，在图像中输入文字，在选项栏中设置“字体”为黑体，“字体大小”为18点，如下图所示。

Step10 双击文字，在弹出的“图层样式”对话框中，❶选中“外发光”复选框，❷设置“混合模式”为滤色，“不透明度”为75%，“杂色”为0%，发光颜色为白色，“方法”为柔和，“扩展”为0%，“大小”为5像素，“范围”为50%，“抖动”为0%，如下图所示。

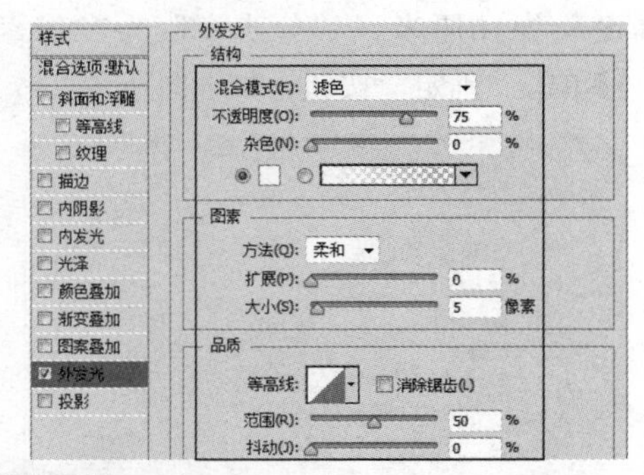

Step11 新建图层，命名为“分隔线”。选择工具箱中的“直线工具”[/]，在其选项栏的工具模式下拉列表框中选择“像素”选项，设置“粗细”为1像素，拖动鼠标绘制白色分隔线，效果如下图所示。

Step12 继续使用“横排文字工具”[T]，在图像中输入英文，在选项栏中设置“字体”为Times New Roman，“字体大小”为18点，效果如下图所示。

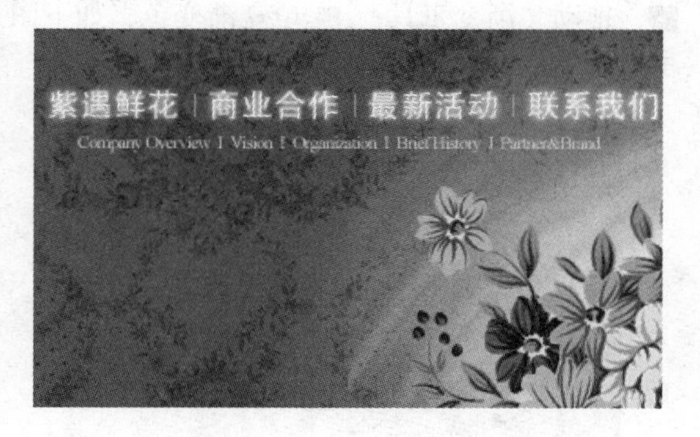

Step13 继续使用“横排文字工具” T，在图像中输入英文“FLOWER”，在选项栏中设置“字体”为Times New Roman，“字体大小”为20点，效果如下图所示。

Step14 使用“横排文字工具” T 选中字母“ER”，在“字符”面板中设置“基线偏移”为5点，如下图所示。

Step15 继续使用“横排文字工具” T，在图像中输入英文“.COM”，在选项栏中设置“字体”为Times New Roman，“字体大小”为14点，效果如下图所示。

Step16 继续使用“横排文字工具” T，在图像中输入文字“艺术城市”，在选项栏中设置“字体”为黑体，“字体大小”为17点，效果如下图所示。

Step17 使用“横排文字工具” T，在图像中输入英文，在选项栏中设置“字体”为Times New Roman，“字体大小”为10点，效果如下图所示。

Step18 创建“照片滤镜”调整图层，设置“滤镜”为深红，如下图所示。

Step19 通过前面的操作，调整名片的整体色调，如下图所示。

Step20 使用黑色“画笔工具”涂抹花朵，显示出花朵原来的颜色，如下图所示。

16.2.2 打造靓衣裳新品上市宣传海报

效果展示

本例最终效果如下图所示。

光盘同步文件

素材文件：光盘\素材文件\第16章\16-02a.jpg，16-02b.tif，16-02c.tif，16-02d.jpg

结果文件：光盘\结果文件\第16章\ 16-02.psd

视频文件：光盘\教学文件\第16章\ 16-02.mp4

操作提示

制作关键

首先制作底图效果，然后制作装饰文字和说明文字，最后添加人物，完成整体效果。

技能与知识要点

- “横排文字工具”
- “矩形选框工具”
- 图层混合模式

操作步骤

本实例的具体操作步骤如下。

Step01 按【Ctrl+N】组合键，在弹出的“新建”对话框中，❶设置“宽度”为33.5厘米，“高度”为16厘米，“分辨率”为72像素/英寸，❷单击“确定”按钮，如下图所示。

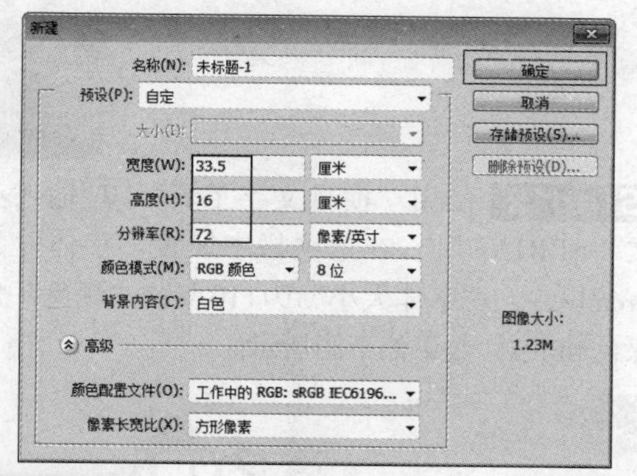

Step02 为“背景”图层填充浅黄色#ffffc7，如下图所示。

Step03 导入光盘中的素材文件“16-02a.jpg”（光盘\素材文件\第16章\），移动到适当位置，命名为“左侧花纹”，如下图所示。

Step04 更改“左侧花纹”图层混合模式为“正片叠底”，如下图所示。

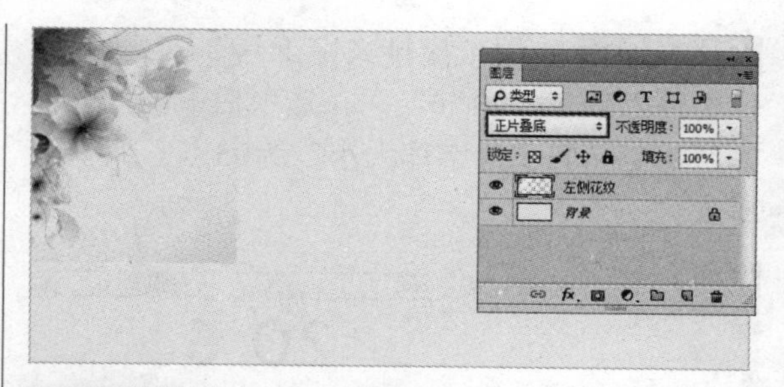

Step05 为“左侧花纹”图层添加图层蒙版，使用黑色“画笔工具” 涂抹右下方，融合图像，如下图所示。

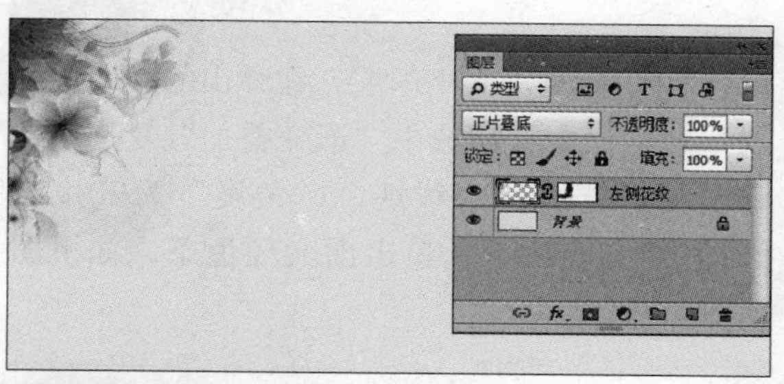

Step06 按【Ctrl+J】组合键复制图层，命名为“右侧花纹”。按【Ctrl+T】组合键，执行自由变换操作，适当放大对象，如下图所示。

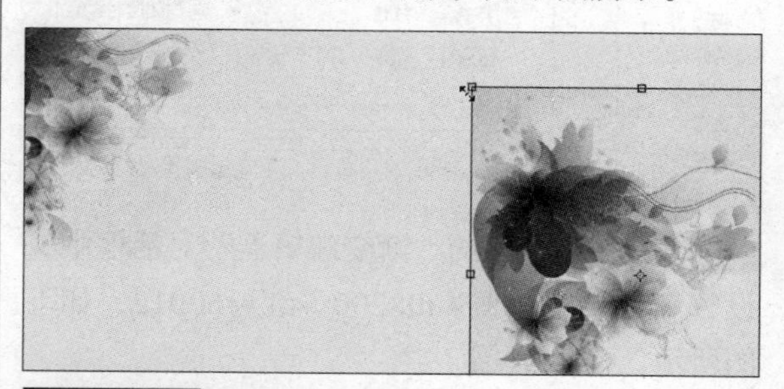

Step07 执行“编辑”→“变换”→“旋转180度”命令，旋转对象，效果如下图所示。

Step08 使用“横排文字工具”[T]，在图像中输入数字“20 6”，在选项栏中设置“字体”为Vrinda，“字体大小”为95点，如下图所示。

Step09 双击文字图层，在弹出的“图层样式”对话框中，❶选中“渐变叠加”复选框，❷设置“样式”为线性，“角度”为90度，“缩放”为100%，单击渐变颜色条，如下图所示。

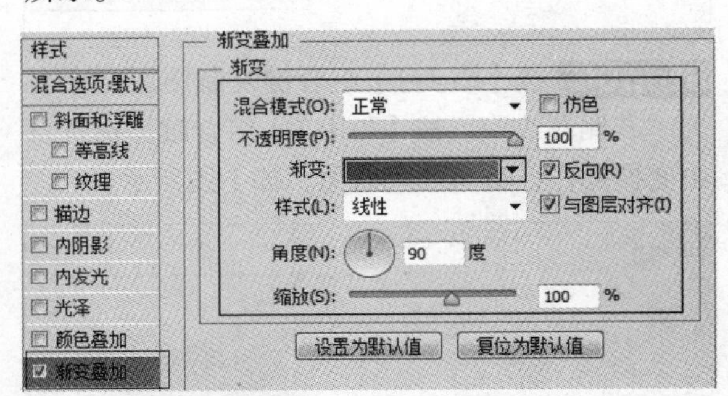

Step10 在弹出的“渐变编辑器”对话框中，设置渐变色标为橙# f08200、红#e60012，如下图所示。

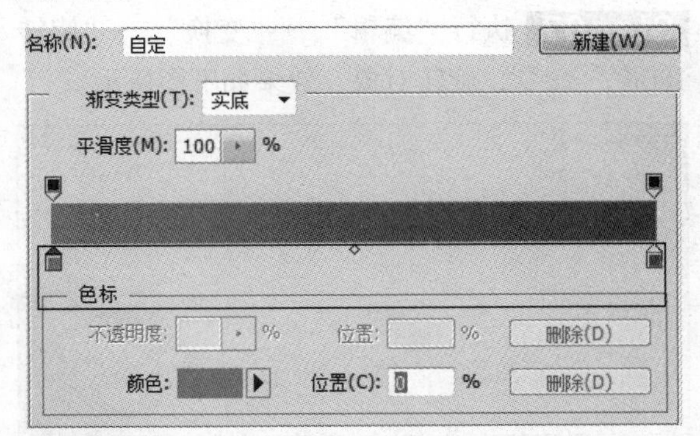

Step11 导入光盘中的素材文件“16-02b.jpg”（光盘\素材文件\第16章\），移动到适当位置，命名为“花朵”，如下图所示。

Step12 使用“横排文字工具”[T]输入英文“SPRING”，在选项栏中设置“字体”为Broadway，“字体大小”为110点，“颜色”为绿色#ffffc7，效果如下图所示。

Step13 新建图层，命名为“文字底色”。使用“矩形选框工具”[⬚]创建选区，填充深绿色#002f16，如下图所示。

Step14 使用“横排文字工具”[T]输入文字“靓衣裳”，在选项栏中设置“字体”为方正正纤黑简体，“字体大小”为67点，“颜色”为白色，效果如下图所示。

Step15 导入光盘中的素材文件“16-02c.jpg”（光盘\素材文件\第16章\），移动到适当位置，命名为“新品上市”，如下图所示。

Step16 锁定透明像素后，为“新品上市”图层填充红色，效果如下图所示。

Step17 使用“横排文字工具”T输入英文“New product launches”，在选项栏中设置“字体”为Myriad Pro，“字体大小”为17点，效果如下图所示。

Step18 使用“横排文字工具”T输入文字，在选项栏中设置“字体”为微软雅黑，“字体大小”为14点，效果如下图所示。

Step19 使用“横排文字工具”T输入文字“春季新品全场优惠”，在选项栏中设置“字体”为幼圆，“字体大小”为30点，“颜色”为绿色#0d8a00，效果如下图所示。

Step20 导入光盘中的素材文件“16-02d.jpg”（光盘\素材文件\第16章\），移动到适当位置，命名为“人物”，如下图所示。

Step21 更改“人物”图层混合模式为“深色”，如下图所示。

Step22 向左侧适当移动“SPRING”文字图层，协调整体画面，最终效果如下图所示。

16.2.3 精美糖果外包装设计

效果展示

本例最终效果如下图所示。

光盘同步文件

素材文件：光盘\素材文件\第16章\16-03a.tif，16-03b.jpg，16-03c.tif

结果文件：光盘\结果文件\第16章\ 16-03.psd

视频文件：光盘\教学文件\第16章\ 16-03.mp4

操作提示

制作关键

首先制作糖果的轮廓效果，然后制作糖果文字图案部分，最后添加倒影完成整体效果。

技能与知识要点

- 变换操作
- “钢笔工具”、“自定形状工具”
- “画笔工具”

操作步骤

本实例的具体操作步骤如下。

Step01 按【Ctrl+N】组合键，在弹出的“新建”对话框中，❶设置“宽度”为9.3厘米，“高度”为10厘米，“分辨率”为300像素/英寸，❷单击“确定”按钮，如下图所示。

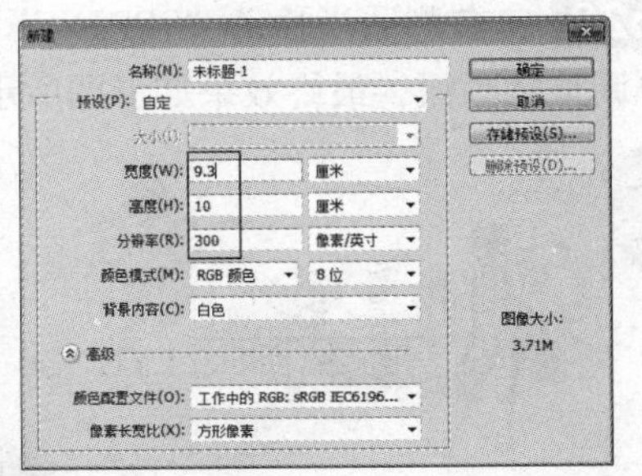

Step02 设置前景色为粉红色# ffbdc9，按【Alt+Delete】组合键填充前景色，如下图所示。

Step03 导入素材文件“16-03a.tif”（光盘\素材文件\第16章\），移动到左侧适当位置，命名

为“左糖果模板”，如下图所示。

Step04 按住【Ctrl】键，单击“左糖果模板”图层缩览图，载入选区。新建图层，命名为“左糖果颜色”，填充深红色#8a024f，如下图所示。

Step05 更改“左糖果颜色”图层混合模式为“颜色”，如下图所示。

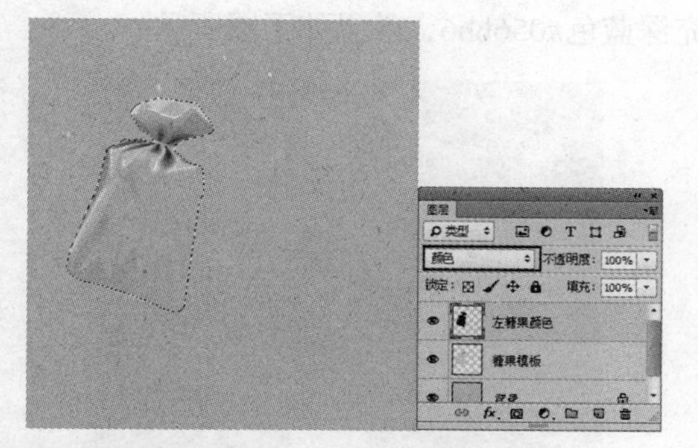

Step06 复制“左糖果模板”图层，命名为“右糖果模板”。执行“编辑”→“变换”→“水平翻转”命令，水平翻转对象并适当放大，如下图所示。

Step07 按住【Ctrl】键，单击“右糖果模板”图层缩览图，载入选区。新建图层，命名为“右糖果颜色”，填充深红色#8a024f，如下图所示。

Step08 更改“右糖果颜色”图层混合模式为“颜色加深”，如下图所示。

Step09 导入光盘中的素材文件“16-03b.jpg”（光盘\素材文件\第16章\），命名为“糖果”，如下图所示。

Step10 使用“钢笔工具”绘制路径，按【Ctrl+Enter】组合键载入选区后，单击“图层”面板下方的“添加图层蒙版”按钮，如下图所示。

Step11 新建图层，命名为“眼眶”。使用“钢笔工具”绘制路径，载入选区后填充白色，并描边路径，如下图所示。

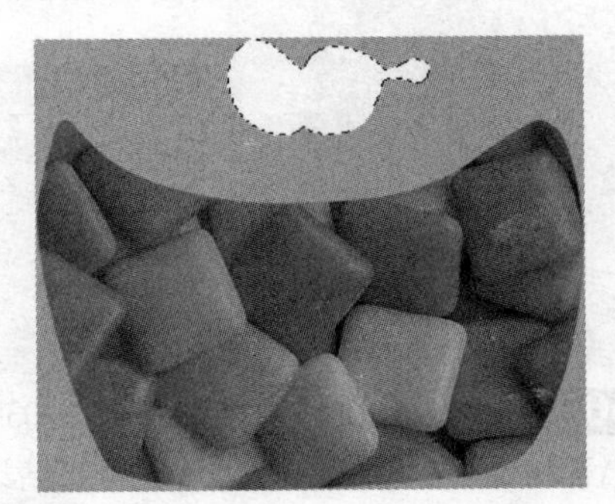

Step12 选择工具箱中的“画笔工具”，在其选项栏中，设置“大小”为3像素，“硬度”为0%，如下图所示。

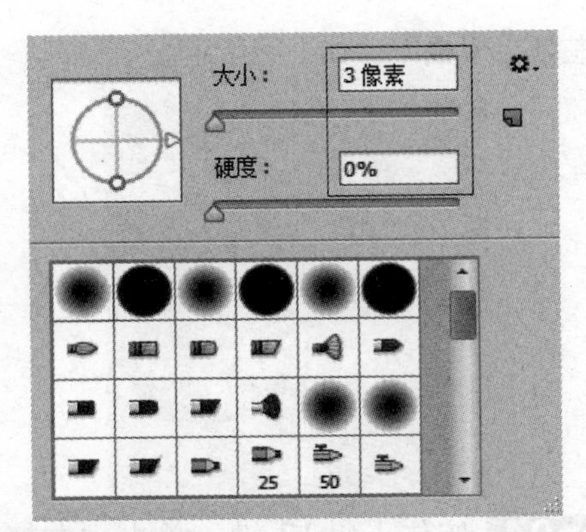

Step13 设置前景色为深蓝色#00417d，在“路径”面板中单击“用画笔描边路径”按钮，如下图所示。

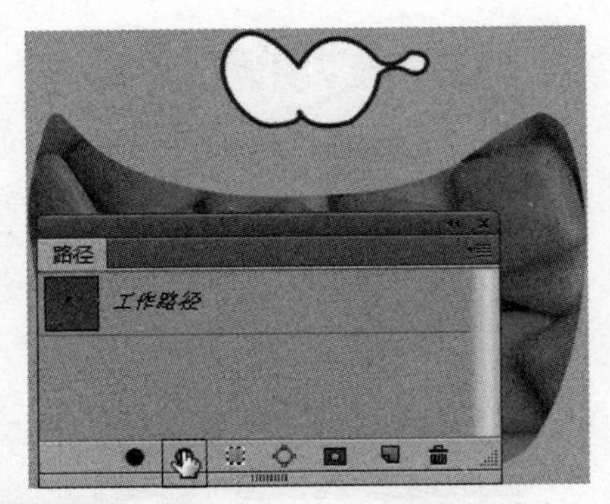

Step14 新建图层，命名为“眼珠”。使用“椭圆选框工具”创建两个正圆选区，填充深蓝色#056bb6，效果如下图所示。

Step15 新建图层，命名为“牙齿”。使用“钢笔工具”绘制路径，载入选区后填充白色，并描边路径，效果如下图所示。

Step16 选择工具箱中的“画笔工具”，在“画笔预设”面板中，单击“圆点硬”画笔图标，如下图所示。

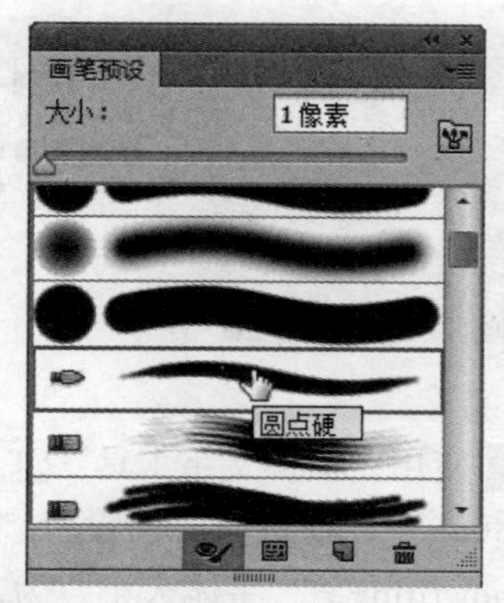

Step17 在“画笔”面板中，设置“大小”为1像素，如下图所示。

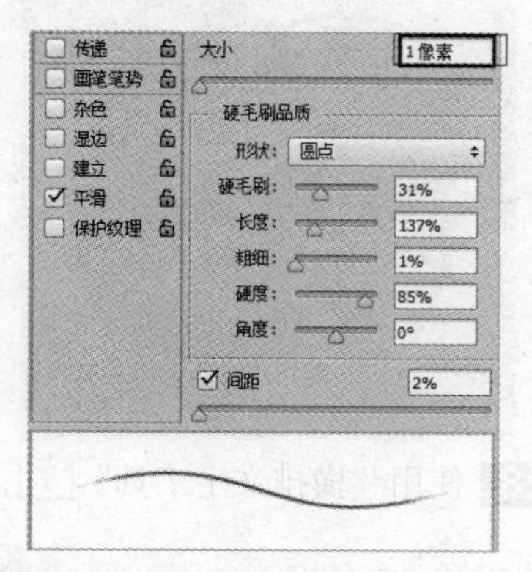

Step18 在图像中拖动鼠标，绘制阴影线条，效果如下图所示。

Step19 按住【Ctrl】键单击“糖果”图层缩览图，载入选区。在“路径”面板中，单击“从选区生成工作路径”按钮，生成工作路径，如下图所示。

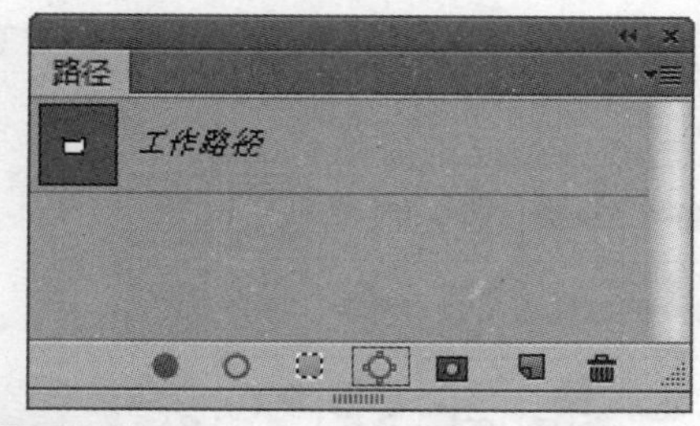

Step20 按【Ctrl+C】组合键复制路径，按【Ctrl+V】组合键粘贴路径，并放大外侧路径，如下图所示。

Step21 使用“钢笔工具”调整路径形状，效果如下图所示。

Step22 按【Ctrl+Enter】组合键载入选区，填充黄色，并描边路径，效果如下图所示。

Step23 选择工具箱中的“自定形状工具”，在其选项栏中选择“螺线”形状，如下图所示。

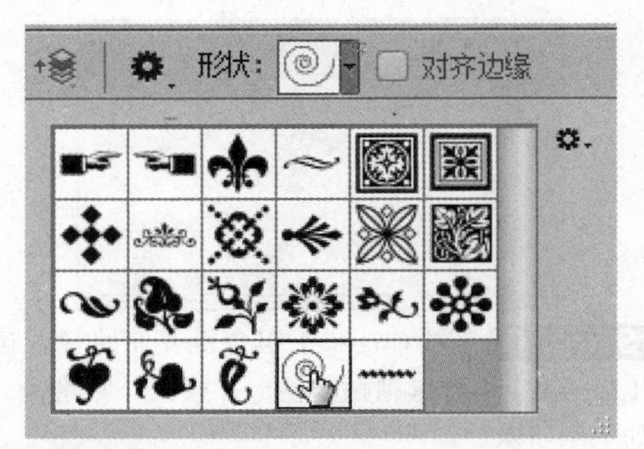

Step24 设置前景色为浅蓝色#4c9bd5，绘制螺线对象；使用“椭圆工具”绘制圆形对象，如下图所示。

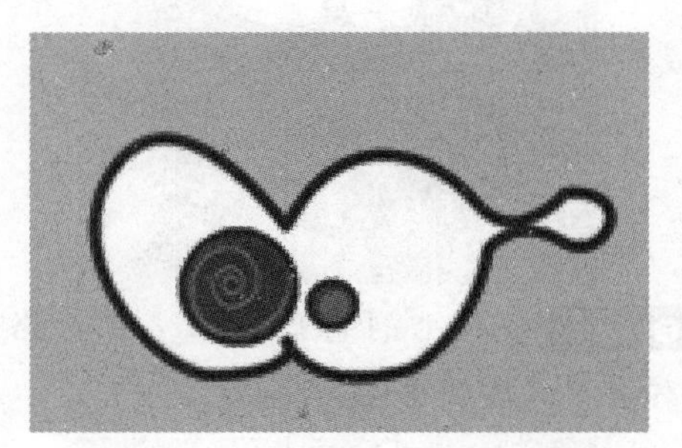

Step25 使用“钢笔工具”在左上方绘制黄色眉毛，并描边路径，效果如下图所示。

Step26 使用“自定形状工具”绘制白色回收标志，如下图所示。

Step27 使用“横排文字工具”，在图像中输入“800g”，在选项栏中设置“字体”为Lucida handwriting，“字体大小”为7点，效果如下图所示。

Step28 使用“横排文字工具”，在图像

专家提示

选择工具箱中的“自定形状工具”，在其选项栏中，单击“形状”下拉框右侧的扩展按钮，在弹出的菜单中选择“装饰”命令，可以载入“螺线”预设形状。

中输入英文“Candy me”，在选项栏中设置“字体”为Myriad Pro，“字体大小”分别为22点和14点，效果如下图所示。

Step29 新建“组1”。拖动“糖果”图层以上的所有图层到“组1”中，向右移动对象，显示隐藏的图层，如下图所示。

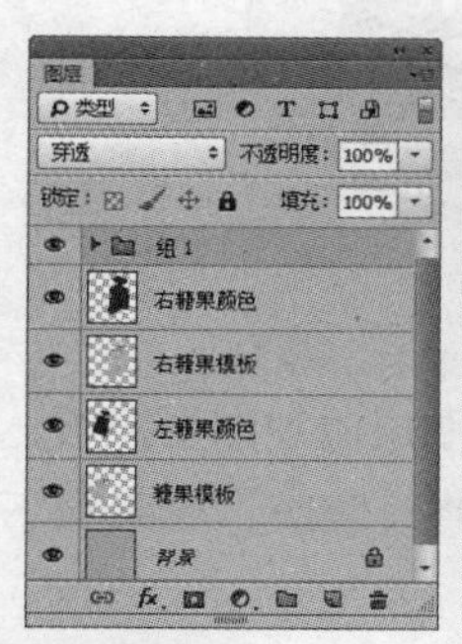

Step30 按【Ctrl+Alt+E】组合键，盖印“组1”，命名为“右侧文字”。隐藏“组1”，如下图所示。

Step31 执行“编辑”→“变换”→“扭曲”命令，拖动节点进行扭曲变换，如下图所示。

Step32 在变换状态下右击，在弹出的快捷菜单中选择“变形”命令，如下图所示。

Step33 在变形框内部，拖动节点调整对象的扭曲程度，如下图所示。

Step34 导入光盘中的素材文件“16-03c.tif”（光盘\素材文件\第16章\），命名为“左侧文字”，移动到左侧适当位置，如下图所示。

Step35 选择“右侧文字”图层，使用“套索工具” 选中上方的文字，适当缩小文字，并进行适当扭曲变形，如下图所示。

Step36 选中左侧糖果的所有图层，按【Ctrl+Alt+E】组合键，盖印图层，命名为“左侧倒影”，如下图所示。

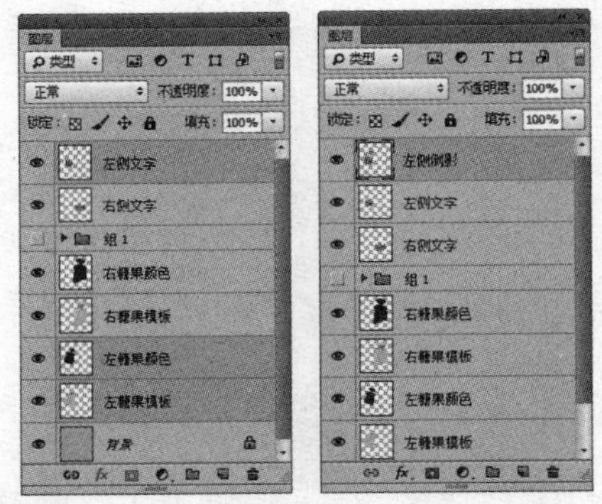

Step37 盖印后得到的“左侧倒影”图层效果如下图所示。

Step38 执行“编辑”→“变换”→“垂直翻转”命令，垂直翻转对象，效果如下图所示。

Step39 为“左侧倒影”图层添加图层蒙版，拖动黑白“渐变工具” 修改蒙版，效果如下图所示。

Step40 更改“左侧倒影”图层不透明度为20%，如下图所示。

Step41 使用相同的方法创建“右侧倒影”图层，效果如下图所示。

Step42 设置前景色为浅红色#ffbdc9，背景色为较深的红色#df7f86。选择工具箱中的“渐变工具”，在其选项栏中单击“径向渐变”按钮，选择“背景”图层，拖动鼠标填充渐变色，如下图所示。

16.2.4 清新雪地靴网页广告设计

效果展示

本例最终效果如下图所示。

光盘同步文件

素材文件：光盘\素材文件\第16章\16-04a.jpg，16-04b.tif~16-04e.tif

结果文件：光盘\结果文件\第16章\ 16-04.psd

视频文件：光盘\教学文件\第16章\ 16-04.mp4

➲ 操作提示

制作关键

首先制作雪地靴广告的背景，然后制作图案和文字效果，最后使用调整图层，统一整体色调。

技能与知识要点

● “横排文字工具” [T] 和 “矩形选框工具” [⬚]

● “颜色查找”和“自然饱和度”调整图层

● 图层混合模式和图层样式

➲ 操作步骤

本实例的具体操作步骤如下。

Step01 按【Ctrl+N】组合键，在弹出的“新建”对话框中，❶设置“宽度”为800像素，“高度”为800像素，“分辨率”为72像素/英寸，❷单击“确定”按钮，如下图所示。

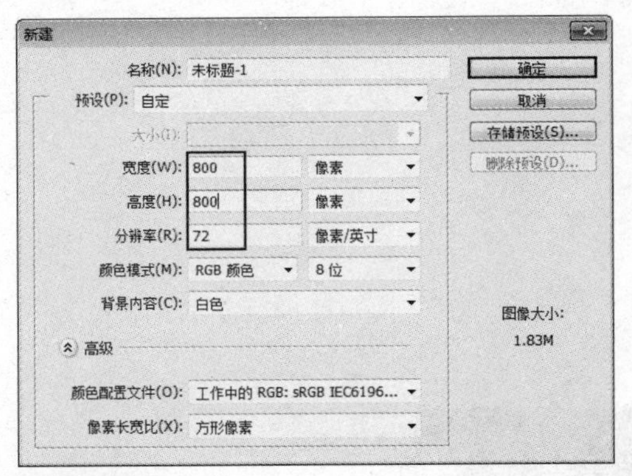

Step02 打开光盘中的素材文件16-04a.jpg（光盘\素材文件\第16章\），复制粘贴到当前文件中，然后移动到适当位置，命名为“底图”，如下图所示。

Step03 打开光盘中的素材文件16-04b.tif（光盘\素材文件\第16章\），复制粘贴到当前文件中，然后移动到适当位置，命名为“树林”，如下图所示。

Step04 更改“树林”图层混合模式为颜色加深，如下图所示。

Step05 暂时隐藏“树林”图层，打开光盘中的素材文件16-04c.tif（光盘\素材文件\第16

章\），复制粘贴到当前文件中，然后移动到适当位置，命名为“地面”，如下图所示。

Step06 打开光盘中的素材文件16-04d.tif（光盘\素材文件\第16章\），复制粘贴到当前文件中，然后移动到适当位置，命名为“雪地靴”，如下图所示。

Step07 按【Ctrl+J】组合键复制“雪地靴”图层，命名为“投影”。使用“矩形选框工具” 创建选区，按【Delete】键删除图像，按【Shift+Ctrl+U】组合键去除颜色，如下图所示。

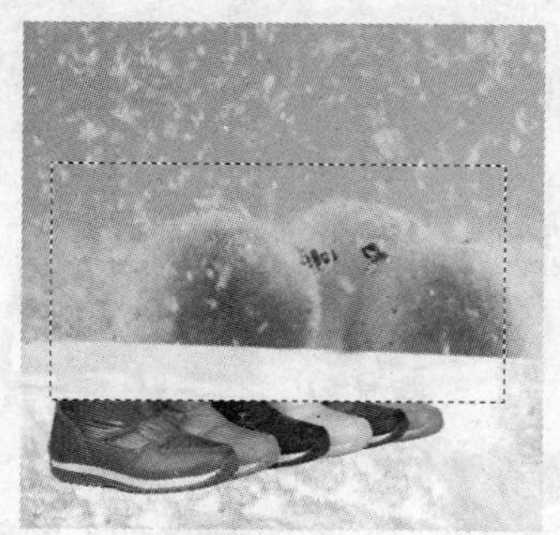

Step08 双击“投影”图层，在打开的“图层样式”对话框中，选中“投影”复选框，设置“不透明度”为40%，“角度”为155度，“距离”为23像素，“扩展”为0%，“大小”为10像素，如下图所示。

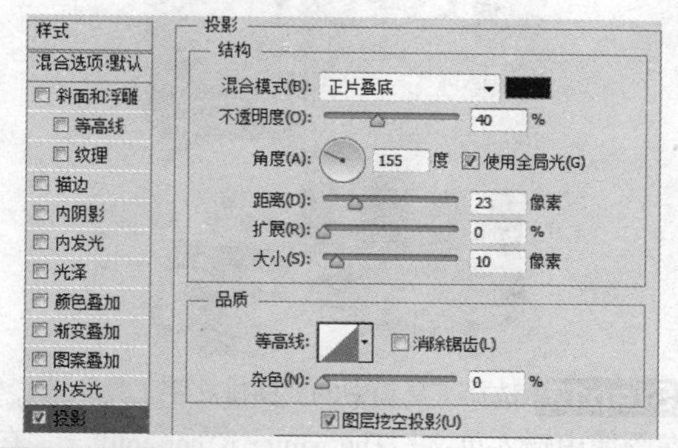

Step09 更改“投影”图层“不透明度”为80%，并将其移动到“雪地靴”图层的下方，如下图所示。

Step10 打开光盘中的素材文件16-04e.tif（光盘\素材文件\第16章\），复制粘贴到当前文件中，然后移动到适当位置，命名为“雪人”，如下图所示。

Step11 选择工具箱中的“横排文字工

具”T，在图像中输入文字“这个冬季不再冷了！”，在选项栏中设置“字体”为经典繁毛楷，“字体大小”为80点，效果如下图所示。

Step12 选择工具箱中的“横排文字工具”T，在图像中输入英文“The winter is not cold!”，在选项栏中设置“字体”为Arial，“字体大小”为35点，效果如下图所示。

Step13 选择工具箱中的“横排文字工具”T，在图像中输入文字“仅售：￥99”，在选项栏中设置“字体”为方正大黑简体，分别设置“仅售:￥”和“99”的“字体大小”为83点和136点，效果如下图所示。

Step14 双击图层，在打开的“图层样式”对话框中，选中“投影”复选框，设置“不透明度”为75%，“角度”为155度，“距离”为5像素，“扩展”为0%，“大小”为5像素，如下图所示。

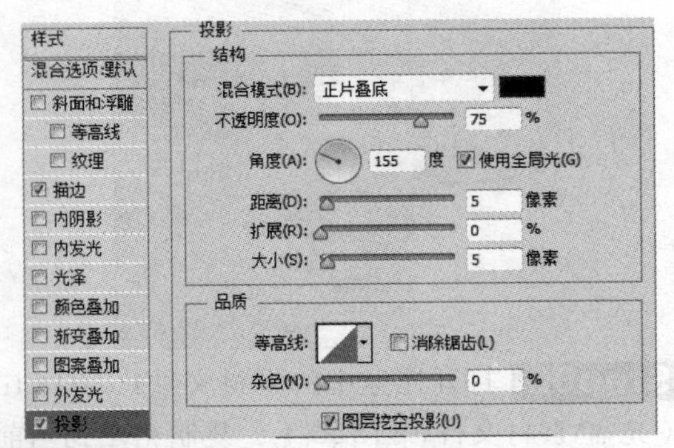

Step15 在“图层样式”对话框中，选中“描边”复选框，设置“大小”为3像素，描边“颜色”为白色，如下图所示。

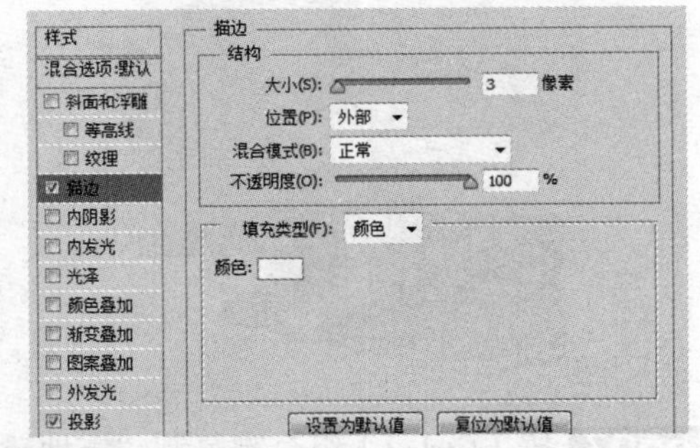

Step16 显示出前面隐藏的“树林”图层，效果如下图所示。

Step17 在“调整”面板中，单击“创建新的颜色查找调整图层”按钮，如下图所示。

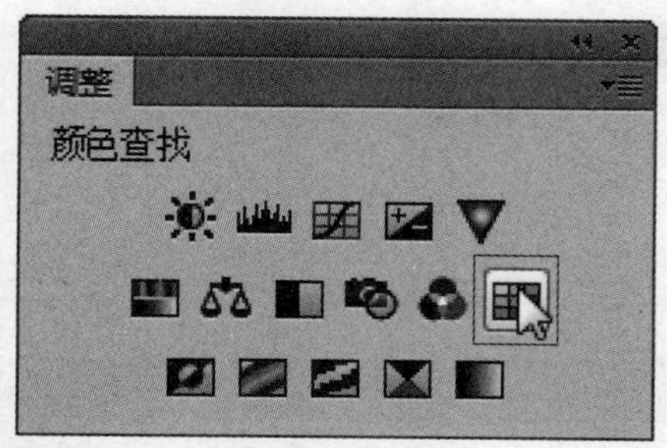

Step18 在“属性”面板中，设置“滤镜”为深蓝，如下图所示。

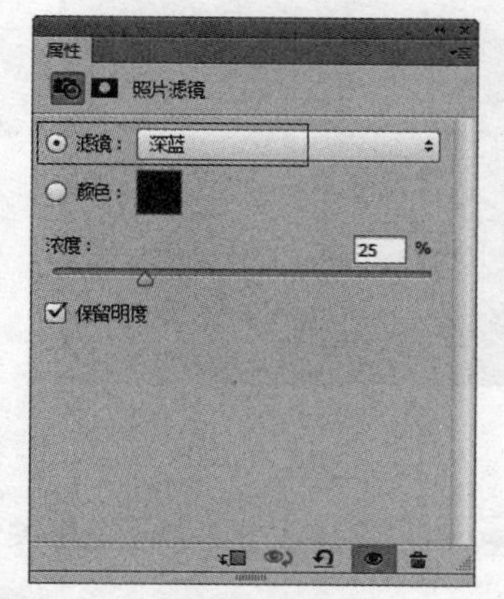

Step19 通过前面的操作，统一广告的整体色调，如下图所示。

Step20 选择“雪地靴”图层，执行“滤镜”→“锐化”→“USM锐化”命令，❶在弹出的“USM锐化”对话框中设置“数量”为50%，“半径”为5像素，❷单击“确定”按钮，如下图所示。

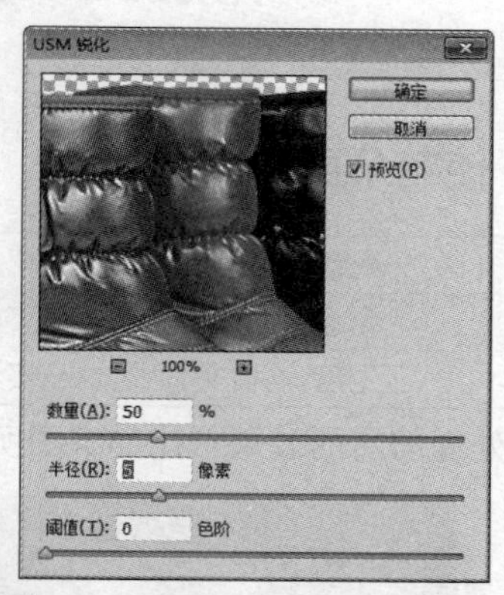

Step21 在“调整”面板中，❶单击“创建新的自然饱和度调整图层”按钮▼；❷在“属性”面板中，设置“自然饱和度”为74，“饱和度”为20，如下图所示。

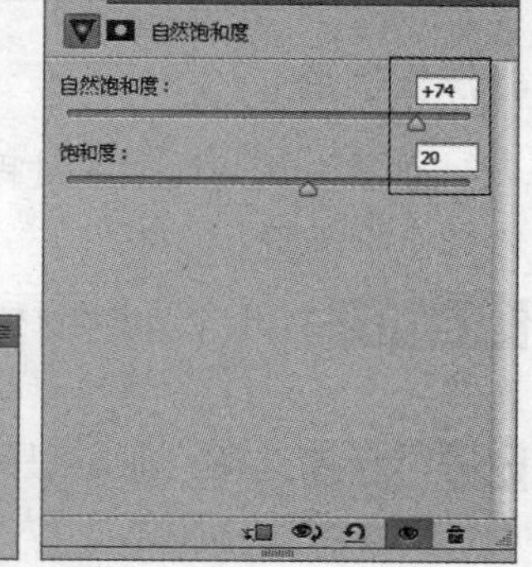

Step22 通过前面的操作，使广告变得更加鲜艳，最终效果如下图所示。

附录 A 综合上机实训题（基础版）

实训 1：使花朵更加鲜艳

素材文件	光盘\素材文件\附录A\花朵.jpg
结果文件	光盘\结果文件\附录A\实训1.jpg
视频文件	光盘\教学文件\附录A\实训1.mp4

本例处理前后的效果对比如下图所示。

◐ 操作提示

在制作花朵效果的过程中，主要用到了“海绵工具”和“涂抹工具”等相关知识。具体操作步骤如下。

Step01 打开“光盘\素材文件\附录A\花朵.jpg”文件。

Step02 选择“海绵工具”，在其选项栏中设置“模式”为加色，“大小”为600像素，“流量”为50%。

Step03 在花朵上拖动鼠标进行涂抹，使花朵颜色更加鲜艳。

Step04 在选项栏中，设置“流量”为20%，在背景处涂抹，使背景色彩更加鲜明。

Step05 选择“涂抹工具”，在其选项栏中设置“大小”为45像素，“强度”为50%，选中“手指绘画”复选框。

Step06 设置前景色为白色，在花朵周围拖动鼠标涂抹颜色；设置前景色为黄色#fcf417，继续拖动鼠标涂抹颜色。

实训 2：制作艺术相框效果

素材文件	光盘\素材文件\附录A\少女.jpg
结果文件	光盘\结果文件\附录A\实训2.psd
视频文件	光盘\教学文件\附录A\实训2.mp4

本例处理前后的效果对比如下图所示。

➲ 操作提示

在制作艺术相框效果的过程中，主要用到了“套索工具”、图层样式和“吸管工具”等相关知识。具体操作步骤如下。

Step01 打开“光盘\素材文件\附录A\少女.jpg”文件，选择“套索工具”，沿着人物拖动鼠标创建选区。按【Ctrl+J】组合键，复制图像，生成“图层1”。

Step02 双击该图层，在弹出的“图层样式”对话框中，选中“内阴影”复选框，设置“混合模式”为正片叠底，“不透明度”为75%，“角度”为70°，“距离”为21像素，“阻塞”为0%，“大小”为21像素。单击右上角的“设置阴影颜色”色块，弹出“拾色器（内阴影颜色）”对话框。

Step03 将鼠标指针移到图像中，鼠标指针会自动变为“吸管工具”形状。

Step04 在蝴蝶深蓝色区域单击吸取颜色，切换回“拾色器（内阴影颜色）”对话框，单击“确定”按钮。

Step05 通过前面的操作，完成内阴影颜色的设置。

Step06 在“图层样式”对话框中，选中“内发光”复选框，设置“混合模式”为滤色，“不透明度”为75%，“阻塞”为0%，“大小”为35像素，“等高线”为锥形，“范围”为50%，“抖动”为0。

Step07 通过前面的操作，得到内发光效果。单击“设置发光颜色”色块，弹出“拾色器（内发光颜色）”对话框。

Step08 将鼠标指针移到图像中，鼠标指针会自动变为“吸管工具”形状，在蝴蝶浅蓝色区域单击吸取颜色。返出“拾色器（内发光颜色）”对话框中，单击“确定”按钮。

Step09 在“图层样式”对话框中，选中“描边”复选框，设置“大小”为8像素，描边颜色为黑色。

实训 3：制作花朵中的笑脸

素材文件	光盘\素材文件\附录A\黄花.jpg，女童.jpg
结果文件	光盘\结果文件\附录A\实训3.psd
视频文件	光盘\教学文件\附录A\实训3.mp4

本例处理前后的效果对比如下图所示。

◐ 操作提示

在制作花朵中的笑脸的过程中，主要用到了“快速选择工具” 、剪贴蒙版和自由变换等相关知识。具体操作步骤如下。

Step01 打开“光盘\素材文件\附录A\黄花.jpg”文件。选择“快速选择工具” ，拖动鼠标选中黄色花蕊，按【Ctrl+J】组合键，复制图层，生成“图层1”。

Step02 打开“光盘\素材文件\附录A\女童.jpg”，拖动到黄花图像中，生成“图层2”。确保“图层2”处于选中状态。

Step03 执行“图层”→“创建剪贴蒙版”命令，创建剪贴蒙版，效果如左下图所示。在“图层”面板中，可以看到剪贴图层缩略图缩进，并且带有一个向下的箭头，基底图层名称带一条下画线，如右下图所示。

Step04 按【Ctrl+T】组合键，执行自由变换操作，拖动变换点缩小图像。按【Enter】键确认变换，移动到中间位置。

实训4：绘制红星效果

素材文件	光盘\素材文件\附录A\两个小孩.jpg
结果文件	光盘\结果文件\附录A\实训4.jpg
视频文件	光盘\教学文件\附录A\实训4.mp4

本例处理前后的效果对比如下图所示。

➲ 操作提示

在绘制红星效果的过程中，主要用到了“钢笔工具”和“多边形工具”等相关知识。具体操作步骤如下。

Step01 打开“光盘\素材文件\附录A\两个小孩.jpg”文件，如下图所示。

Step02 选择“钢笔工具”，在其选项栏的工具模式下拉列表框中选择“路径”选项，在图像中单击确定路径起点，再次单击并拖动鼠标，创建曲线路径，如下图所示。

Step03 移动鼠标指针到路径起点，单击即可闭合路径，如下图所示。

Step04 按住鼠标左键不放，拖动调整路径形状，如下图所示。

Step05 选择“多边形工具”，在选项栏的工具模式下拉列表框中选择“路径”选项，设置“边”为5；单击按钮，在弹出的下拉面板中选中“星形”复选框，设置“缩进边依据”为50%；在图像中拖动鼠标绘制星形路径。

Step06 按【Ctrl+Enter】组合键，将路径转换为选区。在“图层”面板中，新建“图层1”。

Step07 设置前景色为红色，按【Alt+Delete】组合键填充前景色。将“图层1”移动到适当位置。

实训 5：绘制文字图案

素材文件	光盘\素材文件\附录A\自由.jpg
结果文件	光盘\结果文件\附录A\实训5.psd
视频文件	光盘\教学文件\附录A\实训5.mp4

本例处理前后的效果对比如下图所示。

➲ 操作提示

在绘制文字图案的过程中，主要用到了“横排文字工具” T 和文字变形等相关知识。具体操作步骤如下。

Step01 打开“光盘\素材文件\附录A\自由.jpg”文件。选择“横排文字工具” T，在图像中输入点文字。拖动“横排文字工具” T 选中所有文字。

Step02 在“字符”面板中设置字符格式，得到字符效果，如下图所示。在“图层”面板中，生成文字图层。

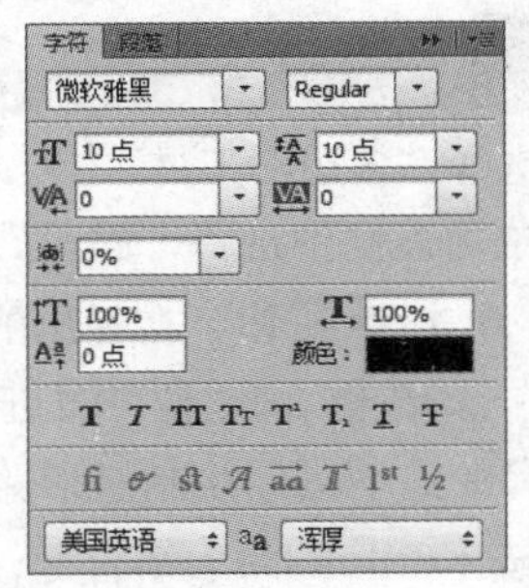

Step03 选择文字图层，执行“文字”→“文字变形”命令，弹出“变形文字”对话框，设置“样式”为鱼形，单击“确定”按钮。通过前面的操作，得到文字变形效果。

实训 6：纠正图像偏色

素材文件	光盘\素材文件\附录A\儿童.jpg
结果文件	光盘\结果文件\附录A\实训6.psd
视频文件	光盘\教学文件\附录A\实训6.mp4

本例处理前后的效果对比如下图所示。

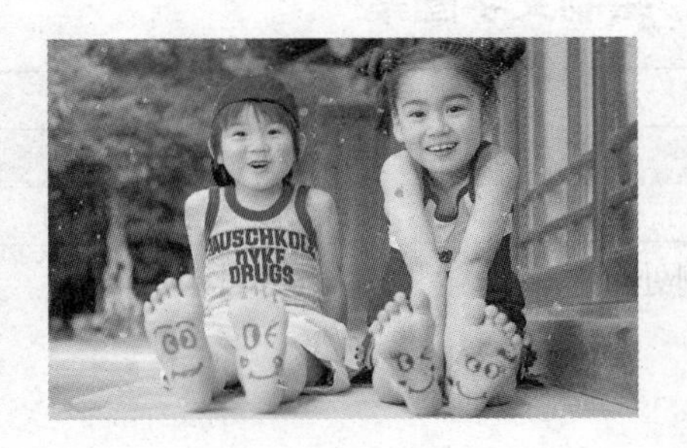

◐ 操作提示

在纠正图像偏色的过程中，主要用到了“颜色取样器工具”、“信息”面板、“色彩平衡”和“自然饱和度”命令等相关知识。具体操作步骤如下。

Step01 打开“光盘\素材文件\附录A\儿童.jpg”文件，如下图所示。

Step02 选择“颜色取样器工具”，在人物黑色头发位置单击两次，创建颜色取样点，如下图所示。

Step03 执行“窗口”→“信息”命令，打开“信息”面板。从取样点的颜色值分析照片的G（绿）值偏高，照片存在偏绿问题。

Step04 执行“图像”→“调整”→“色彩平衡”命令，打开“色彩平衡”对话框，设置“色调平衡”为阴影，“色阶”值为（0，-35，0）。

Step05 在“色彩平衡”对话框，设置“色调平衡”为中间调，“色阶”值为（0，-33，0）。

Step06 在“色彩平衡”对话框，设置“色调平衡”为高光，“色阶”值为（10，-20，0）。

Step07 在“信息”面板中观察颜色校正情况，R、G、B三值差别不大。通过前面的操作，校正了照片偏绿的问题。

Step08 执行“图像”→“调整”→“自然饱和度”命令，在弹出的“自然饱和度”对话框中设置“自然饱和度”为20，“饱和度”为10，单击“确定”按钮。通过前面的操作，使图像更加鲜艳。

实训 7：制作极地地球效果

素材文件	光盘\素材文件\附录A\建筑.jpg
结果文件	光盘\结果文件\附录A\实训7.psd
视频文件	光盘\教学文件\附录A\实训7.mp4

本例处理前后的效果对比如下图所示。

◐ 操作提示

在制作极地地球效果的过程中，主要用到了“阴影/高光”“图像大小”“图像旋转”“极坐标”命令和Camera Raw滤镜等相关知识。具体操作步骤如下。

Step01 打开“光盘\素材文件\附录A\建筑.jpg”文件。

Step02 执行“图像”→“调整”→“阴影/高光”命令，在弹出的“阴影/高光”对话框中设置“阴影”数量为100%，单击“确定”按钮。

Step03 执行“图像”→“图像大小”命令，在弹出的“图像大小”对话框中单击“限制长宽比”按钮取消限制，设置“宽度”和“高度”为800像素，单击“确定”按钮，更改图像大小。

Step04 执行“图像”→“图像旋转”→“180度”命令。执行“滤镜”→“扭曲”→“极坐标”命令，在弹出的“极坐标”对话框中选中“平面坐标到极坐标”单选按钮，单击“确定”按钮。

Step05 选择“吸管工具”，在云层位置单击吸取颜色，如下图所示。

Step06 结合“混合器画笔工具”和“仿制图章工具”，在球体接口处涂抹融合图像，如下图所示。

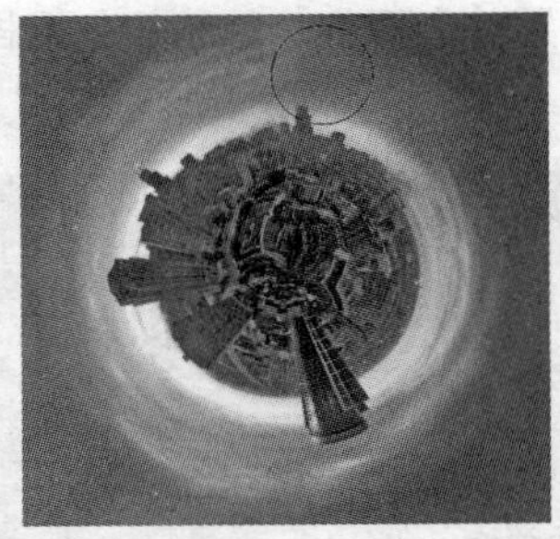

Step07 执行“滤镜”→“Camera滤镜”命令，在弹出的“Camera Raw”对话框中设置“色调”为-50，单击“确定”按钮。按【Ctrl+J】组合键复制图层，生成“图层1”，更改图层混合模式为“柔光”。

实训8：制作气泡效果

素材文件	光盘\素材文件\附录A\晚霞.jpg
结果文件	光盘\结果文件\附录A\实训8.psd
视频文件	光盘\教学文件\附录A\实训8.mp4

本例处理前后的效果对比如下图所示。

操作提示

在制作气泡效果的过程中，主要用到了“椭圆选框工具”、“球面化”和“镜头光晕”滤镜等相关知识。具体操作步骤如下。

Step01 打开“光盘\素材文件\附录A\晚霞.jpg”文件。使用“椭圆选框工具”创建选区。

Step02 按【Ctrl+J】组合键复制图层。执行“滤镜”→“扭曲”→“球面化”命令，在弹出的“球面化”对话框中设置“数量”为100，单击“确定”按钮。

Step03 执行“滤镜”→“渲染”→“镜头光晕”命令，在弹出的“镜头光晕”对话框中移动光晕中心到球体右上角，设置“亮度”为150%，“镜头类型”为50-300毫米变焦，单击“确定”按钮，如下图所示。

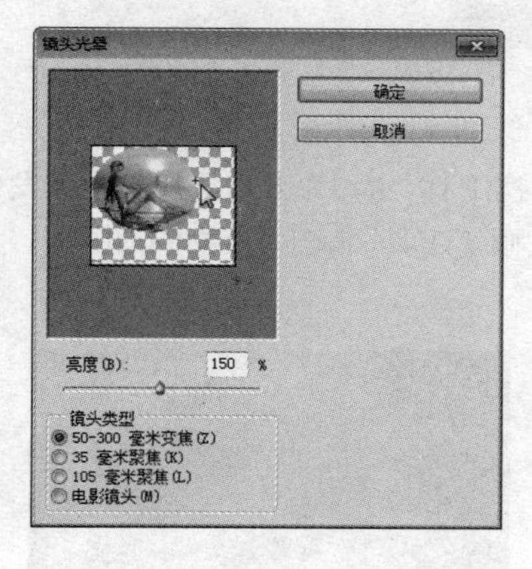

Step04 得到的光晕效果如下图所示。

Step05 使用相似的方法在左下方添加光晕。选择“背景”图层，执行“滤镜”→“渲染”→“镜头光晕”命令，在弹出的“镜头光晕”对话框中移动光晕中心到右上角，设置“亮度”为100%，“镜头类型”为105毫米聚焦，单击“确定”按钮。

附录 B 综合上机实训题（中级版）

实训 1：为人物添加艳丽妆容

素材文件	光盘\素材文件\附录B\卷发.jpg
结果文件	光盘\结果文件\附录B\实训1.psd
视频文件	光盘\教学文件\附录B\实训1.mp4

本例处理前后的效果对比如下图所示。

◐ 操作提示

在为人物添加艳丽妆容的过程中，首先使用“颜色替换工具”为人物添加唇彩和发色，然后使用“画笔工具”为人物添加眼影，最后继续使用“画笔工具”为人物添加腮红。具体操作步骤如下。

Step01 打开“光盘\素材文件\附录B\卷发.jpg”，设置前景色为洋红色（#ff00ff）。选择工具箱中的“颜色替换工具”，选择合适的画笔大小，在嘴唇上涂抹，进行颜色替换。

Step02 选择“混合器画笔工具”，在色彩边缘处涂抹，混合色彩，使其更加自然，如下图所示。

Step03 选择“减淡工具”，在下嘴唇位置拖动鼠标，创建高光效果，如下图所示。

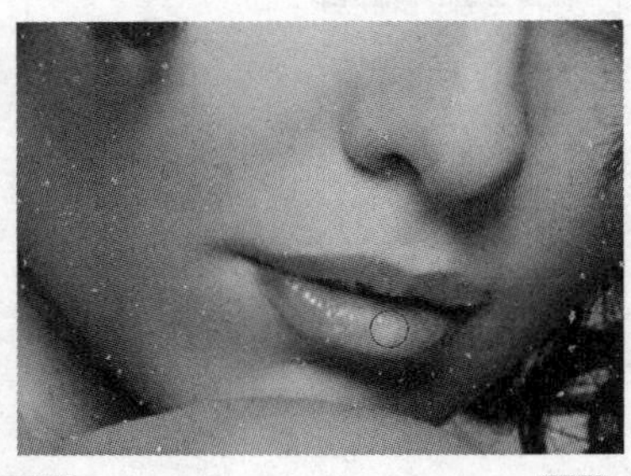

Step04 选择“颜色替换工具”，在人物头发位置涂抹。在“图层”面板中，单击“创建新图层”按钮，新建“图层1”，更改图层混合模式为“叠加”。

Step05 设置前景色为绿色#00ff00，选择“画笔工具”，选择合适的画笔大小，在上眼皮处绘制眼影。设置前景色为黄色#ffff00，选择“画笔工具”，选择合适的画笔大小，在下眼皮处绘制眼影。

Step06 选择“颜色替换工具”，继续在人物的头发位置涂抹。在“图层”面板中，更改“图层1”图层的“不透明度”为80%。

Step07 在“图层”面板中，单击“创建新图层”按钮，新建“图层2”，更改图层混合模式为“叠加”。选择“画笔工具”，在其选项栏中选择柔边圆画笔，设置“大小”为150像素，“硬度”为0%。

Step08 分别在人物两腮处单击，绘制腮红，如下图所示。

Step09 更改“图层2”图层的“不透明度”为55%，如下图所示。

Step10 在“图层”面板中，单击“背景”图层。选择“历史记录画笔工具”，在其选项栏中设置“不透明度”为20%，在嘴唇处涂抹，减淡过艳的唇彩。

实训2：为图像添加装饰物

素材文件	光盘\素材文件\附录B\倾斜人物.jpg
结果文件	光盘\结果文件\附录B\实训2.psd
视频文件	光盘\教学文件\附录B\实训2.mp4

本例最终效果如下图所示。

操作提示

在为图像添加装饰物的过程中，首先使用“自定形状工具”绘制图形；然后使用“画笔工具”描边路径，调整路径大小后继续描边路径；最后使用图层混合和图层蒙版完善画面。具体操作步骤如下。

Step01 打开“光盘\素材文件\附录B\倾斜人物.jpg”文件。选择“自定形状工具”，在其选项栏的工具模式下拉列表框中选择“路径”选项，载入“画框”形状组，单击“边框8”图标，如下图所示。

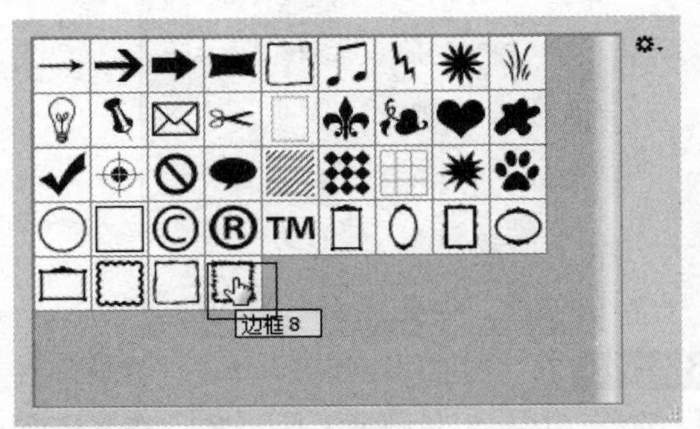

Step02 拖动鼠标绘制路径；按【Ctrl+T】组合键，执行自由变换操作，适当放大路径，如下图所示。

Step03 选择“画笔工具”，在其选项栏中单击“画笔预设”选取器右上角的扩展按钮，在打开的菜单中选择“特殊效果画笔”，载入特殊效果画笔后，单击“杜鹃花串”画笔，如下图所示。

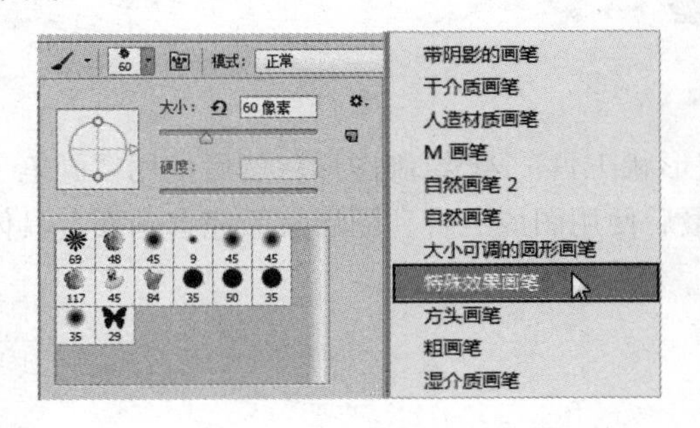

Step04 在“画笔”面板中，单击“画笔笔尖形状”选项，在右侧选中“间距”复选框，设置其值为140%，如下图所示。

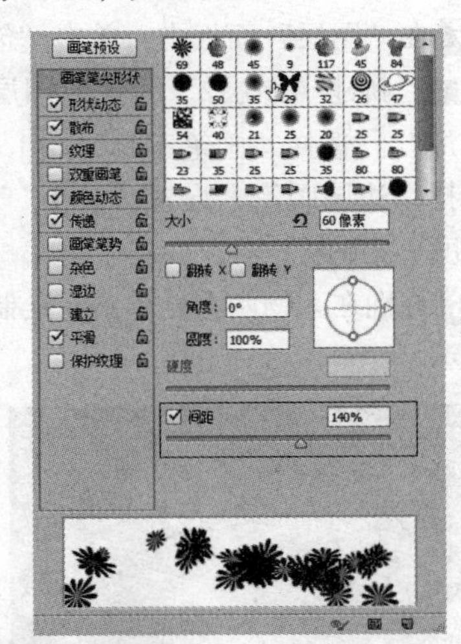

Step05 选中“形状动态”复选框，设置“大小抖动”为100%；选中“散布”复选框，在右侧选中“两轴”复选框，设置其值为173%；选中“颜色动态”复选框，设置“前景/背景抖动”为100%，“色相抖动”为46%，“饱和度抖动”为27%，“亮度抖动”为0%，“纯度”为0%。

Step06 在“图层”面板中，新建“图层1”。设置前景色为洋红色#dc11de。在“路径”面板中，将“工作路径”拖动到“创建新路径”按钮上，存储为“路径1”。单击“用画笔描边路径”按钮，如左下图所示。通过前面的操作，到得图像描边效果，如右下图所示。

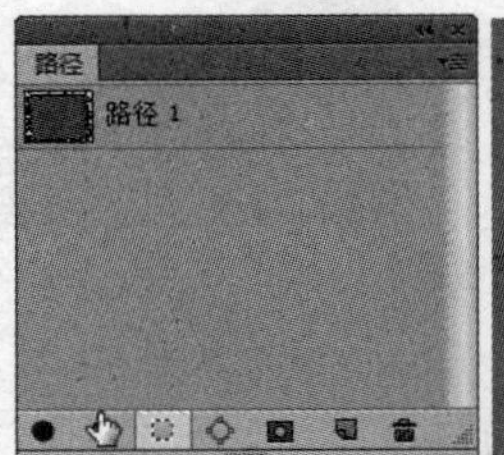

Step07 在“路径”面板中，单击其他位置隐藏路径。在“路径”面板中，拖动“路径1”到“创建新路径”按钮，生成“路径1 拷贝”。

按【Ctrl+T】组合键，执行自由变换操作，适当缩小路径。

Step08 在“图层”面板中，新建“图层2”。在“路径”面板中，单击“用画笔描边路径”按钮。在“路径”面板中，单击其他位置隐藏路径。

Step09 更改“图层2”图层混合模式为划分。为“图层2”添加图层蒙版，使用黑色“画笔工具”涂抹蒙版，显示被遮挡的脸部。

实训3：为黑白图像上色

素材文件	光盘\素材文件\附录B\圣诞老人.jpg，新年快乐.jpg
结果文件	光盘\结果文件\附录B\实训3.psd
视频文件	光盘\教学文件\附录B\实训3.mp4

本例处理前后的效果对比如下图所示。

操作提示

在为黑白图像上色的过程中，主要用到了“魔棒工具”、“矩形选框工具”和“渐变工具”等相关知识。具体操作步骤如下。

Step01 打开“光盘\素材文件\附录B\圣诞老人.jpg”；按住【Shift】键，选择“魔棒工具”，在其选项栏中设置“容差”为10；在帽子、衣服位置单击创建选区，如左下图所示。填充红色#fe0000，效果如右下图所示。

Step02 按住【Shift】键，使用“魔棒工具”在手套位置单击创建选区，填充绿色#fe0000。

Step03 使用“魔棒工具”在鼻子位置单击创建选区，填充橙色#faa085。

Step04 按住【Shift】键，使用“魔棒工具”在眼睛、皮带、脚等位置单击创建选区，填充深灰色#151845。

Step05 使用“矩形选框工具”创建选区。选择“渐变工具”，在其选项栏中单击渐变颜色条右侧的按钮，在打开的下拉面板中选择“橙、黄、橙渐变”。拖动鼠标填充渐变色，如下图所示。

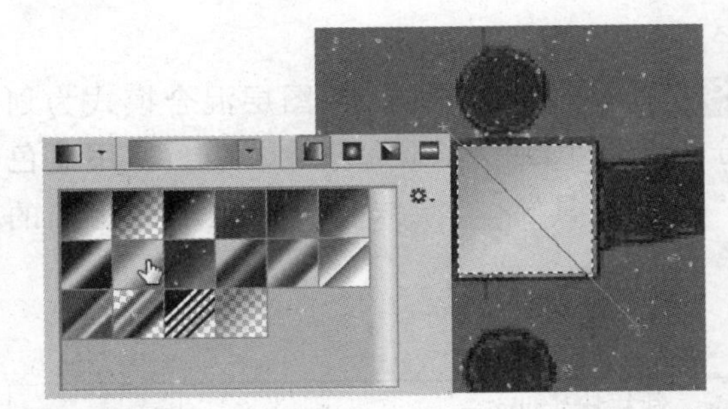

Step06 执行“选择”→“修改”→“收缩”命令，在弹出的“收缩选区”对话框中设置“收缩量”为4像素，单击“确定”按钮。为选区填充深灰色#151845，效果如下图所示。

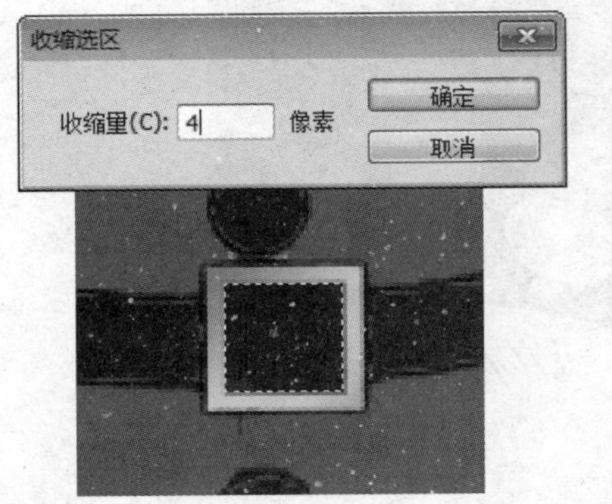

Step07 打开“光盘\素材文件\附录B\新年快乐.jpg”文件。选中圣诞老人后，把圣诞老人图像拖动到“新年快乐”文件中。

Step08 选择“画笔工具”，在“画笔”面板中单击“画笔笔尖形状”选项，单击一个柔边圆笔刷，选中“间距”复选框，设置其值为136%。

Step09 选中并单击“形状动态”复选框，设置“大小抖动”为82%，控制“渐隐”为25。

Step10 设置前景色为白色，在边缘拖动鼠标绘制图像，如下图所示。

Step11 在雪堆上拖动鼠标绘制图像，最终效果如下图所示。

实训4：制作浪花边框效果

素材文件	光盘\素材文件\附录B\花朵.jpg
结果文件	光盘\结果文件\附录B\实训4.psd
视频文件	光盘\教学文件\附录B\实训4.mp4

本例最终的效果如下图所示。

◐ 操作提示

在制作浪花边框效果的过程中，主要用到了动作操作和“横排文字工具”T.等相关知识。具体 操作步骤如下。

Step01 打开“光盘\素材文件\附录B\花朵.jpg”，如下图所示。

Step02 在“动作”面板中，单击扩展按钮，如下图所示。

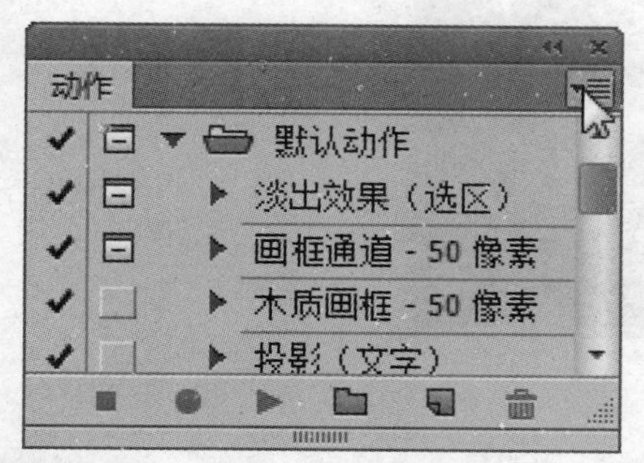

Step03 在弹出的菜单中选择“画框”和“文字效果”命令。通过前面的操作，载入“画框”和“文字效果”动作组，如下图所示。

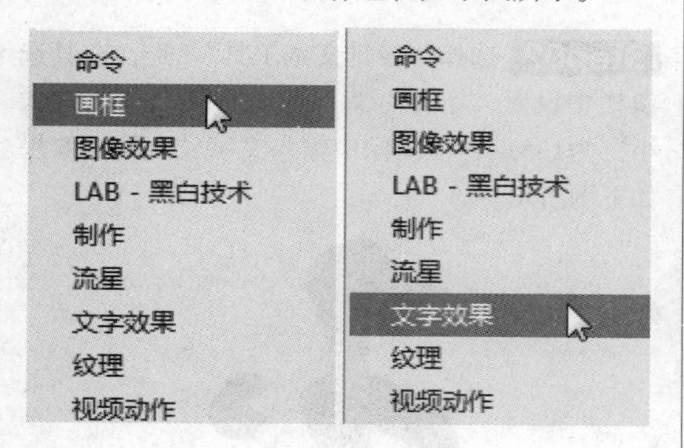

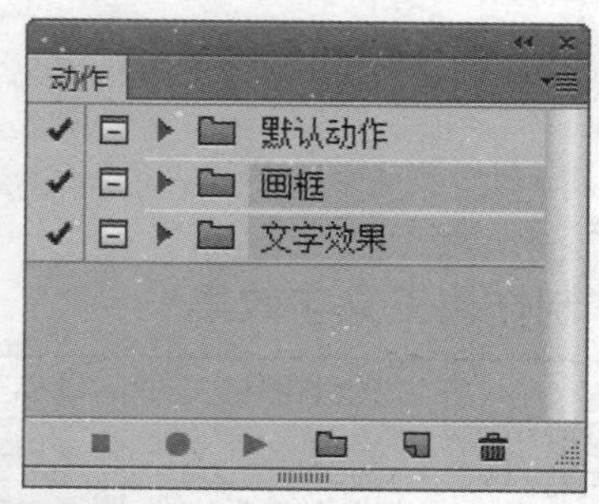

Step04 展开“画框”动作组后，单击选择“浪花形画框”动作，然后单击“播放选定的动作”按钮▶，播放动作后，得到图像效果如下图所示。

Step05 使用“横排文字工具”T.输入文字“凝视”，在其选项栏中设置“字体”为方正胖头鱼简体，“字体大小”为90点；选中文字图层，如下图所示。

Step06 展开“文字效果”动作组后，单击选择“波纹（文字）”动作，然后单击“播放选定的动作”按钮▶，播放动作后，得到最终效果，如下图所示。

实训5：制作碧玉文字效果

素材文件	光盘\素材文件\附录B\玉.jpg
结果文件	光盘\结果文件\附录B\实训5a.psd，实训5b.psd
视频文件	光盘\教学文件\附录B\实训5.mp4

本例最终效果如下图所示。

◐ 操作提示

在制作碧玉文字效果的过程中，首先通过“云彩”滤镜创建随机的玉质纹理，然后结合“斜面和浮雕”“内阴影”“光泽”“外发光”和“投影”图层样式，制作出翡翠通透、灵秀的立体效果。具体操作步骤如下。

Step01 执行“文件”→“新建”命令，在弹出的“新建”对话框中设置“宽度”为700像素，“高度”为500像素，“分辨率”为300像素/英寸，单击“确定”按钮，如下图所示。

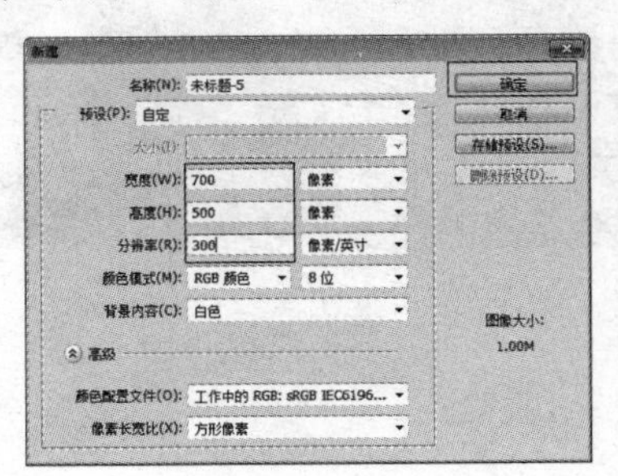

Step02 选择“横排文本工具”T，在其选项栏中设置“字体”为汉仪行楷简，“字体大小”为135点，在图像中输入文字“玉”，效果如下图所示。

Step03 隐藏文字图层；新建图层，命名为“云彩”；执行“滤镜”→“渲染”→“云彩”命令。

Step04 执行“选择”→“色彩范围”命令，在弹出的“色彩范围”对话框中选择“吸管工具”。

Step05 在图像灰色部分单击，如左下图所示。确认操作后，选区如右下图所示。

Step06 新建图层，命名为“绿色”；设置前景色为绿色#077600；按【Alt+Delete】组合键填充选区，如下图所示。

Step07 按【Ctrl+D】组合键取消选区，单击“云彩”图层，选择“渐变工具”，从图像左边沿到右边沿，拖动鼠标进行渐变填充，如下图所示。

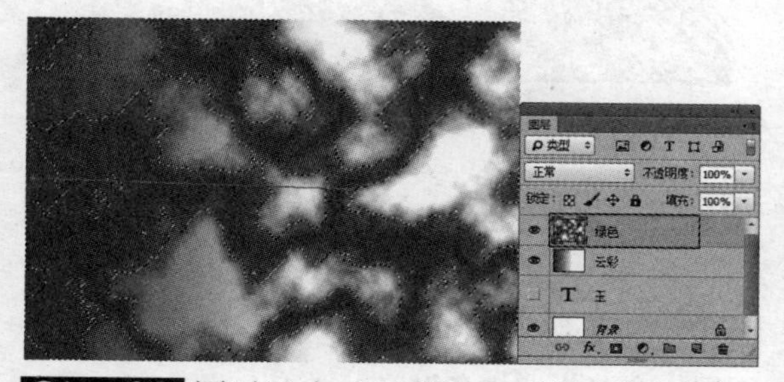

Step08 同时选中“云彩”和“绿色”图层，按【Alt+Ctrl+E】组合键盖印选中图层，生成“绿色（合成）”图层。

Step09 按住【Ctrl】键，单击“玉”文字图层图标，载入文字选区，如下图所示。

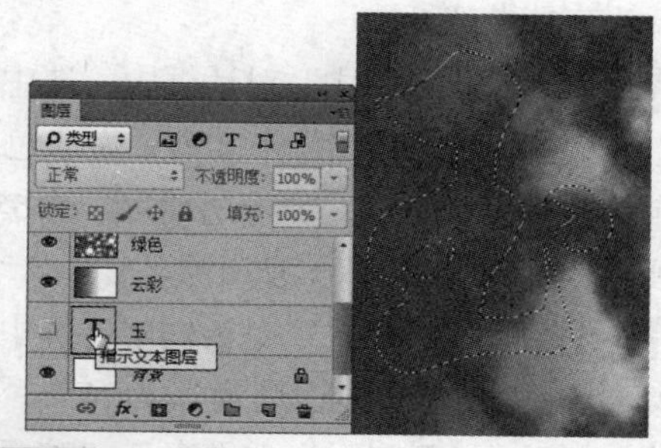

Step10 执行“选择”→“反向”命令，得到反向选区；按【Delete】键删除图像；隐藏“绿色”和“云彩”图层，如下图所示。

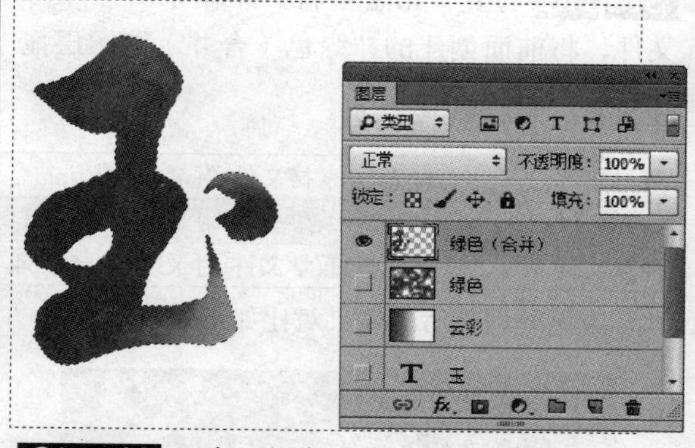

Step11 双击“绿色（合并）”图层，在打开的“图层样式”对话框中，选中“斜面和浮雕”复选框，设置“样式”为内斜面，“方法”为平滑，“深度”为321%，“方向”为上，“大小”为24像素，“软化”为0像素，“角度”为120度，“高度”为65度，“高光模式”为滤色，“不透明度”为100%，“阴影模式”为正片叠底，“不透明度”为0%。

Step12 在“图层样式”对话框中，选中“内阴影”复选框，设置“混合模式”为变暗，阴影颜色为绿色#6fff1c，“不透明度”为75%，“角度”为120度，“距离”为10像素，“阻塞”为0%，“大小”为50像素。

Step13 在“图层样式”对话框中，选中“光泽”复选框，设置光泽颜色为深绿色#00b400，

“混合模式”为正片叠底，“角度”为19度，“距离”为88像素，“大小”为88像素，“等高线”为高斯曲线。

Step14 在“图层样式”对话框中，选中“外发光”复选框，设置“混合模式”为滤色，发光颜色为浅绿色#6fff1c，“不透明度”为65%，“扩展”为0%，“大小”为70像素。

Step15 在“图层样式”对话框中，选中“投影”复选框，设置“不透明度”为75%，“角度”为120度，“距离”为15像素，“扩展”为0%，“大小”为15像素，选中“使用全局光”复选框。

Step16 打开“光盘\素材文件\附录B\玉.jpg”文件，将前面创建的“绿色（合并）”图层拖动到当前文件中。按【Ctrl+T】组合键，调整图像的大小和位置，效果如下图所示。

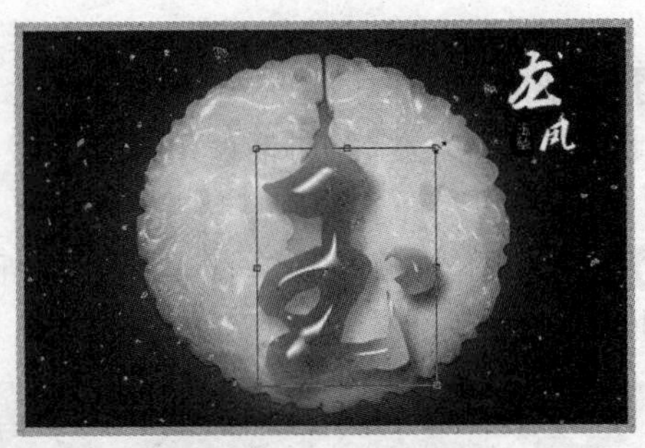

Step17 双击“斜面和浮雕”图层样式。在打开的“图层样式”对话框中，选中“斜面和浮雕”复选框，更改“大小”为16像素。细微调整后得到最终效果。

实训6：制作素描特效

素材文件	光盘\素材文件\附录B\金发.jpg
结果文件	光盘\结果文件\附录B\实训6.psd
视频文件	光盘\教学文件\附录B\实训6.mp4

本例处理前后的效果对比如下图所示。

操作提示

在制作素描特效的过程中，用到了“去色”“反相”“高斯模糊”“粗糙蜡笔”等命令。具体操作步骤如下。

Step01 打开“光盘\素材文件\附录B\金发.jpg”文件。

Step02 执行“图像”→“调整”→“亮度/对比度”命令，在弹出的“亮度/对比度”对话框中设置“亮度”为-30，单击“确定”按钮。通过前面的操作，适当降低了图像亮度。

Step03 按【Ctrl+J】组合键，复制“背景”图层，命名为“去色”。

Step04 按【Shift+Ctrl+U】组合键，执行“去色”命令，去除照片色彩。按【Ctrl+J】组合键，复制“去色”图层，命名为“反相”，如下图所示。

Step05 按【Ctr+I】组合键，执行“反相”命令，效果如下图所示。更改图层混合模式为“颜色减淡”，图像暂时看不到效果。

Step06 执行“滤镜”→“模糊”→“高斯模糊”命令，在弹出的“高斯模糊”对话框中设置“半径”为5像素，单击“确定”按钮。按【Shift+Ctrl+Alt+E】组合键，盖印所有图层，命名为“素描”。

Step07 执行“滤镜”→“滤镜库”命令，在弹出的“滤镜库”对话框中单击“艺术效果”滤镜组中的“粗糙蜡笔”滤镜，设置“描边长度”为22，“描边细节”为16，“纹理”为画布，“缩放”为105%，“凸现”为20，“光照”为右下，单击“确定”按钮。

Step08 按【Ctrl+J】组合键复制图层，更改图层混合模式为“正片叠底”，如下图所示。

Step09 再次按【Ctrl+J】组合键复制图层，更改图层不透明度为50%，加强素描效果，如下图所示。

实训7：制作光圈特效

素材文件	光盘\素材文件\附录B\男士.jpg
结果文件	光盘\结果文件\附录B\实训7.psd
视频文件	光盘\教学文件\附录B\实训7.mp4

本例处理前后的效果对比如下图所示。

◐ 操作提示

在制作光圈特效的过程中，通过“钢笔工具”创建光圈的路径；然后结合“画笔工具”和描边路径操作，创建光圈的色彩效果；最后通过“外发光”图层样式，创建光圈的黄色光晕。具体操作步骤如下。

Step01 打开“光盘\素材文件\附录B\男士.jpg”文件；选择“钢笔工具”，在其选项栏的工具模式下拉列表框中选择“路径”选项，依次单击鼠标创建路径；按住【Alt】键，单击“背景”图层，将该图层转换为普通图层；隐藏所有图层，如下图所示。

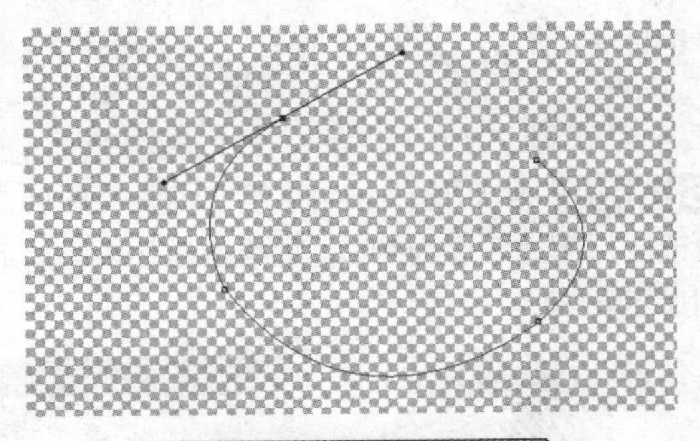

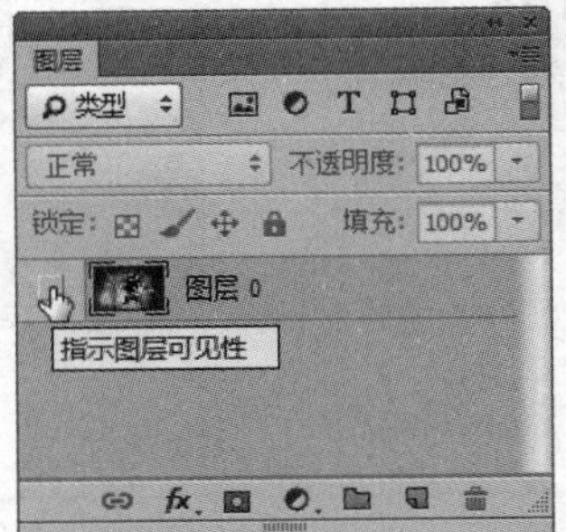

Step02 选择工具箱中的“画笔工具”，在“画笔预设”面板中单击“水彩大贱滴”画笔，如左下图所示。在“画笔预设”选取器中，设置“大小”为50像素，如右下图所示。

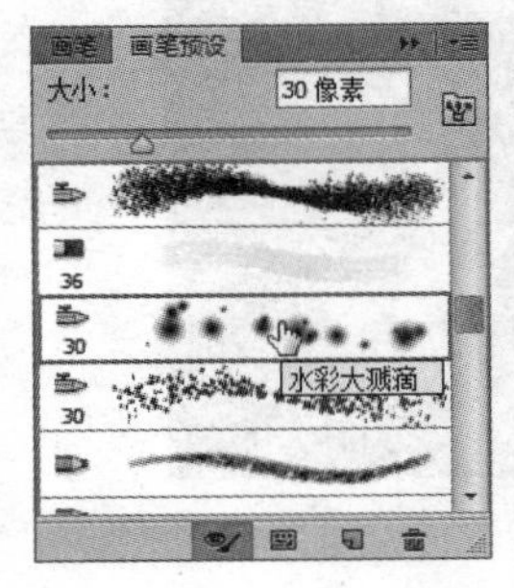

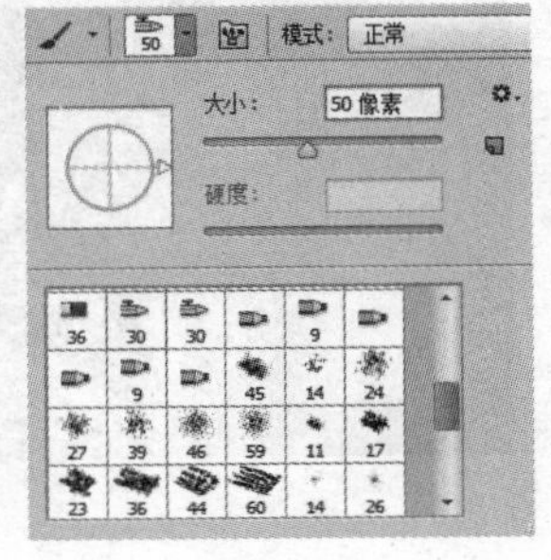

Step03 新建“图层1”。在“路径”面板中，单击“用画笔描边路径”按钮，如下图所示。

Step04 执行“图像”→“变换”→“扭曲”命令，适当变换对象，使对象围绕人物，如下图所示。

Step05 双击“图层1”图层，在打开的“图层样式”对话框中，选中“外发光”复选框，设置“混合模式”为滤色，“不透明度”为75%，叠加颜色为黄色，“扩展”为5%，“大小”为73像素，如下图所示。

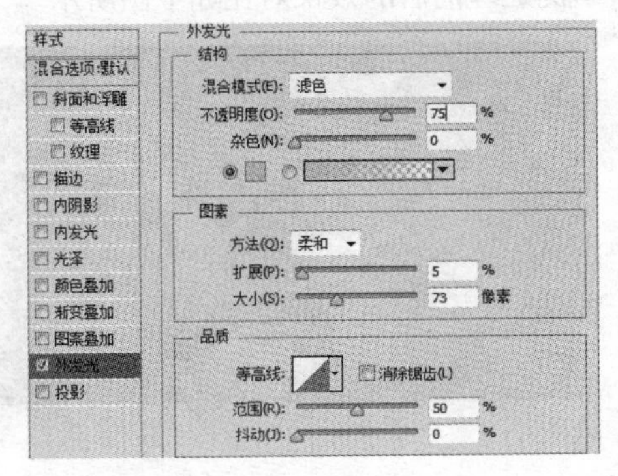

Step06 按【Ctrl+J】组合键复制图层，调整对象的大小和角度，效果如下图所示。

Step07 双击复制得到的图层，在打开的“图层样式”对话框中，选中“渐变叠加”复选框，设置渐变类型为“色谱”渐变，“样式”为对称的，“角度”为-90度，如下图所示。

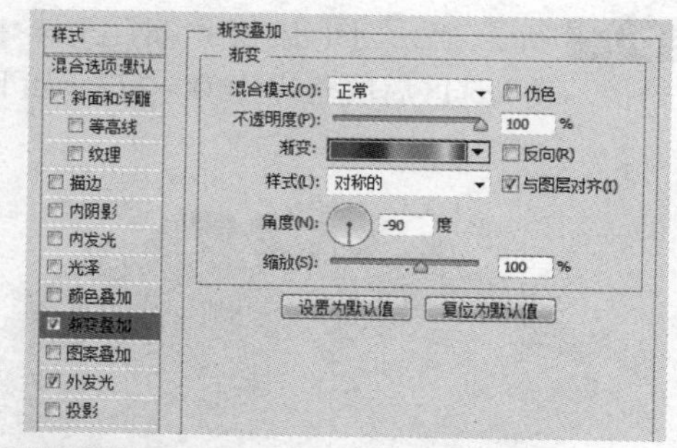

Step08 通过前面的操作，得到图像的渐变叠加色彩效果，如下图所示。

实训8：制作童书Logo

结果文件	光盘\结果文件\附录B\实训8.psd
视频文件	光盘\教学文件\附录B\实训8.mp4

本例最终效果如下图所示。

➲ 操作提示

在制作童书Logo的过程中，主要用到了“钢笔工具”、变换操作、“自定形状工具”、“横排文字工具”T等相关知识。具体操作步骤如下。

Step01 执行“文件”→“新建”命令，在弹出的“新建”对话框中设置“宽度”为10厘米，“高度”为6厘米，“分辨率”为200像素/英寸，单击“确定”按钮，如下图所示。

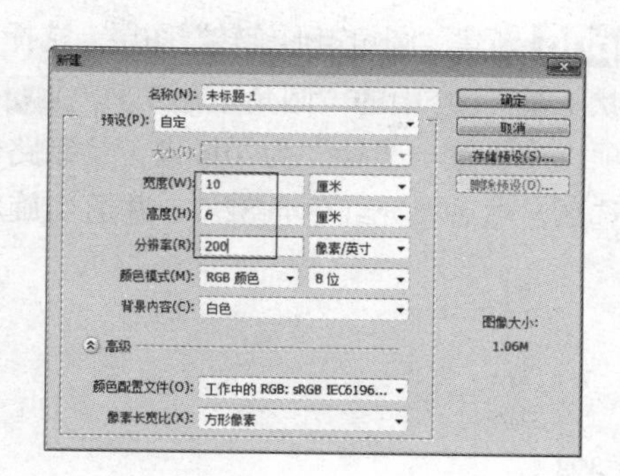

Step02 新建“蓝云”图层。使用“钢笔工具”绘制路径，载入选区后填充蓝色#00c7d7，如下图所示。

Step03 复制生成“白云”图层，为其填充白色。按【Ctrl+T】组合键，执行自由变换操作，适当缩小图像，如下图所示。

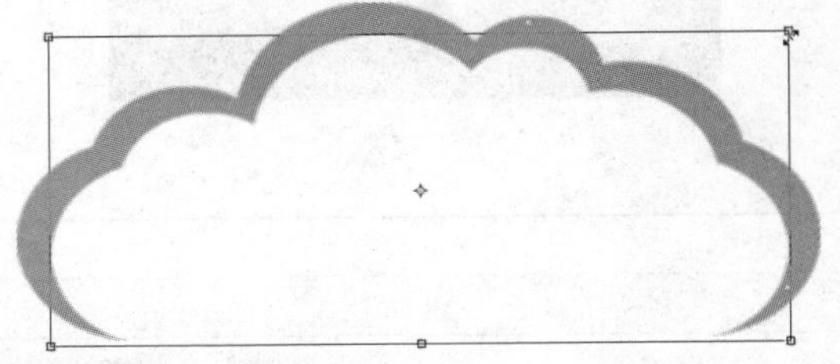

Step04 新建“圆角矩形”图层。选择“自定形状工具”中的“圆角矩形工具”，在其选项栏中设置“半径”为20像素，绘制路径并载入选区，然后填充蓝色，如下图所示。

Step05 按住【Alt】键，拖动复制出两个圆角矩形图像。

Step06 新建“圆角矩形旋转”图层。选择“自定形状工具”中的“圆角矩形工具”，在其选项栏中设置“半径”为20像素，绘制路径并载入选区，然后填充红色#fe82a7，并适当旋转图像。

Step07 使用“横排文字工具”输入白色文字“永”，在选项栏中设置“字体”为微软雅黑，“字体大小”为30点。使用相同的方法输入文字“杰”和“文”。

Step08 使用“横排文字工具”输入白色文字“化”，适当旋转图像，如下图所示。

Step09 新建“蓝矩形”图层。选择“矩形选框工具”，拖动鼠标创建选区，填充蓝色#00c7d7，如下图所示。

Step10 复制生成“蓝矩形2”图层，移动到右侧，如下图所示。

Step11 使用相同的方法创建“红矩形”和“红矩形2”图层。选择4个矩形图层，在选项栏中单击“水平居中分布”按钮，调整矩形

之间的间距，效果如下图所示。

Step12 使用“横排文字工具”T.输入白色文字“乖”“童”“书”，在其选项栏中设置“字体”为黑体，“字体大小”为30点。输入另一个“乖”字，在选项栏中设置“字体”为方正少儿简体，得到最终效果如下图所示。

附录 C　综合上机实训题（高级版）

实训 1：公司 Logo 设计

结果文件	光盘\结果文件\附录C\实训1.psd
视频文件	光盘\教学文件\附录C\实训1.mp4

本例最终效果如下图所示。

操作提示

在设计公司Logo的过程中，首先通过“钢笔工具”创建轮廓，并复制图像来创建效果，然后通过“径向渐变”命令创建投影的边缘模糊效果，最后通过渐变填充图层添加背景。具体操作步骤如下。

Step01 按【Ctrl+N】组合键，在弹出的“新建”对话框中设置“宽度”为8.5厘米，“高度”为8.5厘米，“分辨率”为300像素/英寸，单击“确定”按钮。

Step02 新建图层，命名为“蓝色”。使用“钢笔工具”绘制路径，载入选区并填充蓝色#00ccff。

Step03 双击“蓝色”图层，在弹出的“图层样式”对话框中选中“渐变叠加”复选框，设置“样式”为线性，“角度”为0度，“缩放”为100%，单击“确定”按钮，效果如下图所示。

Step04 使用“椭圆选框工具”创建圆形选区。按【Ctrl+R】组合键显示标尺，以圆心为中心，从标尺处拖动，创建水平和垂直参考线，如下图所示。

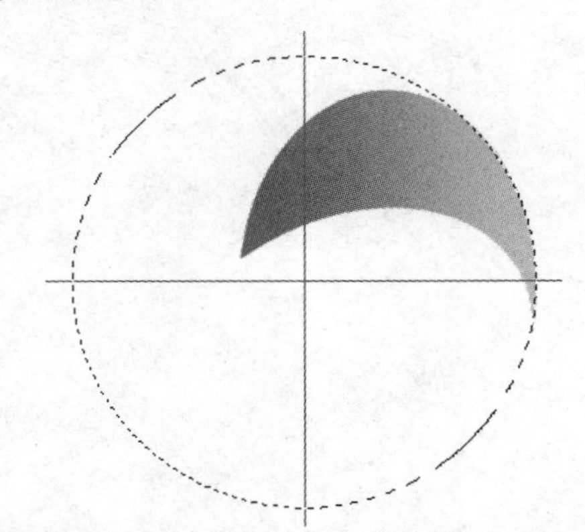

Step05 按【Ctrl+D】组合键，取消选区。按【Ctrl+J】组合键，复制图层，命名为“紫色”。

Step06 按【Ctrl+T】组合键，拖动变换中心点到参考线中心位置，如左下图所示。在选项栏中，设置“旋转”为60度，效果如右下图所示。

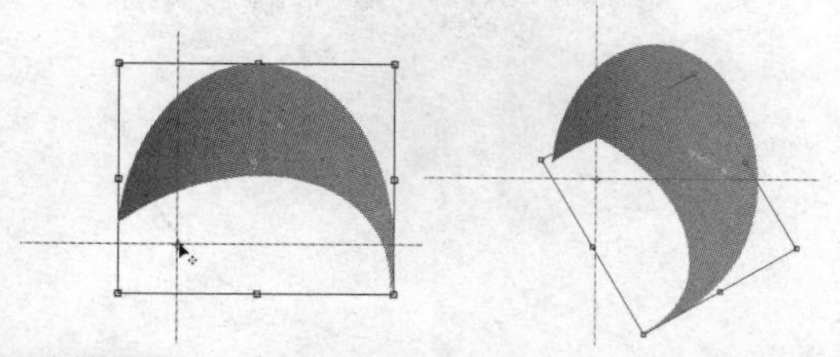

Step07 按【Alt+Shift+Ctrl+T】组合键4次，多次变换并复制图像，效果如下图所示。

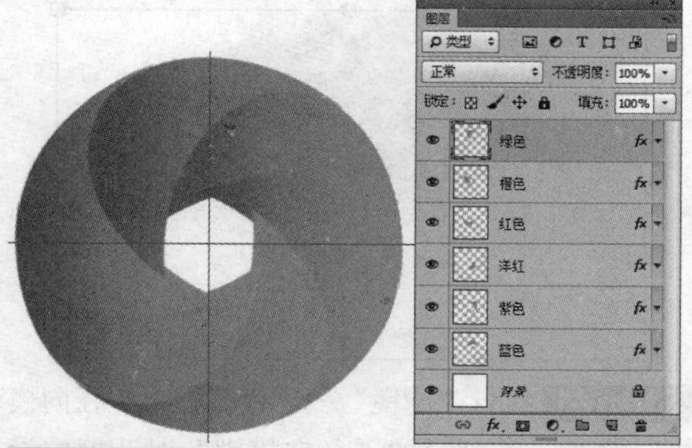

Step08 调整复制图像的颜色。分别调整为紫#b957f8、洋红#f5009b、红#f27a00、橙#fbc000、绿#8fc320，效果如下图所示。

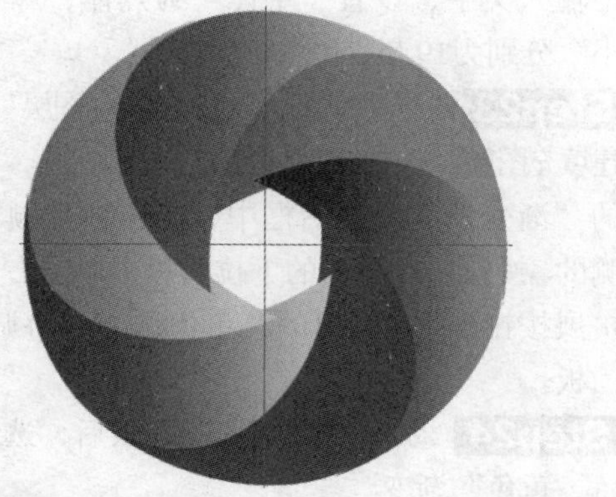

Step09 双击“紫色”图层，在弹出的“图层样式”对话框中，选中“渐变叠加”复选框，更改“角度”为-30度。

Step10 分别更改“洋红”“红色”“橙色”“绿色”图层的渐变叠加角度为（-124、-180、117、90），调整图层顺序。

Step11 新建“组1”，将“背景”以外的所有图层拖动到“组1”中。

Step12 新建图层，命名为“蓝色”。使用“钢笔工具”绘制路径，填充蓝色# 0084ff，如下图所示。

Step13 使用相同的方法添加渐变叠加图层样式，效果如下图所示。

Step14 复制多个图像，分别调整颜色为紫#7819f1、红#e80035、洋红#ff5009b、橙# f88f00、绿#379206，如下图所示。

Step15 新建“组2”，将背景“组1”以外的所有图层移动到“组2”中。更改“组2”图层混合模式为颜色加深，“不透明度”为40%，如左下图所示。效果如右下图所示。

Step16 选择“椭圆选框工具”，在下方创建选区，如下图所示。

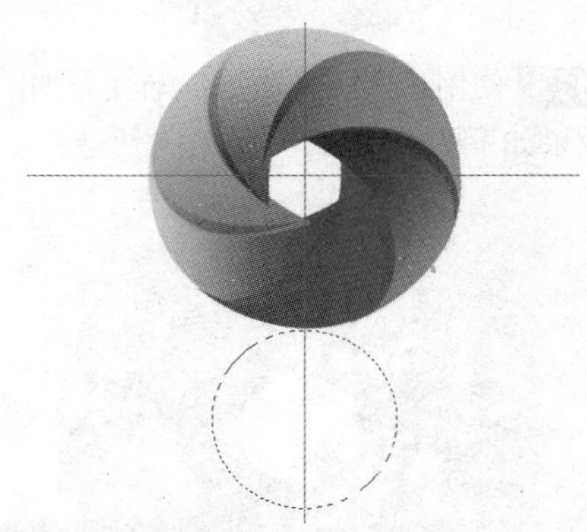

Step17 按【Shift+F6】组合键，在弹出的“羽化选区”对话框中设置“羽化半径”为20像素。

Step18 选择“渐变工具”，在其选项栏中单击渐变颜色条，在打开的“渐变编辑器”对话框中，设置渐变色为黑灰白。

Step19 在选项栏中，单击“径向渐变”按钮，拖动鼠标填充渐变色，如下图所示。

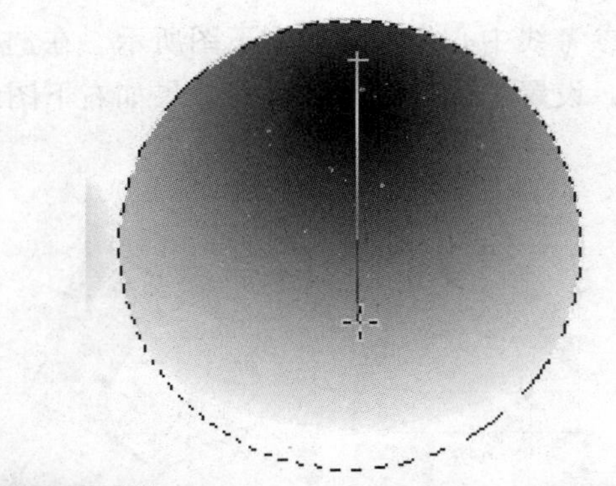

Step20 按【Ctrl+T】组合键，适当压扁图像，如下图所示。

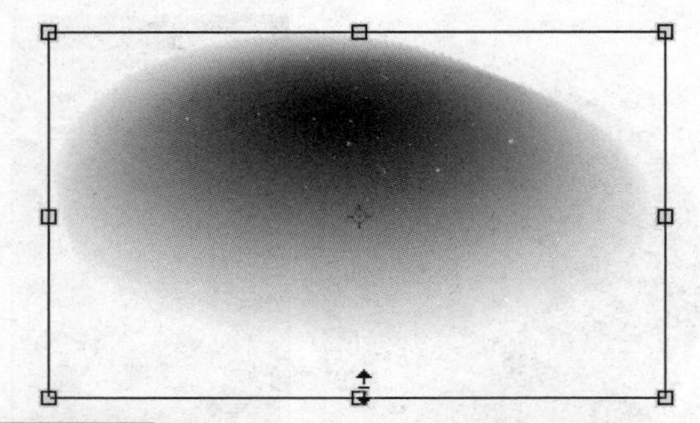

Step21 执行“滤镜”→“模糊”→“径向模糊”命令，在弹出的“径向模糊”对话框中设置“数量”为30，“模糊方法”为缩放。

Step22 选择“横排文字工具”，在图像中输入文字，设置“字体”为黑体，“字体大小”分别为19点和10点。

Step23 选择“背景”图层，执行“图层”→“新建填充图层”→“渐变”命令，新建图层。在弹出的“渐变填充”对话框中，单击渐变颜色条右侧的按钮，在弹出的下拉面板中单击右上角的扩展按钮，在弹出的菜单中选择“协调色2”面板。

Step24 载入“协调色2”面板后，选择“橙色、黄色”渐变。

实训 2：调出照片温馨色调

素材文件	光盘\素材文件\附录C\婚纱照.jpg
结果文件	光盘\结果文件\附录C\实训2.psd
视频文件	光盘\教学文件\附录C\实训2.mp4

本例处理前后的效果对比如下图所示。

◐ 操作提示

在调出照片温馨色调的过程中，首先通过“曲线”调整图层，给照片暗部及中间调增加青绿色，然后加强照片对比度和局部色调调整，最后在透光位置增加橙红色高光。具体操作步骤如下。

Step01 打开“光盘\素材文件\附录C\婚纱照.jpg”，如下图所示。

Step02 在“调整”面板中，单击“创建新的曲线调整图层”按钮，创建“曲线”调整图层。在“属性”面板中，选择“红”通道，调整曲线形状，如左下图所示；选择“蓝”通道，调整曲线形状，如右下图所示。通过此操作，给图像暗部增加了绿色，高光部分增加了淡黄色。

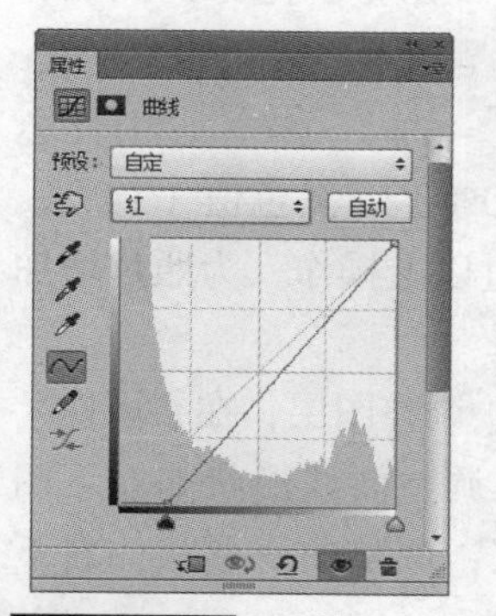

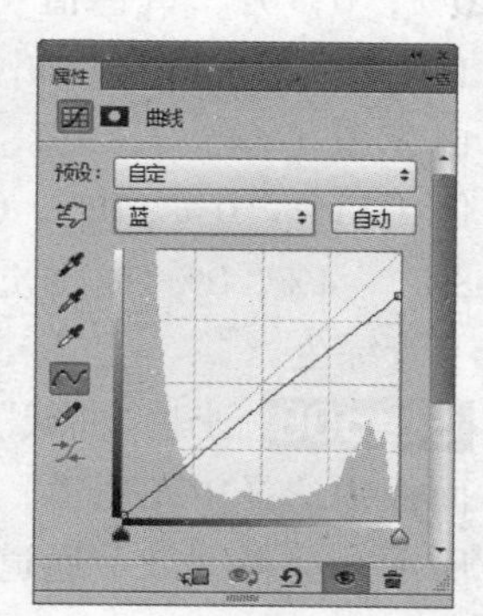

Step03 按【Ctrl+Alt+2】组合键调出高光选区，按【Ctrl+Shift+I】组合键反选，得到暗部选区。然后创建“曲线”调整图层，在“属性”面板中，选择RGB通道，调整曲线形状，如左下图所示；选择红通道，调整曲线形状，如右下图所示。

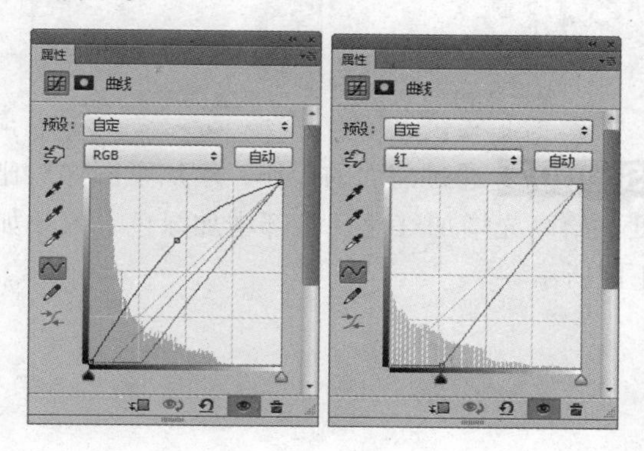

Step04 通过前面的操作，调亮图像暗部，并增加绿色，如下图所示。

Step05 创建“可选颜色”调整图层，在“属性”面板中，分别设置红色值（-32%，0%，0%，0%）、黄色值（-50%，13%，74%，14%）、绿色值（97%，-15%，43%，13%）、白色值（44%，-9%，-6%，0%）、中性色值（11%，0%，0%，0%）、黑色值（14%，8%，-4%，0%）。通过以上操作，为照片增加了青绿色。

Step06 创建“曲线”调整图层，在“属性”面板中选择RGB通道，调整曲线形状如左下图所示；选择“红”通道，调整曲线形状如右下图所示。

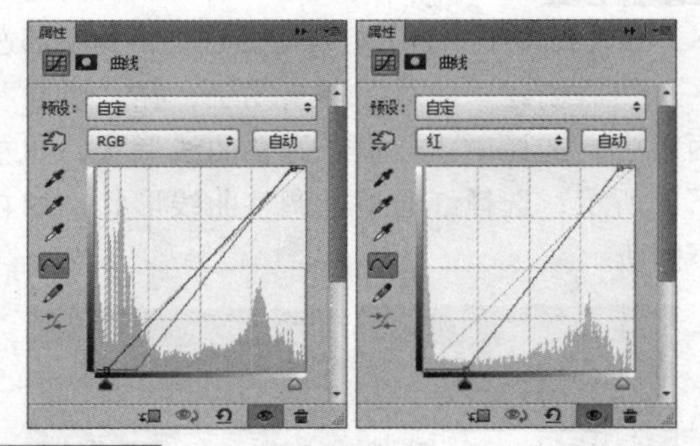

Step07 通过前面的操作，增加了图像对比度，给高光增加红色，暗部增加绿色，效果如下图所示。

Step08 执行“图层”→“新建填充图层”→“纯色”命令，在弹出的“新建图层”对话框中，单击“确定”按钮，如下图所示。

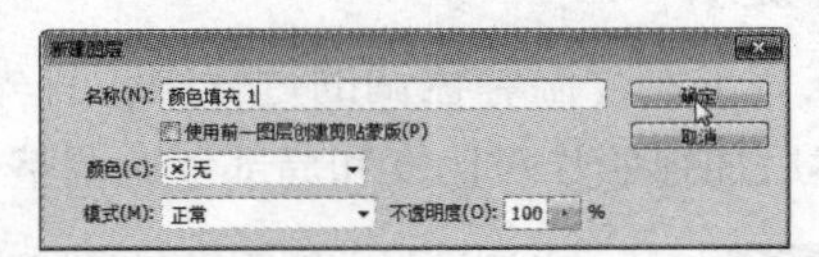

Step09 在弹出的“拾色器（纯色）”对话框中，设置颜色值为深黄色#C36c0d，单击“确定”按钮，如下图所示。

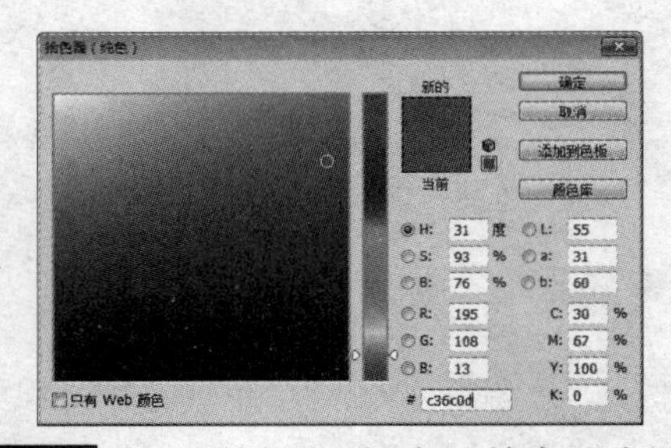

Step10 在“图层”面板中，单击选中图层蒙版，将蒙版填充为黑色，隐藏颜色填充效果，如下图所示。

Step11 选择“画笔工具”，设置前景色为白色，在右侧涂抹修改蒙版，如下图所示。

Step12 更改图层混合模式为滤色，效果如下图所示。

实训 3：促销卡片设计

素材文件	光盘\素材文件\附录C\抽象画.tif
结果文件	光盘\结果文件\附录C\实训3.psd
视频文件	光盘\教学文件\附录C\实训3.mp4

本例最终效果如下图所示。

➲ 操作提示

在促销卡片设计中，首先通过“圆角矩形工具”创建卡片轮廓并选择果绿色作为主体色调，然后运用矩形选框工具、横排文字工具、剪贴蒙版、图层操作等相关知识，来实现最终效果。具体操作步骤如下。

Step01 按【Ctrl+N】组合键，在弹出的“新建”对话框中，设置“宽度”为10厘米，“高度”为7厘米，“分辨率”为300像素/英寸，单击“确定”按钮。

Step02 新建图层，命名为“底色”。选择“圆角矩形工具”，在其选项栏中设置“半径”为50像素，拖动鼠标创建圆角矩形。

Step03 设置前景色为绿色#c5161d，按【Alt+Delete】组合键填充选区为绿色。

Step04 双击“底色”图层，在打开的“图层样式”对话框中，选中“投影”复选框，设置“不透明度”为75%，“角度”为120度，“距离”为30像素，“扩展”为15%，“大小”为49像素，选中“使用全局光”复选框。

Step05 新建图层。选择“矩形选框工具”[]，拖动鼠标创建矩形选区，并填充为红色#e9839f，如下图所示。

Step06 保持选区。按住【Alt】键，拖动鼠标复制图像，填充黄色#f3c675，如下图所示。

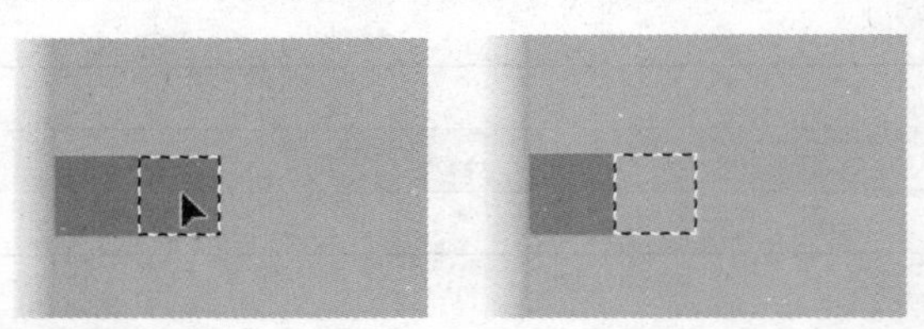

Step07 使用相同的方法复制其他色块，分别填充泥土色#c69f9a、绿色#b5d077、深黄#9a9570、蓝色#90cbcb。

Step08 按住【Ctrl】键，单击“图层1”图层缩览图，载入图层选区。

Step09 保持选区。按住【Alt】键，拖动鼠标复制图像3次，如下图所示。

Step10 按【Ctrl+D】组合键取消选区。执行“图层”→“创建剪贴蒙版”命令，更改图层名称为“彩条”，如下图所示。

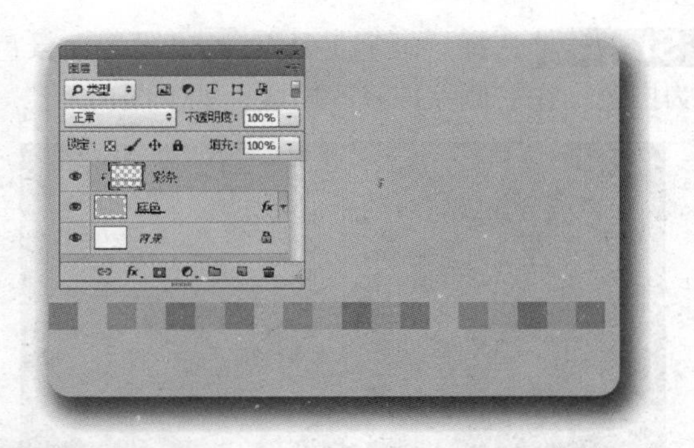

Step11 打开“光盘\素材文件\附录C\抽象画.tif”文件，拖动到当前文件中，并移动到右侧适当位置。

Step12 设置前景色为深黄色#9a9570。选择“横排文字工具”[T]，在图像中输入文字“冰点价”，在选项栏中设置“字体”为黑体，“字体大小”为10点。

Step13 使用“横排文字工具”[T]，在图像中输入“￥128”，在选项栏中设置“字体”为Impact，“字体大小”为37点，效果如下图所示。

Step14 双击数字图层，在弹出的“图层样式”对话框中，选中“渐变叠加”复选框，设置“样式”为线性，“角度”为90度，“缩放”为100%，渐变色标为黄#f7ec26、红#e45524，如下图所示。

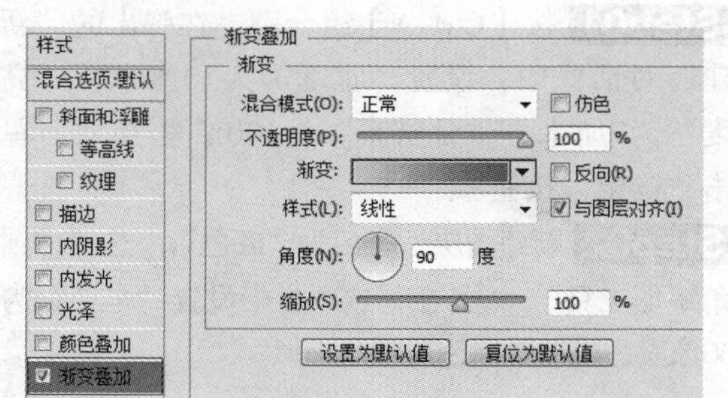

Step15 使用"横排文字工具"T，在图像中输入文字"游乐园门票代金卡"，在选项栏中设置"字体"为方正综艺简体，"字体大小"为10点。

Step16 双击文字图层，在打开的"图层样式"对话框中，选中"投影"复选框，设置"不透明度"为75%，"角度"为120度，"距离"为6像素，"扩展"为0%，"大小"为6像素，选中"使用全局光"复选框。

Step17 使用"横排文字工具"T，在图像中输入文字"告诉我一个浪漫的梦想……您只需要享受最幸福的时光！"在"字符"面板中设置"字体"为黑体，"字体大小"为6点，"行距"为9点。

Step18 按【Ctrl+J】组合键复制"底色"图层。新建"卡片正面"组，将"底色"和"背景"以外的所有图层拖动到该组中。

Step19 按【Ctrl+R】组合键显示标尺，以圆角矩形为中心，拖动鼠标创建水平和垂直参考线。选择"钢笔工具"，绘制路径。

Step20 新建图层。按【Ctrl+Enter】组合键，将路径转换为选区，填充蓝色#93d1d1。

Step21 按【Ctrl+J】组合键复制图层，按【Ctrl+T】组合键，执行自由变换操作，移动变换中心到参考线中心，如下图所示。

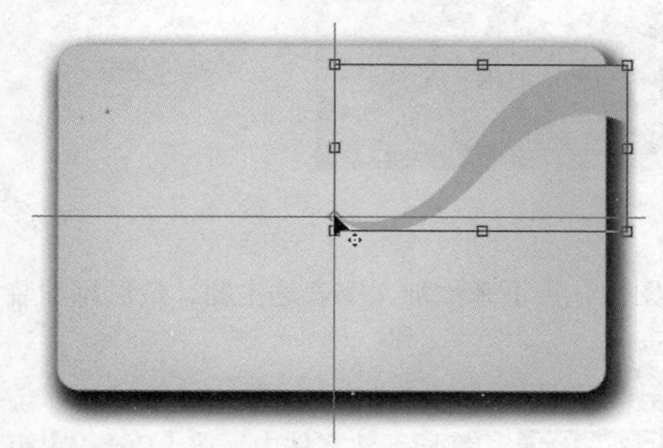

Step22 在选项栏中设置"旋转"为15度，如下图所示。

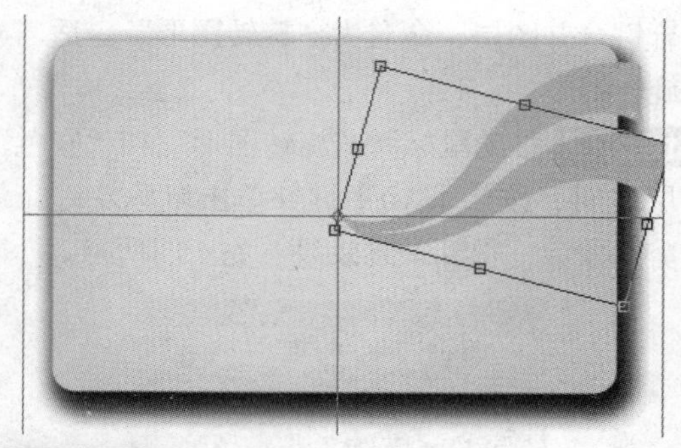

Step23 按【Alt+Shift+Ctrl+T】组合键22次，继续复制图像。选中复制的旋转图层，单击"锁定透明度"按钮，锁定图层透明度。

Step24 使用"移动工具"单击右侧的一个旋转图形，自动选中目标图像，如下图所示。

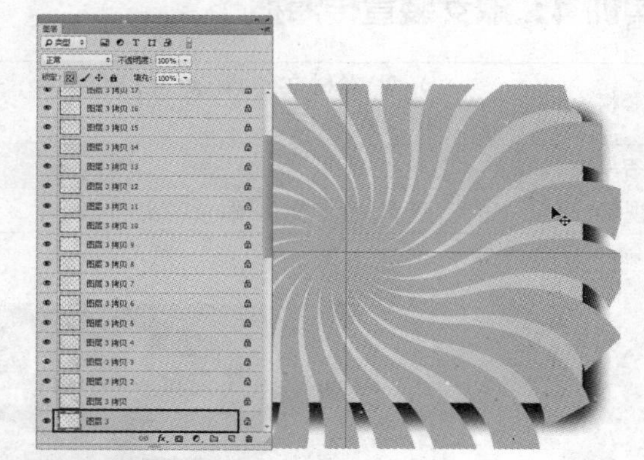

Step25 设置前景色为深黄色#9c9872，按【Alt+Delete】组合键填充图层，如下图所示。

Step26 使用相同的方法填充其他图层。设置前景色为绿色#bad876、暗红色#caa29b、黄色#facb73、洋红色#f485a5，使用相同的方法分别填充图形。

Step27 选中复制的所有旋转图形，按【Ctrl+E】

组合键合并图层，命名为“旋转图形”。适当放大旋转图形。

Step28 移动鼠标到“旋转图形”和“底色”图层之间，按住【Alt】键并单击鼠标左键，创建剪贴蒙版，得到最终效果，如下图所示。

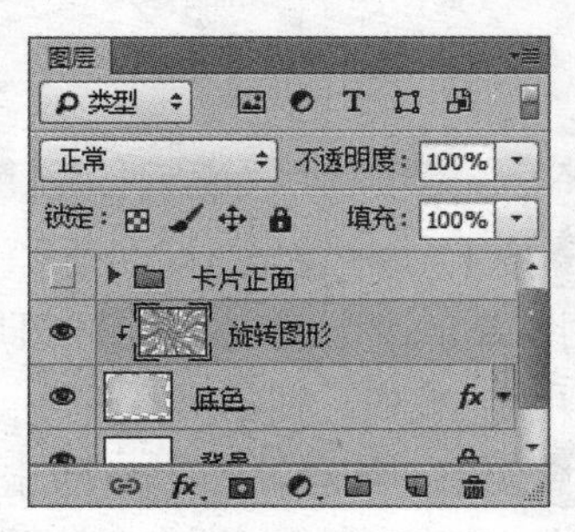

实训 4：淑女装宣传海报

素材文件	光盘\素材文件\附录C\红树林.jpg，蝴蝶人.tif，飘动的花瓣.tif，花瓣1.tif，花瓣2.tif，花束tif，人物.tif
结果文件	光盘\结果文件\附录C\实训4.psd
视频文件	光盘\教学文件\附录C\实训4.mp4

本例最终效果如下图所示。

操作提示

在淑女装宣传海报设计中，首先制作海报背景图像，接下来添加文字表达主题，最后添加装饰元素丰富画面，得到最终效果。具体操作步骤如下。

Step01 按【Ctrl+N】组合键，在弹出的“新建”对话框中设置“宽度”为35厘米，“高度”为21厘米，单击“确定”按钮。

Step02 打开“光盘\素材文件\附录C\红树林.jpg”文件，按【Ctrl+A】组合键全选图像，按【Ctrl+C】组合键复制图像。

Step03 切换回新建文件中，按【Ctrl+V】组合键粘贴图像，并移动到适当位置，命名为“底图”。

Step04 打开“光盘\素材文件\附录C\花瓣1.tif”

文件，拖动到当前文件中。

Step05 打开“光盘\素材文件\附录C\花瓣2.tif”文件，拖动到当前文件中。

Step06 打开“光盘\素材文件\附录C\人物.tif”文件，拖动到当前文件中，移动到适当位置。

Step07 选择“矩形选框工具”，拖动鼠标创建矩形选区，填充洋红色#e95389。

Step08 选择“套索工具”，拖动鼠标创建自由形状选区。

Step09 按【Shift+F6】组合键，在弹出的“羽化选区”对话框中设置“羽化半径”为50像素，单击“确定”按钮，如下图所示。

Step10 为选区填充白色，如下图所示。

Step11 在“图层”面板中，更改“矩形”图层“不透明度”为80%。通过以上操作，得到矩形的透明效果。

Step12 打开“光盘\素材文件\附录C\花束.tif”文件，拖动到当前文件中，并移动到适当位置，如下图所示。

Step13 选择“矩形工具”，在其选项栏的工具模式下拉列表框中，选择“形状”选项，设置“填充”为无，“描边”为咖啡色#885a36，“描边宽度”为1点，在形状描边类型下拉面板中，选择虚线，单击“更多选项”按钮，如下图所示。

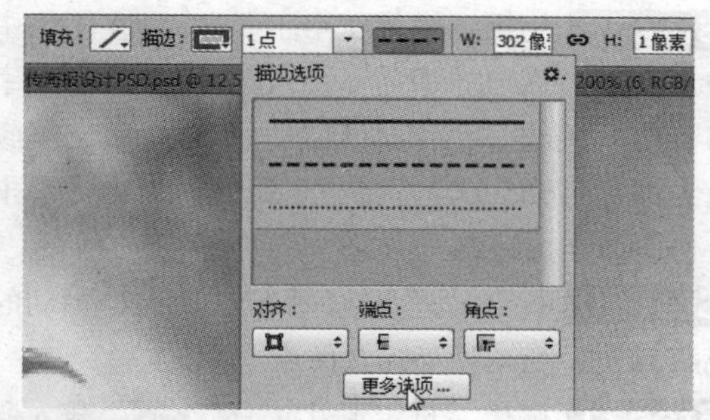

Step14 在弹出的“描边”对话框中，设置“虚线”为3，“间隙”为4，单击“确定”按钮，如下图所示。

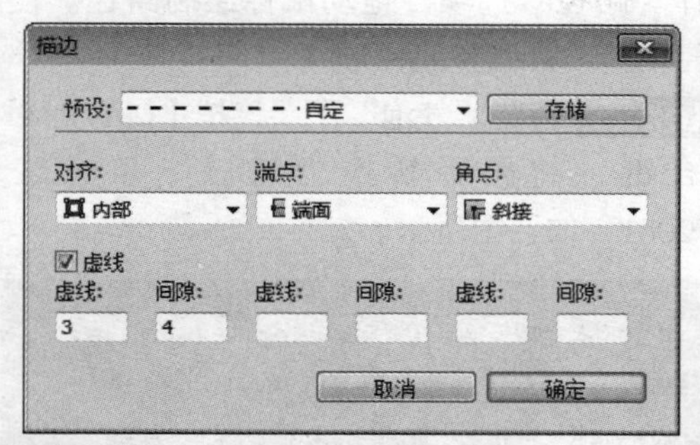

Step15 拖动鼠标在图像中绘制两条虚线，如下图所示。

Step16 选择“横排文字工具”，在图像中输入文字“淑女”，在选项栏中设置“字体”为微软雅黑，“字体大小”为68点，文本颜色为黑色。

Step17 继续输入“Good brand style”“精品

范儿”和其他文字，字体分别为Palace Script MT和华文细黑，调整到适当的字体大小，文本颜色为深黄色#673706和黑色。

Step18 打开“光盘\素材文件\附录C\蝴蝶人.tif”文件，拖动到当前文件中。

Step19 使用“横排文字工具”T，在图像中输入文字“人气推荐”，在选项栏中设置“字体”为长美黑，“字体大小”为30点，文本颜色为深黄色#552d04，在“字符”面板中，单击【仿斜体】按钮T。

Step20 打开“光盘\素材文件\附录C\飘动的花瓣.tif”，拖动到当前文件中。

Step21 选择“自定形状工具”，载入所有形状后，选择“会话1”形状。

Step22 在选项栏的工具模式下拉列表框中，选择“路径”选项，拖动鼠标绘制路径。使用路径调整工具调整路径形状。

Step23 新建“气泡”图层，按【Ctrl+Enter】组合键，将路径转换为选区，填充红色#e72061，如下图所示。

Step24 双击“气泡”图层，在弹出的“图层样式”对话框中，选中“斜面和浮雕”复选框，设置“样式”为内斜面，“方法”为平滑，“深度”为100%，“方向”为上，“大小”为5像素，“软化”为0像素，“角度”为120度，“高度”为30度，“高光模式”为滤色，“不透明度”为75%，“阴影模式”为正片叠底，“不透明度”为75%，如下图所示。

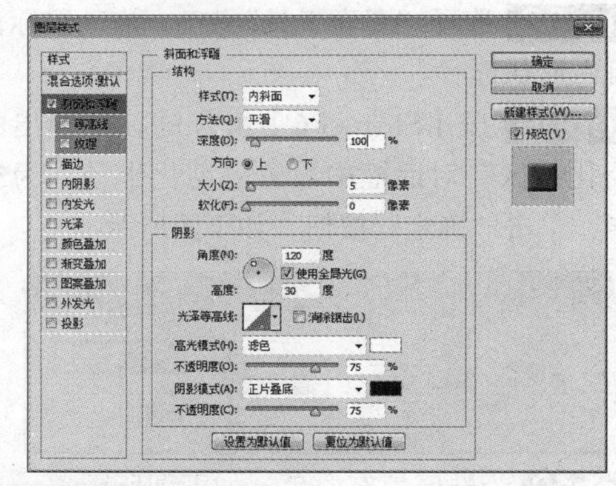

Step25 在“图层样式”对话框中，选中“投影”复选框，设置“不透明度”为75%，“角度”为120度，“距离”为5像素，“扩展”为0%，“大小”为5像素，选中“使用全局光”复选框。

Step26 选择“横排文字工具”T，在图像中输入文字“夏季新品”，在选项栏中设置“字体”为黑体，“字体大小”为43点，文本颜色为白色。

Step27 从整体画面进行观察，调整各元素的位置，进行细节调整。

实训 5：书籍立体效果图

素材文件	光盘\素材文件\附录C\书籍封面展开图设计.psd，飘动的花瓣.tif
结果文件	光盘\结果文件\附录C\实训5.psd
视频文件	光盘\教学文件\附录C\实训5.mp4

本例最终效果如下图所示。

◐ 操作提示

在制作书籍立体效果图的过程中，要根据书籍摆放的方式，制作出光影相协调的背景。制作立体书籍时，要正确处理书籍的透视角度，并与背景光影相配合。具体操作步骤如下。

Step01 按【Ctrl+N】组合键，在弹出的“新建”对话框中，设置“宽度”为28厘米，“高度”为28厘米，“分辨率”为150像素/英寸，单击“确定”按钮。

Step02 新建“底色”图层，填充任意颜色。

Step03 双击“底色”图层，在弹出的“图层样式”对话框中，选中“渐变叠加”复选框，设置“样式”为线性，“角度”为90度，“缩放”为100%，选中“反向”复选框，单击渐变颜色条。

Step04 在弹出的“渐变编辑器”对话框中，设置渐变色标为深黄# 2e2420黄# af9c75白#ffffff。

Step05 打开“光盘\素材文件\附录C\书籍封面展开图设计.psd”文件，使用“矩形选框工具”选中封面内容，执行“编辑”→“合并拷贝”命令，复制图像。切换回立体效果文件中，按【Ctrl+V】组合键粘贴图像，命名为“封面”。

Step06 在“渐变编辑器”对话框中，设置渐变色标为深黄# 2e2420黄# af9c75白#ffffff。

Step07 新建图层，命名为“投影”。使用“矩形选框工具”创建选区，填充黑色。

Step08 为“投影”图层添加图层蒙版，使用黑白“渐变工具”调整图层蒙版效果，如下图所示。

Step09 执行“编辑”→“变换”→“斜切”命令，拖动中上部的控制点，变换图像，如下图所示。

Step10 移动“投影”图层到“封面”图层下方。

Step11 切换回书籍展开图文件中，使用“矩形选框工具”选中书脊内容，执行“编辑”→“合并拷贝”命令，复制图像。

Step12 切换回立体效果文件中，按【Ctrl+V】组合键粘贴图像，命名为“书脊”。

Step13 按【Ctrl+T】组合键，执行自由变换操作，缩小书脊图像，使其和封面的高度一致。

Step14 执行“编辑”→“变换”→“斜切”命令，拖动左中部的控制点，变换图像。

Step15 新建图层，命名为“顶部条”。和封面的宽度一致。

Step16 执行“选择”→“变换选区”命令，右击鼠标，在打开的快捷菜单中选择“斜切”命令。

Step17 拖动中上部的控制点，斜切变换图像，如下图所示。

Step18 选择“渐变工具”，单击其选项栏中的渐变颜色条，在打开的“渐变编辑器”对话框中，设置深灰#908b88到浅灰#e5e3e2渐变，如下图所示。

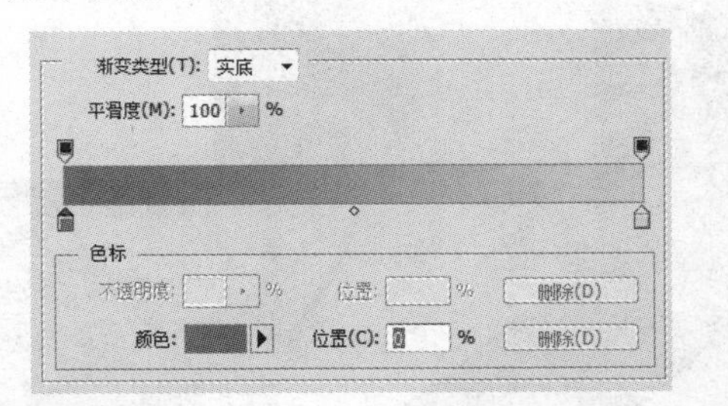

Step19 拖动“渐变工具”填充渐变色，如下图所示。

Step20 复制“书脊”图层，命名为“书脊投影”，移动到下方适当位置，如下图所示。

Step21 执行“编辑”→“变换”→“水平翻转”命令，执行“编辑”→“变换”→“垂直翻转”命令。更改“书脊投影”图层的“不透明度”为43%。

Step22 复制“封面”图层，命名为“封面投影”。按【Ctrl+T】组合键，执行自由变换操作，移动变换中心点到中下方。执行“编辑”→“变换”→“垂直翻转”命令。

Step23 更改“封面投影”图层的“不透明度”为43%，如左下图所示，效果如右下图所示。

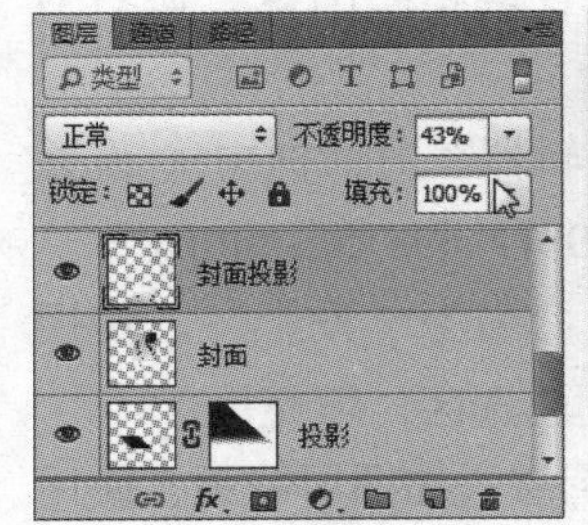

Step24 打开“光盘\素材文件\附录C\飘动的花瓣.tif”文件，拖动到当前文件中，移动到适当位置，如下图所示。

Step25 执行“滤镜”→“模糊”→“动感模糊”命令，在弹出的“动感模糊”对话框中设置“角度”为-84度，“距离”为30像素，如下图所示。

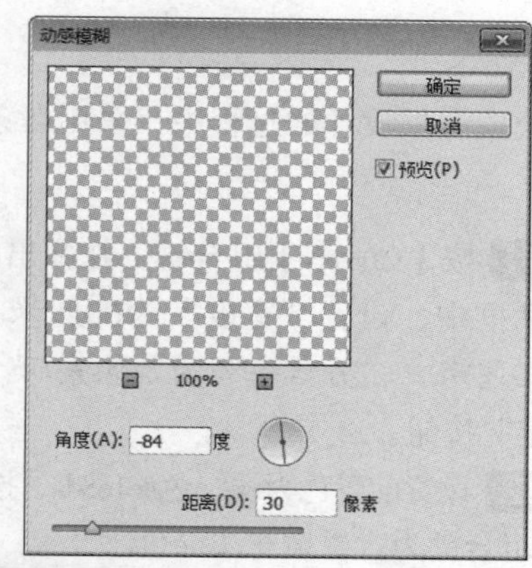

Step26 最终效果如下图所示。

实训 6：公益海报设计

素材文件	光盘\素材文件\附录C\灯.tif，殿.tif，风景.tif，墙.tif，手.tif，藤条.tif，右鸟.tif，左鸟.tif
结果文件	光盘\结果文件\附录C\实训6.psd
视频文件	光盘\教学文件\附录C\实训6.mp4

本例最终效果如下图所示。

➲ 操作提示

在公益海报设计的过程中，采用藤条缠绕的提灯作为主图，与节能的主题相契合。具体操作步骤如下。

Step01 按【Ctrl+N】组合键，在弹出的“新建”对话框中，设置“宽度”为60厘米，“高度”为80厘米，“分辨率”为72像素/英寸，单击“确定”按钮。

Step02 设置前景色为浅绿色#e1e8da，按【Alt+Delete】组合键为背景填充浅绿色。

Step03 打开“光盘\素材文件\附录C\风景.tif”文件，拖动到当前文件中，并移动到下方适当位置。

Step04 降低“风景”图层的“不透明度”为10%。

Step05 打开“光盘\素材文件\附录C\墙.tif”文件，拖动到当前文件中，并移动到下方适当位置。

Step06 为“墙”图层添加图层蒙版，使用黑色“画笔工具” 在下方涂抹，隐藏部分图像。

Step07 打开“光盘\素材文件\附录C\殿.tif”文件，拖动到当前文件中，并移动到适当位置。

Step08 为“殿”图层添加图层蒙版，使用黑色“画笔工具” 在下方涂抹，隐藏部分图像。

Step09 打开“光盘\素材文件\附录C\手.tif”文件，拖动到当前文件中，并移动到适当位置。

Step10 打开“光盘\素材文件\附录C\灯.tif”文件，拖动到当前文件中，并移动到适当位置。为“灯”图层添加图层蒙版，使用黑色“画笔工具”涂抹图像。

Step11 双击“灯”图层，在弹出的“图层样式”对话框中，选中“投影”复选框，设置阴影颜色为浅灰色#b1adad，“不透明度”为75%，“角度”为120度，“距离”为10像素，“扩展”为0%，“大小”为6像素，选中“使用全局光”复选框，如下图所示。

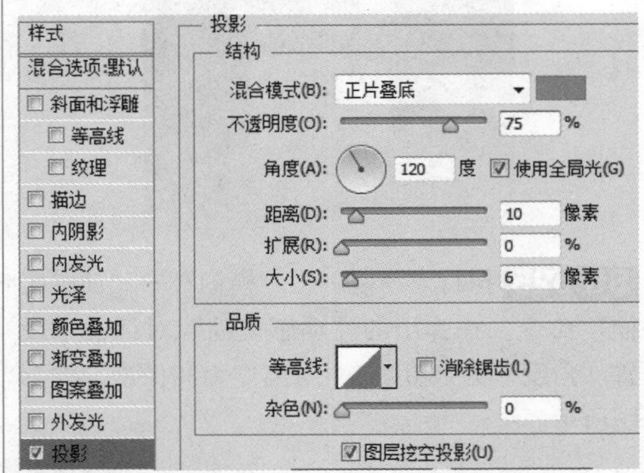

Step12 打开“光盘\素材文件\附录C\藤条.tif”文件，拖动到当前文件中，并移动到适当位置，如下图所示。

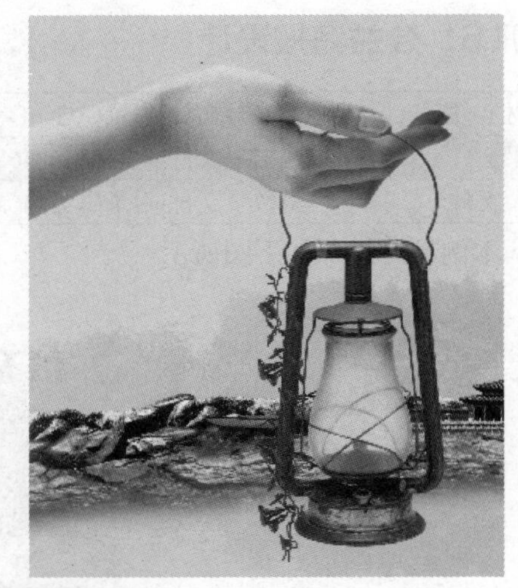

Step13 复制多个藤条，调整位置、大小和旋转角度，创建藤条围绕着灯的视觉效果。

Step14 创建投影效果。为下方的两个藤条图层添加图层蒙版，使用黑色“画笔工具” 修改蒙版，降低左下方“藤条6”的“不透明度”，设为68%，如下图所示。

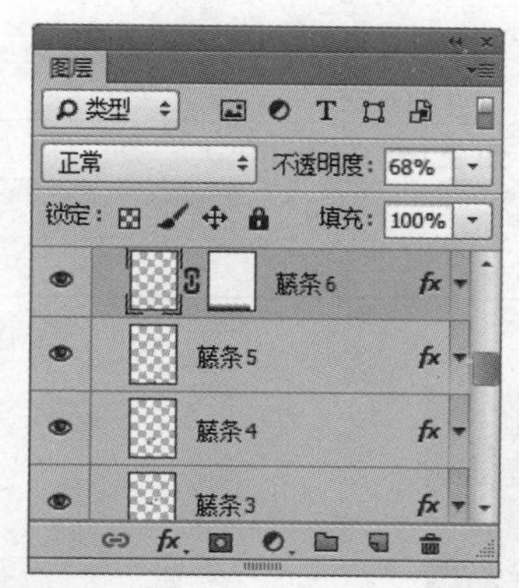

Step15 新建图层，命名为“灯光”。使用“椭圆选框工具”创建选区，按【Shift+F6】组合键，在弹出的“羽化选区”对话框中设置“羽化半径”为50像素，单击“确定”按钮，如下图所示。

Step16 为选区填充白色，创建灯光效果，如下图所示。

Step17 移动“灯光”到“灯”图层下方。选中所有藤条图层，执行“图层”→“新建”→“从图层建立组”命令，新建组，命名为“藤条”。

Step18 打开“光盘\素材文件\附录C\左鸟.tif”文件，拖动到当前文件中，并移动到左侧适当位置。

Step19 打开“光盘\素材文件\附录C\右鸟.tif”文件，拖动到当前文件中，并移动到右侧适当位置。执行“编辑”→“变换”→“水平翻转”命令，水平翻转图像。

Step20 使用“横排文字工具”，在图像中输入文字“低碳是一种态度”。在“字符”面板中，设置“字体”为方正粗倩简体，“字体大小”为150点，“字距”为364。

Step21 使用“横排文字工具”在图像中输入文字“节能让生活更美好”。在“字符”面板中，设置“字体”为宋体，“字体大小”为100点，“字距”为280。

Step22 使用“直排文字工具”在图像中输入文字。在“字符”面板中，设置“字体”为汉仪中宋繁，“字体大小”为33点，“行距”为100。

Step23 新建图层，命名为“直线”。选择“直线工具”，在其选项栏的工具模式下拉列表框中选择“像素”选项，设置“宽度”为4像素，拖动鼠标绘制直线。按住【Ctrl】键，单击“直线”图层缩览图，载入图层选区。选择“移动工具”，按【Shift+Alt】组合键，水平拖动复制多条直线。

实训 7：茶叶包装平面图

素材文件	光盘\素材文件\附录C\茶壶.tif，文字.tif，枝干.tif，禅茶.tif，绿叶.tif
结果文件	光盘\结果文件\附录C\实训7.psd
视频文件	光盘\教学文件\附录C\实训7.mp4

本例最终效果如下图所示。

◐ 操作提示

在茶叶包装平面图设计的过程中，制作不同摆放位置的效果图，不仅可以丰富画面，还可以让观众看到包装各种方位的展示效果。具体操作步骤如下。

Step01 按【Ctrl+N】组合键，在弹出的“新建”对话框中，设置“宽度”为17.6厘米，“高度”为15厘米，“分辨率”为200像素/英寸，单击“确定”按钮。

Step02 新建图层，命名为“深绿”。使用“钢笔工具大小” 创建路径，载入选区后填充深绿色#365311。

Step03 打开“光盘\素材文件\附录C\文字.tif”文件，拖动到当前文件中，并移动到适当位置，如下图所示。

Step04 降低“文字”图层的“不透明度”为10%，如下图所示。

Step05 设置前景色为浅绿色#accc1b。新建图层，命名为“烟雾”。使用“画笔工具” 绘制烟雾，如下图所示。

Step06 执行“滤镜”→“扭曲”→“波浪”命令，在弹出的“波浪”对话框中设置“生成器数”为228，波长“最小”为301，“最大”为329，波幅“最小”为1，“最大”为2，比例“水平”和“垂直”均为100%，“类型”为正弦，如下图所示。

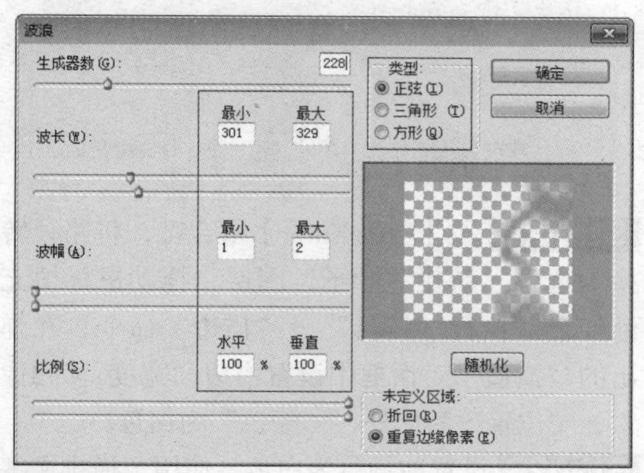

Step07 执行“滤镜”→“模糊”→“动感模糊”命令，在弹出的“动感模糊”对话框中设置“角度”为38度，“距离”为183像素。

Step08 执行“滤镜”→“扭曲”→“波浪”命令，在弹出的“波浪”对话框中设置“生成器数”为228，波长“最小”为97，“最大”为329，波幅“最小”为1，“最大”为2，比例“水平”和“垂直”均为100%，“类型”为正弦。

Step09 按【Ctrl+J】组合键，复制“烟雾”图层，调整“不透明度”为50%。

Step10 打开“光盘\素材文件\附录C\茶壶.tif”文件，拖动到当前文件中，并移动到右侧适当位置。

Step11 因为茶壶太过暗淡，所以添加“色彩平衡”来调整图层。在其“属性”面板中设置“色调”为中间调，颜色值为（100，27，-100），然后单击按钮，将此效果剪切到此图层。

Step12 通过前面的调整，茶壶颜色不再灰暗，并呈现暖黄色。更改“色彩平衡1”图层混合模式为滤色。

Step13 混合图层后，新建图层，命名为“浅绿”。使用“钢笔工具”绘制路径，填充浅绿色#b1d01b。

Step14 双击“浅绿”图层，在打开的“图层样式”对话框中，选中“投影”复选框，设置“不透明度”为100%，“角度”为120度，“距离”为6像素，“扩展”为0%，“大小”为0像素，选中“使用全局光”复选框。

Step15 打开“光盘\素材文件\附录C\枝干.tif”文件，拖动到当前文件中，并移动到左侧适当位置。

Step16 降低“枝干”图层不透明度为10%。打开“光盘\素材文件\附录C\绿叶.tif”文件，拖动到当前文件中，并移动到右侧适当位置。

Step17 打开“光盘\素材文件\附录C\禅茶.tif”文件，拖动到当前文件中，并移动到左侧适当位置，如下图所示。

Step18 选择“自定形状工具”，在其选项栏的“形状”下拉面板中选择“叶子1”形状，如下图所示。

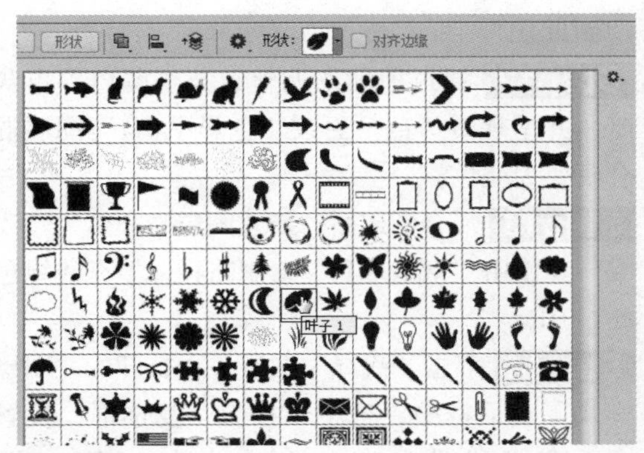

Step19 在选项栏的工具模式下拉列表框中选择“路径”选项，拖动鼠标绘制叶子路径。按【Ctrl+T】组合键，执行自由变换操作，适当旋转路径。

Step20 使用“直接选择工具”调整路径形状，如下图所示。

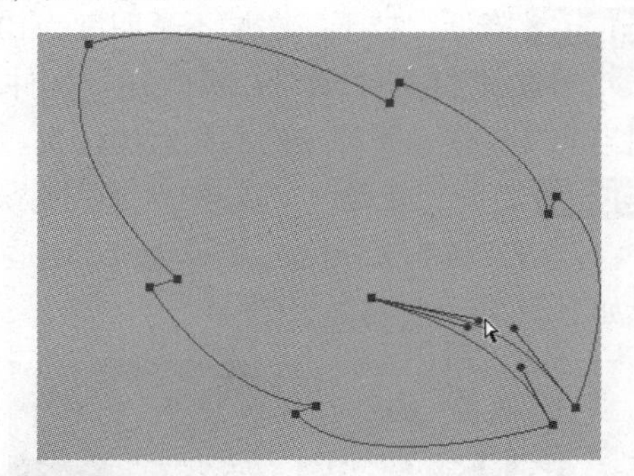

Step21 选择“渐变工具”，在其选项栏中单击渐变颜色条，在打开的“渐变编辑器”对话框中，设置渐变色标为黄#ffc900、橙#ff8f00、橙红#ff6900，如下图所示。

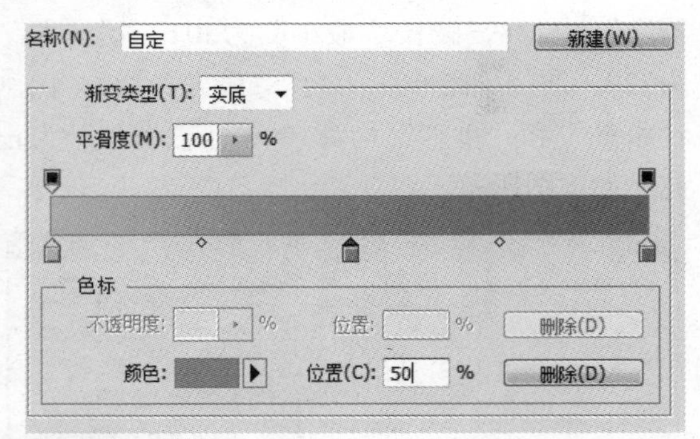

Step22 按【Ctrl+Enter】组合键，将路径转换为选区。新建“叶子”图层，拖动鼠标填充渐变色。执行“编辑”→“描边”命令，在弹出的“描边”对话框中设置描边“宽度”为3像素，“位置”为居外，“颜色”为白色。

Step23 设置前景色为白色。使用“横排文字工具”输入文字“一味”，在选项栏中设置“字体”为黑体，“字体大小”为25点。

Step24 单击选中下方的“文字”图层，按【Ctrl+J】组合键复制图层，然后移动到最上方，命名为“白色文字”。按【Ctrl+T】组合键，执行自由变换操作，拖动变换点，适当缩小图像。单击“锁定透明度”按钮，为文字填充绿色#69a125。

实训 8：大型单立柱广告设计

素材文件	光盘\素材文件\附录C\标志.tif，单立柱模板.tif，地球.tif，沙漠.tif，水滴.tif，土壤.tif，眼睛.tif
结果文件	光盘\结果文件\附录C\实训8a.psd，实训8b.psd
视频文件	光盘\教学文件\附录C\实训8.mp4

本例最终效果如下图所示。

➲ 操作提示

在大型单立柱广告设计的过程中，要注意单立柱广告属于大型广告牌，其安装位置通常离人较远，简洁、醒目、大字体是这类广告的基本特征。具体操作步骤如下。

Step01 按【Ctrl+N】组合键，在弹出的“新建”对话框中，设置“宽度”为55厘米，“高度”为23厘米，“分辨率”为70像素/英寸，单击“确定”按钮。

Step02 打开“光盘\素材文件\附录C\沙漠.tif”文件，拖动到当前文件中，并移动到适当位置。

Step03 为“沙漠”图层添加图层蒙版，使用“画笔工具”修改图层蒙版。

Step04 打开“光盘\素材文件\附录C\眼睛.tif”文件，拖动到当前文件中，并移动到适当位置。

Step05 为“眼睛”图层添加图层蒙版，使用“画笔工具”修改图层蒙版。

Step06 打开“光盘\素材文件\附录C\土壤.tif”文件，拖动到当前文件中，并移动到适当位置。

Step07 为“土壤”图层添加图层蒙版，使用“画笔工具”修改图层蒙版，如下图所示。

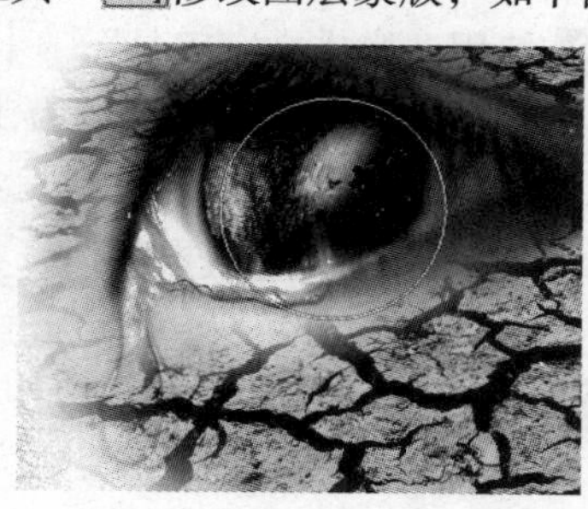

Step08 更改“土壤”图层混合模式为柔光，如下图所示。

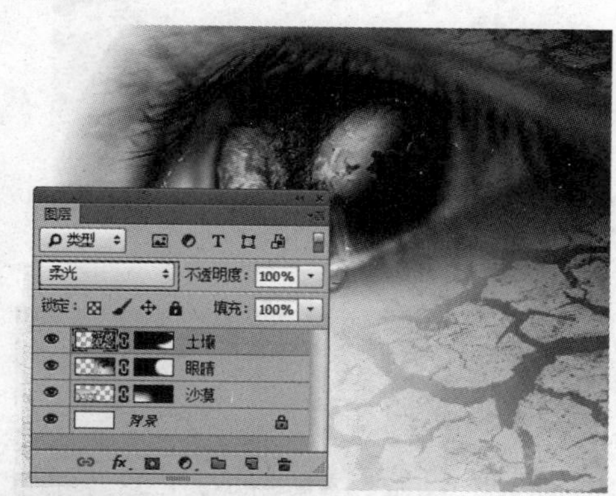

Step09 打开“光盘\素材文件\附录C\地球.tif”文件，拖动到当前文件中，并移动到眼球位置，如下图所示。

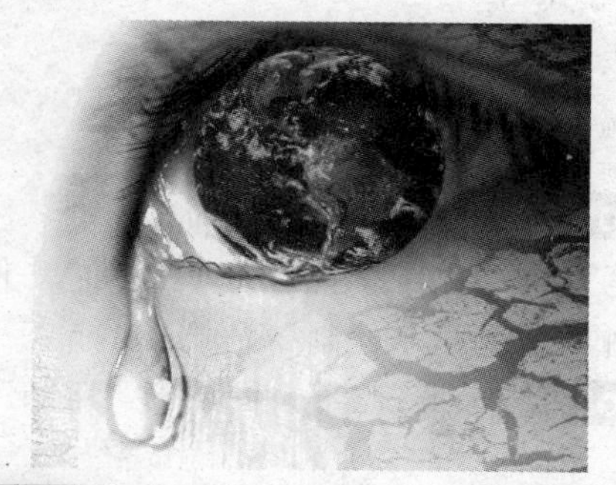

Step10 为“地球”图层添加图层蒙版，使用“画笔工具”修改图层蒙版，如下图所示。

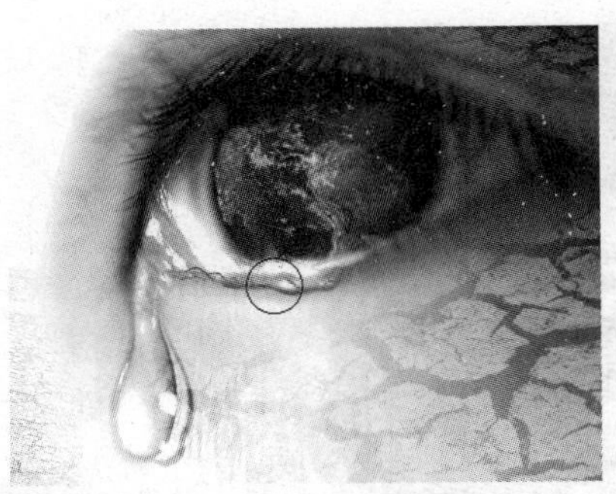

Step11 新建图层，命名为“高光”。使用白色“画笔工具” 绘制高光，如下图所示。

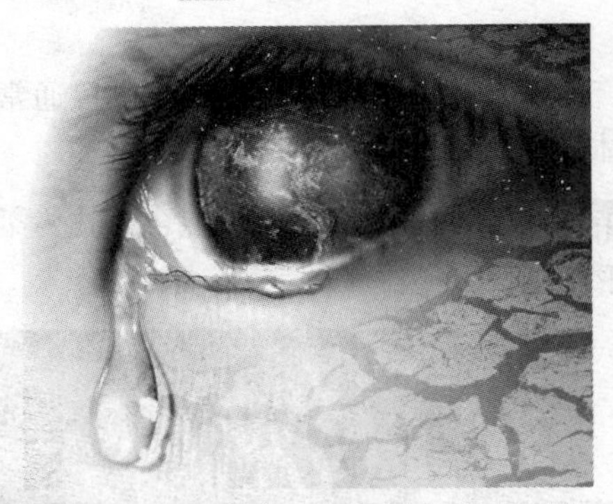

Step12 降低“高光”图层的“不透明度”为52%，如下图所示。

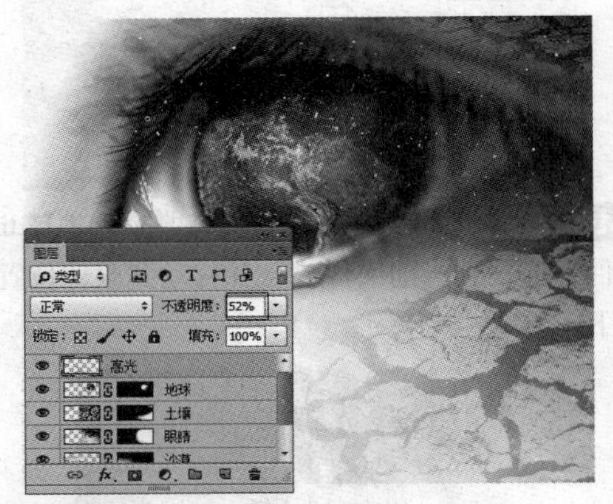

Step13 新建图层，命名为“暗部”。使用“钢笔工具” 绘制路径，填充黑色。使用白色“画笔工具” 绘制高光。

Step14 移动“暗部”图层到“眼睛”图层上方。

Step15 打开“光盘\素材文件\附录C\水滴.tif”文件，拖动到当前文件中，并移动到下方适当位置，如下图所示。

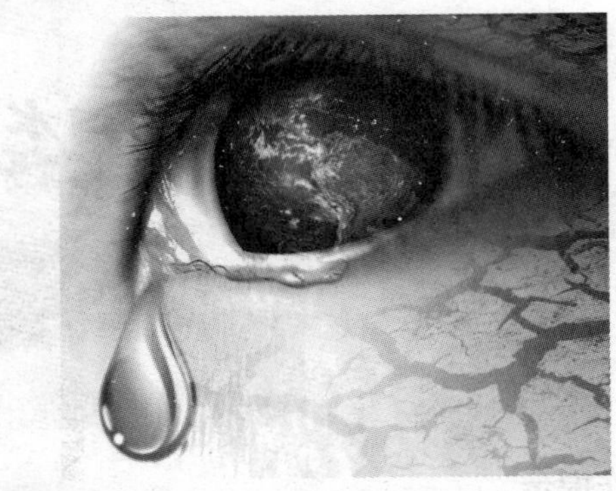

Step16 更改“水滴”图层混合模式为线性加深，如下图所示。

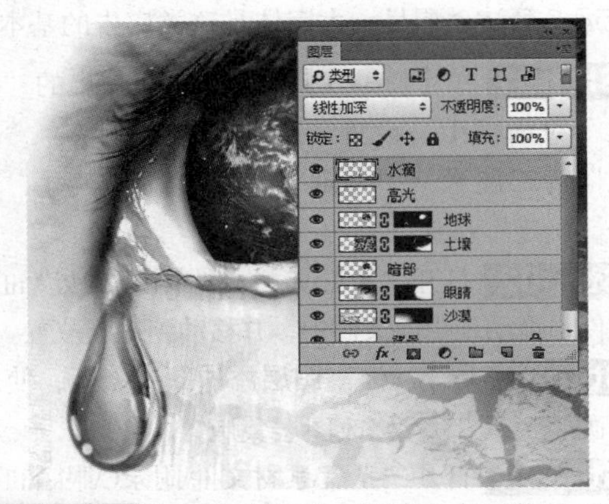

Step17 打开“光盘\素材文件\附录C\标志.tif”文件，拖动到当前文件中，并移动到左上方适当位置。

Step18 使用“横排文字工具” ，在图像中输入黑色文字“节约用水 刻不容缓”，在选项栏中设置“字体”为汉仪大标宋简体，“字体大小”为143点。

Step19 使用“横排文字工具” ，在右侧输入黑色文字“别让我们的眼泪成为 地球上最后一滴水”，在选项栏中分别设置“字体”为汉仪大标宋简体和汉仪超粗黑简体，“字体大小”为45点和50点，更改下行文字为红色。

Step20 在“字符”面板中，更改“行距”为54点。

Step21 降低“地球”图层不透明度为70%，

如下图所示。

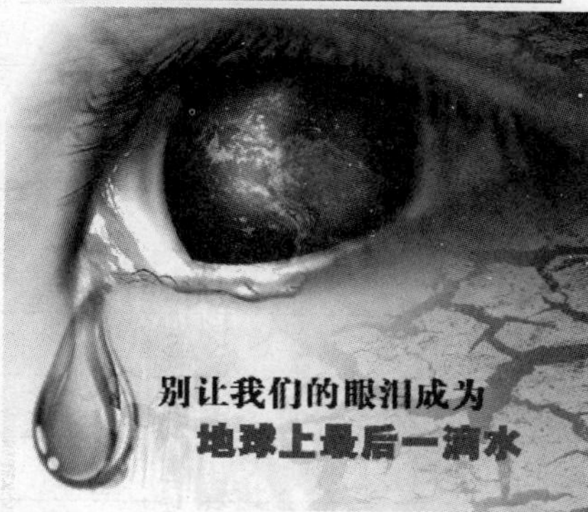

Step22 按【Ctrl+A】组合键全选图像，执行“编辑”→“合并拷贝”命令。

Step23 打开“光盘\素材文件\附录C\单立柱模板.tif”文件，按【Ctrl+V】组合键粘贴图像。

Step24 执行“编辑”→“变换”→“扭曲”命令，拖动变换点扭曲图像，使效果图贴合到模板中，如下图所示。

Step25 选择“背景”图层，执行“图像”→“调整”→“色相/饱和度”命令，在弹出的“色相/饱和度”对话框中设置“饱和度”为50，增加背景饱和度，如下图所示。

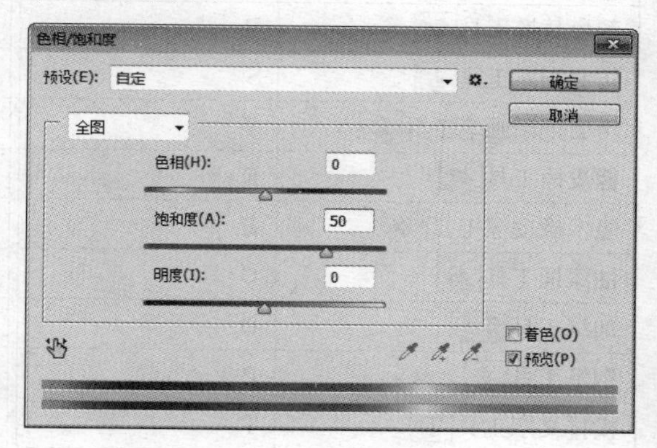

附录 D Photoshop CC 工具与快捷键索引

工具名称	快捷键	工具名称	快捷键
移动工具	V	矩形选框工具	M
椭圆选框工具	M	套索工具	L
多边形套索工具	L	磁性套索工具	L
快速选择工具	W	魔棒工具	W
吸管工具	I	颜色取样器工具	I
标尺工具	I	注释工具	I
透视裁剪工具	C	裁剪工具	C
切片选择工具	C	切片工具	C
修复画笔工具	J	污点修复画笔工具	J
修补工具	J	内容感知移动工具	J
画笔工具	B	红眼工具	J
颜色替换工具	B	铅笔工具	B
仿制图章工具	S	混合器画笔工具	B
历史记录画笔工具	Y	图案图章工具	S
橡皮擦工具	E	历史记录艺术画笔工具	Y
魔术橡皮擦工具	E	背景橡皮擦工具	E
油漆桶工具	G	渐变工具	G
加深工具	O	减淡工具	O
钢笔工具	P	海绵工具	O
横排文字工具	T	自由钢笔工具	P
横排文字蒙版工具	T	直排文字工具	T
路径选择工具	A	直排文字蒙版工具	T
矩形工具	U	直接选择工具	A
椭圆工具	U	圆角矩形工具	U
直线工具	U	多边形工具	U
抓手工具	H	自定形状工具	U
缩放工具	Z	旋转视图工具	R
前景色/背景色互换	X	默认前景色/背景色	D
更改屏幕模式	F	切换标准/快速蒙版模式	Q
临时使用吸管工具	Alt	临时使用移动工具	Ctrl
减小画笔大小	[	临时使用抓手工具	空格
减小画笔硬度	{	增加画笔大小	]

续表

工具名称	快捷键	工具名称	快捷键
选择上一个画笔	,	增加画笔硬度	}
选择第一个画笔	<	选择下一个画笔	,
选择最后一个画笔	>		

附录E　Photoshop CC 命令与快捷键索引

1.【文件】菜单快捷键

文件命令	快捷键	文件命令	快捷键
新建...	Ctrl+N	打开...	Ctrl+O
在 Bridge 中浏览...	Alt+Ctrl+O Shift+Ctrl+O	打开为...	Alt+Shift+Ctrl+O
关闭	Ctrl+W	关闭全部	Alt+Ctrl+W
关闭并转到 Bridge...	Shift+Ctrl+W	存储	Ctrl+S
存储为...	Shift+Ctrl+S Alt+Ctrl+S	存储为 Web所用格式...	Alt+Shift+Ctrl+S
恢复	F12	文件简介...	Alt+Shift+Ctrl+I
打印...	Ctrl+P	打印一份	Alt+Shift+Ctrl+P
退出	Ctrl+Q		

2.【编辑】菜单快捷键

编辑命令	快捷键	编辑命令	快捷键
还原/重做	Ctrl+Z	前进一步	Shift+Ctrl+Z
后退一步	Alt+Ctrl+Z	渐隐...	Shift+Ctrl+F
剪切	Ctrl+X或F2	拷贝	Ctrl+C或F3
合并拷贝	Shift+Ctrl+C	粘贴	Ctrl+V或F4
原位粘贴	Shift+Ctrl+V	贴入	Alt+Shift+Ctrl+V
填充...	Shift+F5	内容识别比例	Alt+Shift+Ctrl+C
自由变换	Ctrl+T	“变换”→“再次”	Shift+Ctrl+T
颜色设置...	Shift+Ctrl+K	键盘快捷键...	Alt+Shift+Ctrl+K
菜单...	Alt+Shift+Ctrl+M	“首选项”→“常规”	Ctrl+K

3.【图像】菜单快捷键

图像命令	快捷键	图像命令	快捷键
“调整”→“色阶...”	Ctrl+L	“调整”→“曲线...”	Ctrl+M
“调整”→“色相/饱和度...”	Ctrl+U	“调整”→“色彩平衡...”	Ctrl+B
“调整”→“黑白...”	Alt+Shift+Ctrl+B	“调整”→“反相”	Ctrl+I
“调整”→“去色”	Shift+Ctrl+U	自动色调	Shift+Ctrl+L
自动对比度	Alt+Shift+Ctrl+L	自动颜色	Shift+Ctrl+B
图像大小...	Alt+Ctrl+I	画布大小...	Alt+Ctrl+C

4.【图层】菜单快捷键

图层命令	快捷键	图层命令	快捷键
“新建”→“图层”	Shift+Ctrl+N	“新建”→“通过拷贝的图层”	Ctrl+J
“新建”→“通过剪切的图层”	Shift+Ctrl+J	创建/释放剪贴蒙版	Alt+Ctrl+G
图层编组	Ctrl+G	取消图层编组	Shift+Ctrl+G
“排列”→“置为顶层”	Shift+Ctrl+]	“排列”→“前移一层”	Ctrl+]
“排列”→“后移一层”	Ctrl+[	“排列”→“置为底层”	Shift+Ctrl+[
合并图层	Ctrl+E	合并可见图层	Shift+Ctrl+E
盖印选择图层	Alt+Ctrl+E	盖印可见图层到当前层	Alt+Shift+Ctrl+A

5.【选择】菜单快捷键

选择命令	快捷键	选择命令	快捷键
全部	Ctrl+A	取消选择	Ctrl+D
重新选择	Shift+Ctrl+D	反向	Shift+Ctrl+I Shift+F7
所有图层	Alt+Ctrl+A	调整边缘...	Alt+Ctrl+R
羽化...	Shift+F6	查找图层	Alt+Shift+Ctrl+F

6.【滤镜】菜单快捷键

滤镜命令	快捷键	滤镜命令	快捷键
上次滤镜操作	Ctrl+F	镜头校正...	Shift+Ctrl+R
液化...	Shift+Ctrl+X	消失点...	Alt+Ctrl+V
自适应广角	Shift+Ctrl+A		

7.【视图】菜单快捷键

视图命令	快捷键	视图命令	快捷键
校样颜色	Ctrl+Y	色域警告	Shift+Ctrl+Y
放大	Ctrl++或Ctrl+=	缩小	Ctrl+-
按屏幕大小缩放	Ctrl+0	实际像素	Ctrl+L Alt+Ctrl+0
显示额外内容	Ctrl+H	“显示”→“目标路径”	Shift+Ctrl+H
“显示”→“网格”	Ctrl+'	“显示”→“参考线”	Ctrl+;
标尺	Ctrl+R	对齐	Shift+Ctrl+;
锁定参考线	Alt+Ctrl+;		

8.【窗口】菜单快捷键

窗口命令	快捷键	窗口命令	快捷键
动作面板	Alt+F9或F9	画笔面板	F5
图层面板	F7	信息面板	F8
颜色面板	F6		

9.【帮助】菜单快捷键

帮助命令	快捷键		
Photoshop 帮助	F1		